KB005189

Gateway to Engineering 2nd Edition

George Rogers, Michael Wright, Ben Yates 원저

공학입문

배원병 · 임오강 · 김종식 역

Andover • Melbourne • Mexico City • Stamford, CT • Toronto • Hong Kong • New Delhi • Seoul • Singapore • Tokyo

Gateway to Engineering

2nd Edition

George E. Rogers
Michael D. Wright
Ben Yates

ISBN-13: 978-89-5526-856-0

Cengage Learning Korea Ltd.
Suite 1801 Seokyo Tower Building
133 Yanghwa-Ro Mapo-Gu
Seoul Korea 121-837
Tel: (82) 2 322 4926
Fax: (82) 2 322 4927

Cengage Learning is a leading provider of customized learning solutions with office locations around the globe, including Singapore, the United Kingdom, Australia, Mexico, Brazil, and Japan. Locate your local office at: **www.cengage.com/global**

Cengage Learning products are represented in Canada by Nelson Education, Ltd.

For product information, visit **www.cengageasia.com**

Printed in Korea
1 2 3 4 18 17 16 15

요약 차례

차례

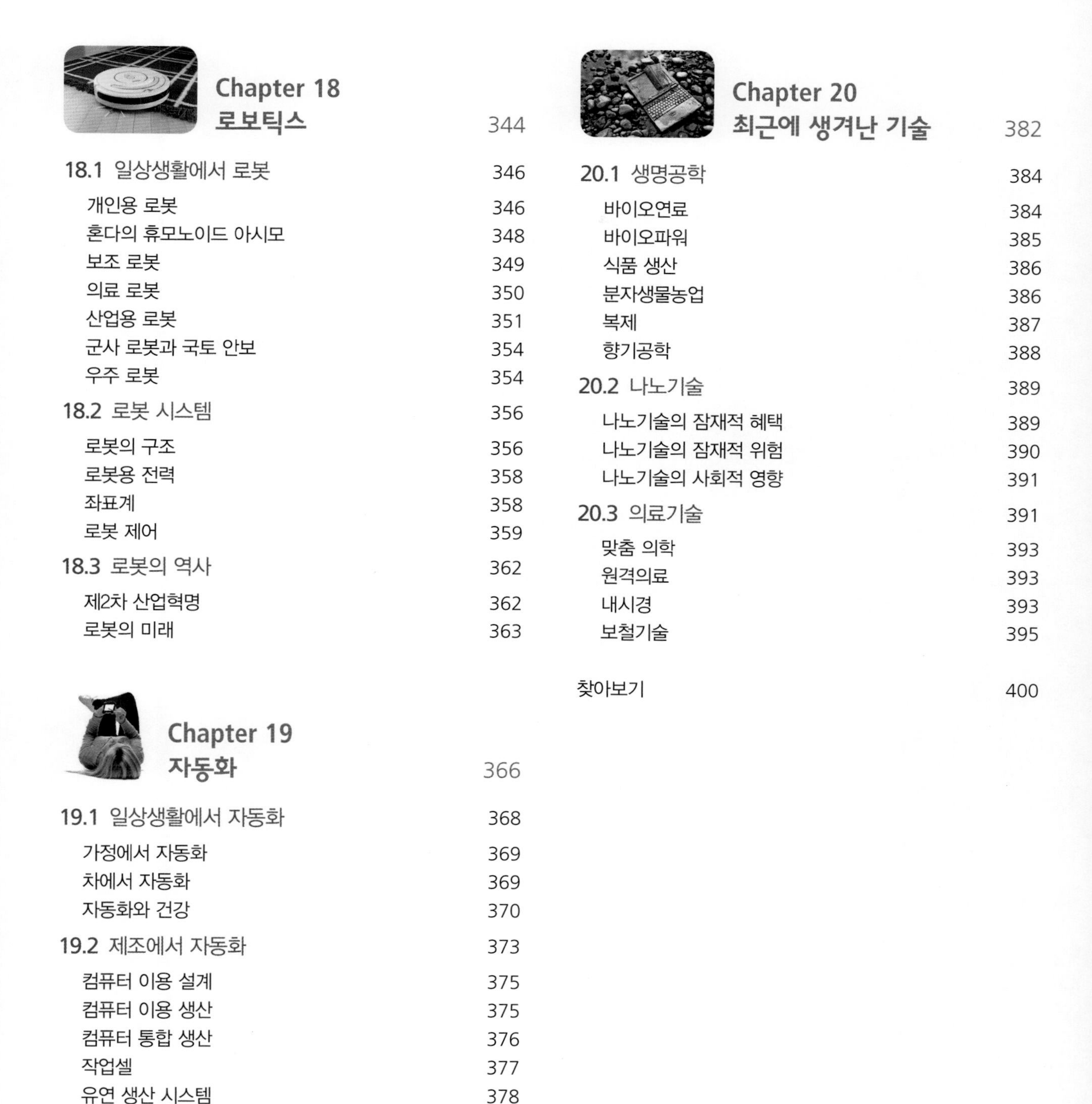

서문

기술은 인류만큼 오래되었다. 최초의 인류가 주변 세상을 변화시키기 위해 바위, 막대기와 동물 신체의 일부와 같은 자연재료들을 사용하는 법을 배울 때 기술이 시작되었다. 사람들이 손도끼나 창을 만들기 위해 돌멩이를 막대기에 붙이는 방법을 발견했을 때, 기술이 태어났다.

당신이 일어나는 순간부터 하루 동안 당신이 사용하는 모든 기술들에 관해 생각해 보라. 자명종(alarm clock)은 당신을 깨우지 않는가? 자명종의 전기는 어디서 오고 어떻게 시계에 도달하는가? 당신의 집에 샤워하기 위한 온수가 나오는가? 그 물이 어떻게 당신의 집에 도달하는가? 그 물이 당신의 집을 통과하여 어떻게 이동하는가? 그 물이 어떻게 더워지는가? 당신은 음식을 요리하고 먹기 위해 주방기구를 사용하는가? 누가 그것을 설계했는가? 그것들이 어떻게 만들어졌는가?

COURTESY OF NASA

COURTESY OF AMERICAN HONDA MOTOR COMPANY, INC.

© BRIEDIS/SHUTTERSTOCK.COM

이 예들은 간단한 것처럼 보인다. 그러나 그것들은 엔지니어와 공학 기술전문가가 모두 설계하고 만든 것이다. 전기, 온수, 혹은 간단한 포크와 스푼이 없다면 당신의 삶이 어떻게 될지 상상해보라. 엔지니어와 공학 기술전문가는 은그릇에서부터 인명구조 의료장치에 이르기까지 모든 것을 설계하고 생산한다. 그들은 인체 내부를 탐사할 수 있는 작고 섬세한 로봇장치와 우주공간을 탐사할 수 있는 크고 강력한 것들을 설계한다. 공학과 기술에 대한 공부는 다른 사람들의 삶을 더 좋게 하는 직업을 준비하는 데 도움이 된다.

이 책의 사용 방법

사람들의 요구를 충족시키기 위해 엔지니어들에 의해 설계되고 시험된 제품들처럼, 이 책은 당신이 배우는 데 도움이 되도록 전문가들에 의해 설계되고 시험되었다. 각 장은 엔지니어들이 설계 문제들을 대처하는 방법을 보여주는 최신 정보와 특징들을 담고 있다. 다음 특징들을 각 장에서 찾아보아라.

공학의 실행

S T
E M

현재 알고 있는 것과 같이 페리스 대회전 관람차(Ferris Wheel)는 펜실베이니아 피츠버그 교량 건설가인 조지 페리스(George Ferris)의 기술력과 공학지식으로 만들어졌다. 페리스는 렌슬러 공과대학에서 토목공학사를 받았다. 그는 철도회사에서 교량건설가로 일하였고 후일 피츠버그에서 철강회사를 설립했다. 1889년 프랑스 박람회의 랜드마크인 에펠탑에 대응하는 미국의 구조물을 설계하기 위하여 1891년 공학 만찬에 초대되었다. 그는 냅킨에 수직 회전목마를 스케치하였다. 몇 년 후 그는 페리스 대회전 관람차를 1893년 시카고 세계박람회에서 발표하였다. 관람차는 264피트의 높이로 예상한 대로 강철로 만들어졌다. 오늘날 놀이기구에 대해서는 조지 페리스의 공학교육과 기술력에 감사해야 한다.

- **공학의 실행**: 각 장은 엔지니어가 설계 문제에 부딪쳐서 사회를 위한 해결책을 만들어내는 방법을 보여주는 특별한 이야기로 시작한다.
- **공학 과제**: 각 장은 학생들과 강의자들에게 즉석에서 문제풀이 활동을 함으로써 책의 아이디어들에 대한 이해를 높일 수 있는 기회를 제공한다.

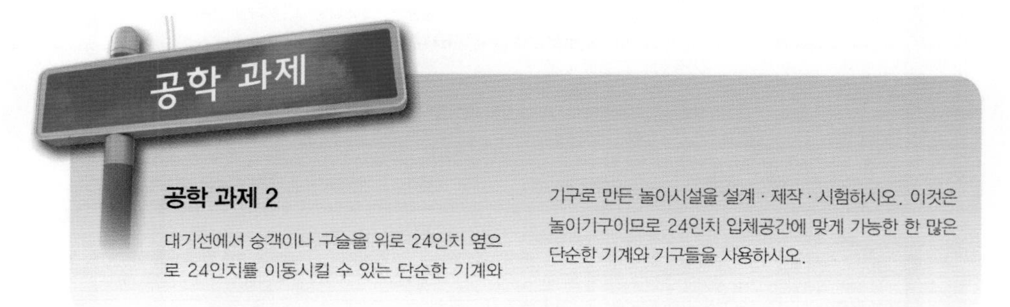

공학 과제 2

대기선에서 승객이나 구슬을 위로 24인치 옆으로 24인치를 이동시킬 수 있는 단순한 기계와 기구로 만든 놀이시설을 설계 · 제작 · 시험하시오. 이것은 놀이기구이므로 24인치 입체공간에 맞게 가능한 한 많은 단순한 기계와 기구들을 사용하시오.

- **공학 속의 수학**과 **공학 속의 과학**에서는 과학, 기술, 공학, 수학이 모두 어떻게 연결되어 있는지를 설명하기 위해 흥미로운 사실들을 이야기한다.

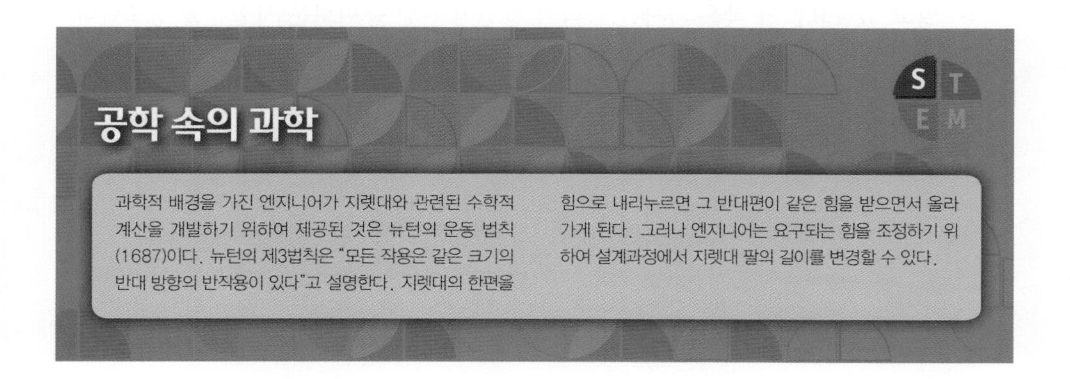

공학 속의 과학

과학적 배경을 가진 엔지니어가 지렛대와 관련된 수학적 계산을 개발하기 위하여 제공된 것은 뉴턴의 운동 법칙(1687)이다. 뉴턴의 제3법칙은 "모든 작용은 같은 크기의 반대 방향의 반작용이 있다"고 설명한다. 지렛대의 한편을 힘으로 내리누르면 그 반대편이 같은 힘을 받으면서 올라가게 된다. 그러나 엔지니어는 요구되는 힘을 조정하기 위하여 설계과정에서 지렛대 팔의 길이를 변경할 수 있다.

▶ **공학 직업 조명**은 다양한 직업에서 일하는 실제 엔지니어들의 이야기를 다루다. 이 이야기에서 감동을 주는 엔지니어들이 엔지니어로서 흥미있는 경력을 쌓기까지 어떻게 교육을 받았는가를 설명한다.

공학 직업 조명

이름
옥사나 월(Oksana Wall)

직위
셀틱 엔지니어링(Celtic Engineering)의 상담 구조 엔지니어

© CENGAGE LEARNING 2013

직무 설명
베네수엘라에서 태어난 13살의 소녀였던 월은 플로리다에 있는 디즈니월드를 방문하였고 그곳은 그녀를 매료시켰다. 그녀는 "그곳은 정말 행복하고 매력 있는 장소였다."고 말했다. 그녀의 아버지는 전기 엔지니어였고 그녀는 수학과 과학을 잘하였으므로 건축학이나 공학 분야로 마음이 기울어 있었다. 그 방문을 통하여 그녀는 어른이 되면 테마공원에서 공학적 일을 하리라고 마음을 굳혔다.

디즈니월드에서 일하는 꿈을 가진 후 그녀는 남편이 시작하였던 셀틱 엔지니어링 회사를 떠났다. 월은 놀이기구와 공연을 위한 구조물을 만들기 위해 테마공원에서 일하고 있다. 예를 들면 360도 영화체험을 포함한 아시아의 멀티미디어 공연장 설계를 도왔다. "영화는 천장에서 내려오는 여러 가지의 동영상 요소들로써 당신을 완전히 사로잡고 있다."고 그녀는 말한다. "당신은 해저에 있는 것과 같이 느낄 것이다."

월은 공연의 요소들이 관객들 위로 내려와서 기능을 수행하고 다시 올라가는 기구에 관한 일에 다른 엔지니어들과 같이 일하였다. 가장 무거운 요소는 무게가 약 2만 5천 파운드이다. "스크린 뒤에는 함께 공연을 하기 위해 별도로 움직이는 최소 열 가지의 다른 기구가 있다."고 말한다. 월은 이런 종류의 일을 하는 데에 매우 좋은 시간을 보내고 있다. "전에는 이와 같은 방식으로 똑같은 일을 한 적이 없기 때문에 오락에 관한 구조공학은 매우 도전적인 것이다."라고 말한다. "이와 같이 독특하고 유일한 것에 전통적인 공학 방법을 채택하여야 한다. 이것은 같은 일을 결코 두 번 하지 않으므로 재미가 있다."

교육
플로리다공과대학교에서 토목공학사와 석사학위를 받았다. 그는 테마공원에서 일하는 것을 원했기 때문에 학교에서 그 목표에 초점을 두었다. "내가 하고 싶어 하는 것을 들어주는 모든 선생님과 모든 사람들과 이야기를 계속하였다."고 말한다. "결국 나는 내가 해야 할 것을 찾아내기 위해 다른 엔지니어들과 이야기를 했다. 이것이 좋은 과목인가? 무엇이 내가 가져야 할 좋은 실제적 경험인가?"

학생들에 대한 조언
월은 매우 어려워 보이는 일에서의 장점을 보고 있다. "어렵다고 용기를 잃지 말라."고 말한다. "진짜로 어렵고 진짜로 바보같이 느껴질 때 두뇌는 진짜로 늘어나게 된다."

월이 극복해야 할 한 가지 어려움은 여자라는 것이다. "이 분야에는 여자가 매우 적으나 그것이 나를 실망시키지는 않는다."라고 말한다. "어려움을 겪게 될 때 꿈을 생각하면서 계속해서 그곳에서 일을 하면 결국에는 도달되어 있을 것이다."

▶ **알고 있나요?** 이 작은 기사는 공학적 발견에 관한 흥미로운 사실들을 강조한다.

알고 있나요?

페리스 대회전 관람차, 롤러코스터와 같은 놀이기구는 단순한 기계와 기구를 사용해서 에너지를 운동으로 변화시킨다. 이 운동이 모두에게 흥분과 즐거움을 제공한다. 놀이기구는 모두가 일이자 놀이라고 말할 수 있다.

- **용어:** 책에 나온 중요한 용어들을 정의하고 강조했다. 스스로 정의를 해봄으로써 각 장의 끝에서 자신이 얼마나 이해했는지를 시험할 수 있다.
- **지식 늘리기:** 각 장의 끝에서 활동, 문제와 프로젝트를 완성함으로써 얼마나 이해했는지를 시험하고 더 배울 수 있다.

강의자에게

공학입문은 학생들에게 설계과정, 그래픽의 중요성, 전기와 전자공학, 역학, 에너지, 통신, 생산공정, 자동화와 로봇, 그리고 제어 시스템의 응용을 소개한다. 이 책은 학생들이 공학과 관련된 직업과 교육 경로를 배우는 동안 기술 교육의 확고한 기초를 세우는 데 도움이 될 것이다. 일상 예제들은 엔지니어들과 그들의 혁신제품들이 주변 세상에 어떻게 영향을 미치는지를 보여준다. 분명하고 솔직한 서술 방식은 이 책의 강한 기술적 초점을 보충한다. 새로운 기술의 사회적 충격에 대한 논의는 학생들이 공학설계의 각 부분을 탐사하게 해줄 것이다. 마지막으로 각 장에서는 공학과 공학기술에서 가능한 직업 경로들을 탐색한다.

2판의 달라진 점

공학입문 2판은 최신 프로젝트 입문 교과과정을 지원하고 현재의 기술 발전 속도에 맞도록 충분히 개정되었다. 저자들은 지속 가능한 건축을 다루는 개정된 장을 포함한 현재의 공학 직업과 응용에 관한 정보를 보완하였다.

2판을 지원하기 위해 공학입문에 대한 새로운 보충자료가 개발되었다. 학생들은 공부에 도움이 되는 학습자료를 온라인에서 충분히 찾을 수 있다. 한편 강의자들은 평가와 수업관리 도구를 얻을 수 있다. www.cengagebrain.com 을 통하여 보충자료에 접근할 수 있는 방법을 안내하는 내용을 살펴보아라.

공학입문은 강의자가 적게 준비하고 더 많이 가르칠 수 있게 하는 몇 가지 도구를 포함하는 강의자용 자료 패키지가 있다.

- 강의자 매뉴얼
- 강의용 파워포인트
- 전산화된 문제은행
- 상관관계 표: 기술 교육을 위한 국제 기술교육 및 공학교육자 협회(ISBN)의 표준

보충자료

공학입문 2판에는 학생들이 성적을 높일 수 있도록 새로운 '기술 및 공학'의 보충자료가 있다.

'기술 및 공학'의 보충자료

- ▶ 전자책(eBook) −노트필기, 조사 기능이 있음
- ▶ 학습도구
    - 퀴즈
    - 플래시 카드(flash card)
    - 게임
    - 강의용 파워포인트
    - 기타

강의자들은 강의 자료와 다른 수업관리 도구를 이용하기 위해 보충자료를 사용할 수 있다.

이 보충자료를 이용하기 위해서는 홈페이지(www.cengagebrain.com)를 방문하라. 홈페이지에서 그 페이지의 맨 위에 있는 서치 박스(search box)로 책의 뒷 표지에 나온 제목에 대한 ISBN의 표준을 찾아라. 이것은 그 자료들을 찾을 수 있는 페이지로 이동할 수 있다.

추가 읽을거리

강의 자료 외에, 강의자들은 '추가 읽을거리'로부터 혜택을 받을 수 있다. 추가 읽을거리는 각 장에 있는 개념들과 직접 연결된 지어낸 이야기와 실제 이야기를 풍성하게 담고 있다. 기술 교사들과 영어 교사들에 의해 검토된 동시대와 역사적인 사진들이 혼합된 이 긴 이야기는 공학으로 이루어진 세상을 만드는 혁신과 발명 뒷이야기를 알려준다. 독서를 함으로써 과외 학습 기회가 주어지고, 과외 학습 기회는 교과과정을 통한 읽기와 쓰기를 통합하기 위한 적절한 자료를 교사들에게 제공한다.

공학입문과 프로젝트

이 책은 2006년 2월, 프로젝트 '길을 안내하라' 사의 제휴에서 나온 결과이다. 공학 교과과정을 개발하는 비영리재단으로서, 프로젝트 '길을 안내하라'는 학생들이 공학이나 공학기술에 관한 교육을 받기 위해 필요한 엄격하고 적절한 실제에 근거한 지식을 학생들에게 제공한다.

프로젝트 '길을 안내하라'의 교과과정 개발자들은 각 교과목에서 바로 전수하는 실제 현장 프로젝트를 만듦음으로써 학생들이 수학과 과학을 적절하게 배울 수 있도록 열심히 노력하고 있다. 프로젝트의 교과과정 목표를 지원하고 공학과 공학기술에서 프로젝트와 문제 중심 프로그램을 개발하기 원하는 교사들을 돕기 위하여, Delmar Cengage Learning은 프로젝트 '길을 안내하라' 교과목들을 보충하기 위한 아홉 가지의 완전한 시리즈의 책들을 개발하고 있다.

1. 기술입문
2. 공학설계 입문
3. 공학 원리
4. 디지털 전자공학
5. 우주 공학
6. 바이오 기술 공학
7. 토목공학과 건축
8. 컴퓨터 통합 생산
9. 공학 설계 및 개발

프로젝트 '길을 안내하라'의 진행 기획에 관해 더 알기 원한다면, www.pltw.org 를 방문하라.

감사의 글

저자들은 리차드 블라이스(Richard Blais)와 리차드 리비취(Richard Liebich)의 비전과 리더십에 의해 제공된 기술 교육 훈련에 관한 긍정적인 결과에 관해 감사를 드린다. 1996년 북부 뉴욕 주에서 중등학교 교사였던 블라이스는 공학개념을 중등학교 교과과정에 도입하는 일련의 기술교육 과목들을 조사, 개발, 평가하는 과정을 시작하였다. 이러한 새로운 공학입문 교과목들은 중등학교 졸업 후의 공학과 공학기술 프로그램에서 성공할 수 있는 경쟁력을 학생들에게 주기 위해 설계되었다. 이런 앞선 사고의 기획은 리비취 가문에서 설립한 자선 벤처 재단에서 재정적으로 지원하였다. 이 재정적인 지원은 프로젝트 '길을 안내하라'의 교과과정이 국가 최초의 공학에 초점을 맞춘 중등학교의 기술 교육 프로그램이 되게 하였다. 저자들은 블라이스의 비전과 리비취의 리더십에 대한 감사의 빚을 지고 있다. 저자들은 작게나마 공학입문이 그들의 비전과 리더십을 지원하기를 바란다.

저자들과 발행인은 이 책의 품질과 정확성에 기여한 아래 검토자들에게 감사를 드린다.

- 토드 벤즈(Todd Benz), 뉴욕 피츠포드, 피츠포드 멘든 고등학교
- 브렌트 블랙번(Brent Blackburn), 유타 케이스빌, 센터니얼 중학교

- 크리스틴 캘보(Christine Calvo), 캘리포니아 로즈빌, 쿨리 중학교
- 케이시 쿤(Casey Coon), 뉴욕 브록포트, 올리버 중학교
- 빌 간터(Bill Ganter), 플로리다 템파, 영 중학교
- 마이크 고만(Mike Gorman), 인디애나 포트웨인, 우드사이드 중학교
- 코니 핫체(Connie Hotze), 캔사스 위치타, 조셉 카톨릭 학교
- 제프 하우스(Jeff House), 뉴욕 처치빌, 처치빌–칠리 중학교
- 로비 재콥슨(Robby Jacobson), 위스칸신 랜카스터, 랜카스터 중학교
- 칼 크래머(Carl Kramer), 사우스 캘리포니아, 스프링필드 중학교
- 밥 쿠빈스키(Barb Kubinski), 텍사스 아링튼, 니콜라스 중학교
- 캐리 맥쿤(Carrie McCune), 인디애나 오로라, 사우스 디어본 중학교
- 켄 오델(Ken Odell), 뉴욕 처치빌, 처치빌–칠리 중학교
- 로렌 올슨(Lauren Olsen), 미네소타 빌록시, 빌록시 중학교
- 제프리 설리반(Jeffery Sullivan), 위스칸신 메노모니, 메노모니 중학교
- 빌 래(Bill Rae), 뉴욕 펜튼, 레이크 펜튼 중학교
- 파멜라 우르바넥 콰글리아나(Pamla Urbanek–Quagliana), 뉴욕 클러렌스, 클러렌스 중학교
- 매튜 워머스(Matthew Wermuth), 월든대학교
- 로라 위트워스(Lola Whitworth), 사우스 캘리포니아 웨스트민스터, 웨스트민스터 중학교

프로젝트 '길을 안내하라'를 개발한 교과과정의 개발자인 조안 돈안(Joanne Donnan)은 뉴욕 주의 갤웨이(Galway) 중학교의 교사로서 이 책의 상당 부분을 검토하였다. 또한 교과과정 개발자들인 비 제이 브룩스(B. J. Brooks), 샘 콕스(Sam Cox)와 웨스 테렐(Wes Terrell)은 프로젝트 '길을 안내하라'의 원고를 검토하였다.

저자 소개

죠지 이 로저스(George E. Rogers) 박사는 퍼듀대학교(Purdue University)의 교수이며 공학기술 교사 교육 책임자이다.

마이클 디 라이트(Michael D. Wright) 박사는 센트럴 미주리 대학교(University of Central Missouri)의 교육대학 학장이다.

벤 예이츠(Ben Yates)는 미주리 과학기술대학교의 프로젝트 '길을 안내하라'의 미주리 지부 부책임자이다. 예이츠는 전 교사, 학교 행정관리책임자, 그리고 대학 교수이다.

Gateway to Engineering 2nd Edition

George Rogers, Michael Wright, Ben Yates 원저

공학입문

배원병 · 임오강 · 김종식 역

CHAPTER 1

공학과 기술

Engineering and Technology

Menu

미리 생각해보기

이 장에서 개념들을 공부하기 전에 다음 질문들에 대해 생각하시오.

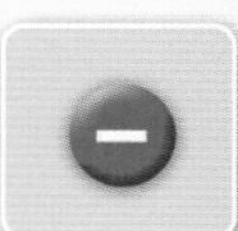

1. 공학이란 무엇인가?
2. 엔지니어와 공학 기술전문가는 어떻게 다른가?
3. 과학과 기술의 차이는 무엇인가?
4. 혁신과 발명의 차이는 무엇인가?
5. 공학 전문성이 나라의 경제적인 경쟁력과 우리 생활수준에 왜 중요한가?
6. 공학을 이용해 취업할 수 있는 분야는 어디인가?

COURTESY OF NASA

그림 1-1 아폴로 11호가 달 표면에서 탐사활동을 하는 동안 우주비행사 버즈 알드린(Buzz Aldrin)이 사진 촬영을 위해 미국 국기 옆에서 포즈를 취하고 있다.

> "나는 10년이 가기 전에 우리나라가 사람을 달에 데리고 갔다가 그 사람을 무사히 지구로 돌아오게 하는 목표를 달성하도록 맹세해야 한다고 믿습니다."
>
> — 존 에프 케네디 대통령, 1961.

공학의 실행

S T
E M

1961년, 존 에프 케네디(John F. Kennedy) 대통령이 인간 역사에서 가장 큰 공학적인 도전을 미국에 제안하였다. 그 당시에는, 달에 날아가서 인간이 홀로 있게 할 수 있는 기술이 전혀 없었다. 많은 사람들은 그것은 불가능하고 사람을 달에 보내는 것은 순전히 과학적인 공상이라고 말하였다(그림 1-1).

이러한 장애에도 불구하고, 첫 달착륙선 이글(Eagle)이 1969년 7월 20일에 달 표면에 착륙하였다. 그 다음 날, 닐 암스트롱(Neil Armstrong)이 우주선 밖으로 나와서 달에 발을 디뎠다. 그가 한 말은 지금도 유명하다. "한 사람으로서는 작은 한 걸음이지만 인류에게는 큰 도약이다(그림 1-2)."

COURTESY OF NASA

그림 1-2 아폴로 11호의 선장인 우주비행사 닐 암스트롱이 1969년 7월 21일에 달 표면에 발을 디딘 최초의 인간이 되었다.

미국항공우주국(NASA)에서 엔지니어들은 케네디 대통령의 중요한 목표를 달성하기 위해 수많은 기술적인 도전을 극복해야 했다. 그러기 위해 그들은 많은 프로젝트들을 조심스럽게 계획하고, 설계하고, 시험하였다. 각 프로젝트는 그들이 최종적으로 성공을 거둘 때까지 그들의 목표에 점점 더 가까워지게 하였다. 아폴로 11호 이후, 우주비행사들은 달에 날아갔다가 지구로 안전하게 귀환하는 사명을 여섯 차례 수행하였다.

알고 있나요?

우주 프로그램을 연구하고 있는 엔지니어들은 많은 신제품과 혁신제품을 세상에 가져다주었다. 극소형 전자공학을 이용하는 소비재, 가정용 연기검출기, 편광 선글라스, TV 위성방송, 배터리로 작동되는 공구들은 모두 우주 프로그램의 부산물이다.

1.1 공학과 기술

당신은 **엔지니어**(engineer), **공학**(engineering), **기술**(technology)이라는 용어들을 자주 들어보았을 것이다. 이 용어들은 현대 사회에서 중요하다. 많은 사람들은 이 용어들을 서로 바꿔 쓰기도 하지만, 실제로는 매우 다른 의미들을 가지고 있다.

공학 전문가들은 사람들의 삶을 더 좋게 만들기 위해 문제에 대한 해결책을 세운다. 공학 전문성은 여러 형태의 직업을 포함한다(1.3절 참조). 이 책에서 당신은 다양한 분야에서 일하면서 자신들의 가치 있는 기술들을 사회를 이롭게 하는 데 사용하고 있는 엔지니어들에 관해 배우게 될 것이다.

엔지니어는 누구인가?

엔지니어(engineer)는 사람들의 삶을 개선하기 위해 제품, 구조물이나 시스템을 설계하는 사람이다. 당신은 헤어드라이어, 헤어 아이론, 냉장고, 비디오 게임기, 스케이트보드, MP3 플레이어, 핸드폰과 같은 제품들을 매일 사용한다. 그리고 빌딩, 다리, 고속도로와 같은 공학적인 구조물들을 본다. 당신의 강의실을 둘러보아라. 책상, 의자, 컴퓨터, DVD 플레이어, 모니터, 화이트보드, 조명기구와 냉난방 시스템이 모두 엔지니어들이 설계한 제품, 구조물, 시스템들이다(그림 1-3).

엔지니어

사람들의 삶을 개선하기 위해 제품, 구조물이나 시스템을 설계하는 사람이다.

당신의 반 친구들이 쓰고 있는 안경이나 콘택트렌즈는 엔지니어들이 설계한 것이다. 다양한 스타일의 신발 또한 엔지니어들이 설계한 것들이다. 엔지니어들은 매우 정밀한 도면과 제품의 모형을 만든다.

엔지니어들은 팀에서 함께 일한다. 특히 공학설계가 복잡할수록 팀워크가 프로젝트를 성공으로 이끌기 때문에 다른 사람들과 함께 일을 잘 하는 것을 배우는 것이 중요하다. 인간의 필요와 요구를 만족시키기 위한 해결책을 세우기 위해 엔지니어들은 수학과 과학의 원리를 이용한다. 엔지니어들은 제품의 생산을 설계, 기획, 감독한다. 그러나 그들은 제품을 설계하는 것에 그치지 않는다. 엔지니어들은 제품을 만드는 기계들

그림 1-3 애플사의 아이폰과 같은 제품은 엔지니어들이 설계한 것이다.

공학 속의 수학

수학은 공학과 기술의 '언어'이다. 초기 문명사회에서 수학의 발전은 사람들에게 대성당 같은 보다 크고 복잡한 구조물을 건설하게 하였다. 오늘날 수학은 공학의 등뼈이다. 수학의 언어는 매우 상세하게 물체들을 기술할 수 있다. 엔지니어들은 물체를 실제로 만들지 않고 설계안들을 검토하기 위해 수학적 모델을 사용한다.

을 고안하기도 한다. 엔지니어들은 도로건설, 대량운송 시스템, 빌딩과 기타 구조물들을 설계하고 감독한다. 또한 그들은 해상, 육상, 공중 및 우주용 차량들을 설계한다. 이것은 사람과 제품만이 아니라 물, 기름, 천연가스와 같은 원자재를 이동시키는 방안도 포함된다.

엔지니어들은 에너지 자원들을 이용하여 일하는 데 쓸 전력을 만드는 방법을 계획하기도 한다. 엔지니어들은 언제나 햇빛, 바람, 물, 기름과 지열을 우리가 사용할 수 있는 동력으로 변환하는 더 나은 방법들을 연구하고 있다. 엔지니어들은 우리 삶의 질을 개선하고 환경을 보호하기 위한 방안들을 찾고 있다(그림 1-4).

엔지니어들은 설계방안을 세우고 해결방안들을 시험하기 위해 컴퓨터와 컴퓨터 이용설계(CAD) 소프트웨어를 사용한다(그림 1-5). 그들은 가끔 여러 부품으로 만드는 시스템을 설계한다(그림 1-6). 이 시스템들은 간단한 기계와 기구를 포함하기도 한다. 엔지니어들은 비용, 유용성, 효율과 같은 쟁점들을 연구한다.

엔지니어들은 우리의 환경을 보호하기 위해 그들이 설계한 제품의 전체 수명주기를 살펴본다. 그 유용성이 다 되었을 때, 그 제품에 무슨 일이 일어나는가? 그것을 땅에 묻어야 하는가? 혹은 재활용할 수 있는가?

오늘날 엔지니어들은 우리의 미래를 설계하고 있다. 그들은 건강보조기구, 소비재와 로봇을 설계한다. 핀 끝보다 작은 나노테크놀로지 기구뿐만 아니라 거대한 우주선도 설계한다(그림 1-7).

COURTESY OF SAN DIA NATIONAL LABORATORIES, SUMMIT™ TECHNOLOGIES, WWW.MEMS.SANDIA.GOV

그림 1-4 엔지니어들은 뉴멕시코 주의 앨버커키 근처의 풍력발전기처럼 청정, 재생 가능한 자원들을 이용하기 위한 방안들을 고안한다.

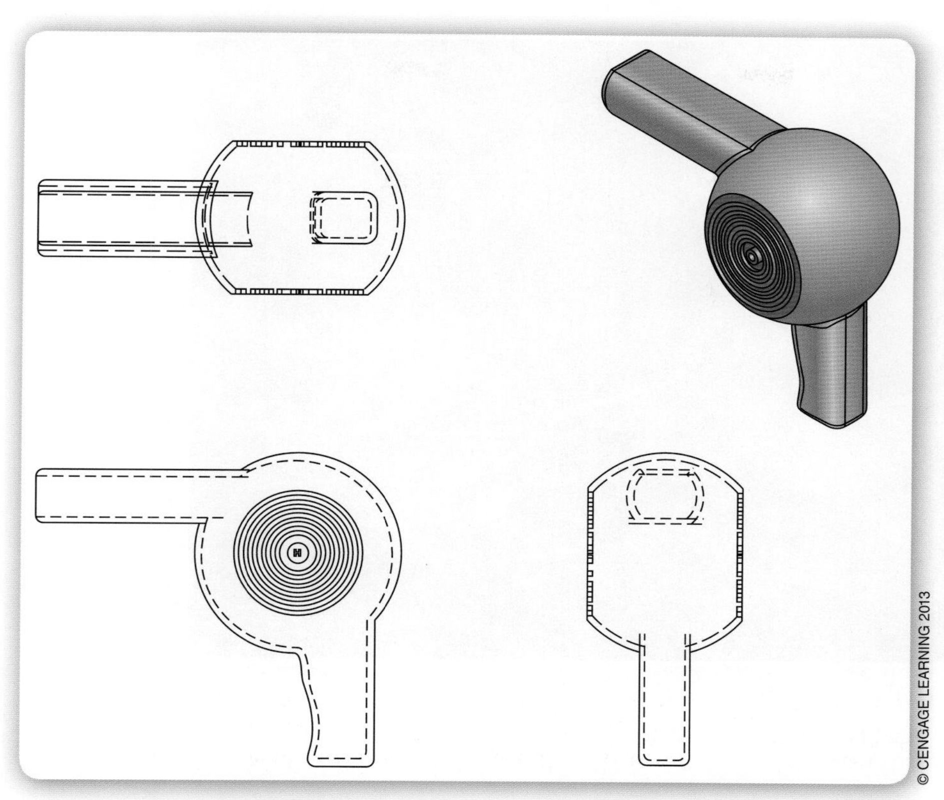

그림 1-5 이 그림은 CAD 도면의 예이다.

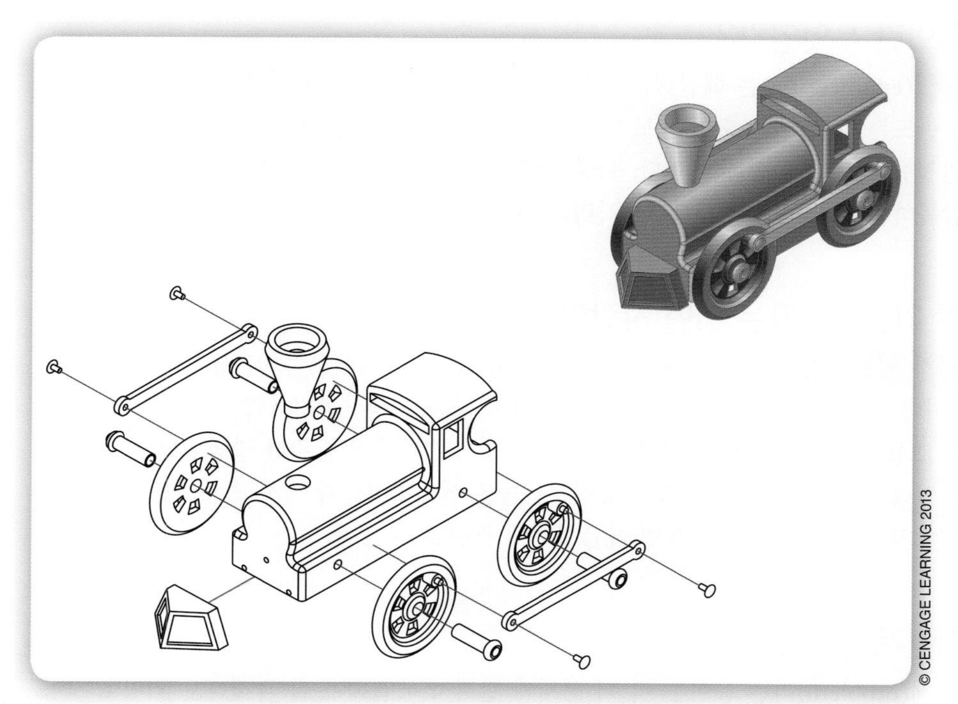

그림 1-6 이 CAD 도면은 여러 부품이 최종 제품으로 만들어지는 방법을 나타낸다.

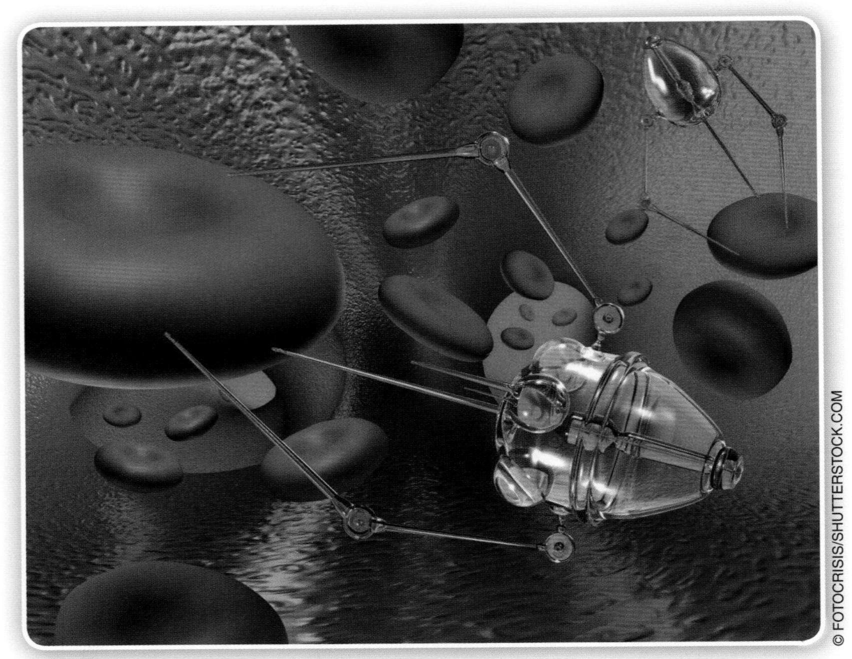

그림 1-7 엔지니어들은 혈관 안에서 움직일 수 있는 나노테크놀로지 로봇을 설계하고 있다. 어느 날 이런 로봇이 암을 치료하기 위해 세포에 약을 주입하는 데 쓰일 것이다.

공학이란 무엇인가?

공학

해결책을 만들어내는 과정이다.

공학(engineering)은 해결책을 만들어내는 과정이다. 공학 과정은 다른 사람들이 제품을 만드는 데 필요한 도면과 모형을 만드는 것을 포함한다. 이 도면들은 매우 정밀하고 완전한 정보를 제공해야 한다. 보통 각종 제품을 만들기 위한 생산공정을 설계하거나 감독하는 사람을 공학 기술전문가라고 한다.

공학 기술전문가는 어떤 사람인가?

공학 기술전문가

공학과 밀접한 분야에서 일하는 사람이다. 공학 기술전문가의 작업은 항상 실용적인 데 비해 엔지니어의 작업은 보다 이론적이다.

공학 기술전문가(engineering technologists)는 엔지니어보다 더 실용적이고 덜 이론적이다. 그들은 생산 세부사항들을 해결하고 제품을 생산하기 위한 시스템들을 설계한다. 그들은 물건을 만드는 데 사용되는 공구, 기계와 공정에 관한 광범위한 지식을 가지고 있다. 생산 분야에서 공학 기술전문가들은 엔지니어들과 생산 작업자들 사이에서 섬기는 역할을 한다. 그들은 또한 제품설계에 관련될 수 있다.

공학문제란 무엇인가?

문제(problem)라는 용어는 이 책 전체에 걸쳐서 해결해야 할 과제라는 의미로 사용된다. 공학에서 사용되는 문제는 부정적인 것은 아니다. 예를 들면, "집을 떠나 있는 동안 좋아하는 음악을 듣고 싶은데, 어떻게 수백 장의 CD를 가지고 갈 수 있을까?" 라는 문제에 대한 좋은 방법 중 하나는 MP3 플레이어를 이용하는 것이다.

기술

기술(technology)은 공학과는 다른 의미이다. 대부분의 사람들은 기술이라는 용어를 컴퓨터나 전자장치와 관련하여 사용한다. 그러나 '기술'은 더 구체적인 의미를 가지고 있다. 당신이 잠시 시간을 내서 그 단어를 사전에서 찾아본다면 의미가 '지식의 실제적인 적용' 혹은 '제품을 생산하는 기법'인 것을 확인할 수 있을 것이다. 그것은 '비법(know-how)'과 '할 수 있는 능력'과 관련되어 있다. 기술이라는 단어는 그리스어에서 나온 것으로 제품을 생산하는 기법을 말한다. 기술은 인간의 공정(human process)이고 발명과 혁신에 밀접하게 연결되어 있다. 오늘날 기술은 이중의 의미를 가지고 있다. 기술은 혁신과 발명의 연구를 의미하기도 하고 실제로 만들어진 제품이나 인공물을 말하기도 한다.

기술
(1) 사람의 필요와 요구를 만족시키는 제품을 만들기 위한 과정이다.
(2) 실제로 만들어진 제품과 인공물이다.

과학과 기술 **과학**(science)은 자연세계와 그것을 다스리는 법칙의 연구이고, 기술은 인간이 필요한 새로운 제품을 개발하기 위해 지식을 사용하는 것이다(그림 1-8). 이 제품들을 인공물이라 한다. 이것은 사람들이 자기 주변 세계를 조작, 제어 혹은 변화시키기 위해 자기의 지식을 사용하는 것을 의미한다. 고고학자들은 각 문명으로부터 인공물을 찾아내고 있다. 이것은 기술이 진실로 인간의 노력인 것을 증명한다. 기술은 우리를 인간되게 하고 동물과 구분되게 하는 것이다.

기술은 언제 시작되었는가? 기술은 첫 인류가 자기 주변 세계를 다루는 것을 배울

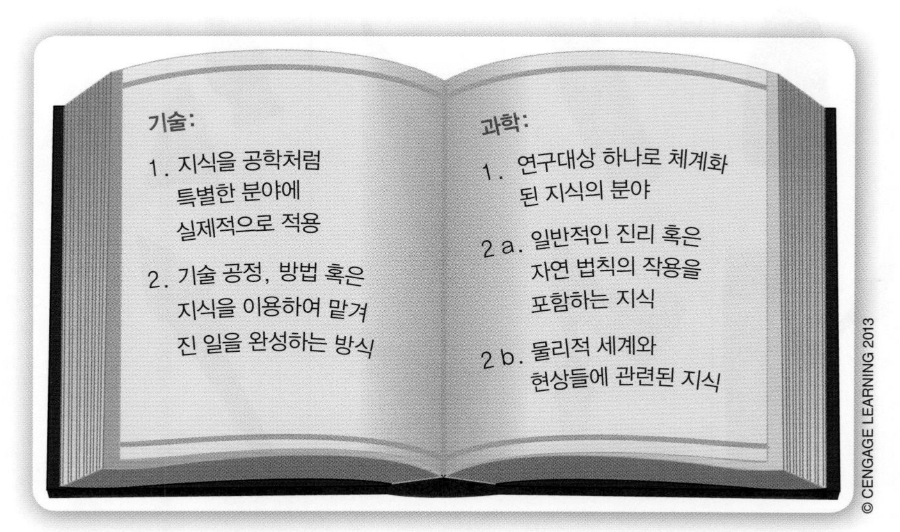

그림 1-8 기술과 과학의 정의.

공학 속의 과학

과학과 기술은 서로 보완적이다. 과학은 기술적인 장치가 왜 작동하는지를 설명한다. 과거에 사람들이 일하는 방법을 과학적으로 설명할 수 있기 전에 사람들은 기술적인 장치들을 개발하였다. 오늘날 과학과 기술은 서로 북돋우는 역할을 한다. 과학은 과학적인 연구를 진전시키기 위해 기술을 활용한다. 엔지니어들과 기술 전문가들은 그들의 설계들을 개선하기 위해 과학 원리를 활용한다.

때 시작되었으며 인류 역사만큼 오래되었다. 우리 조상들이 손도끼나 창을 만들기 위해 돌을 막대기에 붙들어 매는 방법을 발견했을 때(그림 1-9), 기술발전은 시작되었다. 곡식을 심고 거둠으로써 땅을 경작하는 법을 배운 것이 기술발전이었다. 기술발전의 속도는 컴퓨터와 월드와이드웹(world wide web)의 발전에 따라 **기하급수적**(exponential) 비율로 증가하고 있다. 이것은 기술이 점점 더 빠르게 발전하고 있는 것을 의미한다.

기술은 좋은가 나쁜가? 기술 그 자체는 좋지도 나쁘지도 않다. 인간이 기술을 사용하는 것에 따라 긍정적인 결과나 부정적인 결과를 얻을 수 있다. 예를 들면, 사람들이 자동차가 좋은 것이 되리라는 의도로 자동차를 발명하였을 때, 그 자동차는 사람들을

그림 1-9 초기 인류가 사용한 선사시대 도구.

지수의 증가율

변화의 지수의 증가율이라는 용어는 매우 급속한 변화율을 표현하기 위해 자주 사용된다. 수학적인 감각에서 지수의 증가율은 매우 구체적인 의미이다. 어떤 것이 정해진 형태로 증가하는 것을 의미한다. 2, 4, 8, 16, 32, 64로 나타낸 숫자의 순서는 지수의 증가율의 예이다.

자전거나 말을 이용하는 것보다 쉽게 이동할 수 있게 도왔다. 자동차를 개발한 사람은 많은 사람들이 자동차를 사용함으로써 생기는 공기오염과 자동차 사고로 죽는 사람들 수를 예상하지 못했다.

기술 개발은 네 가지 결과를 얻을 수 있다. 첫째, 의도했던 긍정적인 사용 혹은 결과다. 둘째, 처음 개발자가 의도하지 못했던 긍정적 사용일 수 있다. 셋째, 개발자가 예상했던 부정적인 결과다. 넷째, 개발자가 예상하지 못했던 부정적인 결과다. 이 결과들은 개인, 사회, 혹은 환경에 영향을 미친다. 기술 개발은 자주 윤리적인 쟁점에 관련된다(그림 1-10).

발명

발명(invention)은 전에 만들어진 적이 없는 것을 개발하는 과정이다. 발명품은 볼펜처럼 간단한 것일 수 있고, 컴퓨터처럼 복잡한 것일 수도 있다. 발명품들은 사회에 큰 충격을 줄 수 있다.

> **발명**
> 실험과 연구를 통해 고안된 예전에 없던 새로운 제품, 시스템, 공정이다.

예를 들면, 1947년 트랜지스터의 발명은 세상을 변화시켰다. 그 발명은 고체상태 회로와 디지털 전자공학에 대한 문을 열었다. 우리가 오늘날 사용하는 주요 전자장치들은 트랜지스터에 의해 만들어질 수 있었다(트랜지스터에 대한 더 자세한 정보는 16장을 참조). 다른 일반적인 예는 토마스 에디슨(Tomas Edison)에 의한 축음기의 발명이다. 에디슨 전에 녹음된 소리는 없었다.

오빌 라이트(Orville Wright)와 윌버 라이트(Wilbur Wright)는 처음으로 동력 비행기를 개발하였다(그림 1-11). 그 당시에 다른 사람들은 글라이더로 시도하고 있었지만, 라이트 형제는 최초로 동력 비행기를 날리려고 했었다. 그들의 유명한 비행은 1903년 12월 17일에 이루어졌다. 그들의 역사적인 비행에 이은 100년 동안에 전개된 상업적인 응용의 예에 관해서 생각해보자.

콤팩트디스크(CD)는 1965년 제임스 러셀(James Russell)이 발명했는데, 그는 CD

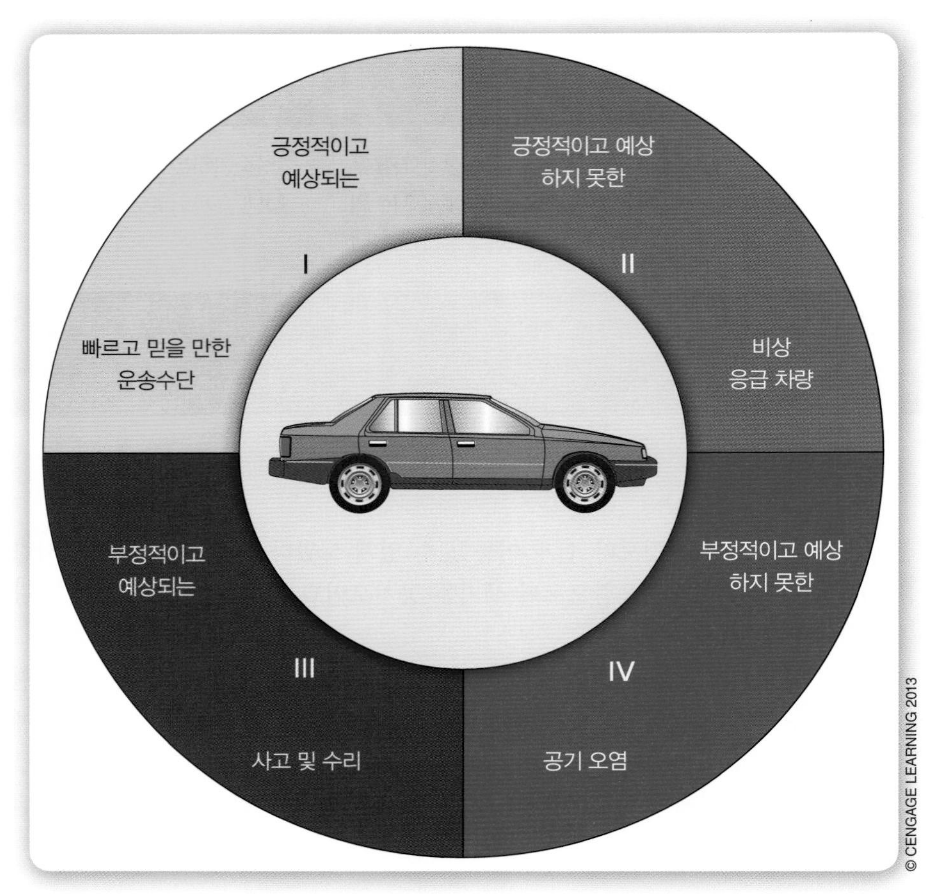

그림 1-10 기술은 긍정적인 결과와 부정적인 결과를 얻을 수 있다. 자동차는 어떤 긍정적인 결과와 부정적인 결과를 낳고 있는가?

그림 1-11 라이트 형제의 최초 동력 비행기.

그림 1-12 녹음 기술은 에디슨의 초기 축음기부터 오늘날 CD까지 먼 길을 왔다.

재생 및 녹음 시스템의 여러 부분에 대한 22건의 특허를 얻었다. 그러나 필립스사가 그 발명품을 상업적으로 판매하여 CD가 흔해진 1980년대 초반까지는 존재하지 않았다(그림 1-12). 발명품은 소비재 형태로 회사가 판매하기까지는 인기가 없었다.

발명품에 관한 책, 비디오, 웹사이트는 많이 있다. 발명가들은 각 나라와 사회에서 찾을 수 있다. 앞의 1000년의 마지막 세기에 많은 발명품이 있었다. 어떤 발명품은 원자 에너지나 우주여행처럼 굉장한 것이고, 어떤 것은 클립과 진공청소기같이 현실적인 것이다. 클립과 진공청소기가 우주여행처럼 흥미로운 것은 아닐지라도 그것들은 우리의 일상생활에 큰 영향을 미치고 있다.

특허 특허(patent)는 발명가의 아이디어를 보호하는 미국 특허청에 의해 발명으로 인정된 고유번호이다. 특허의 목적은 발명가의 아이디어를 훔쳐서 돈을 벌려고 하는 사람들을 배제하기 위한 것이다. 특허의 적용은 반드시 특허 대상의 도면과 그 작동 방법의 설명을 포함한다.

미국에서 1809년 5월 15일에 최초로 특허를 받은 여성은 메어리 키즈(Mary Kies)였다. 키즈는 모자를 만들기 위해 실크나 실로 밀짚을 짜는 방법을 발명하였다. 오늘날 수천 명의 여성들이 매해 특허를 받는다. 아프리카계 미국인 발명가 데이빗 크로스웨이트(David Crosthwait)는 난방 시스템, 냉장 및 진공펌프에 관한 39건의 미국 특허와 80건의 국제 특허를 가지고 있다. 그는 뉴욕에 있는 라디오시티뮤직홀과 록펠러센터의 난방 시스템을 설계한 것으로 잘 알려져 있다.

특허

제품의 제작, 사용과 판매에 대한 배타적인 권리를 17년 동안 보장하기 위한 정부와 발명가 사이의 계약이다.

혁신

기존 제품, 과정 또는 시스템의 성능 향상이다.

혁신

혁신(innovation)은 현재의 제품, 공정, 혹은 시스템을 개선하는 것이며, 발명보다 더 일반적인 것이다. 여러 회사들은 현 제품을 혁신함으로써 큰 성공을 거두고 있다. 간단한 예는 자전거이다. 18단 변속자전거(18-speed bicycle)는 3단 변속자전거(3-speed

© iSTOCKPHOTO/JUSTIN HORROCKS

그림 1-13 세그웨이는 개인 운송을 크게 변혁시키고 있다.

bicycle)를 개선한 것이다. 그러므로 그것은 혁신이다. 그러나 세그웨이(Segway)와 같은 개인차량은 인간 수송을 위한 완전히 새로운 기술이므로 발명품이다(그림 1-13). 혁신은 글로벌 경제에서 미국의 경쟁력의 토대이다.

당신은 CD가 축음기를 개선한 것이라고 생각할 것이다. 만약 그것이 사실이라면, CD는 발명품이 아닌 혁신제품이다. 그러나 CD는 발명품이다. 왜냐하면 CD는 완전히 새로운 형태의 녹음이기 때문이다. 두 장치 모두 녹음된 음악을 재생할지라도 두 장치는 완전히 다른 기술적인 공정을 거친다. 따라서 둘 다 발명품으로 분류된다.

5 왜 공학과 기술을 배우는가?

공학과 기술은 세상을 좋은 방향과 나쁜 방향으로 의미심장하게 변화시키고 있다. 공학은 사람이 달에 갈 수 있게 하였다. 우리는 해양(ocean)의 깊이를 탐사하고 칼자국을 내지 않고 우리 신체 내부를 볼 수 있게 되었다. 공학은 당신의 일상과 운송 형태에서부터 음악을 듣고 당신의 친구들과 의사소통하는 방법에 이르기까지 삶의 모든 부분에 영향을 미친다(그림 1-14). 만약 엔지니어가 없다면 삶이 어떻게 될지 상상할 수 있는가?

하루 동안 당신이 하는 것과 사용하는 것에 대해 생각해보라. 당신은 알람시계로 깨어나는가? 그 전기는 어디서 오는가? 그 전기는 어떻게 알람시계까지 도달하는가? 당신 집에 샤워하기 위한 온수가 나오는가? 그 물은 어떻게 당신 집에까지 오는가? 그 물은 당신 집을 통과하여 어떻게 이동하는가? 그 물은 어떻게 데워지는가? 당신은 요리하고 음식을 먹기 위해 주방기구나 전자레인지를 사용하는가? 썩기 쉬운 음식이 냉장고에 저장되어 있는가? 당신은 식탁 의자에 앉아 있는가? 당신의 집은 안락함을 유지하기 위해 난방을 하거나 냉방을 하는가? 당신의 집이 여러 요인들로부터 당신을 보호할 수 있는가?

대부분의 사람들은 당연히 그럴 것이라고 생각한다. 그러나 그것들은 모두 엔지니어들과 공학 기술전문가들에 의해 설계되고 생산된다. 우리가 필요로 하는 제품을 설계하고 생산하는 전문가들이 없다면 우리의 삶은 아주 비참해질 것이다. 공학과 기술을 공부하는 것은 당신이 사람들의 삶을 더 좋게 만드는 직업을 위한 설계 방안을 준비하게 할 것이다.

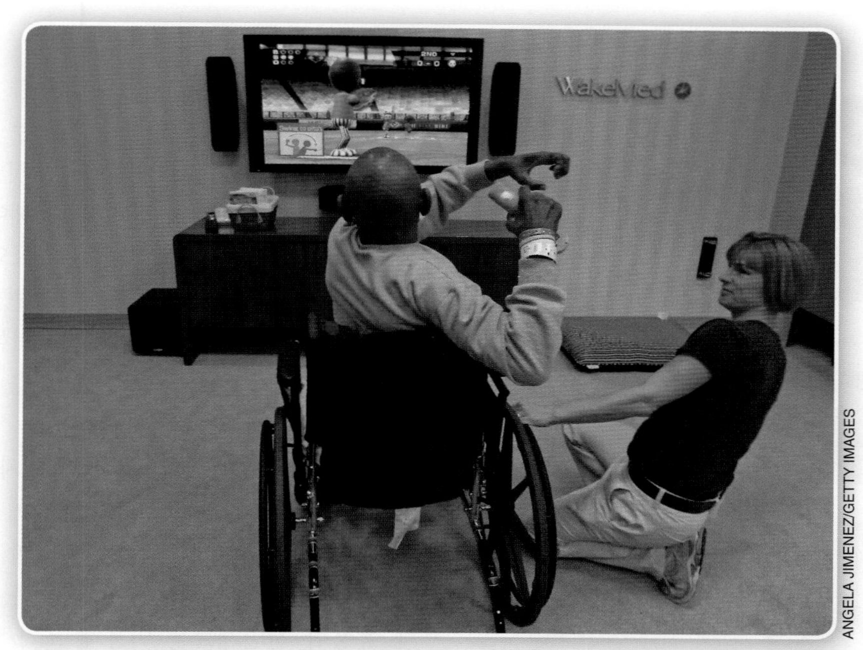

그림 1-14 엔지니어가 개발한 발명품과 혁신제품은 우리의 일상생활에 영향을 준다. 닌텐도의 게임기술은 즐기기 위해 개발되었다. 그러나 여러 요양원과 재활센터에서는 환자들을 물리치료하기 위해 위(Wii) 게임을 사용하고 있다.

덧붙여 우리가 익숙해진 생활 형태는 혁신과 발명을 통하여 꾸준히 성장해온 경제시스템의 결과이다. 제품을 설계하고 생산하는 것은 우리 현대 사회의 경제적인 엔진을 가동시키는 큰 부분이다.

1.2 기술의 진화

역사가 시작된 이래 기술은 사회와 문명을 정의하고 있다. 우리는 시간의 다양한 시대를 기술하기 위해 기술을 사용한다. 예를 들면, 초기 인류가 도구와 무기를 만들기 위해 돌, 뼈, 막대기를 사용하였기 때문에 우리는 석기시대라고 말한다. 청동기시대의 사람들은 다른 방법으로 모양을 만들 듯이 구리를 녹여서 틀에 부어넣는 방법을 배웠다. 철기시대로 불리는 시기 동안, 인류는 철광석을 도구, 무기와 다른 제품으로 만드는 법을 발견하였다. 산업시대는 공장과 생산이 급격하게 증가하던 시기이다. 정보시대는 지금 우리가 살고 있는 시대이다. 정보가 생산된 제품보다 더 가치 있기 때문에 정보시대라고 부른다.

© .SHOCK/SHUTTERSTOCK.COM

© DMITRY VINOGRADOV/SHUTTERSTOCK.COM

© MANA PHOTO/SHUTTERSTOCK.COM

그림 1-15 이 레크리에이션 기술은 인간의 필요와 요구의 결과인가?

사회의 필요와 요구

사람들은 자신들의 필요와 요구를 만족시키기 위해 기술을 개발한다. 필요는 삶을 유지하기 위해 없어서는 안 되는 것이고, 요구는 삶을 더 즐겁게 하기 위해 해야 하는 것이다. 기본 생존을 넘어선 필요와 요구는 다양한 사회에서 어느 정도 변한다. 사회의 문화가치는 사회를 발전시키는 기술의 형태와 기술이 사용되는 방법을 결정하도록 돕는다(그림 1-15).

한 지역에 있는 유용한 천연 원자재는 기술이 그 지역을 발전시키는 방법에 영향을 준다. 사람들이 살고 있는 다양한 형태의 집에 대해 생각해보자. 사람들은 과거에 유용한 천연재료를 이용해 초가집, 진흙집, 통나무집 혹은 얼음집을 지었다. 집의 설계와 건축은 유용한 천연재료뿐만 아니라 사람들의 필요와 요구의 결과이다.

기술과 사회

기술은 오늘날 각 문화의 부분이고, 인류 역사에서 각 문명의 부분이다. 그러나 다양한 문화와 문명은 다양한 기술을 개발하였다. 수천 년 전, 사람들은 신에게 경배하기 위해 놀랄 만한 구조물을 만들었다. 현대의 우리는 사람들의 삶을 개선하기 위해 기술을 사용한다. 이러한 것은 의약품의 개발부터 개인용 가정용구에 이르기까지 다양한 형태로 나타난다.

이집트 문명 고대 사회는 공학 분야에 의미 있는 기여를 하였다. 이집트의 왕들은 엔지니어, 장인과 노예에게 신들을 위한 거대한 기념상을 설계하고 세우도록 명령하였다. 당신은 아마 이집트의 피라미드를 잘 알고 있을 것이다. 피라미드는 고대사회의 경이로움의 하나로 알려져 있다. 이 예에서, 이집트인들의 필요는 종교적인 것으로 그들의 신들을 경배하고 죽은 뒤의 생을 위해 그들의 지배자들을 보호하기 위한 것이었다(그림 1−16).

© DUDAREV MIKHAIL/SHUTTERSTOCK.COM

그림 1−16 고대 이집트인들은 종교적인 목적으로 놀랄 만한 구조물을 만들었다.

로마 문명 초기 문명의 로마시대는 도시 건물들이 유명하다. 잘 알려진 예로는 과거 2000년 동안 살아남은 여러 원형극장과 도수관(aqueduct)이 있다(그림 1−17, 1−18). 이 공학 예들은 종교보다 사람들의 삶을 개선하기 위한 것들이다. 사회가 초기 문명들보다 더 민주적인 형태의 정부로 발전하면서 나라의 시민들이 사용할 구조물들이 중요해졌다. 로마에 살고 있는 사람들은 물을 공급하는 도수관과 쓰레기를 제거하는 위생 시스템으로부터 혜택을 누렸다. 그들의 제국을 가로지르는 도수관 시스템은 주요 공학적인 성취라고 여겨진다.

© ELENA ELISSEEVA/SHUTTERSTOCK.COM

그림 1−17 2000년 전 로마시대에 도수관 같은 공공사업 프로젝트를 개발하였다. 구조물들의 일부는 오늘날에도 사용하고 있다.

© IGOR KA RASI/SHUTTERSTOCK.COM

그림 1−18 로마 원형극장은 여전히 프랑스 아를(Arles)에 있다. 이것은 어떤 면에서 오늘날의 대형 육상경기장을 연상시키지 않는가?

르네상스 시대 르네상스 시대에 살았던 레오나르도 다빈치(Leonardo da Vinci)는 유명한 화가인 동시에 엔지니어, 발명가이자 혁신가, 건축가였다. 그는 많은 발명품을 설계하였다. 이들 중 헬리콥터, 회전하는 다리와 나는 기계와 같은 많은 것들은 만들 수 없었다. 왜냐하면 재료나 그것들을 만드는 방법을 몰랐기 때문이다. 당시 만들어진 발명품으로는 와이어의 강도를 시험하는 기계와 망원경을 위한 오목렌즈를 연마하는 기계가 있다.

르네상스 시대의 유명한 발명가 중 하나인 갈릴레오(Galileo)는 망원경과 처음으로 온도 변화를 측정할 수 있는 원시적인 온도계를 개발하였다. 그의 여러 발명품들은 잘 팔리지 않았다. 실제로 갈릴레오에게 재정적인 성공을 가져다준 것은 나침반의 개발이었다. 그의 나침반은 실제 생산 가격의 세 배로 팔렸다. 공학과 시장 사이의 연결은 이 시기 동안 의미 있게 성장하였다. 그래서 경제학이 공학 뒤에서 원동력이 되고 있었다.

산업혁명 산업혁명은 유럽에서는 17세기와 18세기에 시작되었고, 미국에서는 18세기와 19세기에 시작되었다. 이 시대에 많은 공작기계가 발명되었다. 그들 중 몇 가지는 오늘날 우리가 여전히 사용하고 있다. 산업혁명 때문에 사람들은 처음으로 대형 생산공장을 만들 수 있었다(그림 1-19). 최초의 생산공장은 수력으로 움직였다. 이것은 기계에 동력을 공급하기 위해 흐르는 물의 에너지를 이용할 수 있도록 공장과 물방아가 강

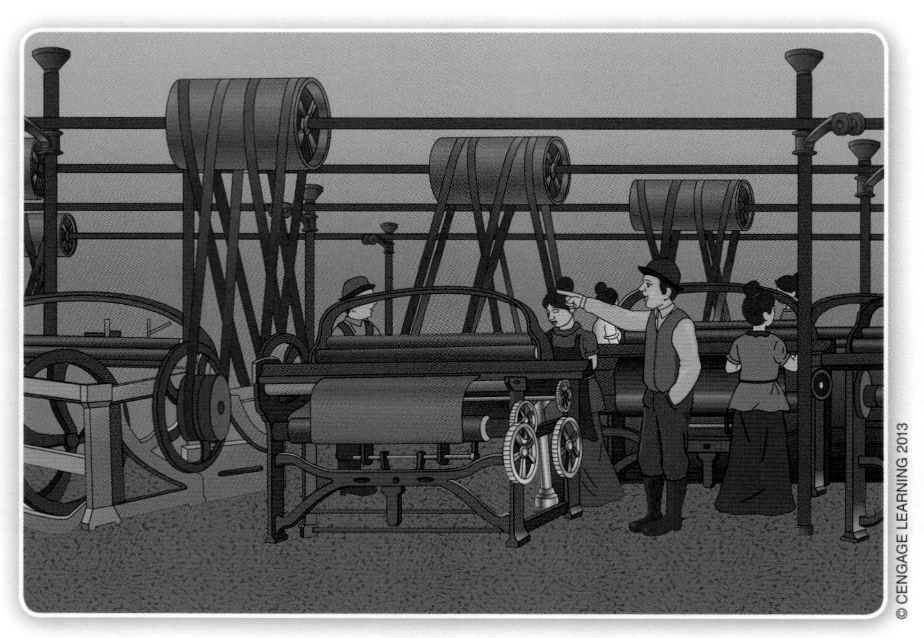

그림 1-19 스팀 엔진의 발명은 산업혁명에 상당한 기여를 했다.

위에 자리를 잡은 것을 의미했다. 그러나 스팀 엔진의 발명으로 동력원을 이동할 수 있게 만들었다. 이것은 공장이 어느 곳에나 자리를 잡을 수 있게 하였다. 스팀 엔진은 짐마차들에 놓였고, 이것은 철도의 발전을 가져왔다.

산업혁명의 다른 주요 발전은 대량생산을 통한 부품의 표준화(부품을 교환 가능하게 만드는 것)였다. 이 시기 전에 각 장인은 스스로 부품들을 만들었다. 그 당시에는 대체부품을 사기 위해 부품대리점에 갈 수 없었다. 왜냐하면 표준화된 대체부품이 없었기 때문이다. 교환 가능한 부품은 우리의 생활수준을 높이는 데 기여한 공학 개발품 중의 하나다.

오늘날의 사회 현대 사회에서는 과거에 있었던 새로운 발명품들과 혁신제품들이 폭발적으로 증대하고 있다. 발명과 혁신은 현대 경제의 중심에 있다. 이 발명품들은 상업화되어왔고 당연히 우리 생활의 큰 부분으로 여기고 있다. 이 발명품과 혁신제품은 편리와 오락 이상의 것이다. 그것들은 세계 경제를 활성화시키고 우리가 익숙한 삶의 방식을 제공하고 있다.

컴퓨터의 개발은 20세기 가장 중요한 발명이다. 어떤 컴퓨터 칩은 우리 삶의 모든 측면에서 영향을 미치는, 우리가 사용하는 거의 모든 전자장치에 쓰인다. 그러나 실제로 과거 세기의 가장 중요한 개발은 아마 세상에 전력을 공급한 것일 것이다. 손쉽게 얻을 수 있는 전기가 없이 우리는 컴퓨터, 인터넷, 냉장고나 중요한 생명 유지 장치를 사용할 수 없다.

그림 1-20 우리는 가끔 제품 뒤에 있는 공학을 깨닫지 못하고 혁신을 당연한 것으로 생각한다.

공학 직업 조명

이름
제임스 더불유 포비스(James W. Forbes)

직위
포드자동차(Ford Motor Company)의 테크니컬 리더

직무 설명
포비스는 초기 제품개발부에서 일하고, 자동차의 개념설계를 한다. "우리는 소비자들에게 어필할 자동차의 아이디어를 찾고 있다."라고 그는 이야기한다.

포비스는 판매부서와 함께 소비자들이 운전하고 싶은 승용차와 트럭의 종류에 관해 인터뷰를 한다. 그다음 그는 소비자들의 말을 공학적인 언어로 바꾼다. 예를 들면, 소비자가 자기 가족들이 탈 수 있는 차를 원할 때, 포비스는 가족들의 몸무게는 얼마이고, 키는 얼마인가를 파악해야 한다. 이 정보는 엔진 크기, 타이어 크기와 실내 공간에 영향을 미친다.

가끔 포비스는 소비자들이 좋아하는 의상 디자이너와 같이 특별히 자동차와 관련이 없는 질문들을 소비자들에게 한다. 이것은 차량의 내부를 새롭게 만드는 실마리를 제공한다.

교육
포비스는 워체스터 공과대학(Worcester Polytechnic Institute)에서 기계공학으로 학사와 석사를 받았다. 그는 전문 엔지니어 자격증을 가지고 있다. 그는 젊은 엔지니어들에게 전문 엔지니어 자격증을 갖도록 권장하고 있다. 이 자격증을 받기 위해 엔지니어들은 주정부가 시행하는 시험을 치르고 현장 경험을 증명해야 한다. 이 시험을 통과하게 되면, 고속도로와 다리와 같은 공공사업 프로젝트에서 주정부, 연방정부나 지방정부를 위해 일하거나 고문(consultant)으로 봉사할 수 있는 면허를 받게 된다.

학생들에 대한 조언
포비스는 학생들이 학교에서 배운 공학이 현장의 공학과 다르다는 것을 이해하기를 원한다. 학교에서는 학생이 혼자서 지식의 핵심 부분들을 찾아야 한다. 그러나 현장에서 공학은 일종의 팀 스포츠다. 포드사에서 수백 혹은 수천 명의 사람들이 각 프로젝트에 기여한다. 그는 공학은 상호작용할 기회가 풍성하다는 것을 강조한다.

포비스는 학생들에게 프로젝트 기반 교과 과정을 가진 대학에 들어가도록 권유한다. 그가 다닌 대학은 그런 접근법을 채택하고 있었고, 그것이 그가 현장에 적응하는 데 도움이 되었다. 포드사는 그의 첨단측정기법에 관한 석사학위 논문에 좋은 인상을 받아서 졸업 직후 그를 바로 채용했다.

포비스는 많은 고용주들이 해외에 관심을 두고 있기 때문에 특히 언어 과목이 중요하다고 느낀다. "오늘날 공학은 완전히 하나의 글로벌 사업이다."라고 그는 말한다. "매일 우리는 유럽, 남아메리카와 아시아와 함께 일하고 있다."

1.3 공학 직업과 기술 교육

공학은 실제 문제들을 해결하는 창의적인 설계를 통하여 수학과 과학을 응용하는 다양한 취업 방향(career path)을 포함한다. 공학과 기술 분야의 직업을 위해 학생들을 준비시키는 교육 프로그램이 대부분의 고등학교와 대학이 설치되어 있다.

공학 및 기술과 관련된 직업

엔지니어는 기술적인 문제에 대한 해결책을 세우는 사람이다. 그들은 정부기관이나 개인 회사에서 일하고 있다. 공학은 다양한 취업 방향을 가진 흥미롭고 색다른 분야다. 사람들이 세상을 살기 좋은 곳으로 만들기 위해 일하고 있다는 것을 알기 때문에, 공학은 매우 보상을 받는 직업이다.

우주공학 우주 엔지니어(aerospace engineer)는 하늘을 나는 기계를 설계한다. 이 기계들은 초경량 글라이더처럼 작을 수도 있고 국제우주정류장처럼 클 수도 있다(그림 1-21). 우주 엔지니어들은 항공기, 우주선과 미사일을 설계하고 개발한다. 그들은 헬리콥터, 상업용 제트 여객기, 전투기 혹은 우주왕복선처럼 특별한 형태에 집중할 수 있다.

우주 엔지니어
하늘을 나는 기계들을 설계하는 사람이다.

COURTESY OF NASA

그림 1-21 국제우주정류장은 다양한 나라에서 온 항공 엔지니어들로 이루어진 팀이 관련되는 매우 복잡한 공학프로젝트다.

우주 엔지니어의 형태는 항공 공학과 우주비행의 두 가지다. 항공 엔지니어는 항공기와 함께 일하고 우주비행 엔지니어는 우주선과 같이 일한다.

토목 엔지니어

공적 프로젝트(고속도로, 다리, 위생시설, 용수처리 시설) 건설을 설계하고 감독하는 사람이다.

토목공학 현대 사회는 토목 엔지니어(civil engineer)가 만든 흥미를 돋우는 작품들의 일부인 많은 웅대한 빌딩과 다리를 가지고 있다. 토목 엔지니어들은 삶의 질에 직접적으로 영향을 미친다. 토목 엔지니어들은 다양한 문제들을 해결한다. 그들은 고속도로와 다리를 설계한다(그림 1-22). 그리고 그들은 깨끗한 수돗물을 저장하고 광범위한 파이프 망을 통해 당신의 집으로 공급하는 방법을 결정한다.

토목 엔지니어들은 홍수를 제어하고 오염이 적은 발전소를 설계함으로써 환경을 보존하기 위해 일한다. 토목 엔지니어들의 일은 경제를 튼튼히 하고 모든 사람들의 삶의 질을 개선하는 것이다.

전기 엔지니어

전자 시스템과 제품을 설계하는 사람이다.

전기공학 전기 엔지니어(electrical engineer)는 전자 시스템과 제품을 설계한다. 이 시스템들은 글로벌 포지셔닝 시스템(GPS) 기술부터 전기를 생산하는 발전소에까지 이른다. 그들이 설계하는 제품들 중에는 TV와 MP3 플레이어처럼 우리 일상생활의 부분이 된다. 다른 것들은 당신과 매일 함께 있지만 TV 방송 시스템 혹은 냉난방 시스템을 위한 자동 온도조절계처럼 당신의 눈에는 잘 띄지 않는다. 여러 전기 엔지니어들은 건강보조와 컴퓨터 기술에 관련된 제품과 시스템과 함께 일한다.

환경 엔지니어

환경 유지와 보호를 위해 해결책을 세우는 사람이다.

환경공학 당신이 짐작하듯이 환경 엔지니어(environmental engineer)는 환경에 관련된 문제들을 해결한다. 이런 이유로 생물학과 화학의 튼튼한 배경지식이 필요하다.

© ANNA SHAKINA/SHUTTERSTOCK.COM

그림 1-22 캘리포니아 샌프란시스코에 있는 금문교와 같은 다리는 토목 엔지니어에 의해 설계되었다.

환경 보호 및 유지, 공기 및 수질 오염 제어, 쓰레기 처리와 공공 건강에 관한 쟁점들이 환경 엔지니어들의 일들이다. 예를 들면, 대도시의 수처리 시설은 공중의 건강을 유지하는 데 중요한 것이다. 환경 엔지니어들은 진실로 전체적으로 생각하고 국부적으로 행동해야 한다.

산업공학 일단 제품이 설계되면 생산공장에서 생산되어야 한다. **산업 엔지니어**(industrial engineer)는 제품을 생산하기 위한 가장 효과적인 방법을 설계한다. 생산은 오늘날 매우 경쟁이 있는 글로벌 사업이다. 생산성을 높이기 위해 산업 엔지니어들은 사람과 기계가 상호작용하는 방법을 살펴보아야 한다. 그들은 재료들이 가장 효과적인 방법으로 가공 처리되도록 노력해야 한다. 산업 엔지니어들은 "새로운 로봇장치에 수백만 달러를 투자하는 것이 생산성을 개선하는 데 충분한 가치가 있는가?"라는 질문에 답해야 한다.

기계공학 기계공학은 공학 중에서 가장 넓은 범위의 하나다. 기계 엔지니어(mechanical engineer)는 에너지, 재료, 공구와 기계에 관련된 넓고 다양한 문제들을 다룬다. 그들은 단순한 장난감부터 매우 크고 복잡한 기계에 이르기까지 모든 종류의 제품들을 설계한다. 그들은 유체, 고체 혹은 가스와 관련된 일을 하는 제품과 기계를 설계할 수 있다. 기계 엔지니어들은 또한 내연기관, 엘리베이터와 에스컬레이터, 냉장고와 에어컨과 같은 기계들을 설계한다.

기계 엔지니어

장난감에서부터 크고 복잡한 기계를 설계하는 사람이다.

공학 기술 공학 기술전문가는 공학과 밀접하게 관련된 분야에서 일하지만, 그들의 일은 이론적인 엔지니어들의 일보다는 더 실용적인 일이다. 가끔 공학 기술전문가들은 맡겨진 일을 완성할 수 있는 최선의 방법을 결정하기 위해 엔지니어들과 과학자들과 함께 일한다. 왜냐하면 기계와 공정에 대해 더 자세하게 이해해야 하기 때문이다. 그들은 건설에서 생산까지 다양한 분야에서 일한다. 생산에서 공학 기술전문가들은 설계, 생산, 시험, 보수, 혹은 품질관리에 관련될 수 있다.

고등학교 과정

고등학교에서 학생들에게 공학과 기술 분야에서 취업을 준비하도록 돕는 교육과정이 있다. 당신은 고등학교 졸업 후에 공부할 공학 분야를 모르거나 전문대학에 갈지 4년제 대학에 갈지 몰라도, 그런 교육과정을 고등학교에서 선택하는 것은 당신에게 탄탄한 배경지식을 제공하고 장래를 위한 대비가 될 것이다.

특히 당신은 수학과 과학에 기술과 공학 원리를 응용하는 교과목들이 결합된 교과목들을 고려해야 한다. 이들 고등학교 교과목들은 공학원리와 설계, 제도, 디지털 전자공학, 컴퓨터 통합 생산, 항공기술, 토목공학과 건축과 같은 주제들을 보다 깊이 탐색할 수 있을 것이다. 이 교과목들은 당신이 과학, 기술, 공학과 수학에서 전수지식(hand-on-knowledge)과 기능을 확립하도록 도울 실험 부분들을 가지고 있을 것이다. 고등학교에서 이런 교과목들을 선택하는 것이 공학과 기술에서 어떤 직업이 당신에게 합당한

지를 결정하도록 도울 것이다(그림 1-23).

BLEND IMAGES/ARIEL SKELLEY/THE AGENCY COLLECTION/GETTY IMAGES

그림 1-23 전수 프로젝트(hand-on-project)는 공학과 기술 교과목에서 중요하다. 이 교과목에서 수행할 과제와 프로젝트는 공학 아이디어가 일상생활에 어떻게 적용되는가를 이해하는 데 도움이 될 것이다.

대학 과정

이제 당신이 직업탐색과정(career planning process)을 시작할 시간이다. 당신의 학교 상담원과 방문약속을 정하고 상담원에게 공학 및 기술 분야의 직업에 관해 더 배우는 데 관심이 있다고 확실히 말하라. 공학 혹은 공학 기술에서 직업탐색과정에 들어갈 때, 선택할 수 있는 대학은 수백 곳이 있다.

전문대학(2년제 대학) 전문대학은 공학과 기술에 관련된 응용과학의 전문학사 학위를 수여한다. 이 프로그램들 중 일부는 4년제 대학 수준의 공학 프로그램들이다. 그것은 당신이 전문대학에서 학위를 마친 후에 쉽게 상응하는 대학 프로그램에 편입할 수 있는 것을 의미한다. 공학 기술 학사는 매우 비슷한 명칭과 작업 환경 면에서 공학사와 유사하다.

4년제 대학 4년제 대학은 공학과 기술 두 가지 학사 학위를 수여한다. 공학사는 공학 기술 학사보다 더 이론적일 수 있다(그림 1-24). 전형적으로 엔지니어들은 해결책을 세우는 데 더 관심이 있고, 공학 기술 전문가들은 엔지니어의 설계를 가지고 최종제품을 만드는 것에 더 관련되어 있다. 두 작업은 사람들과 사회를 도울 수 있는 해법을 찾기 위하여 서로 협력해야 한다.

공학에서 직업을 선택하고 고등학교 교과목을 계획하는 것에 관해

- 항공공학
- 농업공학
- 건축공학
- 생체공학
- 화학공학
- 토목공학
- 컴퓨터공학
- 전기전자공학
- 환경공학
- 산업공학
- 생산공학
- 재료공학
- 기계공학
- 광산공학
- 원자력공학
- 석유공학
- 소프트웨어공학

© CENGAGE LEARNING 2013

그림 1-24 공학자의 분야.

당신의 학교 상담원을 방문하는 것과 함께 당신의 부모와 직업탐색방법에 대해 상담을 해야 한다. 이제 공학 혹은 공학 기술에서 흥미가 있고 보람이 있는 직업에 관해 생각해 보자.

공학 과제

직업 탐색

이 장에 열거된 공학 분야 중 하나를 연구하시오. 다음 질문에 답을 하고, 당신이 이 직업 분야에 관해 아는 흥미로운 사실들을 보고서로 작성하시오.

1. 당신은 어떤 공학 분야를 연구했는가?
2. 당신이 이 활동에 사용한 정보의 소스를 열거하시오.
3. 당신이 선택한 분야의 업무에서 수행할 네 가지 활동들을 제시하시오.
4. 당신은 어떤 조건에서 일할 것인가? 예를 들어, 생산공장에서 책상에 앉아 일할 것인가? 작업현장 밖에서 일할 것인가?
5. 당신은 팀으로 일할 것인가? 개인으로 일할 것인가?
6. 의사소통, 수학, 과학, 기술 지식 분야에서 필요한 세부 기능 혹은 교육수준은 어느 정도인가?
7. 고등학교, 전문대학, 대학에서 필요한 교육수준은 어느 정도인가?
8. 이 분야의 평균 연봉은 얼마인가?
9. 이 분야의 고용전망은 어떠한가? 향후 5~10년간 필요한 사람의 숫자는 얼마인가?
10. 이런 엔지니어를 어떤 회사가 고용할 것인가?

요약

이 장에서 배운 학습내용

- 엔지니어는 제품, 구조물, 혹은 시스템을 설계하는 사람이다.
- 공학은 사람들의 삶을 개선하기 위해 기술적인 문제의 해결책을 세우는 과정이다.
- 과학은 자연세계와 그것을 다스리는 법칙에 관한 학문이고, 기술은 인간의 필요와 요구를 만족시키기 위해 새로운 제품을 개발하는 방법에 관한 것이다.
- 기술은 좋은 목적 혹은 나쁜 목적으로 사용될 수 있다. 그리고 예상했던 결과와 예상하지 못했던 결과를 둘 다 가져올 수 있다.
- 발명은 완전히 새로운 해결책을 개발하는 과정이다.
- 혁신은 현재의 해결방안을 개선하는 과정이다.
- 엔지니어와 발명 과정은 경제 성장에 중요하다.
- 공학 전문성은 나라의 경제적 경쟁력과 생활수준에 대해 중요하다.
- 여러 다양한 공학 직업들이 있다.

각 용어들에 대한 정의를 쓰시오. 마친 후에, 자신의 답을 이 장에서 제공된 정의들과 비교하시오.

엔지니어	발명	토목 엔지니어
공학	특허	전기 엔지니어
공학 기술전문가	혁신	환경 엔지니어
기술	우주 엔지니어	기계 엔지니어

지식 늘리기

다음 질문들에 대하여 깊게 생각하여 서술하시오.

1. 지난 100년 동안에 가장 중요한 발명품 혹은 혁신제품은 무엇인가? 이 발명품 혹은 혁신제품에 의한 직접적인 결과들을 설명하시오. 그것이 사람들과 환경에 어떤 영향을 주었는가?
2. 과학과 기술을 비교하시오.
3. 기술이 우리 사회에 어떤 영향을 주었는가? 긍정적인 영향과 부정적인 영향을 설명하시오.
4. 기술이 환경에 어떤 영향을 주었는가? 긍정적인 영향과 부정적인 영향을 설명하시오.
5. 발명과 혁신의 근본적인 차이는 무엇인지 설명하시오.
6. 특허의 목적은 무엇이고 우리 사회에서 특허가 중요한 이유를 설명하시오.

CHAPTER 2

기술 자원과 시스템

Technological Resources and Systems

Menu

미리 생각해보기

이 장에서 개념들을 공부하기 전에 다음 질문들에 대해 생각하시오.

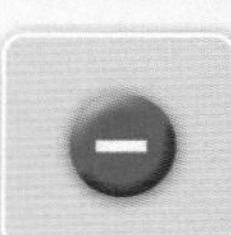

1. 공학과 기술에서 어떤 자원이 필요한가?
2. 기술 시스템이란 무엇인가?
3. 폐 루프 시스템이란 무엇인가?
4. 공학과 기술은 환경에 어떻게 영향을 미치는가?
5. 공학과 기술은 사회를 어느 방향으로 향하게 하는가?
6. 사회는 공학과 기술의 발전에 어떻게 영향을 미치는가?

POPPERFOTO/GETTY IMAGES

그림 2-1 헨리 포드는 자동차를 만들기 위해 더 좋은 방안을 세웠다.

공학의 실행

자동차를 만들기 위한 더 나은 방안

헨리 포드(Henry Ford)는 임시변통과 실험을 좋아하는 뛰어난 문제해결사였다. 사람들이 믿고 있는 것과 다르게 포드는 자동차나 대량생산 시스템을 발명하지 않았다. 그러나 그는 자동차를 대량으로 생산하는 새롭고 혁명적인 방법을 개발하였다(그림 2-1). 그의 개선은 이동하는 조립라인에 있는 작업자들에게 부품들을 공급하는 것이었다. 그 당시 다른 공장에서는 작업자들이 움직이고 부품들은 한 곳에 놓여 있었다. 포드의 생산기법은 정교한 컨베이어 시스템을 필요로 하였다. 이 공정이 작업자들이 일정한 작업에 전문화되게 하였다.

모델 T 자동차의 실물 크기의 생산은 포드를 유명하게 만들었다. 그러나 모델 T가 자동차 대량생산의 첫 번째 시도는 아니었다. 실제로 모델 A, 모델 B, 모델 C 등이 있었다. 고집과 문제해결이 공학 과정에서 중요하다.

2.1 기술 자원

1장에서 배운 것과 같이 엔지니어들은 제품, 구조물 혹은 시스템을 설계한다. 그들은 문제를 해결하기 위해 수학과 과학 원리를 응용한다. 자원은 가치가 있고 인간의 필요와 요구를 만족시키기 위해 사용될 수 있는 것이다. 공학과 기술 분야는 일곱 가지 핵심 자원들을 사용한다.

(a) 사람
(b) 에너지
(c) 자본
(d) 정보
(e) 도구와 기계
(f) 재료
(g) 시간

기술 자원
가치가 있으며 인간의 필요와 요구를 만족시키기 위해 사용될 수 있는 자원이다.

이러한 **기술 자원**(technological resource)은 공학과 기술의 중요 요소이다. 어느 것이 가장 중요하다고 생각하는가? 1장으로 돌아가서 생각해보자. 우리는 기술을 인간의 활동으로 정의하고, 역사가 시작된 이후 사람들은 기술을 사용하여왔다. 공학 과정은 오늘날 우리 조상들이 사용했던 일곱 가지 자원들에 의존하고 있다(그림 2-2).

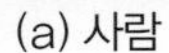
(a) 사람

(b) 에너지

(c) 자본

(d) 정보

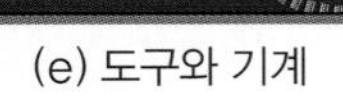
(e) 도구와 기계

(f) 재료

(g) 시간

그림 2-2 일곱 가지 기술 자원들.

공학 속의 수학

S T E M

수학은 공학에서 중요하다. 수학을 통해 각 기술 자원이 개발되고, 측정되고, 평가되거나 배분된다.

기술 자원 1: 사람

사람들은 각 측면에서 기술과 관련되어 있다. 당신이 기술에 관해 생각할 때, 공학은 실제로 문제를 푸는 형식이다. 사람은 타고난 문제해결자이다. 사람 없이는 공학과 기술이 존재할 수 없다. 그러므로 사람들은 가장 중요한 자원이다(그림 2-3).

사람들은 창의적이다. 실제로 국제기술 및 공학교육자협회(ITEEA)는 기술을 '인간 독창성의 실행'이라고 정의하였다. 독창성은 문제를 해결하기 위한 천부적인 능력이며, 공학을 가동시키는 힘이다.

사람들은 여러 기술 능력을 가지고 있다. 그들은 그들의 능력을 제품을 생산하는 여러 측면에 끌어들이고 있다. 제품이 휴대폰이나 MP3 플레이어와 같은 것이 될 수 있다. 또한 제품이 웹페이지를 전개하게 돕는 전자신호나 프로그램 코드일 수도 있다.

그림 2-3 사람들은 공학과 기술에서 가장 중요한 자원이다.

알고 있나요?

헨리 포드(Henry Ford)는 자동차를 발명하지 않았다. 포드는 자동차를 만드는 더 좋은 방법을 발명함으로써 부를 얻었다(그림 2-4). 그 결과의 하나로 그는 세계에서 가장 부유한 사람들 중의 하나가 되었다. 포드는 생산공정의 효율을 증가시킴으로써 비용을 상당히 줄일 수 있었다. 더 많은 사람들이 자동차를 살 수 있었고, 헨리 포드에게 고맙게 생각한다.

그림 2-4 헨리 포드는 자동차를 발명하지 않았지만, 자동차를 생산하기 위한 더 효율적인 방법을 개발했다.

기술 자원 2: 에너지

에너지
일을 할 수 있는 능력이다.

일
어떤 물체를 정해진 거리만큼 이동시키는 데 얼마의 힘이 필요한가를 설명하기 위한 용어이다.

간단히 표현하면 에너지(energy)는 일할 수 있는 능력이다. 이 경우에 일(work)은 직업이나 당신이 가는 장소가 아니다. 대신에 일은 어떤 물체를 정해진 거리만큼 이동시키는 데 얼마의 힘이 필요한가를 설명하기 위해 엔지니어들이 사용하는 용어이다. 에너지는 물건을 움직이게 만드는 것이다. 당신은 스케이트보드나 자전거를 탈 때 일을 한다. 당신의 몸은 일하기 위해 에너지를 필요로 한다. 자동차가 한 장소에서 다른 장소로 이동할 때, 자동차는 에너지를 사용한다. 에너지는 이동 이상의 많은 것들을 제공한다. 그것은 빛, 열과 사운드를 공급할 수 있다(그림 2-5). 대규모 콘서트홀이나 공장에서 빛, 열과 사운드 세 가지 에너지가 모두 있는 것을 느낄 수 있을 것이다. 우리는 9장에서 에너지를 다룰 것이다.

© CENGAGE LEARNING 2013

그림 2-5 이 앵무새는 일하고 있다.

기술 자원 3: 자본

자본은 돈, 주식, 부동산과 같은 자산을 기술하기 위한 단어다. 자본은 기업이 제품을 생산하거나 새로운 기술을 고안하기 위해 필요한 기술 자원들을 구입할 수 있게 하는 것이다. 이 자원들은 특정한 기능과 전문지식을 가진 사람들을 포함한다. 큰 기업은 기업가가 새 사업을 시작할 수 있도록 투자 자본을 사용한다. 투자 자본은 점차 중요해지고 있다.

오늘날 많은 제품들은 개발하기 위해 수백만 달러가 필요하다. 생산과정은 원자재 구입, 제품생산, 제품을 만드는 데 관련된 사람들에게 급여지급을 포함한다. 생산은 또한 제품의 광고, 포장 및 선적을 포함한다. 막대한 자본이 사용됨에도 불구하고, 현대의 많은 발명품들은 차고나 지하실에서 설계되었다. 당신은 무언가를 새롭게 발명하려고 생각해본 적이 있는가?

기술 자원 4: 정보

정보는 점차 중요해지고 있다, 기술 전문지식은 생산에서 지극히 중요해지고 있다. 1장에서 언급한 것처럼, 지식은 기하급수적으로 증가하고 있고, 새로운 재료는 새로운 발명품들과 혁신제품들의 성공률에 상당한 영향을 미치고 있다. 엔지니어들은 사용할 수 있는 재료들과 그들의 성질에 관한 최신 정보를 접하고 있어야 한다.

알고 있나요?

일은 좋은 것이다. 공학에서 일은 물건을 움직이기 위해 요구되는 힘을 측정하는 방법이다. 엔지니어들은 일하기 위해 기계를 설계한다. 그러므로 우리는 일할 필요가 없다.

정보는 공학 분야에서 지극히 중요하다. 어떤 사람들은 특허 및 저작권 정보를 조사하는 면에서 전문가들이다. 어떤 회사는 다른 회사에 의해 특허가 난 제품에 관해 돈과 시간을 투자하기를 원하지 않는다. 엔지니어들은 시장의 요구와 소비자의 선호에 관한 정보를 필요로 한다. 다른 사람들은 공급과 재료 및 다른 자원들에 관한 최근 정보를 가져야 한다. 최근 정보는 공학 분야의 여러 측면에 필요하다. 따라서 정보는 핵심 자원의 하나이다.

그림 2–6 도구와 기계는 재료를 변형시키기 위해 중요한 것이다.

기술 자원 5: 도구와 기계

도구와 기계는 인류 역사의 지극히 중요한 부분이다. 인류 초기부터 도구와 기계의 개발은 각 사회를 규정해왔다. 도구는 쇠망치나 톱 이상의 것이다. 재봉틀, 농기구, 트랙터와 콤바인, 조리용구는 도구의 예들이다. 줄자, 자, 가위, 볼펜, 컴퓨터와 컴퓨터 이용설계 소프트웨어도 역시 도구들이다. 도구와 기계는 재료를 가공하기 위해 사용되고 엔지니어와 기술전문가를 위한 지극히 중요한 자원들이다(그림 2–6).

1700년대 후반에는 새로운 기계와 도구의 개발이 폭발적으로 증대되었다. 스팀엔진은 산업혁명에 박차를 가하도록 하였다. 이 발명은 역사상 최초로 사람들이 이동할 수 있는 동력원을 가졌기 때문에 의미가 있었다. 스팀엔진 전에는 노새나 황소와 같은 동물의 힘을 이용하거나 강이나 시내가 가까이 있는 경우에는 떨어지는 물의 에너지를 이용해 기계를 가동했다. 스팀엔진의 발명과 함께 큰 공장들을 어느 곳에나 지을 수 있었다. 새로운 산업들이 생겨나기 시작했다. 산업의 발전은 새로운 도시를 형성하고 사람들에게 새로운 직업들을 공급하였다.

기술 자원 6: 재료

엔지니어들은 설계에 사용할 재료들의 특징과 성질에 관해서 잘 알아야 한다. 예를 들면, 요리하고 식사하는 주방용구들을 왜 납으로 만들지 않는가? 우리는 재료를 천연재료와 합성재료로 구분할 수 있다. 천연재료는 목재처럼 자연 상태로 직접 사용되는 것이다. 우리는 원자재의 상태를 변화시킴으로써 합성재료를 만들어낸다. 석유로부터 만든 플라스틱은 일반적인 예의 하나이다.

엔지니어들은 선택할 많은 형태의 재료들을 가지고 있다. 좋은 설계는 재료의 특징(예를 들면, 강도와 무게의 비)과 감촉, 재료를 성형하기 위해 요구되는 공정 형태와 그

공학 과제

지수적인 증가율

다음 두 가지 급여 방안 중 어느 것을 선택하겠는가? 첫 번째 급여 방안은 1페니(0.01달러)로 시작하고 그다음에 날마다 전날의 2배로 한다. 두 번째 방안은 1달러로 시작하고 매일 1달러씩 더 준다.

다음 표에 나타낸 것처럼 시간이 지남에 따라 차이가 크다. 1달러 급여 방안은 첫날 1페니를 주는 급여 방안에 비해 첫날에 100배가 되는 데도 불구하고, 1페니 급여에 대한 지수 증가율은 11일이 지나자 1달러 급여를 훨씬 넘어선다!

	일수											
	1	2	3	4	5	6	7	8	9	10	11	12
1안(달러)	0.01	0.02	0.04	0.08	0.16	0.32	0.64	1.28	2.56	5.12	10.24	20.48
2안(달러)	1	2	3	4	5	6	7	8	9	10	11	12

만약 당신이 30일 한 달 동안, 나머지 기간 동안에 표를 완성한다면 월말에 당신의 급여는 얼마나 될까? 이 지수 증가율을 어떻게 기술에 적용할 수 있는지를 설명하시오.

것을 수용할 수 있는 마무리 형태를 포함한 많은 인자들을 고려해야 한다. 공학은 재료의 성질에 관한 과학지식을 필요로 한다(그림 2-7).

알고 있나요?

오늘날 사람들은 기계를 만들기 위해 새로운 방법들을 발명하고 있다. 예를 들면, 나노기술은 사람 머리카락의 1/1000보다 작은 기계를 만드는 데 관련되어 있다. 과학자들과 엔지니어들은 당신의 심장이나 다른 기관에 손상된 세포들을 고치기 위해 혈관에 넣을 수 있는 작은 로봇기계를 개발하고 있다. 그러나 이 작은 로봇이 마루에 떨어졌다면, 그 로봇을 찾으려고 노력하는 당신을 상상할 수 있을까?

공학 속의 과학

엔지니어들은 재료의 성질을 알기 위해 재료의 분자 구조를 연구한다. 우리는 이 연구 분야를 재료과학이라 한다. 재료를 정의하는 한 가지 방법은 성질을 기술하는 것이다. 예를 들면, 재료가 딱딱한가 혹은 무른가? 무거운가 혹은 가벼운가? 단단한가 혹은 유연한가? 재료 내부의 분자의 배열이 부분적으로 그 성질과 특징을 결정한다. 화학과 재료의 분자구조를 공부하는 것은 엔지니어들에게 중요하다.

© MAREK PAWLUCZUK/SHUTTERSTOCK.COM

© PETER DANKOV/SHUTTERSTOCK.COM

그림 2-7 우리는 재료를 천연 혹은 합성으로 분류할 수 있다. 목재는 천연재료이고, 차량 내부의 재료는 합성재료이다.

기술 자원 7: 시간

우리가 매일 수행하는 활동은 시간을 필요로 한다. 만약 당신이 컴퓨터 게임을 하는 사람이고 새로운 게임을 구입하려 한다면, 당신은 그 특징을 조사하기 위해 시간을 보낼 것이다. 당신은 잡지나 웹에 있는 기사를 읽거나 가게나 친구의 집에서 새로운 게임을 찾으려고 시간을 보낼 것이다. 공학과 기술에서도 마찬가지다. 설계에서 배달까지 공정의 각 단계에서 시간은 중요한 요소다. 실제 디스크와 패키지는 1달러 미만인데, 비디오 게임은 왜 그렇게 비싼지를 당신은 짐작하는가?

공학에서 시간은 핵심 자원이다. "시간은 돈이다"라는 말을 들어보았을 것이다. 이

공학 속의 과학

합금은 두 금속의 결합이다. 합금은 특별한 성질을 가지고 있기 때문에 엔지니어에게 가장 유용한 금속이다. 예를 들면, 당신은 아마 철이 녹스는 것을 보았을 것이다. 그러나 만약 당신이 그 철에 적어도 10% 이상 니켈을 첨가한다면, 그것은 녹슬지 않는 스테인리스강이 될 것이다. 철은 매우 무른 금속이고, 스테인리스강은 매우 딱딱한 금속이다. 그래서 철에 니켈을 첨가하면 녹을 방지할 뿐만 아니라 금속을 딱딱하게 만든다. 엔지니어들은 한 재료의 장점을 가져다가 다른 재료의 특성을 변화시킨다.

말은 특히 공학과 생산에서 맞는 말이다. 제품을 설계하고, 생산공정을 개발하고, 종업원을 훈련시키고, 제품을 생산하고 제품을 배에 싣기 위해 시간이 필요하다.

엔지니어들은 컴퓨터로 설계하기 전에 일반적으로 잠재적인 해결방안들을 연구하고, 시각화하고, 스케치하기 위해 시간을 소비한다. 그 장치나 구조물에서 요구되는 것은 무엇인가? 소비자는 누구인가? 소비자는 무엇을 필요로 하는가? 어떤 재료들이 쓸 만한가? 재료가 제품의 설계나 성능에 어떻게 영향을 미칠 것인가? 다양한 재료들이 생산공정에 어떤 영향을 미칠 것인가?

2.2 기술 시스템

시스템(system)은 작업을 수행하기 위해 모두가 체계적인 방법으로 함께 일하는 부분들의 집합이다. 시스템은 기술에서 지극히 중요한 부분이다. 엔지니어는 가능한 한 효율적인 시스템을 설계한다. 모든 시스템들은 입력, 공정과 출력을 포함한다. 서브시스템(subsystem)은 다른 시스템의 부분으로 작동하는 시스템이다(그림 2-8). 한 시스템의 일부분이 없어지거나 제대로 작동하지 않으면 전 시스템이 원하는 기능을 하지 못할 수 있다. 어떤 기술적인 시스템은 자연에서 발견된 시스템으로부터 본을 뜨고 있다.

자연은 당신의 몸을 포함한 많은 시스템을 가지고 있다. 당신의 순환 시스템은 혈액이 당신의 몸을 통하여 흐르도록 한다. 당신의 호흡기 시스템은 공기에서 산소를 추출해 낸다. 당신의 소화 시스템은 음식에서 영양소들을 처리한다. 각 시스템에서 입력신호, 처리 기능, 출력과 그 처리가 제대로 되고 있는지를 당신의 몸에 알려주는 피드백 메시지가 있다. 당신의 몸속에 있는 시스템들의 어떤 것은 당신이 알아채지 못한 채로 그 기능을 자동적으로 수행한다. 사회는 정부, 법과 교육 시스템과 같은 시스템들을 가지고 있다.

기술에서 우리는 자주 통신 시스템, 생산 시스템과 운송 시스템을 말한다. 각 시스템은 고장이 날 수도 있다. 예를 들면, 우리는 운송 시스템을 육상, 해상, 공중과 우주 운송 시스템으로 나눌 수 있었다. 당신의 몸에 있는 시스템들처럼 이 시스템들은 가능한

시스템

작업을 수행하기 위해 모두가 체계적인 방법으로 일하는 부분들의 집합이다.

서브시스템

다른 시스템의 부분으로 작동하는 시스템이다.

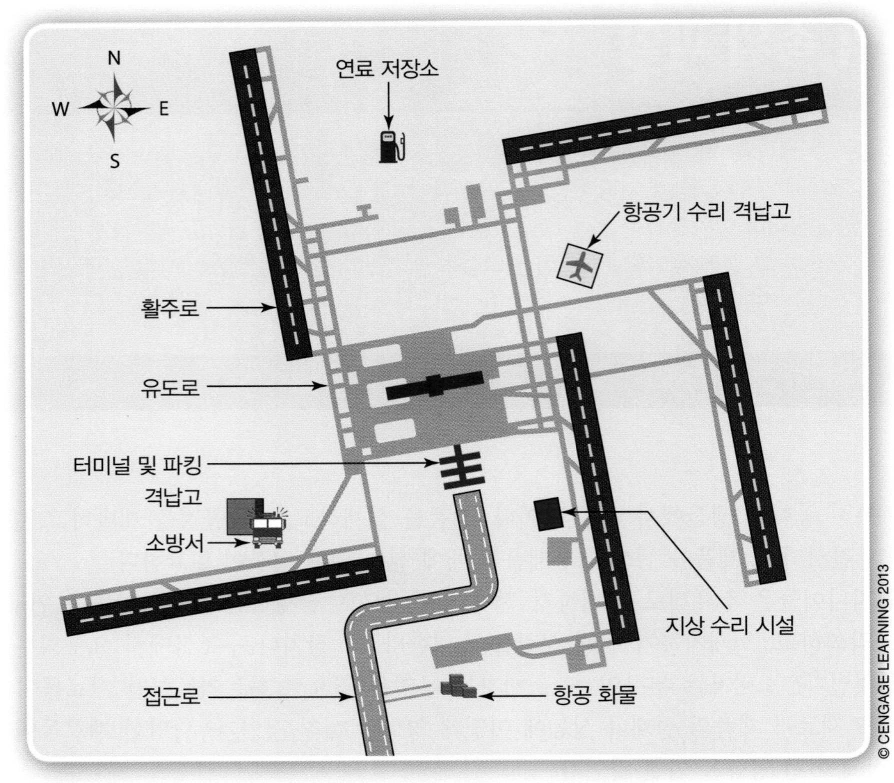

그림 2-8 공항은 여러 서브시스템을 포함하는 대형 시스템의 예이다.

개 루프 시스템
가장 간단한 형태의 시스템이며 조절하기 위해 사람의 행동이 요구된다.

폐 루프 시스템
시스템을 조절하기 위해 자동 피드백 루프가 추가된 것이다.

한 효율적으로 작업을 수행할 수 있게 설계된다. 각각은 입력, 공정과 출력, 그리고 가끔 피드백 루프를 포함한다.

개 루프와 폐 루프 시스템

개 루프와 폐 루프의 두 시스템이 있다. **개 루프 시스템**(open-loop system)은 가장 간단한 시스템이다. 개 루프 시스템은 자동조절공정이 없다. 개 루프 기술 시스템은 그 시스템을 조절하기 위해 사람의 행동이 요구된다. 가정에 있는 조명회로가 그 예이다. 스위치를 켜면 불이 켜지고 그 불은 우리가 끌 때까지 그대로 있다.

폐 루프 시스템(closed-loop system)은 그 시스템에 자동 피드백 루프를 추가한 것이다(그림 2-9). 피드백 루프의 목적은 시스템을 조절하는 것이다. 집에서 냉난방 시스템의 온도조절기는 피드백 루프

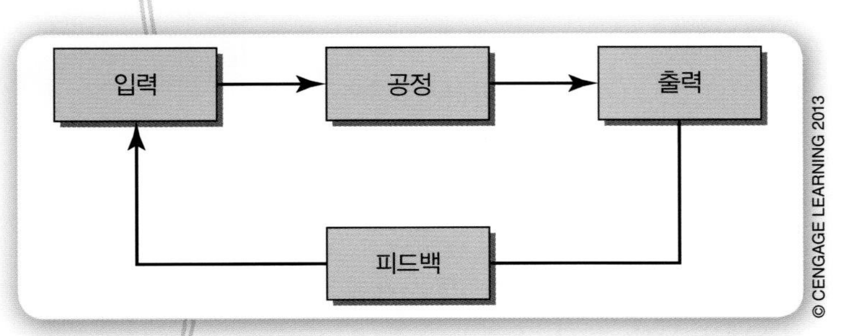

그림 2-9 폐 루프 시스템은 입력, 공정, 출력과 시스템의 작동을 조절하는 피드백 루프를 포함하고 있다.

를 제공하고 방이 정해진 온도에 도달했을 때 난방이나 냉방을 켜거나 끄게 한다. 일단 온도가 정해지면, 그 시스템은 사람이 간섭하지 않아도 된다. 교실에 들어서면 불이 자동으로 들어오는 시스템은 시스템에 센서를 붙인 것이다. 동작은 빛을 조절한다. 정해진 시간 동안 센서가 움직임을 감지하면 불을 켜고, 감지하지 못하면 불을 끈다.

식료품점에서 컨베이어벨트 위에 물건들을 올려놓고 물건들이 계산원에게 도달할 때 멈추는 것을 본 적이 있는가? 이것은 폐 루프 시스템의 다른 예이다. 센서는 물건이 컨베이어벨트의 끝에 도달할 때를 감지해 벨트를 멈추게 한다. 이 피드백 루프가 없으면 컨베이어 벨트는 계속해서 움직일 것이고 벨트 위의 식료품들은 바닥에 쏟아질 것이다.

통신 시스템

통신 시스템(communication system)은 기술 시스템의 하나이다. 이것은 사람과 사람 사이나 기계들 사이에서 정보를 전달한다. 이 정보는 단어, 기호나 메시지 형태가 될 수 있다. 가끔 우리는 통신 시스템을 전자적인 것과 그림으로 그린 것으로 분류한다.

그러나 통신(의사소통)과 통신 시스템 사이에는 차이가 있다. 두 사람이 서로 얼굴을 보고 대화하는 것은 의사소통(통신)하는 것이다(그들이 서로 듣고 있다면). 그러나 그들은 기술적인 시스템을 사용하지 않고 있다. 만약 그들이 휴대폰으로 대화하고 있다면, 그들은 통신 시스템을 통해 의사소통하고 있는 것이다(그림 2-10).

두 사람이 휴대폰으로 대화하기 위해, 통신 시스템은 4~5단계를 거친다. 입력 과정

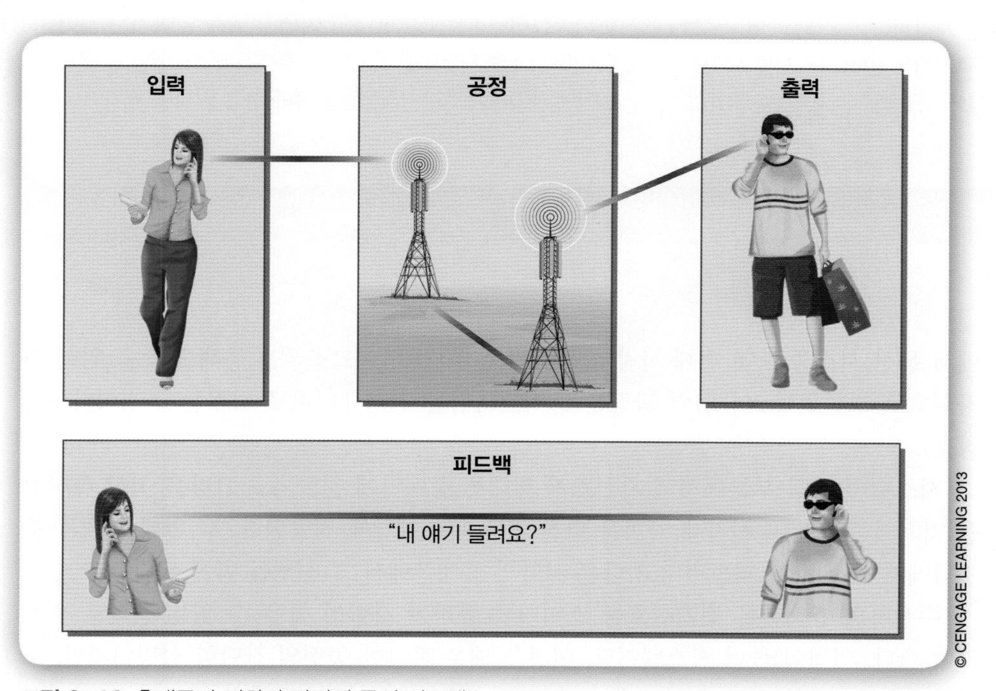

그림 2-10 휴대폰과 전화와 관련된 통신 시스템.

공학 직업 조명

이름
로라 비 프리먼(Lora B. Freeman)

직위
파슨스 브린커호프(Parsons Brinckerhoff)사의 구조공학 엔지니어

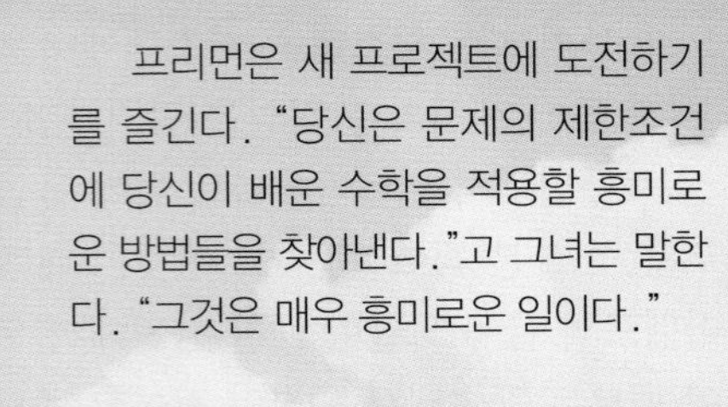
© CENGAGE LEARNING 2013

직무 설명
프리먼은 다리와 건물을 설계한다. 그의 주요 관심사 중 하나는 구조물 지원 시스템이다. 그것의 무게는 얼마인가? 그것은 얼마의 하중을 지탱할 수 있는가? 다리를 설계할 때, 차량, 사람들, 바람과 가장 나쁜 경우인 지진에 의해 작용하는 압력을 고려해야 한다.

다행히 프리먼은 처음부터 매번 모든 것을 만들어낼 필요는 없다. 설계 코드가 그녀의 업무에 가이드가 되기 때문이다.

구조공학 엔지니어들은 사람들을 위해 봉사할 뿐만 아니라 상업적으로도 안전하게 쓸 수 있는 설계를 개발하기 위해 책임을 지고 있다. 프리먼은 다리와 건물을 설계한다. 그녀는 먼저 초기 설계를 개발한다. 그 다음 그녀는 그 설계가 모든 프로젝트의 요구사항을 만족하는지를 평가한다. 마지막으로 그녀는 건설계획을 세우는 것을 도우며 그 설계는 현실화된다.

프리먼은 새 프로젝트에 도전하기를 즐긴다. "당신은 문제의 제한조건에 당신이 배운 수학을 적용할 흥미로운 방법들을 찾아낸다."고 그녀는 말한다. "그것은 매우 흥미로운 일이다."

교육
프리먼은 웨스트버지니아대학에서 토목공학으로 학사와 석사 학위를 받았다. 대학원생으로서 그녀는 고속도로 운송국의 웨스트버지니아 지역 담당과에서 일하면서 토목공학 엔지니어 일을 시작했다. 그 지역 담당과는 '최적화된 짧은 스팬 강철 다리 패키지의 개발'이라는 그녀의 논문을 사용할 수 있게 하였다.

학생들에 대한 조언
프리먼은 학생들에게 공학현장을 두려워하지 말라고 말한다. 그녀도 자신이 일을 제대로 해낼 수 없을 것이라고 걱정하였다.

"처음에 내가 대학에 입학했을 때 나 자신에게 질문을 했다. 그러나 나는 일이 나의 이해 범위를 넘어서는 것이 아니어서 놀랐다. 나는 도전을 향한 발걸음을 내딛고 내가 실제로 흥미를 느끼는 경험들을 추구하고 있다."

에서 통신 시스템은 첫 번째 사람의 목소리(음파)가 마이크로폰을 통해 전송을 위한 전자신호로 변환된다. 이 입력 과정은 소리에너지를 전기에너지로 바꾸는 과정이다(9장 참조).

시스템의 공정 부분에서 전기신호가 휴대폰 중계탑에 전달되고 그다음 지상 통신선을 거쳐서 원하는 수신자에 가까운 다른 휴대폰 중계탑에 전달된다. 두 번째 휴대폰 중계탑에서 그 신호가 퍼뜨려지고 다른 사람의 휴대폰에서 그 신호를 받게 된다.

수신자의 휴대폰은 전기신호를 스피커를 통하여 사람이 들을 수 있는 음파로 변환해야 한다. 이것이 출력 시스템이다. 이것은 매우 복잡한 공정의 간단한 설명이지만, 모든 통신 시스템의 공통된 기본개념(암호화, 전송, 해독)을 나타낸다. 컴퓨터, 프린터와

USED UNDER LICENSE FROM SHUTTERSTOCK.COM

그림 2-11 신호기로 통신을 하는 수병들.

다른 모든 전자장치는 같은 공정을 거친다.

통신 기술은 전자적일 필요는 없다. 수년 전에는 수병들이 신호기를 이용해 바다에서 선박 사이에 통신을 하였다. 신호기의 위치는 문자를 나타낸다(그림 2-11). 수병, 병사와 다른 사람들은 모스 부호(Morse code)를 보내기 위해 불빛을 깜박거리기도 하였다. 그러나 두 경우에 시각적인 신호에 의지하였고, 그래서 사람들이 선명하게 볼 수 있는 거리까지만 통신을 할 수 있었다. 감사하게도 오늘날의 기술은 전자의 이동 속도로 전 세계로 통신하게 되었다.

생산 시스템

생산 시스템(production system)은 효율적으로 가장 적은 비용으로 실제 제품을 생산한다. 우리는 애완동물이 먹을 음식부터 작게는 비디오 게임처럼 소비재의 부품이 되는 소형 전자부품까지 모든 종류의 제품을 생산하기 위해 이 시스템을 사용한다. 생산 시스템은 제품이 현장에서 만들어지는지 아닌지에 따라 생산과 건설로 다시 나뉜다. 생산은 항상 공장에서 여러 부품들을 만드는 것을 의미한다. 건설은 전형적으로 현장에서 단일 구조물을 세우는 것을 의미한다. 예를 들면, 우리는 공장에서 집을 생산하여 그 집을 기초가 마련된 현장에 배달할 수 있다. 또는 현장에서 기초 위에 집을 세울 수 있다.

모든 제품들은 인간의 필요와 요구를 맞추기 위해 설계된다(그림 2-12). 인간의 필요와 요구를 만족하지 않은 제품은 성공하지 못한다. 언제나 제품이 생산에 들어가기 전에 많은 연구가 이루어진다. 소비자들이 원하는 것과 주어진 제품에 대해 대가를 지불하

그림 2-12 생산 시스템은 감자 칩부터 컴퓨터 칩까지 생산할 수 있다.

려고 하는 것이 무엇인가에 대해 개발자들이 연구한 것을 제시해야 한다. 이러한 연구 없이는 앞서 논의된 핵심 기술 자원의 하나인 투자 자본을 얻기 힘들다.

각 제품은 그 설계에 부과된 많은 제한조건을 가지고 있고, 여러 기준들과 제품이 가져야 할 요구조건들을 맞춰야 한다. 예를 들면, 나이가 많은 사람이나 시력이 안 좋은 사람을 위해 설계된 원격제어를 위한 기준은 더 크고 더 밝은 숫자 버튼이다. 아마 이 원격제어는 약간 크고 관절염을 가진 사람들을 위해 다른 감촉을 가질 것이다. 시장에서 그 제품이 성공하기 위해 각 제품에 대해 정해진 기준을 만족해야 한다.

기준에 덧붙여서 설계는 그것에 부과된 제한조건(constraint) 혹은 한계를 가진다. 제한조건은 사용할 수 있는 생산 공정, 예산 혹은 제품을 생산하는 데 필요한 시간일 수도 있다. 시장조사는, 예를 들면, 얼마나 많은 사람들이 새로운 휴대폰을 사려고 할까를 결정하는 것이다. 설계자들은 다양한 특징을 잘라내고 생산비용을 낮출 수 있는 선택을 해야 할 수도 있다.

제한조건

설계 단계에서 겉모양, 예산, 공간, 재료, 인적 자원과 같은 것의 한계치를 말한다.

운송 시스템

엔지니어들은 조직적이고 효과적인 방법으로 사람들이나 물건들을 이동시키기 위해 **운송 시스템**(transportation system)을 설계한다. 이 장의 앞부분에서, 당신은 운송 시스템의 예로 공항에 관한 것을 읽었다. 이제 다양한 운송 시스템을 생각해보자. 제품이 생산될 때 제품이 큰 공장 주위를 어떻게 움직이고 있는가? 가끔 제품들은 컨베이어 벨트와 같은 시스템 위에서 움직이고 있다(그림 2-13). 때로는 로봇 팔이 제품을 컨베이어벨트 위에 놓거나 가져가기도 한다. 큰 공장에서 지게차는 다양한 위치로 제품을 운반한다.

우리는 운송 시스템으로서 백화점의 에스컬레이터나 엘리베이터를 생각할 수 있다.

분명히 여러 다른 운송 방안들이 있다. 입력, 공정, 출력과 제품들을 가능한 한 효과적인 이동하기 위해 설계된 피드백 루프를 갖고 있기 때문에 모두가 시스템이다.

© BRIAN GOODMAN/SHUTTERSTOCK.COM

그림 2-13 컨베이어벨트는 운송 시스템의 예이다.

2.3 기술의 충격

모든 인간의 공학과 기술 활동들은 사람, 사회와 환경에 영향을 미친다. 1장에서 논의된 것처럼, 가끔 그런 충격은 계획되기도 하고 아니기도 한다. 우리는 예상하는 충격을 계획하기도 하고 예상하지 못하는 충격을 계획하지 못하기도 한다. 기술의 예상하는 충격은 긍정적일 수도 부정적일 수도 있다. 예상하지 못하는 충격도 긍정적일 수도 부정적일 수도 있다.

환경에 대한 공학의 영향

헨리 포드는 자동차를 생산하는 비용을 줄이기 위해 생산 시스템을 개발했다. 그는 이 개발을 통해 더 많은 사람들이 자동차를 살 수 있도록 했다. 그러나 오랜 세월이 지나서 도로 위의 많은 차들로 인해 발생된 대기오염은 포드사나 엔지니어들도 예상하지 못했던 것이다(그림 2-14). 시야가 사라지는 것은 예상하지 못한 부정적인 결과다.

© ISTOCKPHOTO/PATRICK HERRERA

그림 2-14 초기 자동차의 생산은 자동차가 만들어내는 대기오염을 예상하지 못했다.

우리는 예상하지 못했던 결과의 다른 예들을 작은 스케일에서 찾을 수 있다. 휴대폰, MP3 플레이어, 블랙베리와 같은 작은 개인 전자장치들의 사용의 놀라운 증가를 누가 예측할 수 있었는가? 배터리는 각 장치에 동력을 공급한다. 만약 이 배터리들이 올바르게 폐기되지 않으면, 환경에 심각한 위험이 된다. 차량이나 산업체에서 나온 대기오염의 예상하

그림 2-15 산성비는 자동차와 산업 배출로 인한 환경문제를 일으킨다.

지 못했던 결과는 산성비다(그림 2-15). 강우나 산성비로 공기 중에서 씻겨 나온 독소들의 결과는 특히 미국 북동부와 캐나다 동부에 영향을 미치고 있다. 이 독성 화학물질들은 많은 산림을 죽였다. 호수와 강에 떨어지는 산성비는 물속에 살고 있는 고기와 다른 생물들을 죽인다.

미국 북동부에서의 대규모 산업 활동들은 이 독성 화학물질들을 대기로 내보내고 있다. 이 공장들을 설계하고 만들 때, 아무도 그런 방출이 그렇게 많은 문제들을 일으킬지 몰랐다. 설계자들은 전기발전과 산업생산이라는 의도했던 긍정적인 성과에만 초점을 맞추었다. 이 공장들은 그 지역에 살고 있는 사람들에게 보다 저렴한 제품과 취업 기회를 제공할 것이다.

캐나다 사람들은 미국 제조공장으로부터 이익을 얻지 못했다. 그러나 그들은 산성비로 인해 손해를 입었다(그림 2-16). 이 예는 기술의 환경 충격이 나라 사이의 경계와 무관하다는 것을 보여준다. 미국의 기술

그림 2-16 산성비는 환경에 여러 부정적인 영향을 준다.

활동의 결과로 캐나다의 자연 생태계가 집중적으로 피해를 입었다.

사회에 대한 공학의 영향

기술 개발은 사회에 영향을 미친다. 사회가 개발한 기술들은 사람들이 살고, 일하고 노는 양식을 부분적으로 결정한다. 오늘날 신속한 통신과 국제무역으로 인해, 국가적으로나 종교적인 제한이 없다면, 한 나라에서 개발된 제품들이 다른 나라에서 시민들에 의해 곧바로 받아들여진다. 어떤 나라에서 지도자들은 어떤 기술이 그들 사회의 도덕과 문화적 가치를 해치지 않을까 두려워한다. 그래서 그들은 그 기술들을 자기 사회에서 금지하고 있다.

당신은 예상하지 못했지만 긍정적인 영향을 준 공학 혹은 기술 개발을 생각할 수 있는가? 인터넷은 과학자들 사이와 과학자들과 군대 사이에만 통신을 하도록 설계된 네트워크로 시작되었다. 1990년대 초에 하이퍼텍스트 마크업 언어(Hyper Text Markup Language, HTML)의 개발과 함께 월드와이드웹(world wide web)이 태어났다. 인터넷은 오락과 교육에서 새로운 용도를 찾았다. 중학생들이 세계로부터 수백만 건의 정보를 접근할 수 있게 한 것이 이 개발의 예상하지 못했던 긍정적인 영향의 예이다(그림 2-17). 사이버 범죄와 웹의 남용은 예상하지 못한 부정적인 영향이다. 이 예에서 보는 것처럼, 기술은 좋은 것도 아니고 나쁜 것도 아니다. 즉, 사람들이 그것을 어떻게 사용하는가에 따라 가치가 결정된다.

그림 2-17 학교 연구프로젝트에 인터넷을 사용하는 것은 기술의 예상하지 못한 긍정적인 영향의 예이다.

사회는 어떤 기술을 개발하는가를 결정한다. 사회 관습과 종교적인 믿음이 어떤 제품이 개발되고 주어진 사회에서 사람들에 의해 사용될 것인가에 영향을 미친다. 예를 들면, 올드 오더 아미시(Old Order Amish)는 자동차와 전기를 포함한 정해진 종류의 기술들을 사용하지 않는 사회를 형성한다(그림 2-18). 그들의 종교적인 믿음을 실천하기 위해, 아미시

그림 2-18 사회 가치들은 사회가 어떤 기술을 받아들일 것인가를 결정하도록 한다.

사람들은 말이 끄는 마차를, 그들의 집과 가축들에게 물을 주기 위해 풍차를, 곡식을 심고 거두기 위해 말이 끄는 기계를 사용하고 있다.

현재는 줄기세포 연구가 세계적으로 진행되고 있다. 그러나 그런 연구는 미국에서 격렬하게 토론이 되고 있다. 사람들이 인간의 세포로 실험하거나 조작하는 것을 어느 정도까지 허용할 것인가? 우리는 동물들을 성공적으로 복제하고 있다. 인간의 복제를 허용해야 하는가? 이것은 쉽게 답을 얻을 수 없는 어려운 문제이다. 엔지니어들이 무엇을 개발하도록 누가 결정할 것인가?

사회적 가치들이 엔지니어들과 과학자들에게 새로운 기술들을 개발하도록 허용하거나 격려할 범위에 영향을 미친다. 미국에서, 공학과 기술의 적절한 사용에 관한 문제들은 의회와 법원에 의해 결정된다. 이것은 시민들이 공학과 기술에 관해 교육을 잘 받는 것이 중요하다는 이유이다. 즉 시민들이 유권자로서 내용을 알고서 합리적인 판단을 할 수 있고 잘못된 정보의 미끼가 되지 않게 해야 한다.

요약

이 장에서 배운 학습내용

- 공학과 기술 현장에는 일곱 가지의 핵심 자원(사람, 에너지, 자본, 정보, 도구, 기계)이 있다.
- 시스템은 과업을 달성하기 위해 체계적이고 조직적인 방법으로 모두가 함께 일하는 부분들의 집합이다.
- 개 루프 시스템과 폐 루프 시스템이 있다. 조절하기 위해, 개 루프 시스템은 인간의 활동을 요구한다. 폐 루프 시스템은 자동화되어 있다.
- 시스템은 입력, 공정과 출력을 요구한다.
- 기술 시스템은 통신 시스템, 생산 시스템과 운송 시스템을 포함한다.
- 모든 인간의 공학과 기술 활동들은 사람들, 사회와 환경에 영향을 미친다.
- 가끔 기술의 영향은 예상되는 것을 계획하지만 예상되지 못하는 것은 계획하지 못한다.
- 기술의 결과 혹은 영향은 긍정적이거나 부정적일 수 있다.
- 기술은 좋은 것도 아니고 나쁜 것도 아니다. 사람들이 기술을 사용하는 방법이 그 가치를 결정한다.

용어

각 용어들에 대한 정의를 쓰시오. 마친 후에, 자신의 답을 이 장에서 제공된 정의들과 비교하시오.

기술 자원
에너지
일
시스템
서브시스템
개 루프 시스템
폐 루프 시스템
제한조건

지식 늘리기

다음 질문들에 대하여 깊게 생각하여 서술하시오.

1. 학생들이 시민으로서 기술에 대해 확실히 이해하는 것이 왜 중요한가?
2. 공학 현장에서 기술 자원은 왜 중요한가?
3. 공학과 기술이 다음 내용에 어떤 방법으로 영향을 미치는가?
   a. 사람 b. 사회 c. 환경
4. 공학과 기술이 예상할 수 있는, 예상할 수 없는, 긍정적인 혹은 부정적인 결과들을 설명하시오.
5. 기술 개발을 조사하고 그것이 사람들과 환경에 어떻게 영향을 미치는지 설명하시오. 조사결과를 수업시간에 발표하시오.

CHAPTER 3

공학설계과정

The Engineering Design Process

Menu

미리 생각해보기

이 장에서 개념들을 공부하기 전에 다음 질문들에 대해 생각하시오.

1. 설계란 무엇인가?
2. 엔지니어들은 다양한 아이디어들을 어떻게 평가하는가?
3. 발명과 혁신의 차이란 무엇인가?
4. 공학설계과정이란 무엇인가?
5. 공학설계과정에 관련된 단계는 무엇인가?
6. 설계 제한조건이란 무엇인가?
7. 특허란 무엇인가?
8. 엔지니어들은 왜 공학노트를 사용하는가?

공학의 실행

만약 당신이 공학설계에 대해 생각해보라는 요청을 받는다면, 아마 새로운 컴퓨터, 고속 비행기, 혹은 휴대폰에 관해 생각할 것이다. 공학설계과정은 당신의 집 주위에서 찾을 수 있는 일반적인 제품들에 사용되고 있다. 거꾸로 된 케첩 병이 좋은 예이다. 수십 년 동안, 하인즈(Heinz)사의 유리 케첩 병이 잘 알려져 있었다. 만약 하인즈사가 케첩 산업의 선두를 유지하기를 원한다면, 항상 제품을 개선하는 데 초점을 맞춰야만 한다. 이런 이유로 하인즈는 제품개발에 사용할 1억 달러와 1만 평방피트의 글로벌 혁신 및 품질센터를 운영한다.

하인즈사는 시장조사를 통해 소비자들이 거꾸로 세우는 병에서 케첩을 짜는 데 어려움이 있다는 것을 지적하였다. 그 조사로 소비자들의 25%는 케첩을 짜기 위해 칼을 사용했다는 것을 알았다. 또한 그 조사에서 사용자들의 15%는 케첩을 짜기 쉽게 병을 거꾸로 세워서 저장하고 있다는 것을 알았다.

그림 3-1 빅풋 케첩 병 받침대.

그림 3-2 하인즈의 짜기 쉬운 케첩 용기.

사실, 라린 프로덕트(Larien Product)라고 불리는 회사는 케첩 병을 거꾸로 세우기 위해 그림 3-1과 같은 빅풋(Bigfoot) 고정구를 개발하였다. 그래서 하인즈는 케첩을 쉽게 짤 수 있는 새로운 케첩 용기를 개발하기 위해 공학설계과정을 사용했다. 이 공학설계과정의 결과는 하인즈의 짜기 쉬운 케첩 용기였다(그림 3-2).

나중에 당신이 치즈버거 위에 케첩을 짤 때, 그 작업이 공학설계 때문에 쉬워졌다는 것을 기억하라. 우리가 사용하는 제품은 공학설계를 이용하여 개발되거나 개선되었다는 것을 기억하라.

알고 있나요?

영국과 독일 무역업자들은 원래는 17세기에 동아시아에서 케첩(ketchup)을 수입하였다. 켓시압(ketsiap)이라고 불린 그 초기 제품은 절인 물고기와 오늘날의 워체스터 소스와 비슷한 것으로 만들어졌다. 백 년이 지난 후, 노바 스코티아(Nova Scotia)에 있는 농부들은 이 소스에 토마토와 설탕을 추가하였고 지금의 케첩이 되었다.

3.1 공학설계과정

설계 입문

많은 것들이 오늘날의 제품 설계에 영향을 미친다. 전통적으로 설계는 형상, 색깔, 공간, 재료와 감촉을 포함한다. 그러나 비용, 안전, 보안, 시장 추세와 서비스와 같은 것들도 점차 설계에서 중요해지고 있다. **설계**(design)는 개념을 생산할 수 있는 제품으로 전환하는 것이다. 다른 말로, 설계는 자원들을 바람직한 제품이나 시스템으로 전환하도록 하는 계획을 만드는 것이다.

설계는 현재 있는 제품, 기술 시스템, 혹은 어떤 것을 만드는 방법을 개선하는 것이다. 이 개선이 혁신으로 알려져 있다. **혁신**(innovation)은 사람들이 그 제품이나 공정에 대가를 지불하고자 하는 의미를 포함한다. 혁신은 전형적으로 경제적 성장으로 이끈다. 우리가 오늘날 보는 새 제품들은 대부분 혁신 제품들이다. 발명품은 이제까지 존재하지 않았던 새로운 제품, 시스템, 혹은 공정이다. 발명품들은 전형적으로 과학적 실험들 뒤에 나타난 것들이다. 발명품은 가끔 계획된 것이 아니고, 시간이 지나서 발명품들이 더 쓸모가 있게 된다.

설계는 일련의 단계들이다. **설계과정**(design process)은 인간의 필요와 요구를 만족시키기 위해 사용되는 체계적인 문제해결기법이다. 설계과정은 사회의 필요에 근거해서 시기에 맞는 방법으로 문제를 해결하기 위해 시간이 경과하면서 전개된다. 문제를 해결하기 위해 설계과정을 사용하는 것은 엔지니어들에게 가장 좋은 해결책을 얻게 한다.

공학설계과정
의사결정을 돕기 위해 수학, 과학, 공학의 원리를 적용한다.

설계과정에서 엔지니어들은 팀으로 일을 한다. 팀은 두 엔지니어가 각각 혼자서 일하는 것보다 더 효과적이다(그림 3-3). 많은 사람들이 혼자 일하고 자신들의 결정을 내리는 데 익숙해져 있기 때문에 팀원으로서 역할을 잘 하는 것이 일을 잘 하는 것이다. 팀에서 일하는 것은 모든 팀원들이 지지할 수 있는 해결책을 찾는 것을 의미한다. 이것은 팀의 결정과정에 모든 팀원들이 참여하는 것이 왜 중요한가 하는 이유이다. 이런 방법으로 각 팀원은 그 설계방안이 성공하는 데에 관심을 갖게 된다.

엔지니어들은 공학설계과정(engineering design process)이라 부르는 일련의 단계들을 개발하였다. 이 과정은 판단을 돕기 위한 수학, 과학과 공학원리를 포함한다. 그림 3-4는 기술 및 공학 교육자 협회가 공학설계과정에 포함시킨 12스텝을 나타낸다. 다른 기관들과 저자들이 공학설계과정 흐름도를 개발하였다. 이 흐름도들의 대부분은 유사한 특징들을 가지고 있다. 기술 및 공학 교육자 협회의 12스텝들은 개념, 개발과 평가의 3단계로 나뉜다. 각 단계는 4개 설계 스텝들을 포함한다.

그림 3-3 팀워크는 문제를 풀기 위한 좋은 방법이다.

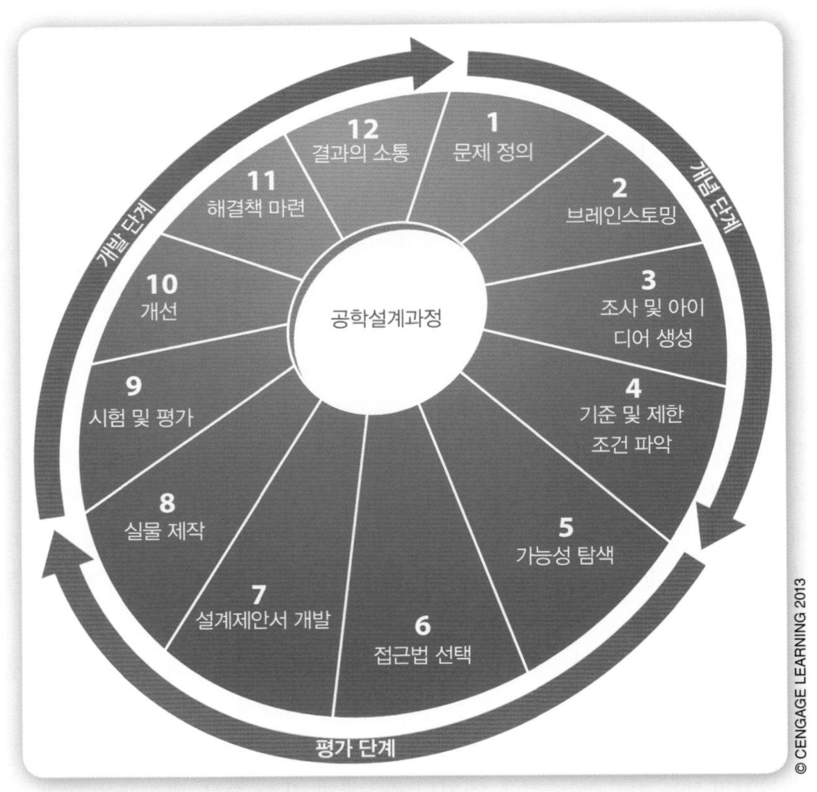

그림 3-4 공학설계과정.

개념 단계

개념 단계는 문제 정의, 브레인스토밍, 조사 및 아이어 생성과 기준 및 제한조건 파악의 4스텝을 가진다.

문제가 정의되기 전에 먼저 문제가 확인되어야 한다. 엔지니어들은 가끔 스스로 문제를 확인하지 못한다. 문제들은 필요한 것을 아는 사회에 의해 먼저 면밀히 관찰된다. 필요한 것은 사람들의 요구, 제품이나 서비스의 부족, 혹은 사치품목의 집합을 말한다. 공학설계과정을 위해 이 필요한 것은 문제라고 이름이 붙여진다. 문제 정의는 조사, 대중 매체, 혹은 회사로 보내진 고객의 요구로부터 나온다. 공학설계팀은 간단한 용어들로 이 문제를 분명히 정의해야 한다. 그 정의는 해결책을 포함하지 않는다.

브레인스토밍(brainstorming)은 공학설계과정의 두 번째 스텝이다. 이 과정에서 모든 설계팀원들이 아이디어들을 동시에 제안하고 토론할 때, 문제해결이 공유된다. 설계팀은 문제에 대한 모든 가능한 해결책들의 목록을 만든다. 팀원들은 새로운 아이디어들을 공개하고 잘못된 아이디어들은 없으므로 실현할 수 있다고 생각해야 한다(그림 3-5).

브레인스토밍

팀원들이 제한조건 없이 토의하고 아이디어를 창출하는 문제해결 방법이다.

브레인스토밍 후에, 설계팀은 문제에 영향을 받는 사람들을 인터뷰한다. 문제를 풀기 위한 아이디어를 목록으로 작성한 후, 설계팀은 문제에 대한 어떤 해결책이 존재하

그림 3-5 브레인스토밍은 아이디어 생성을 돕는다.

는지를 조사한다. 조사는 설계과정 동안 엔지니어가 할 수 있는 최고의 일 중 하나다. 가장 새로운 설계들은 혁신제품이 아닌 발명품이기 때문에 조사는 매우 중요하다.

개념 단계의 최종 스텝에서 제품설계를 위한 기준을 확인하여야 한다. 그 기준은 2

공학 과제

공학 과제 1

당신의 공학설계팀은 산악자전거 문제를 받았으며, 가능한 해결책들을 찾기 위해 브레인스토밍을 해야 한다. 당신의 팀은 이미 나와 있는 해결책을 찾기 위해 조사를 해야 한다. 조사는 인터넷, 자전거 생산 카탈로그를 사용하거나 지역 자전거판매점을 방문할 수 있다. 조사 후 노트에 그 내용을 문서로 작성하시오.

공학 과제 1 산악자전거는 보관함을 제공한다.

장에서 논의한 것처럼 세부 요구사항들이라는 것을 기억하라. 이 스텝을 진행하는 동안, 제품설계에 영향을 미치는 제한조건 혹은 한계들을 확인하여야 한다. 이 시점에서 설계팀은 설계지침(design brief)을 만든다. 이 문서로 된 계획은 문제, 설계가 맞춰야 할 기준과 해결책에 관한 제한조건들을 나타낸다. 그림 3-6은 산악자전거에 대한 간단한 설계지침이다.

설계지침

설계기준과 제약조건, 문제해결 확인을 위한 계획서이다.

공학 과제

공학 과제 2

당신의 공학설계팀은 공학 과제 1에서 찾은 각 해결책을 검토해야 한다. 설계지침에 언급된 것처럼 제품들 중의 어떤 것이 산악자전거에 부과된 제한조건들을 만족하는가? 그 결과들을 문서로 작성하시오.

설계지침

문제
시중에서 팔리는 산악자전거에는 물, 음식과 응급약품을 담을 수 있는 곳이 없다. 그래서 자전거를 타는 사람이 필요한 물품을 배낭에 넣어서 운반해야 한다. 배낭을 메는 것은 타는 사람을 불안정하게 하고 척추에 부담을 준다.

기준
• 하루 분량의 음식과 물을 운반해야 한다.
• 응급약품을 운반해야 한다.
• 자전거에 추가로 부품을 붙이지 않는다.

제한조건
• 개발을 완료하기까지 2주가 주어진다.
• 학교의 시설만을 이용하여 제작한다.
• 재료비는 20달러 이내여야 한다.

그림 3-6 산악자전거 문제의 설계지침.

개발 단계

개발 단계는 가능성 탐색, 접근법 선택, 설계제안서 개발과 실물 제작의 4스텝을 가진다. 개발의 첫 스텝에서, 우리는 문제에 대한 가능한 해결책들을 다시 검토한다. 이 스텝에서는 설계팀이 더 많은 브레인스토밍과 더 많은 연구를 해야 한다. 설계팀은 확립된 설계기준과 부과된 제한조건에 대해 가능한 해결책을 평가해야 한다.

그림 3-7과 같이 나타낸 설계평가행렬은 개발의 두 번째 스텝인 해결책을 선택하는데 도움이 될 수 있다. 설계팀은 각 설계가 설계 요구조건들을 얼마나 잘 만족시키는지를 결정하기 위해 이 정보와 데이터를 수집하고 처리해야 한다. **행렬**(matrix)은 문제를 푸는 데 도움이 되는 수학적 요소들의 배열이다. 설계팀은 또한 채택할 설계를 선정할 수 있도록 투표형식을 사용할 수 있다. 최종설계에 대한 결정은 팀의 공감대 혹은 전반적인 동의를 통하여 이루어져야 한다. 이것은 설계팀원들이 다른 사람들과 함께 일을 잘 하는 것을 요구한다.

설계행렬			
기준	A안	B안	C안
1	보통	우수	보통
2	보통	미흡	우수
3	미흡	미흡	미흡
4	우수	보통	미흡

그림 3-7 설계행렬의 예이다.

공학 속의 수학

그림 3-7에 있는 설계행렬은 설계를 평가하는 데 우수, 보통, 미흡을 사용한다. 진짜 수학적 설계행렬은 수치에 근거한 해결책을 평가하기 위해 수학적 등급 시스템을 사용한다. 이러한 행렬은 판단을 내리는 과정에서 개인적인 선입견을 배제한다.

설계제안서를 개발하는 것은 개발 단계의 세 번째 스텝이다. 이 스텝에서 세부도면이 준비되어야 한다. 공학설계과정이 계속된다면, 제품의 세부사항들을 알리기 위해 도면이 필요할 것이다. 그림 3-8의 도면들은 필요한 세부 수준의 예이다. 5, 6장에서 나오는 세부도면들을 준비하기 위한 정보를 얻을 수 있다. 이 도면들을 준비한 것에 덧붙여서, 팀은 이 시점에서 다른 매우 중요한 결정을 해야 한다. 이 결정의 두 가지는 품목을 생산하기 위한 재료의 종류와 제품을 생산하기 위해 사용될 제조공정 형식이다. 이런 결정을 하기 위해, 엔지니어들은 재료(8장)와 생산공정(17장)에 관한 지식이 필요하다.

개발 단계의 최종 스텝은 실제 크기이고 작동이 되는 **시작품**(prototype)을 만드는 것이다. 8장에서 시작품을 설명할 것이다. 설계의 이 작동모형은 공학설계팀에게 시험하고 평가할 실물제품을 제공한다.

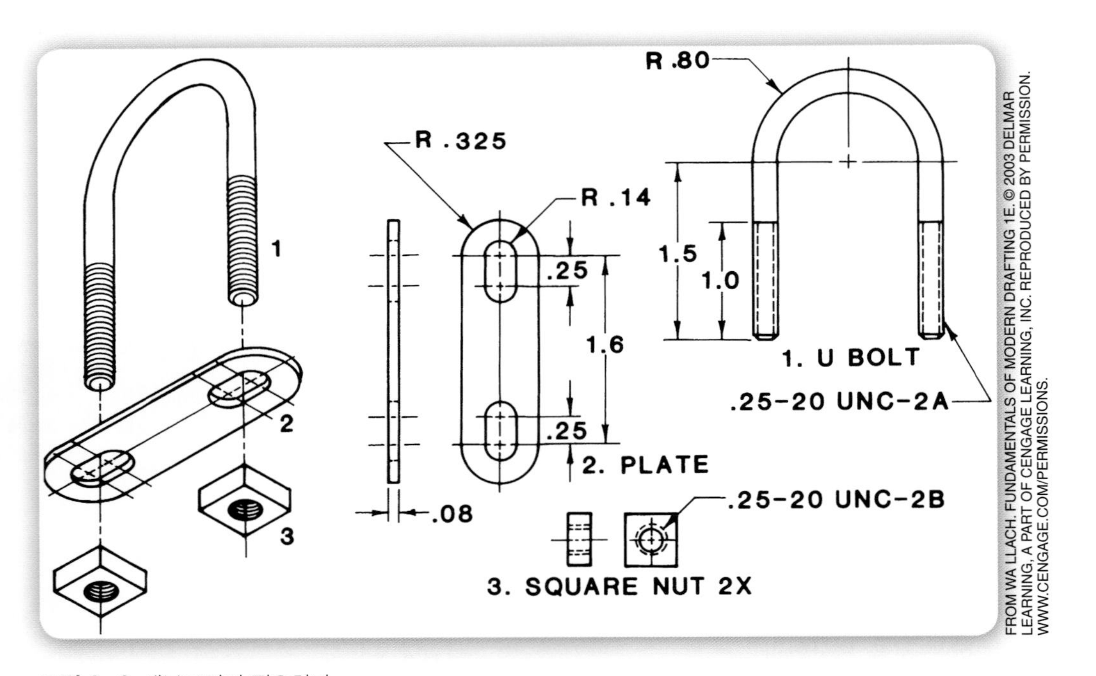

그림 3-8 세부도면이 필요하다.

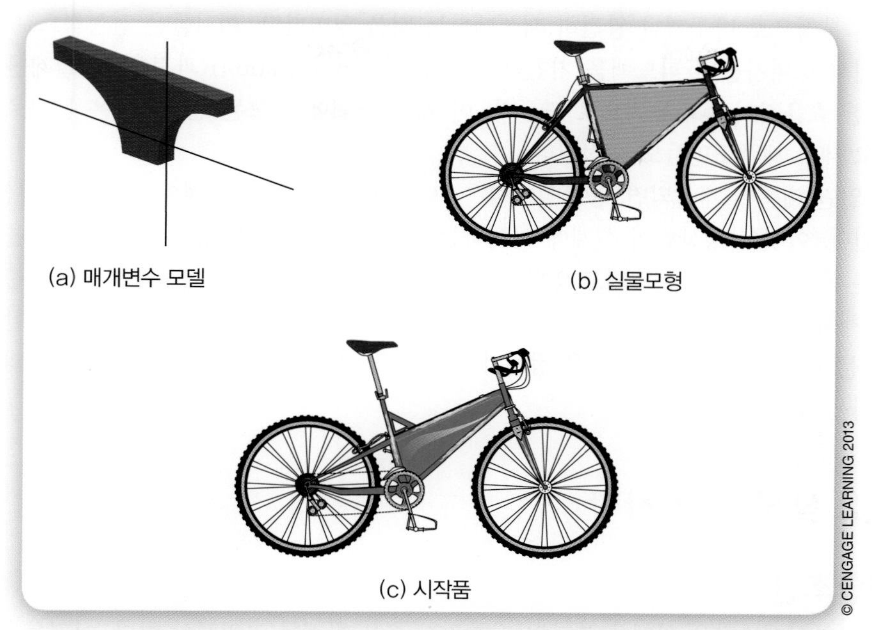

그림 3-9 산악자전거의 매개변수 모델, 실물모형, 시작품.

시작품은 의도한 실제 제품처럼 기능해야 한다. 가끔 설계자들은 실제로 작동하지는 않지만 제품이 어떻게 보일지를 보기 위해 **실물모형**(mock-up)을 사용한다. 그림 3-9에 산악자전거의 매개변수 모델, 마분지로 만든 실물모형과 산악자전거 설계에 의해 제조된 시작품을 나타냈다. 실물모형은 단지 겉모양을 보기 위한 것으로 그 모형으로 만들 수도 있고 만들지 않을 수도 있다. 그렇지만 시작품은 언제나 설계를 시험하기 위해 만들어진다. 시작품 없이, 공학설계팀은 그 해결책이 실제로 가능할지를 알 수 없다.

평가 단계

평가 단계는 시험 및 평가, 개선, 해결책 마련과 결과의 소통의 4스텝을 가진다.

개발하는 동안 시작품을 사용해서 공학설계팀은 그 설계에 관한 실험들을 수행한다. 이 실험들은 설계팀에게 작업환경에서 그 설계를 시험하고 관찰하도록 한다. **실험**(experiment)은 시작품에 관한 통제된 시험을 수행하는 활동이다. **시험**(test)은 확립된 설계기준에 근거해서 설계방안의 성능을 분석하고 평가하는 과정이다.

시험하는 동안 설계의 기능성, 내구성과 재료의 가공성, 필요한 제조방법의 유용성, 그리고 제품 제어 시스템을 포함하는 많은 설계 항목들이 평가된다. **평가**(evaluation)에서 설계가 요구조건들을 만족시키고 개선방향을 잘 제시하는지를 평가하기 위해 정보와 데이터가 수집되고 처리된다.

시작품의 시험 결과에 따라서 그 제품은 개선되거나 재설계된다. 이것은 제품을 단

최적화

주어진 기준과 제한조건 내에서 효율적이고 기능적인 설계를 만들기 위해 사용되는 방법이다.

지 부분적으로 바꾸거나 완전히 재설계하는 것을 의미한다. 회사들은 전형적으로 이 시점에서 소비자들의 피드백을 거친다. 이 최적화(optimization) 과정은 그 설계를 가능한 한 효율적이고 기능적으로 만든다. 이 개선 스텝에서 모든 변경사항은 문서로 작성되고 세부 제품도면들도 수정된다.

일단 제품이 개선되면, 공학설계팀은 그 설계를 생산공정의 계획을 세우는 생산팀에 넘긴다. 이것이 생산팀이 설계에 관여하는 첫 번째는 아니다. 생산은 또한 제품을 개발하는 동안 계속해서 논의되고 있다.

제품을 만드는 것뿐만 아니라 회사는 그것을 어떻게 포장할 것인가를 결정할 것이다. 문제를 정의하는 동안 얻은 정보가 도움이 될 것이다. 판매팀은 제품의 판매와 분배 계획을 개발할 것이다.

3.2 설계 고려 사항

6

제한조건

공학설계과정은 설계에 부과된 제한조건 혹은 한계를 고려해야 한다. 이것들은 다음과 같은 자원(2장 참조)들을 포함한다.

- 프로젝트에 맞는 자질을 가진 사람들
- 자본 혹은 자금 모집 가능성
- 이용할 수 있는 참고 정보
- 이용할 수 있는 제조공정(기계와 공구) 형식
- 이용할 수 있는 재료 형태
- 제품을 만들기 위해 허용되는 시간

제한조건은 제품의 겉모양, 안전 조건과 정부 규제와 같은 요인들을 포함할 수 있다. 제품의 설계, 제품 혹은 판매를 제한하는 요인들은 목록으로 작성되어야 한다.

공학 속의 윤리학

윤리적 행동은 도덕적 원리와 가치들이 작용하는 것을 의미한다. 비윤리적인 행동은 불법이든 아니든 가장 많은 사람들이 그것은 행하기에 바르지 못한 것이라는 것을 동의할 것이다. 윤리적 행동은 규칙에 따르는 것 이상의 것이다. 그것은 사람, 동물 혹은 환경에 해를 끼치지 않을 책임이 있는 방법으로 행하는 것을 의미한다. 공학을 포함한 대부분의 직업들이 윤리적 행동을 규정하는 기준들을 가지고 있다.

당신은 제품이 어린 아이들을 해칠 수 있다는 것을 알면서도 제품을 그대로 설계할 것인가? 물론 아닐 것이다. 그러나 엔지니어는 소비자들이 제품들의 설계목적과는 다른 것에 제품을 사용될 수 있다는 것을 예상해야 한다. 만약 당신은 조그만 아이들이 장난

공학 직업 조명

이름
머윈 티 옐로우헤어(Merwin T. Yellowhair)

직위
애로우헤드(Arrowhead)사의 사장

직무 설명

옐로우헤어의 고향인 북부 애리조나의 다인 네이션(Diné Nation)에는 롤 모델로 삼을 엔지니어들이 별로 없다. 그렇기 때문에 상황을 더 좋게 변화시키려는 그의 결심이 강해졌다. 그는 공학프로그램을 이용해서 일했고 토목공학이 토박이 미국인들에게 좋은 직업이라는 것을 보여주려고 했다.

옐로우헤어는 2007년 애로우헤드 엔지니어링을 설립하였다. 이 회사는 수자원, 도로, 상가와 주택 부지 건설 계획을 전문으로 한다.

옐로우헤어는 수자원에 관해서 잘 알고 있다. 그는 각종 구조물이나 파이프에서 유동 속도, 압력과 유량을 계산하기 위해 방정식을 사용한다.

부지 계획에 관한 일을 할 때, 옐로우헤어는 대지의 빈 부분을 가지고 그것을 최고로 이용하는 방안을 결정한다. 그는 건물, 주차장과 배수시설을 위한 위치를 선정한다. 다음에 계획을 도면으로 그리고, 그의 고객들은 그 프로젝트가 계획대로 완성할 것인가를 결정할 수 있다. 건설이 시작될 때, 옐로우헤어의 건설 계획은 공사 각 단계마다 가이드라인을 제시한다. 그는 건설이 정확하게 이뤄지도록 세밀하게 점검한다.

교육
옐로우헤어는 노던 애리조나 대학교(Northern Arizona University)에서 토목공학으로 학사와 석사를 받았다.

"내 학사학위는 구조물에 중점을 두었고, 석사학위에서는 수자원에 대해 연구했던 것이 다른 엔지니어들과 현장 문제를 논의하는 데 좋은 도움이 되었다."라고 그는 얘기한다. "이제 나는 내 회사를 가지고 있고, 내가 토목 한 분야에만 머무는 것 이상의 많은 것을 이해할 수 있다."

학생들에 대한 조언
"내가 배운 첫 번째 것은, 언제나 많은 질문을 하는 것이 좋다는 것이다. 또한 당신은 구체적인 목표를 결심하고 그것에 초점을 맞춰야 한다. 그러나 즐기는 것을 잊지 말아야 한다. 이 일은 매우 흥미로운 일이 아닐 수도 있다."

공학 속의 과학

생물학자에게, 수명 주기는 생물이 태어나서 죽을 때까지의 기간이다. 그러나 엔지니어는 수명 주기라는 용어를 제품의 설계에서 그것이 폐기될 때까지 사용되는 기간을 기술하기 위해 사용한다. 공학제품의 수명 주기 4단계는 생물의 수명 주기와 비슷하다. 즉, 도입 혹은 씨를 심을 때, 성장 혹은 씨가 싹트기 시작할 때, 성숙 혹은 잎과 뿌리가 최대로 성장하는 기간, 쇠퇴 혹은 식물이 죽을 때이다.

감을 자기 입안에 넣는 것을 안다면, 당신이 아이의 입안에서 부품들이 쉽게 부서질 수 있는 장난감을 설계하는 것은 지혜롭지 못하고 비윤리적이다.

엔지니어들은 제품의 수명 주기를 계획하는 것에 책임감을 가져야 한다. 제품의 수명이 다 되었을 때 무슨 일이 일어날 것인가? 그것이 재활용될 수 있는가? 사용된 제품이 다른 제품으로 쓰일 수 있는가? 제품의 재료는 자연적으로 분해될 수 있는가? 제품이 수천 년 동안 땅에 묻힌 채로 있을 것인가? 작은 다람쥐나 동물들이 폐기된 제품 속에 갇히지 않을 것인가? 이것들은 엔지니어들이 가장 좋은 제품설계를 결정하는 데 있어서 스스로 질문해야 하는 여러 윤리적인 질문들 중의 몇 가지다.

7

특허

설계가 개념화되면 설계팀은 미국 특허 및 등록 상표국에 특허를 제출한다(그림 3-10). 특허는 연방정부와 17년 동안 제작, 사용과 판매에 관한 배타적인 권리를 부여받을 발명가 사이의 계약이다(그림 3-11). 특허는 개인, 그룹, 혹은 회사에게 주어질 수 있다.

특허는 제품의 설계를 기술하고, 세부도면들을 포함한다. 그리고 제품을 제작하는 데 필요한 재료와 제품이 작동되는 데 필요한 다른 세부사항들을

PAUL J. RICHARDS/GETTY IMAGES

그림 3-10 미국 특허 및 등록 상표국.

US005777350A

United States Patent [19]

Nakamura et al.

[11] **Patent Number: 5,777,350**

[45] **Date of Patent: Jul. 7, 1998**

[54] **NITRIDE SEMICONDUCTOR LIGHT-EMITTING DEVICE**

[75] Inventors: **Shuji Nakamura**, Tokushima; **Shinichi Nagahama**, Komatsushima; **Naruhito Iwasa**, Tokushima; **Hiroyuki Kiyoku**, Tokushima-ken, all of Japan

[73] Assignee: **Nichia Chemical Industries, Ltd.**, Japan

[21] Appl. No.: **565,101**

[22] Filed: **Nov. 30, 1995**

[30] **Foreign Application Priority Data**

Dec. 2, 1994	[JP]	Japan	6-299446
Dec. 2, 1994	[JP]	Japan	6-299447
Dec. 22, 1994	[JP]	Japan	6-320100
Feb. 23, 1995	[JP]	Japan	7-034924
Mar. 16, 1995	[JP]	Japan	7-057050
Mar. 16, 1995	[JP]	Japan	7-057051
Apr. 14, 1995	[JP]	Japan	7-089102

[51] **Int. Cl.**^{6} **H01L 33/00**

[52] **U.S. Cl.** **257/96**; 257/76; 257/97; 257/103; 257/13; 372/45

[58] **Field of Search** 257/76, 94, 96, 257/97, 14, 13, 103; 372/43, 45, 46

[56] **References Cited**

U.S. PATENT DOCUMENTS

5,602,418	2/1997	Imai et al.	257/627
5,652,434	7/1997	Nakamura et al.	257/76
5,670,798	9/1997	Schetzina	257/96

FOREIGN PATENT DOCUMENTS

6-21511 1/1994 Japan .

OTHER PUBLICATIONS

Jpn. J. Appl. Phys. vol. 34(1995) pp. L797–L799.

Jpn. J. Appl. Phys. vol. 34(1995) pp. L1332–L1335.

Appl. Phys. Lett. 67(13). 25 Sep. 1995.

Primary Examiner—Mahshid D. Saadat
Assistant Examiner—John Guay
Attorney, Agent, or Firm—Nixon & Vanderhye

[57] **ABSTRACT**

A nitride semiconductor light-emitting device has an active layer of a single-quantum well structure or multi-quantum well made of a nitride semiconductor containing indium and gallium. A first p-type clad layer made of a p-type nitride semiconductor containing aluminum and gallium is provided in contact with one surface of the active layer. A second p-type clad layer made of a p-type nitride semiconductor containing aluminum and gallium is provided on the first p-type clad layer. The second p-type clad layer has a larger band gap than that of the first p-type clad layer. An n-type semiconductor layer is provided in contact with the other surface of the active layer.

21 Claims, 6 Drawing Sheets

RELATIVE OUTPUT (%) — THICKNESS OF WELL LAYER (Å)

RELATIVE OUTPUT (%) — THICKNESS OF BARRIER LAYER (Å)

그림 3-11 특허는 17년간 유효하다. 이것은 에스 나카무라(S. Nakamura)에게 주어진 특허의 복사본이다. 그는 광디스크의 저장 능력을 증가시킨 청색 레이저를 가지고 일하고 있다.

공학 속의 수학

시장조사는 샘플링(sampling)의 수학적 개념과 관련되어 있다. 샘플링은 정보를 얻기 위해 접촉할 개인들을 선정하기 위한 통계적인 과정이다. 조사를 수행하는 통계학자들은 2개의 다른 샘플링 과정(임의 샘플링과 전략적인 샘플링) 사이에서 선정할 수 있다. 임의 샘플링은 M&M의 전체 패키지 중에서 하나의 M&M을 선택하는 것과 같다. 당신은 빨강, 초록 혹은 노랑을 선택할 수 있다. 모든 후보들이 동일한 선택 기회를 가진다. 만약 그 제품이 각 사람에 의해 사용될 수 있다면, 임의 샘플링이 사용된다.

전략적인 샘플링은 대부분의 제품에 사용되고 확인된 그룹으로부터 선정하는 것에 관련된다. 아마 당신이 6세에서 10세까지의 아이들이 사용할 배낭을 설계하고 있다면, 통계학자는 어른들에게 그 배낭을 구입할 것인가를 묻지 않고, 그 아이들 그룹만을 표본으로 삼을 것이다.

구체적으로 제시한다. 특허국은 매년 40만 건 이상의 특허 신청을 받는다.

가끔 사람들은 특허를 지적재산권과 등록상표와 혼동한다. 지적재산권은 문자로 기록된 작품, 음악과 예술적인 작품들의 저작자들을 보호하는 것이다. 다른 사람들은 그들의 작품들을 복사할 수 없다. 등록상표는 한 품목이나 회사를 구별하는 기호나 단어이다. 맥도널드의 등록상표는 골든 아치(golden arch)이다. 당신은 이 아치를 볼 때, 그것이 맥도널드 가게를 의미한다는 것을 알고 있을 것이다.

시장성

시장성은 소비자들이 새로 설계된 제품을 살 것인지 아닌지를 의미한다. 공학설계과정 동안, 설계팀은 시장조사를 해야 한다. 시장조사(market research)는 제품에 대한 잠재적인 용도의 호감과 비호감에 대한 조사이다. 이 그룹은 의도하는 소비자들의 대표적인 샘플이 되어야 한다. 이 시장조사의 정보는 판매를 위한 제품의 판매계획 수립에 도움이 되어야 한다.

시장조사

제품에 관한 호감과 비호감을 알기 위해 잠재적인 제품소비자를 대상으로 한 조사이다.

문서화

나중에 참고하기 위해 프로젝트의 목적, 과정과 관련된 활동을 설명하는 기록 및 문서를 조직적으로 수집한 것이다.

3.3 공학노트

목적

공학설계과정을 문서로 만드는 것은 매우 중요하다. 문서화(documentation)는 나중에 참고자료로 쓰기 위해 제품의 목적, 공정과 그 공정에 관련된 기록과 도면을 조직적으로 수집한 것이다. 각 공학설계 프로젝트는 공학노트를 작성해야 한다.

공학노트(engineering notebook)는 특별한 품목을 위한 공학설계과정의 각 단계, 계산과 평가에 관한 문서이다. 그림 3-12는 공학노트의 샘플 페이지다. 공학노트에 페

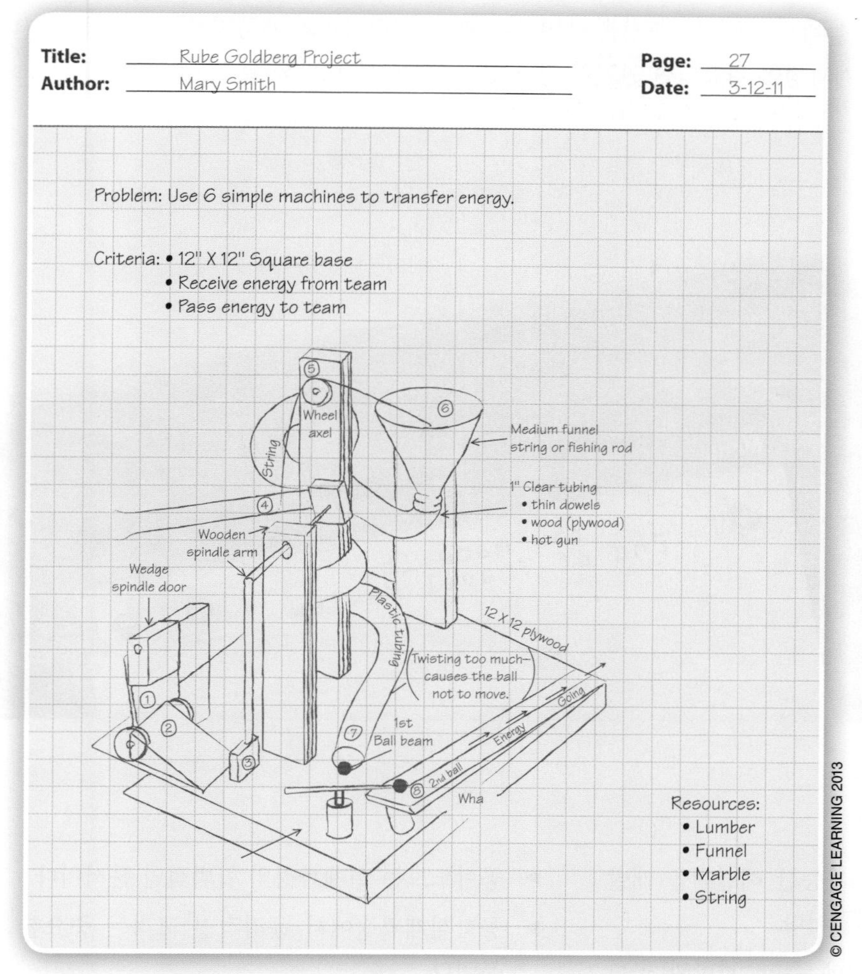

그림 3-12 잘 정리된 공학노트의 한 페이지.

이지를 추가하거나 없애서는 안 된다. 공학노트 내용은 설계에서 나온 모든 스케치와 계산들을 포함한다. 모든 노트는 날짜를 적어야 한다. 공학노트는 실제로 합법적인 문서이고 특허분쟁에 사용될 수 있다. 또한 다양한 형태의 합법적인 혹은 안전 사례에서 공학노트는 법정에서 증거로 인정될 수 있다.

공학노트
특별한 품목에 대한 공학설계과정의 각 단계, 계산과 평가에 관한 문서이다.

구성

공학노트의 페이지들은 제본된 노트의 부분이다. 페이지에는 날짜와 숫자를 차례로 적어야 한다. 모든 설계 브레인스토밍 아이디어들은 공학노트에 목록으로 작성되어야 한다. 게다가 모든 스케치들과 설계의 도면들은 공학노트에 포함되어야 한다.

시작품을 제조하고 시험하는 동안, 품목의 디지털 그림들은 공학노트에 추가되어야 한다. 설계자들은 설계과정을 증명하는 관찰, 시험결과와 제품평가를 추가해야 한다. 일단 설계과정이 완료되면 안전한 장소에 공학노트를 보관하라.

요약

이 장에서 배운 학습내용

- ▶ 설계과정은 문제에 대한 가능한 해결책을 개발하기 위한 문제해결 단계들이다.
- ▶ 공학설계과정은 설계과정에 수학, 과학과 공학 원리들을 적용한다.
- ▶ 공학설계과정은 12스텝으로 구성된다.
- ▶ 공학노트는 설계과정의 합법적인 문서이다.
- ▶ 공학설계과정에서 윤리적인 고려는 중요한 부분이다.
- ▶ 특허는 발명가에게 17년 동안 배타적인 권리를 부여한다.

용어

각 용어들에 대한 정의를 쓰시오. 마친 후에, 자신의 답을 이 장에서 제공된 정의들과 비교하시오.

공학설계과정
브레인스토밍
시장조사
설계지침
최적화
문서화
공학노트

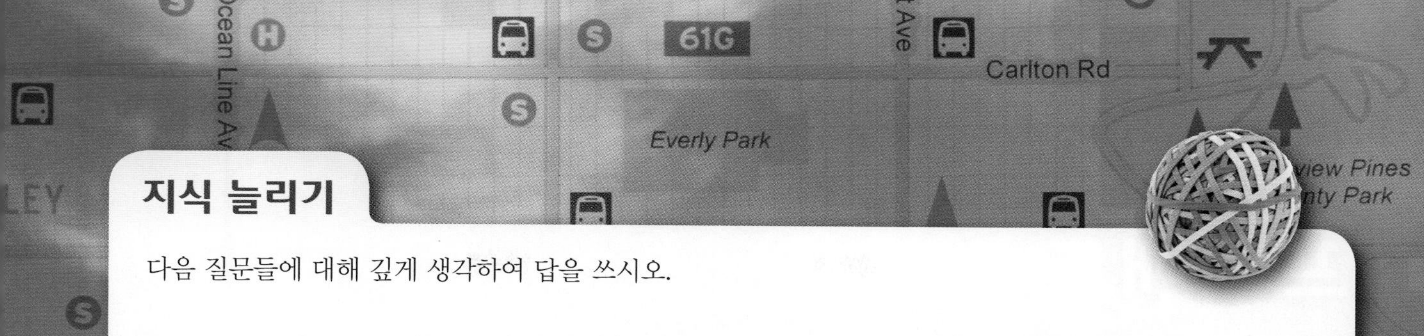

지식 늘리기

다음 질문들에 대해 깊게 생각하여 답을 쓰시오.

- 좋은 설계팀이 가져야 하는 개인 상호 간의 기능을 설명하시오. 이러한 기능이 왜 중요한지 토의하시오.
- 제품을 실제로 설계하기 전에 설계기준을 확인하는 것이 공학설계과정에서 왜 중요한지 설명하시오.
- 개인의 느낌이 아닌 데이터에 근거한 설계의 평가가 왜 중요한지 설명하시오.
- 설계팀원들과 회사에게 잘 문서화된 공학노트의 중요성을 설명하시오.
- 미국에 있는 개인 혹은 회사는 17년 동안 특허를 가진다. 이 기간이 더 연장되어야 하는지 단축되어야 하는지 토의하시오.

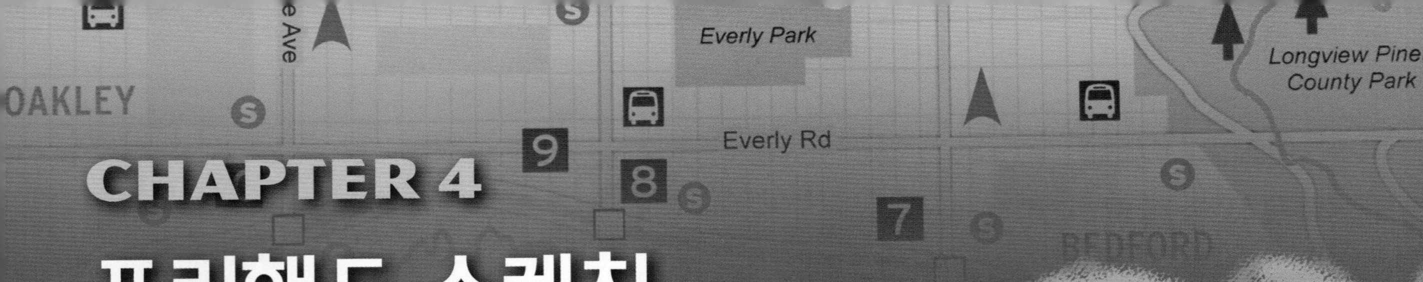

CHAPTER 4

프리핸드 스케치

Freehand Technical Sketching

Menu

미리 생각해보기

이 장에서 개념들을 공부하기 전에 다음 질문들에 대해 생각하시오

1. 엔지니어들 혹은 설계자들은 설계 아이디어들을 어떻게 전달하는가?
2. 예술가들의 스케치와 프리핸드 스케치의 차이는 무엇인가?
3. 공학설계과정에서 프리핸드 스케치가 왜 중요한가?
4. 일화를 기록한 노트는 무엇이고 그것은 어떻게 사용되는가?
5. 프리핸드 스케치의 다양한 형식은 무엇인가?
6. 설계 아이디어들을 스케치할 때 중요한 기하학적 용어들은 무엇인가?
7. 당신은 프리핸드 스케치를 어떻게 만들 것인가?

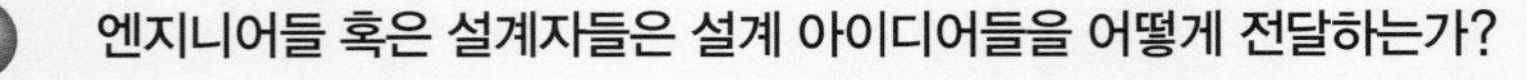

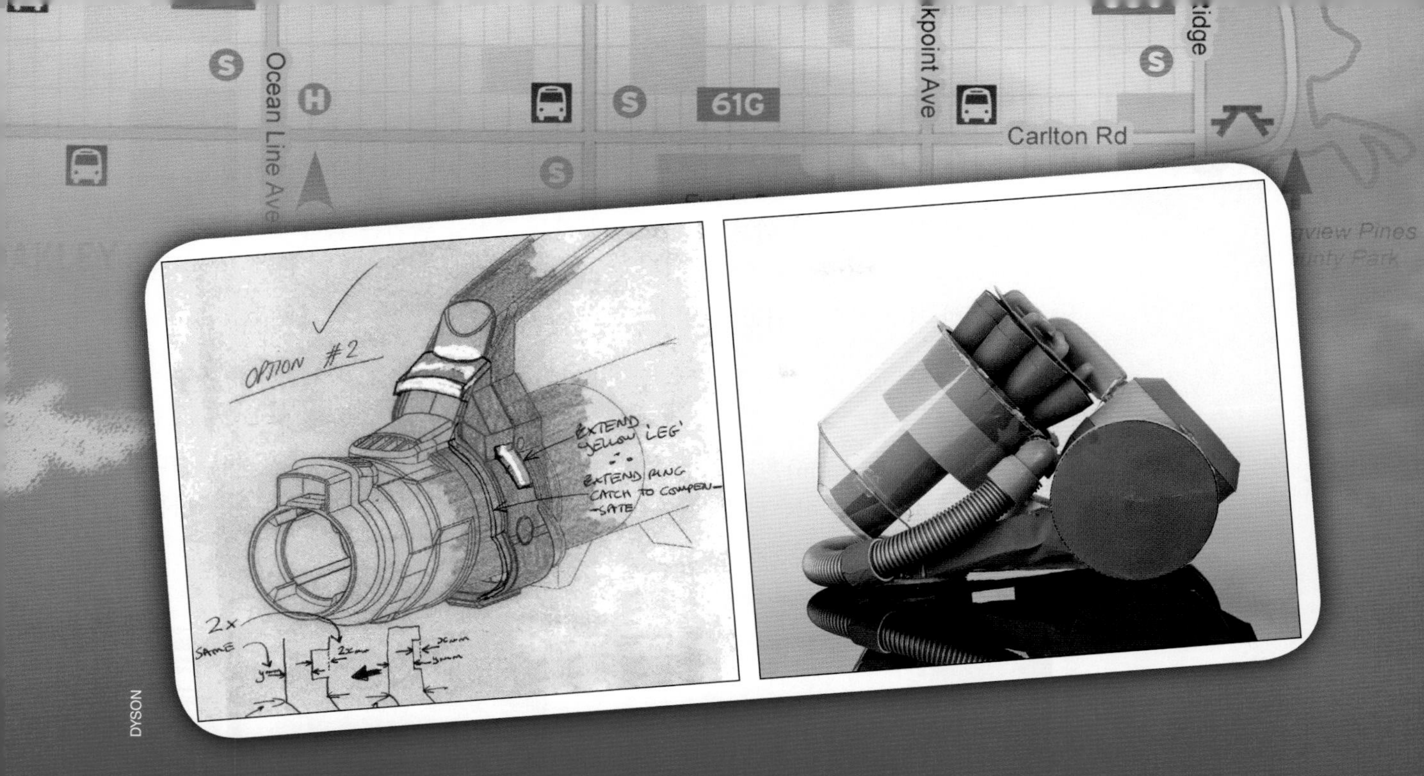

DYSON

공학의 실행

S T E M

제임스 데이슨(James Dayson)은 유명한 데이슨 사이클론형 진공청소기의 창안자이다. 간략한 스케치들을 작성함으로써 그의 개념들을 창안하기 시작했다. 데이슨에게 스케치는 아이디어 개발에서 핵심 전달수단이다. 그 스케치들은 설계 엔지니어의 마음에 있는 개념과 기본 3차원 모형을 창안하는 다음 단계 사이의 다리다.

데이슨은 전통적인 주머니 형태의 진공청소기의 흡입능력 손실과 같은 구체적인 문제를 해결하고 싶었다. 엔지니어는 문제를 해결하려고 할 때, 문제를 명백하게 정의함으로써 시작한다. 설계자가 문제에 대해 가능한 한 많이 알 수 있게 된 뒤에 그 문제에 대한 조사를 수행한다.

엔지니어들이 문제를 이해할 때, 그들은 아이디어들을 개발한다. 엔지니어들은 그들의 아이디어들을 토의할 때, 가끔 프리핸드(freehand)로 간단한 스케치 형태로 기록한다.

4.1 스케치

"그림 한 장이 천 마디 말보다 가치 있다"라는 표현을 들어본 적이 있는가? 그림 혹은 스케치는 엔지니어들과 설계자들에게 매우 중요하다. 스케치는 설계 아이디어를 기록하기 위한 가장 빠르고 쉬운 방법이다.

통신 아이디어

통신(communication)은 사람들이 하는 일 중에서 가장 중요한 것 중 하나이다(그림 4-1). 우리는 많은 이유로 통신을 한다. 한 가지 이유는 우리의 아이디어를 다른 사

그림 4-1 사람들은 다양한 방법으로 다양한 이유로 통신을 한다. 이 이미지들은 사람들이 가고자 하는 곳에 도달하게 하는 기술들을 보여준다.

그림 4-2 말, 수신호, 글, 그림 이미지 등 다양한 방법으로 통신할 수 있다.

람에게 말하기 위한 것이다. 그 아이디어들은 인터넷에서 아이팟(iPod)으로 노래들을 다운로드하는 방법 혹은 무언가를 만드는 방법에 관해서 다루는 곳과 방향을 알려주는 지도가 될 수 있다. 통신은 말, 몸짓, 그림으로 할 수 있다(그림 4-2).

우리가 매일 사용하는 제품이나 건물을 설계하고 만드는 사람들은 그림 이미지와 글로 그들의 아이디어들을 보여주고 공유한다. 최종 도면과 명세서(공학노트)들이 제도판 위나 컴퓨터이용설계 시스템에서 개발되기 전에, 설계자들과 엔지니어들은 아이디어들을 전달하기 위해 프리핸드 스케치라고 부르는 스케치 형식을 사용한다(그림 4-3a).

프리핸드 스케치

T자, 삼각자 혹은 컴퍼스와 같은 제도용구 없이 기술적인 이미지들을 그리는 과정이다.

프리핸드 스케치(freehand technical sketching)는 T자, 삼각자 혹은 컴퍼스와 같은 제도용구 없이 기술적인 이미지들을 그리는 과정이다. 이것은 예술가들이 하는 스케치 작업과는 다른 것이다. 예술가들은 엔지니어들이 하는 것처럼 설계 아이디어를 계획하기 위해 스케치를 사용한다. 예술가들의 스케치는 덜 엄격하고 더 자유롭게 흐르는 것이다(그림 4-3b). 우리가 만들거나 건설하는 자동차, 휠체어, 스케이트보드와 집 같은 것들은 종이 위에 스케치된 아이디어 상태로 시작한다(그림 4-4). 이러한 형태의 스케치는 아이디어를 브레인스토밍하고, 측정값과 절차를 기록하고, 새로운 제품의 설계과정을 시작하기 위해 종종 사용된다.

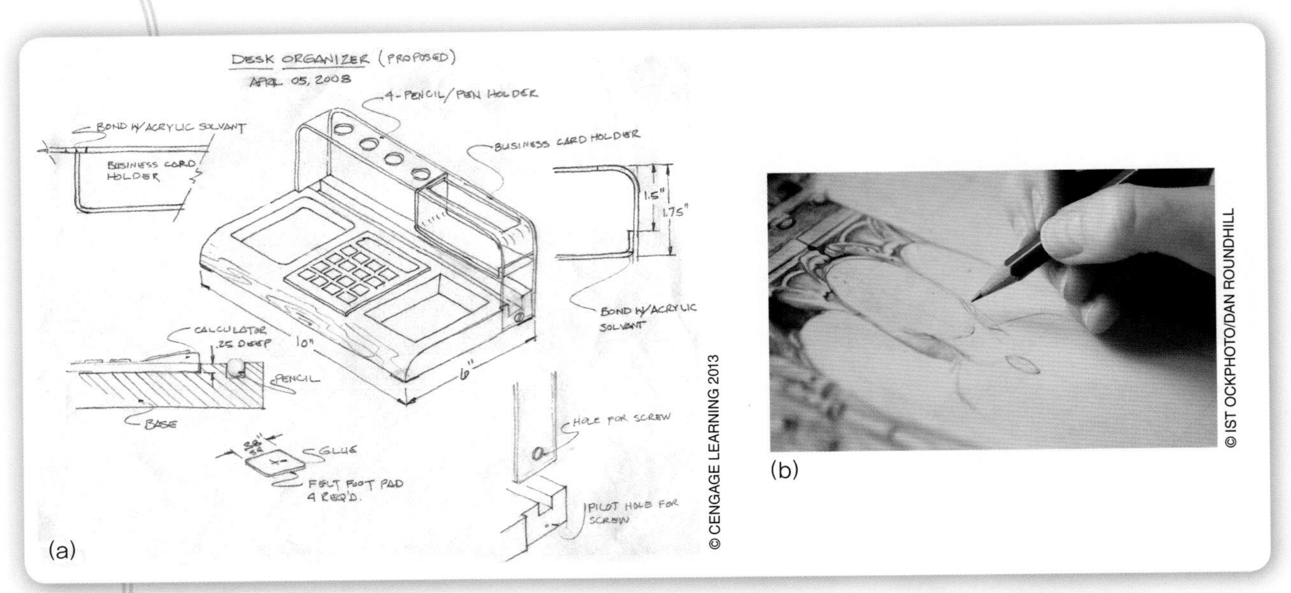

그림 4-3 (a) 제안된 새 제품에 대한 엔지니어의 프리핸드 스케치, (b) 그림 구상을 위한 예술가의 스케치.

스케치의 장점

프리핸드 스케치는 제도용구나 CAD 시스템을 이용한 제도 이상의 장점들을 가지고 있다. 우선, 언제 어느 곳에서든지 떠오르는 아이디어나 개념을 스케치할 수 있다. 예를 들면, 버스를 타고 학교에 가는 동안 설계 아이디어가 생각날 수 있다. 이 때 기계제도용구가 필요하지 않고, 스케치하기 위한 연필과 종이 한 장이 필요할 뿐이다. 매일 우리가 사용하는 제품들을 설계하는 사람들에게도 마찬가지다. 여러 위대한 아이디어들이 처음에 식당에서 냅킨 위에, 비행 중에, 혹은 주방 테이블에서 기록되었다(그림 4-5). 그래서 언제, 어느 곳에서 어떤 종류의 종이 위에도 떠오르는 아이디어를 스케치할 수 있다.

누가 스케치하는가?

스케치는 누구든지, 언제, 어느 곳에서나 할 수 있다. 공학 설계를 하는 사람들은 아이디어화 혹은 개념화라고 부르는 사고과정에서 프리핸드 스케치를 자주 사용한다. 그들은 다른 사람들이 이해할 수 있도록 설계 아이디어들을 다듬는다. 전통적인 제도용구나 CAD 프로그램을 이용하여 기계제도를 하는 사람들은 제도하기 전에 자신들의 생각을 조직화하기 위해 우선 스케치를 사용한다. 이것은 공학기계제도에서 실수를 적게 만든다(그림 4-6). 또한 건설현장에서 기계 조작자와 사람들은 스케치를 사용한다. 그들은 기계가 있는 곳이나 건설현장에서 작동을 분명하게 하고 설계절차를 확인할 수 있다. 프리핸드 스케치는 **역공학**(reverse engineering)을 하는 동안 이루어진다. 역공학은 무언가를 분해하고 그것이 어떻게 작동하는지를 자세히 분석하는 과정이다.

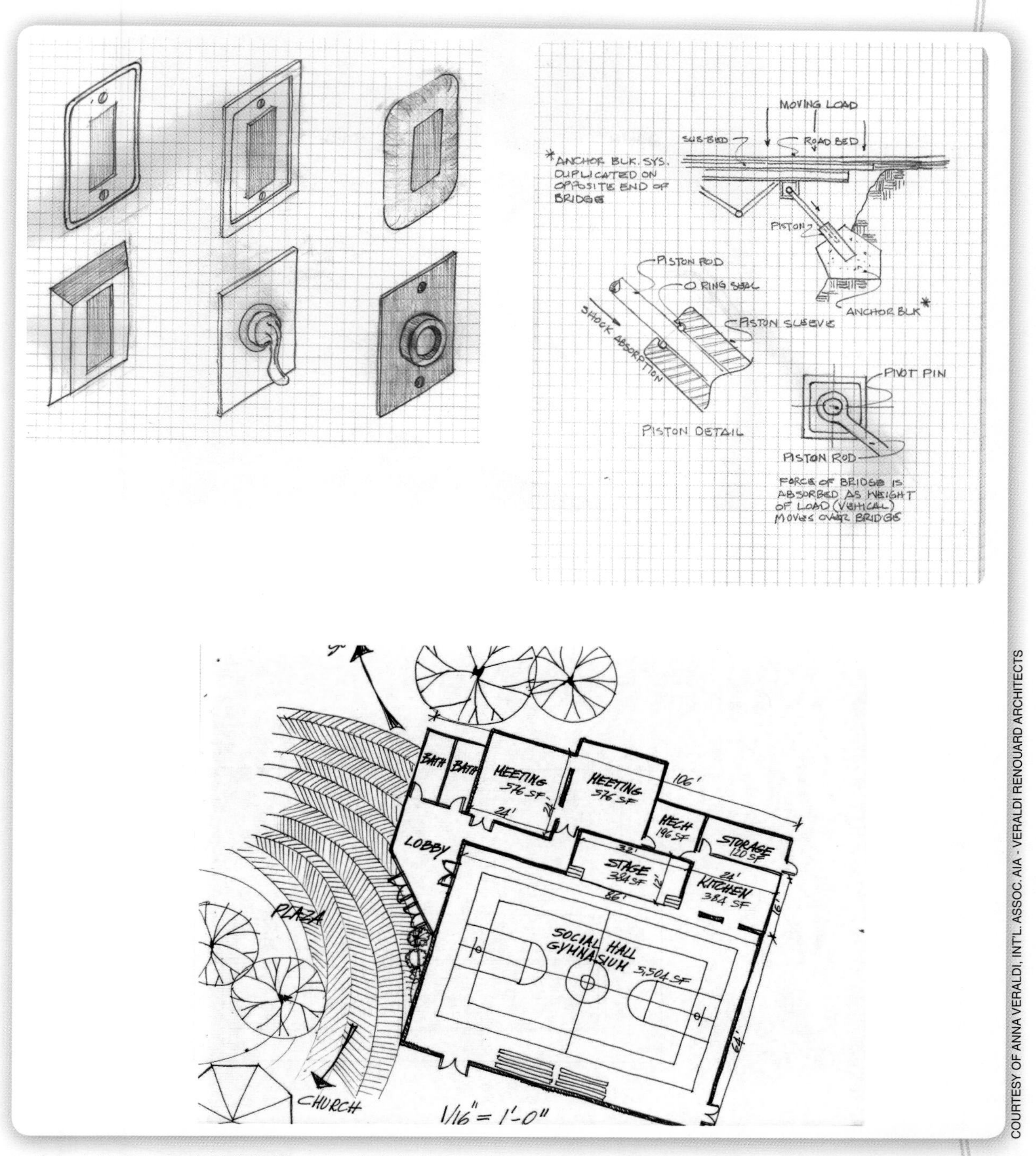

COURTESY OF ANNA VERALDI, INT'L. ASSOC. AIA - VERALDI RENOUARD ARCHITECTS

그림 4-4 엔지니어들과 설계자들은 조명스위치의 커버플레이트, 다리 부품과 마루 평면과 같은 제품들에 대한 설계 아이디어들을 기록하기 위해 프리핸드 스케치를 사용한다.

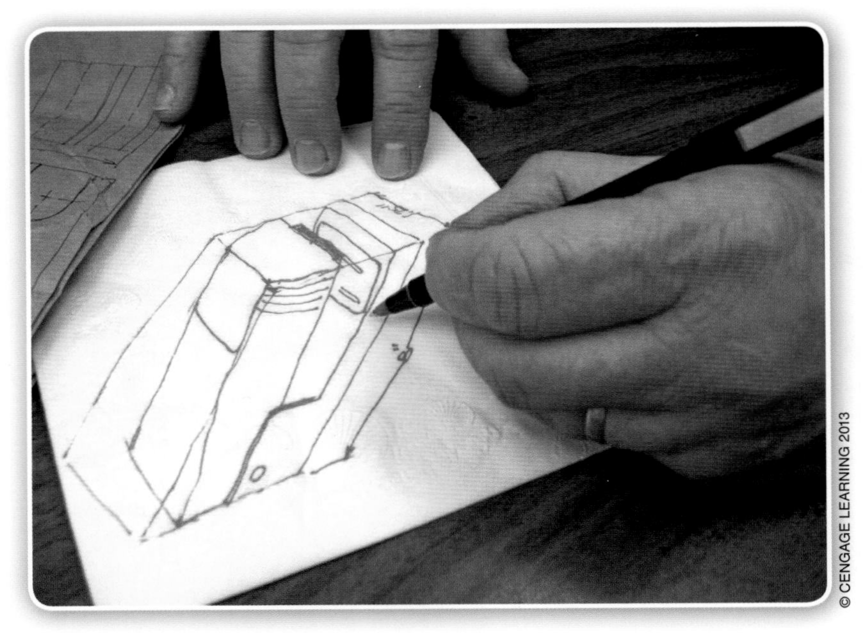

그림 4-5 어디에서든지 마음에 떠오르는 아이디어를 빠르게 기록하기 위해 프리핸드 스케치를 사용할 수 있다.

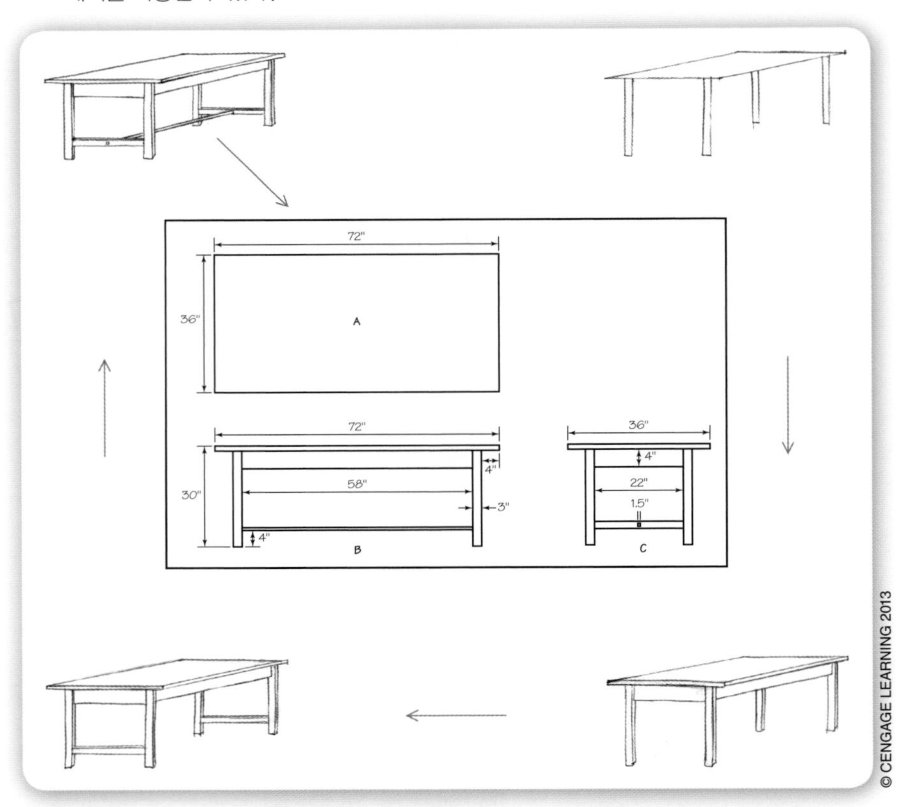

그림 4-6 엔지니어들과 설계자들은 아이디어화 혹은 개념화라고 부르는 사고 과정에서 스케치를 사용한다.

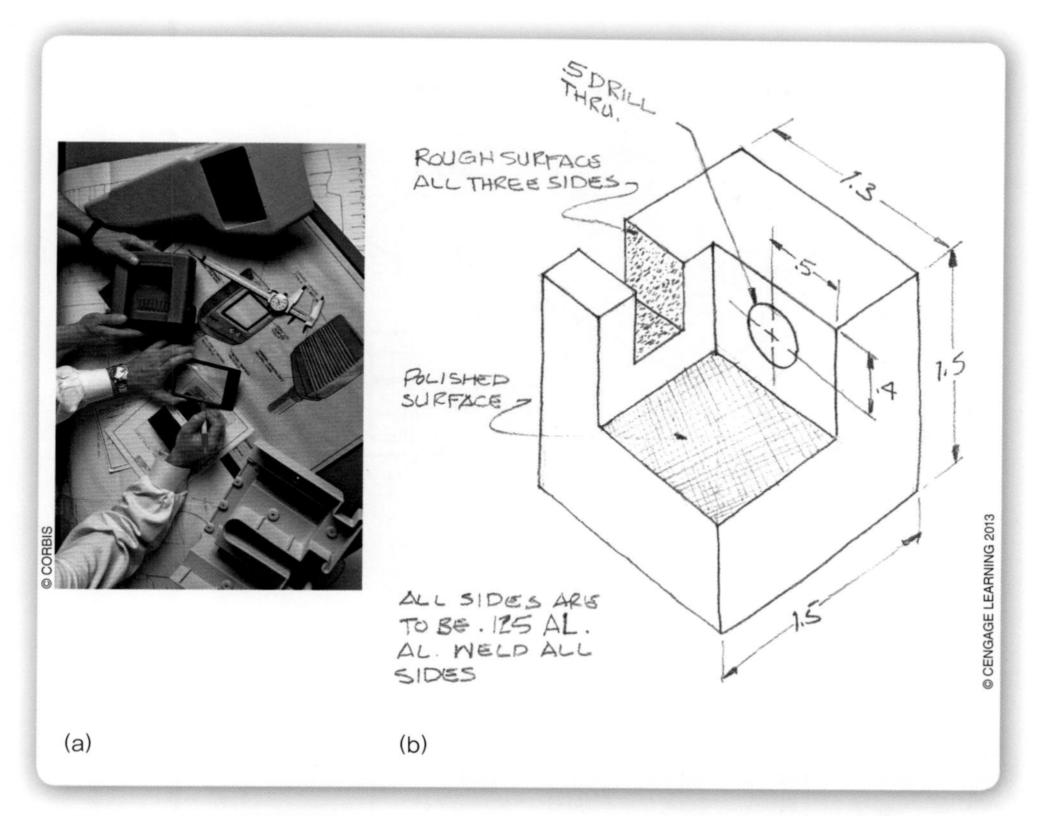

그림 4-7 (a) 역공학에서 제품을 분해하고 측정하여 각 부품을 스케치하고, 치수와 메모를 붙인다. (b) 이 세부 스케치는 메모를 달고 치수를 기입한 것이다. 당신은 메모를 구별할 수 있는가? 크기 치수와 위치 치수를 구분할 수 있는가?

이런 방법으로 설계자나 엔지니어는 장치나 장치에서 분리된 부품의 기능을 이해할 수 있다. 엔지니어가 물체를 분해할 때, 주(註, annotation)라고 불리는 간단한 기록, 부품의 크기와 위치를 표시하는 치수와 특징을 붙여서 각 부품을 스케치한다(그림 4-7). 역공학 과정은 6장에서 더 자세히 다룬다.

주(annotation)
그려진 물체를 명확하게 이해하도록 공학 스케치에 붙인 간단한 기록이다.

프리핸드 스케치의 형식

프리핸드 스케치는 용도에 따라 간략형, 상세형, 발표형으로 나뉜다.

간략형 스케치 간략형 스케치(thumbnail sketch)는 개념을 전달하기에 충분할 정도로 작고 간단하며, 아이디어를 빠르게 기록하기 위해 브레인스토밍에서 사용한다(그림 4-8a).

간략형 스케치

대개 작고 간단하지만 개념을 전달하기에 충분한 정보를 가지고 있다. 이것은 브레인스토밍 중에 신속하게 아이디어를 기록하기 위해 종종 사용된다.

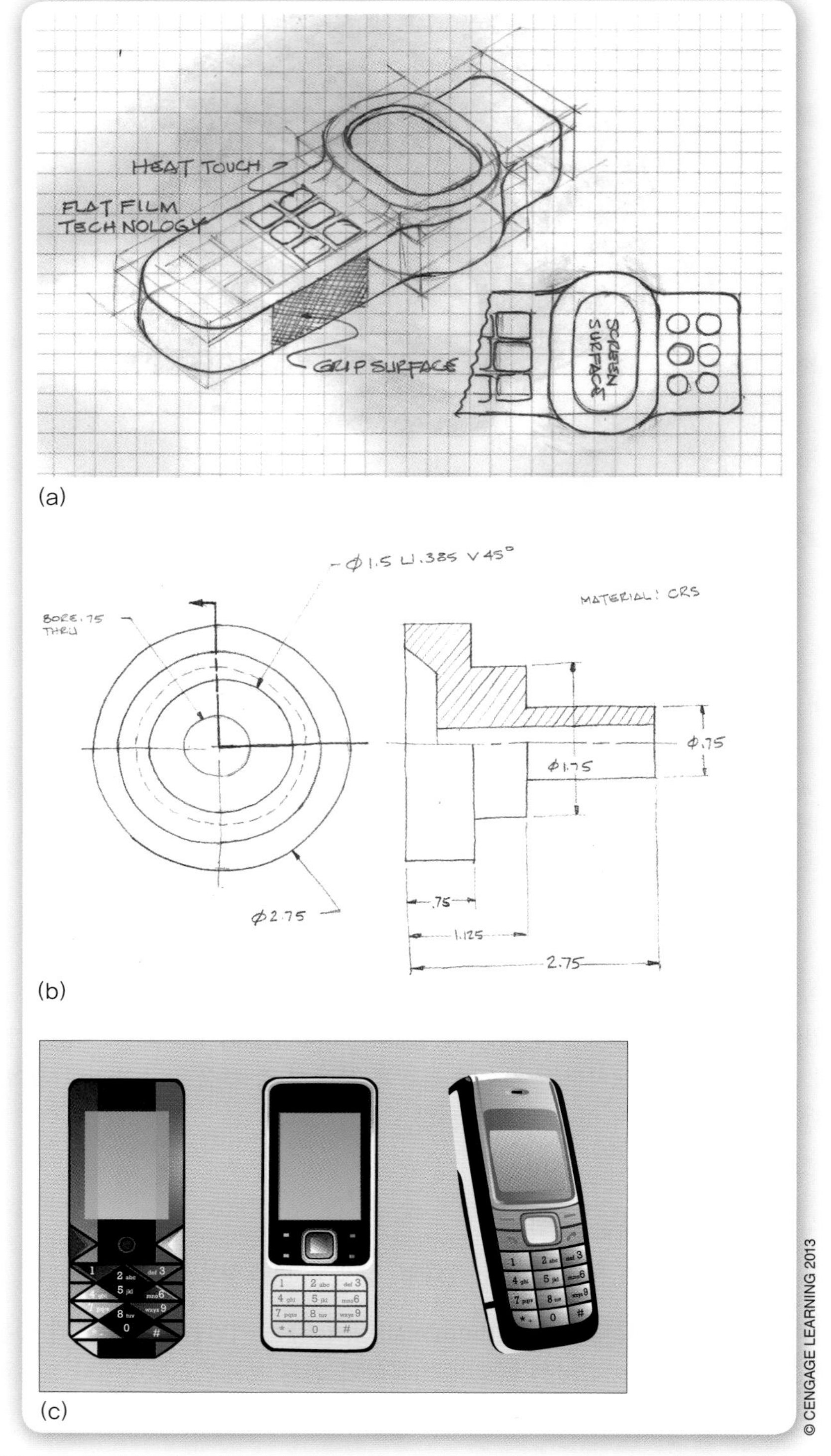

그림 4-8 엔지니어와 설계자가 사용하는 세 형태의 프리핸드 스케치. (a) 간략형(아이디어를 전하기 위한 개략적인 레이아웃), (b) 상세형(치수와 메모가 붙은 물체의 세부도면), (c) 발표형(컬러로 나타낸 3차원 스케치).

상세형 스케치 상세형 스케치(detailed sketch)는 설계자나 엔지니어가 간략한 스케치를 더 개선하려고 할 때 사용된다. 상세형 스케치는 치수, 메모, 기호를 포함하는 3차원이나 2차원 스케치일 수 있다. 그 스케치는 효과를 위해 음영을 포함할 수 있다(그림 4−8b).

발표형 스케치 발표형 스케치(presentation sketch)는 매우 상세하고 실제처럼 보이게 만들어진 것이다. 컬러, 표면 감촉과 음영을 사용하는 것은 밑칠(rendering)이라는 공정이다. 이 스케치는 등각도면처럼 3차원 도면이다. 5장에서 이런 형태의 도면들을 작성하는 방법을 배울 것이다. 이 스케치들은 공식적인 발표를 위해 엔지니어들과 설계자들이 사용한다(그림 4−8c).

상세형 스케치
주, 치수, 음영 등의 개체에 대한 자세한 정보를 제공하는 프리핸드 스케치 형식이다.

발표형 스케치
등각도나 투시도처럼 매우 상세하고 실제처럼 보이게 만들어진 것이다.

밑칠
스케치된 물체에 실제의 모습을 나타내기 위해 컬러, 표면 감촉과 음영을 사용하는 것이다.

4.2 시각화

시각화(visualizing)는 마음에 있는 물체의 그림을 형상화할 수 있는 능력이다. 프리핸드 스케치는 종이 위에 마음에 있는 그림을 기록하는 과정이다. 이것을 하기 전에, 정해진 시각화 개념들을 배워서 적용할 수 있어야 한다.

시각화
마음에 있는 물체의 그림을 형상화하는 능력이다. 프리핸드 스케치는 마음에 있는 그림을 종이 위에 기록하는 과정이다.

비례와 척도

비례와 척도의 사용은 물체들을 정밀하고 정확하게 보게 한다. 비례(proportion)는 한 물체와 다른 물체 사이 혹은 하나의 크기와 다른 크기 사이의 관계다. 비례는 종종 비(ratio)라고 하는 수학적 관계로 나타내진다(그림 4−9).

비례
한 물체와 다른 물체 사이 혹은 하나의 크기와 다른 크기 사이의 관계이다.

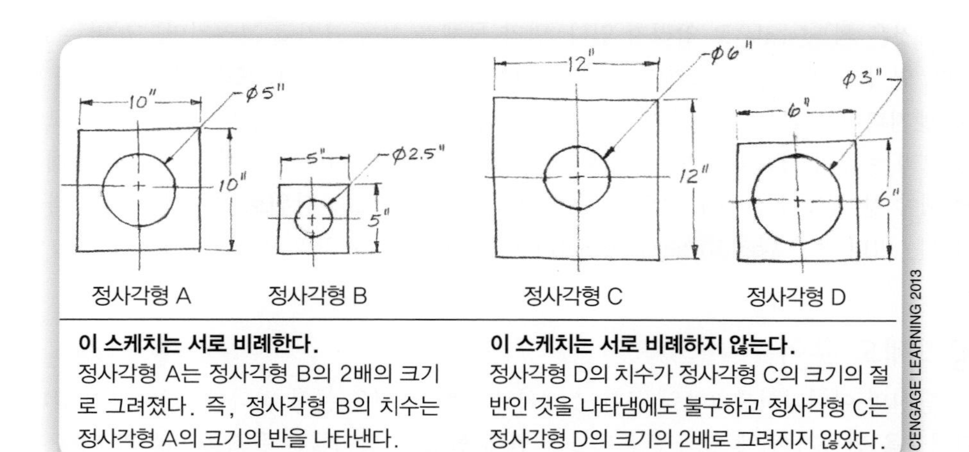

그림 4−9 비례의 개념.

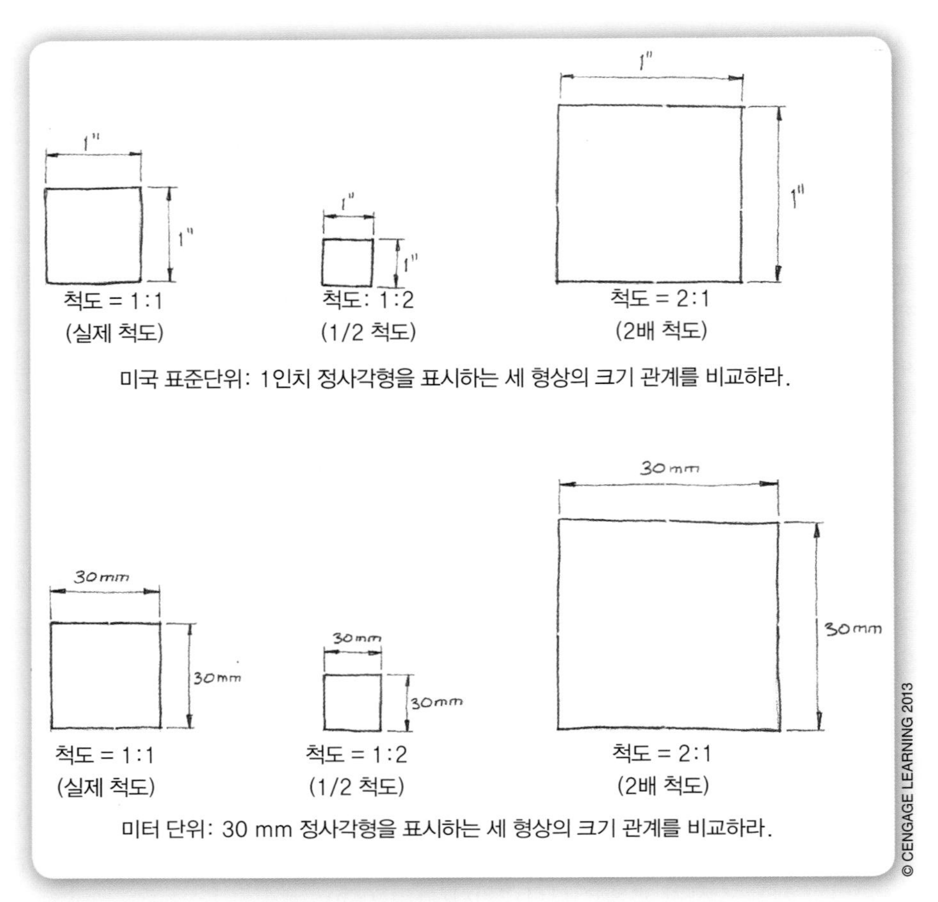

그림 4-10 척도: 원래 치수에 대한 크기의 관계.

척도

물체의 도면과 실제 크기 사이의 수학적 관계이다. 즉, 1:2는 척도 1/2을 나타내고, 1:1은 실제 척도를 나타낸다.

국제단위계

세계에서 많이 쓰이는 측정 시스템이다.

이것은 척도(scale)로 알려져 있다. 만약 물체가 실물 크기로 그려지면, 그 비는 1:1이다. 만약 물체가 실제 크기의 1/2로 그려지면, 그 비는 1:2이다. 프리핸드 스케치를 할 때, 엔지니어는 같은 종이 위에 1/2 척도로 같은 모양을 그리는 동안 실물 크기로 모양을 그리는 것이 필요할 수도 있다. 이 일을 할 때, 그 엔지니어는 그 두 스케치가 비례되게 해야 한다(그림 4-10). 그림 4-10에서 하나는 미국 표준단위로 표시한 것이고 다른 하나는 미터 혹은 국제단위계(International system, SI)로 표시한 것이다.

공학제도 용어

당신의 아이디어를 2차원 공학 스케치로 만드는 것은 문장 하나를 쓰는 것과 같다. 단어들을 만들기 위해 알파벳 문자들을 한데 합친다. 단어들은 문장을 만들기 위해 한데 합친다. 문장들은 문단들을 만들고 이야기하기 위해 한데 합친다. 공학 스케치들은 선들과 기호들을 합쳐서 만들어진다. 이 선들은 모양을 만들고 당신의 설계를 시각적으로 설명해준다.

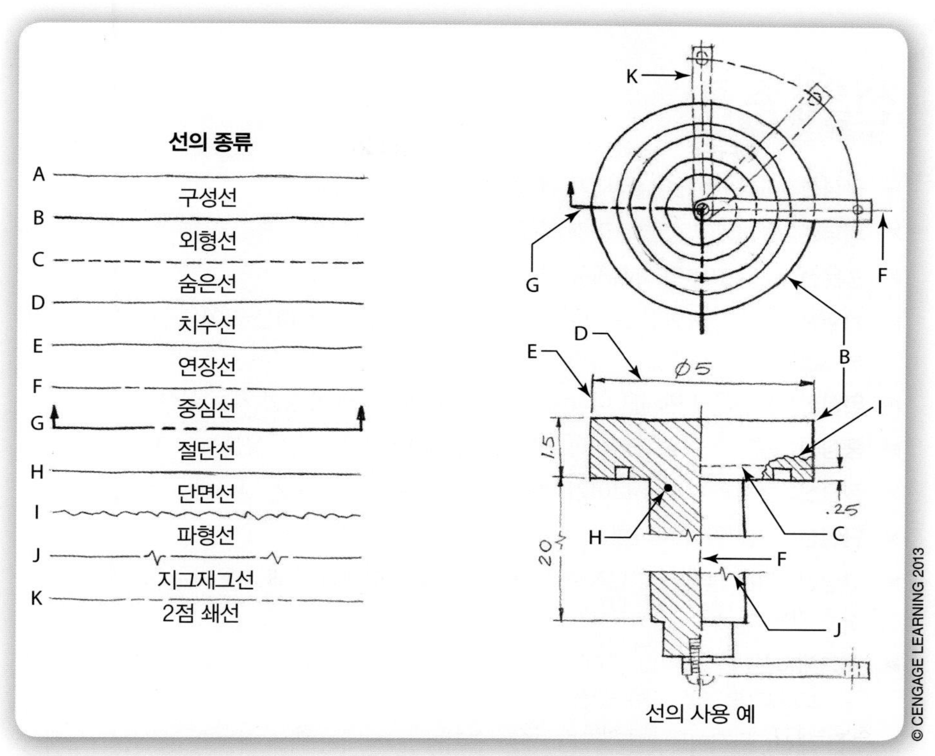

그림 4-11 선의 종류.

기술 도면들을 스케치할 때 11개 선들이 사용된다. 당신이 그것을 조합할 때, 물체를 그린다. 당신이 알파벳에서 문자들을 알아야 하는 것처럼 당신은 물체를 그리기 위해 선의 종류를 알아야 한다. 그것들을 공부하고 그 용도에 친숙해져야 한다(그림 4-11).

기하학적 용어

선들을 그리는 것보다 더 많은 것이 프리핸드 스케치에 있다. 당신은 선과 모양 사이의 기하학적 용어들을 이해하고 사용할 필요가 있다. 당신은 이미 수학 과목에서 이 용어들을 배웠을 수 있다. 기하학(geometry)은 공간의 성질들을 다루는 수학의 한 부분이다. 이것은 점, 선, 곡선, 평면과 공간에서 표면과 이것들에 의해 경계가 만들어진 도형들을 포함한다. 유클리드(Euclid)라고 불린 고대 그리스인이 B.C. 300년에 기하학적 개념들과 공리(公理, axiom)라고 부르는 법칙들을 공식적으로 개발하였다. 다음 용어들은 선들과 모양들이 서로 어떻게 관련되어 있는지를 나타내기 위해 사용된다. 그것들을 그림 4-12에 나타냈다. 그것들을 얼마나 많이 알고 있는지 복습해보라.

선의 종류

물체의 도면을 만드는 여러 선의 종류이다.

기하학

공간의 성질들을 다루는 수학의 한 부분이다. 이것은 점, 선, 곡선, 평면과 공간에서 표면과 이것들에 의해 경계가 만들어진 도형들을 포함한다.

선의 종류

- ▶ **구성선:** 미리 모양을 나타내기 위해 사용하는 아주 가는 실선
- ▶ **외형선:** 물체의 외형을 그리기 위해 사용하는 굵은 실선
- ▶ **숨은선:** 숨은 표면의 모서리를 나타내는 가는 파선
- ▶ **치수선:** 물체의 방향과 크기나 특징을 나타내기 위해 사용하는 끝에 화살표가 붙은 가는 실선
- ▶ **연장선:** 치수선의 한계를 나타내기 위해 물체에서부터 연장한 가는 실선
- ▶ **중심선:** 원이나 원호의 중심과 원통의 중심을 나타내는 가는 실선
- ▶ **절단선:** 물체의 내부를 보이기 위해 물체를 반으로 자른 곳을 나타내는 굵은 실선
- ▶ **단면선:** 잘린 면을 나타내기 위해 45°로 그린 가는 실선
- ▶ **파형선:** 작은 물체가 부분적으로 그려진 것을 나타내기 위해 사용되는 물결치는 것과 같은 가는 실선
- ▶ **지그재그선:** 크거나 긴 물체가 부분적으로 그려진 것을 나타내기 위해 사용하는 것으로 지그재그를 가진 가는 실선
- ▶ **2점 쇄선:** 움직이는 부품들의 다양한 위치를 나타내기 위해 가늘고 긴 실선과 2개의 짧은 파선을 번갈아 배치한 것

6 기하학적 선의 용어

1. **수평선:** 왼쪽에서 오른쪽으로 평평하게 그려진 선(예: 마루의 모서리)
2. **수직선:** 위에서 아래로 그려진 직선(예: 벽의 모서리)
3. **경사진 선:** 수평도 아니고 수직도 아닌 어떤 각도를 가진 직선(예: 계단의 손잡이)
4. **평행선:** 같은 간격과 같은 방향을 가진 선(예: 사각형 테이블의 마주보는 모서리들)
5. **직교하는 선:** 서로 만나면서 이루는 각도가 90°인 선(예: 벽과 마루의 만나는 곳)
6. **접하는 선:** 원호나 원에 만나지만 원호나 원을 가로지르지 않는 선

기본적인 기하학적인 모양들은 프리핸드 스케치에서 알아야 할 중요한 것이다(그림 4−13).

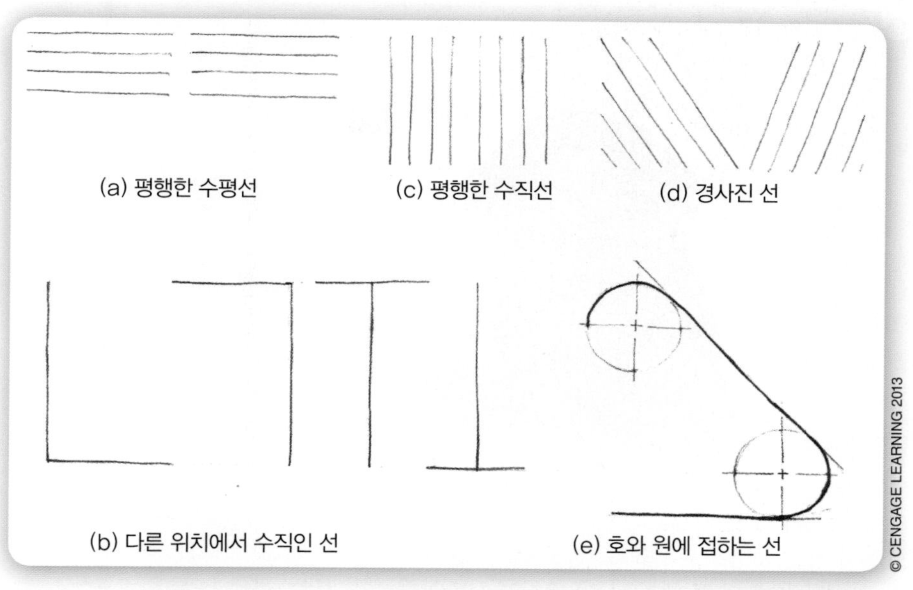

그림 4-12 기학학적 위치에서 프리핸드 스케치한 선들.

알고 있나요?

수학의 발전에 의미 있는 기여를 한 첫 번째 여성은 알렉산드리아의 하이파티아(Hypatia, A.D. 370~415)였다. 그녀의 아버지인 시온(Theon)은 그녀에게 수학과 철학을 가르쳐주었고, 하이파티아는 알렉산드리아 플라톤 학교의 교장이 되었다. 그녀는 전문적인 기하학자 및 수학자가 된 첫 번째 여성으로 인정받았다.

공학 직업 조명

이름

니콜 이 브라운 윌리암즈(Nicole E. Brown Williams)

직위

말콤 퍼니(Malcolm Pirnie)사의 프로젝트 엔지니어

직무 설명

도시를 순탄하고 효율적으로 운영하는 것이 공학의 핵심 요소이다. 2002년에 뉴욕 시는 극심한 가뭄을 겪었다. 브라운 윌리암즈는 지금 그와 같은 장래 문제를 충분히 대비할 수 있는 시의 식수 공급 방안을 재설계하기 위한 일을 하고 있다. 그 프로젝트는 그녀를 엄청난 공학과제의 한가운데에 놓이게 했다.

브라운 윌리암즈의 일은 현재의 조건들을 평가하고 시의 지하수 시스템의 개선 계획을 세우는 것이다. 그녀의 일은 일정작성, 비용산정, 조사, 설계, 현장작업, 기술문서 작성, 규제 수용, 학제적 협력, 그리고 고객, 계약자와 하부계약자들과 조율 등을 포함한다. 또한 브라운 윌리암즈는 그 프로젝트를 위해 앞서서 지역사회에 손 내밀기를 한다. 그녀는 종종 공식적인 회의에서 발표를 하고 지역사회 구성원들과 선출된 관리들과 협력을 한다.

교육

브라운 윌리암즈는 조지아 공과대학에서 토목공학으로 학사 학위를 받았다. 그녀는 학업을 통하여 수처리 과정과 수처리 시스템 설계를 폭넓게 이해할 수 있었다. 그 지식의 기초는 그녀를 뉴욕 시의 토목공학 과제에 적합하도록 준비시켰다.

학생들에 대한 조언

흑인 엔지니어 협회 뉴욕지부의 명예회장인 브라운 윌리암즈는 활동적으로 소수자들에게 협회에 참여하여 공학현장에서 탁월함을 발휘하도록 격려하고 있다.

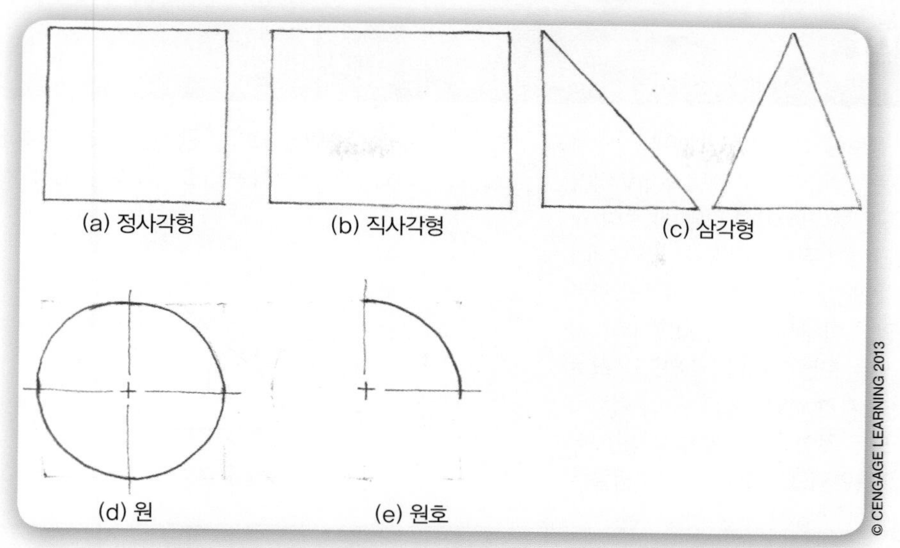

그림 4-13 기하학적 모양의 스케치.

기하학적 모양

1. **정사각형:** 네 변의 길이가 같고 마주보는 변들이 서로 평행이고, 모든 각이 90°인 닫힌 모양
2. **직사각형:** 마주보는 변들의 길이가 같고 모든 각이 90°이고, 네 변을 가진 닫힌 모양
3. **삼각형:** 변들이 이루는 세 각도의 합이 180°이고, 세 변으로 이루어진 닫힌 모양
4. **원:** 중심을 360°로 둘러싸면서 중심에서 같은 거리(반지름)를 유지하는 연속된 선으로 이루어진 닫힌 모양
5. **원호:** 원둘레의 일부분. 원호 위의 점들은 중심을 0°보다 크고 360°보다 작게 둘러싸면서 중심에서 같은 거리(반지름)이다.

공학 속의 수학

프리핸드 스케치는 그림 정보를 기록하는 과정이다. 엔지니어와 설계자가 만든 제품들은 스케치한 개념과 아이디어로 시작된다. 기본적인 모양들(기하학적 모양들)은 이 개념들과 아이디어들을 나타내기 위해 사용된다. 엔지니어와 설계자가 이 기하학적 모양들과 그것들이 어떻게 관련되고 상호작용하는지를 알고 이해하는 것이 중요하다. 기하학은 우리를 둘러싸고 있는 모든 것이다. 주위를 둘러보라. 우리가 만든 모든 것과 자연에 있는 모든 것이 기하학적 관계를 가지고 있다. 모든 것이 점, 선과 정사각형, 직사각형, 원, 원호, 구, 정육면체와 원뿔과 같은 모양들로 만들어질 수 있다. 이들 사이의 관계는 직교좌표계나 피타고라스 정리와 같은 수학적 용어로 나타낼 수 있다.

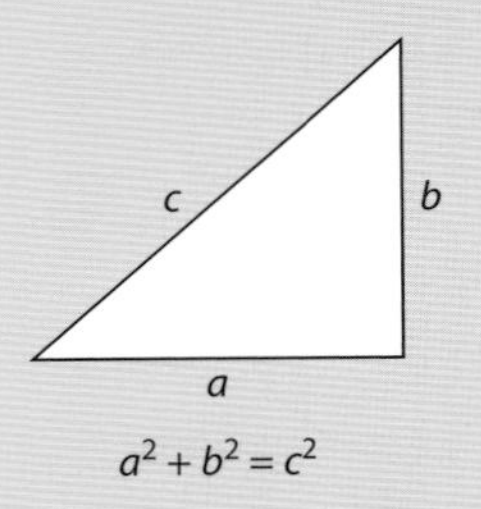

$a^2 + b^2 = c^2$

4.3 스케치 기술

당신은 "나는 그림은 못 그린다. 내 그림은 바로 알아볼 수 없다."라고 스스로에게 말할 수 있다. 프리핸드 스케치는 중요한 기능이다. 적절한 연습으로 배울 수 있는 간단한 것이다. 만약 당신이 다음에 논의되는 쉬운 기법을 따른다면, 프리핸드 스케치를 곧 만들어낼 수 있을 것이다.

첫째로 당신의 아이디어를 전달할 때, 산뜻함이 필요하다는 것을 기억하라. 만약 당신이 뒤에서 비난하는 말을 듣고 있다면, 당신은 라디오에서 나오는 음악을 분명히 들을 수 있는가? 당신이 혼잡한 방 안에 서 있고 네다섯 명이 당신 주위에서 대화를 하고 있을 때 일대일 대화를 이해하는 것은 어렵다. 비난의 말과 배경 소음 둘 다 성공적인 의사전달을 제한한다. 지저분한 스케치는 비난하는 말과 비슷하다. 그러한 스케치들은 당신의 아이디어를 전달하는 데 방해된다. 산뜻한 스케치를 하는 데 시간을 들임으로써 당신은 성공적인 의사전달자가 될 것이다(그림 4-14).

둘째로 프리핸드 스케치의 주요 장점은 빨리 할 수 있다는 것이다. 이 기능을 연습하면 그리는 속도를 높일 수 있다. 이것은 당신에게 명확하고 정밀하게 당신의 생각들을 전달하는 능력을 줄 것이다.

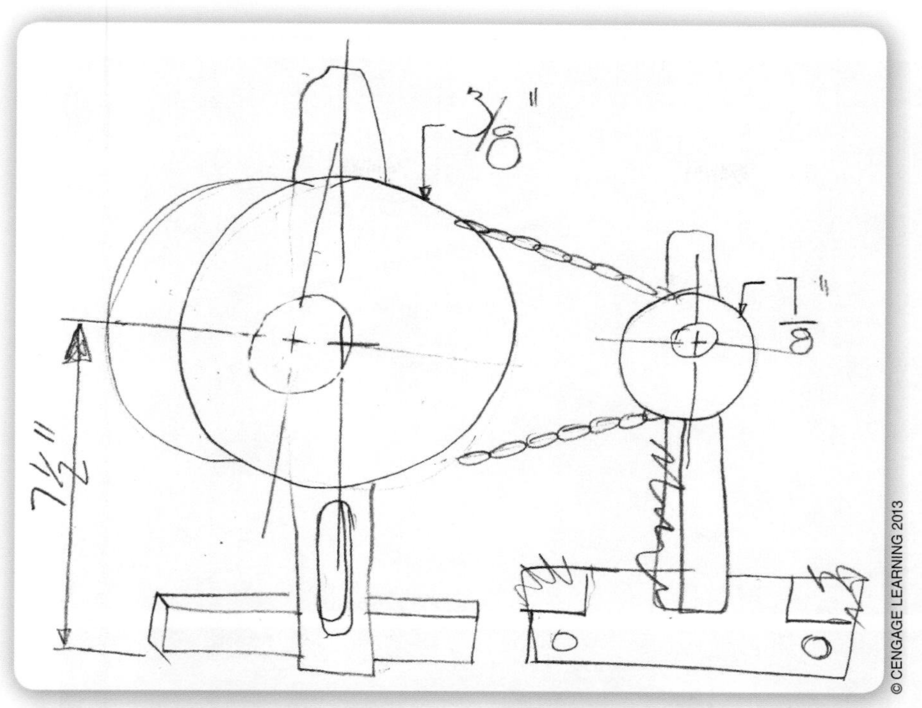

그림 4-14 미완성 스케치는 의사전달을 불명확하게 만든다.

필요한 도구

프리핸드 스케치는 어느 곳에서나 할 수 있다. 당신이 필요한 것은 부드러운 연필 한 자루, 부드러운 지우개 하나, 종이, 단단한 판이다. 이것이 설계자와 엔지니어가 서류를 끼우는 판인 클립보드(clipboard)나 노트를 자주 가지고 다니는 한 가지 이유이다(그림 4-15).

엔지니어의 노트는 이름, 날짜, 스케치 제목과 같은 중요한 정보를 기록하기 위해 그래프용지와 줄이 그어진 종이, 페이지 번호 그리고 장소를 기록할 수 있는 제본된 노트로 구성되어 있다. 이런 정보는 볼펜으로 써야 한다. 프리핸드 스케치는 연필로 그려야 한다. 이 노트는 엔

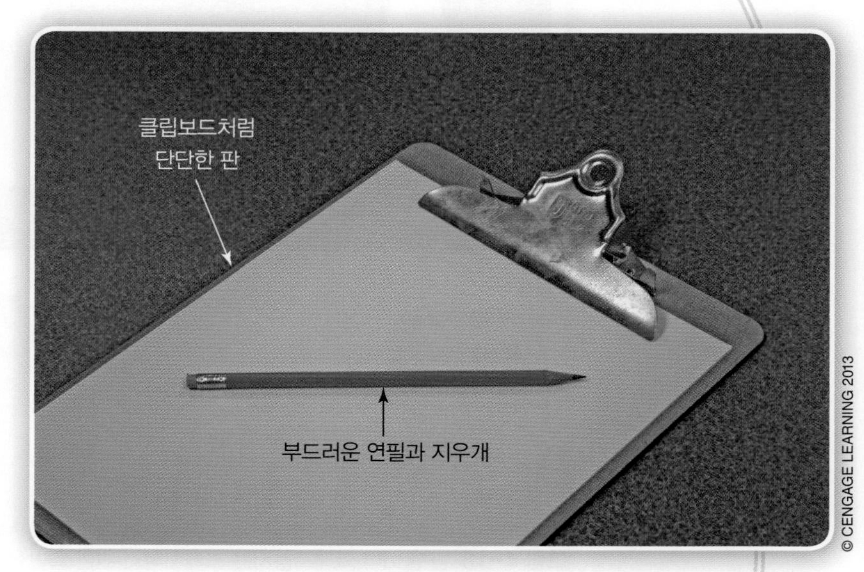

그림 4-15 프리핸드 스케치를 하기 위해 당신이 필요한 도구들은 부드러운 연필, 부드러운 지우개, 단단한 판과 종이다.

그림 4-16 빈 종이나 그래프용지는 스케치하기 위한 일반적인 재료다. 그러나 훌륭한 아이디어가 떠오를 때, 종이봉투나 냅킨도 사용할 수 있다.

그림 4-17 집게손가락을 편 채로 연필을 잡아라. 연필이 손에서 미끄러지지 않을 정도로 쥐어라.

지니어의 개념들과 아이디어들의 영구적인 기록이 된다(그림 4-16).

서류를 끼우는 판이나 노트를 사용하는 것은 당신에게 그 종이를 당신이 필요한 위치로 돌릴 수 있게 한다. 예를 들면, 당신은 수직선보다 수평선을 그리는 것이 더 쉬울 수 있다. 바로 종이나 서류 끼우는 판을 90°로 돌릴 수 있다. 그리고 수직선을 수평 상태로 그릴 수 있다. 물론 생각이 떠오를 때, 종이봉투나 냅킨 위에 그 아이디어를 스케치할 수 있다(그림 4-5).

스케치 선

좋은 스케치는 연필을 잘 사용하는 것에서 시작된다. 그림 4-17에서처럼 집게손가락을 편 채로 연필을 잡아라. 연필이 손에서 미끄러지지 않을 정도로 느슨하게 쥐어라. 이것은 손과 팔이 편안한 상태를 유지하면서 그릴 수 있도록 해준다. 물체의 스케치를 배우는 것은 선의 스케치를 배우는 것에서 시작된다. 스케치는 매우 쉽다. 이것은 지울 필요성을 줄이고 시간을 절약한다. 일단 당신이 스케치를 완성하고, 선들을 더 진하고 눈에 잘 띄게 하고 싶다면 당신은 그 선들을 따라갈 수 있다(그림 4-18).

다음의 간단한 단계들은 선을 올바르게 스케치하는 데 도움이 될 것이다(그림 4-19).

1. 연필 끝을 날카롭지 않고 약간 무딘 상태로 시작하라.
2. 짧은 선분으로 그리고 그것들을 연결하여 긴 선을 만들어라.

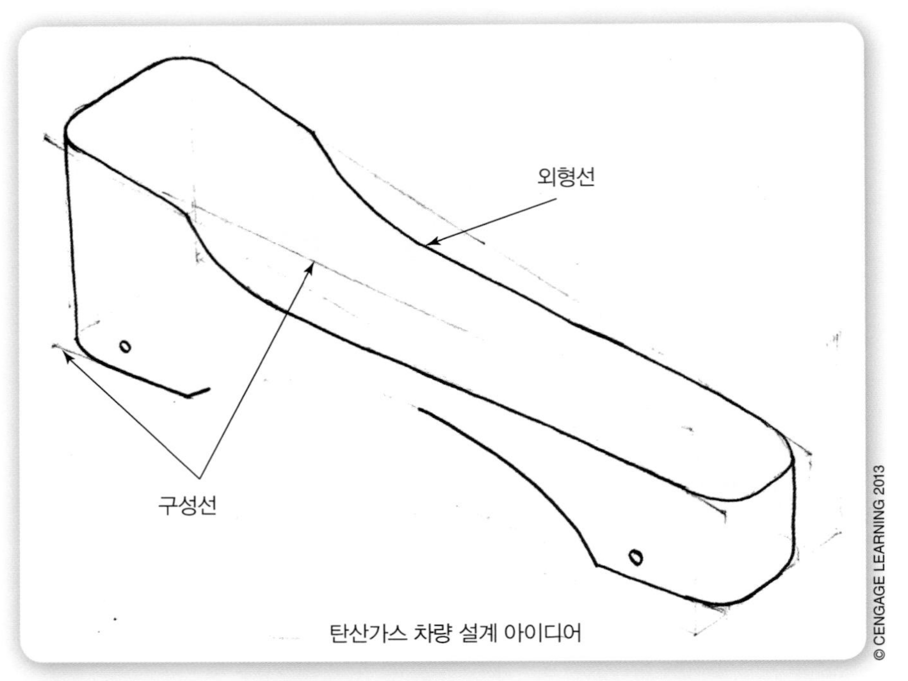

그림 4-18 프리핸드 스케치를 할 때 연한 구성선을 그린 다음, 굵은 외형선으로 진하게 표시하라.

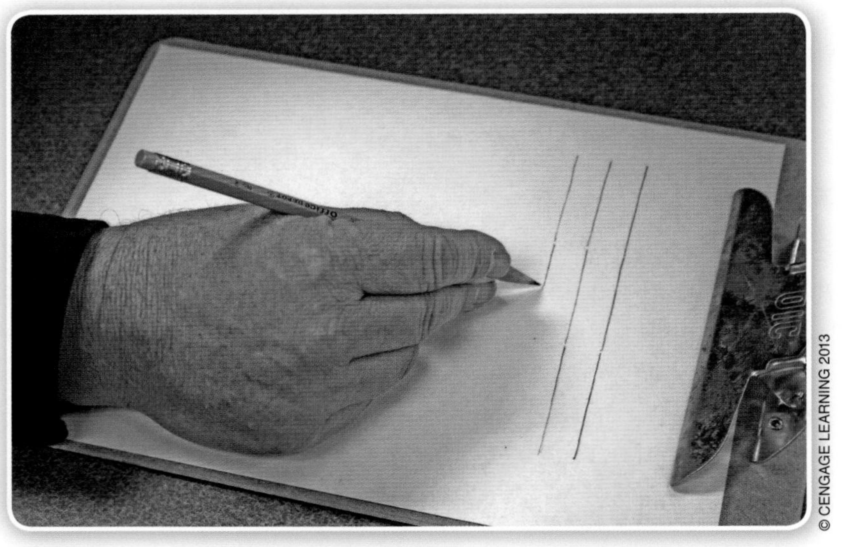

그림 4-19 종이 위에 시작점과 끝점을 표시함으로써 선 그리기를 시작하라. 끝점에 눈을 맞추고 연필을 시작점에서 끝점까지 움직여라.

3. 한 점에서 다른 점까지 선을 그려라. 선을 그리기 시작할 때, 작은 점들을 살짝 표시하고 원하는 곳까지 선을 그어라.
4. 연필 끝을 시작점에 놓고 눈을 끝점에 맞추어라(뒤를 보지 말라).
5. 눈을 끝점에 맞추고 연필 끝을 끝점까지 움직여라. 손을 움직일 때, 종이에서 손을 떼라.
6. 선을 그리기 위해 손을 움직일 때, 손을 그리고 있는 선에 평행하게 유지하라. 연필의 움직임을 주시하지 말고 그리려고 하는 그 점에 눈을 맞추어라.

원호와 원의 스케치

만약 당신이 이 스텝들을 따른다면, 품질이 좋은 원호와 원을 스케치하는 것이 쉬울 것이다(그림 4-20).

1. 연필 끝을 날카롭지 않고 약간 무딘 상태로 시작하라.
2. 같은 길이이고 서로 직교하는 두 선들을 그어라(그림 4-20, 1). 그리고 직교하는 선들의 교차점을 통과하는 45°를 이루는 두 선을 그어라.
3. 모든 선들의 교차점에서 원의 반지름을 표시하라. 이 예에서 지름이 1인치면 반지름은 1/2인치가 될 것이다(그림 4-20, 4).
4. 하나의 반지름 표시 위에 연필 끝을 놓고 다음 반지름 표시 위치까지 원호를 그려라. 원호 위의 모든 점은 중심에서 같은 거리(반지름)에 있어야 한다는 것을 기억하라(그림 4-20, 5).
5. 원을 그리기 위해 8개의 원호를 완성하기까지 4번 스텝을 반복하라. 더 쉽게 스케치하기 위해 종이를 돌릴 수 있다는 것을 기억하라(그림 4-20, 6).

1. 서로 수직인 두 선을 그려라.

2. 직교하는 선들과 45°가 되는 두 선을 그려라.

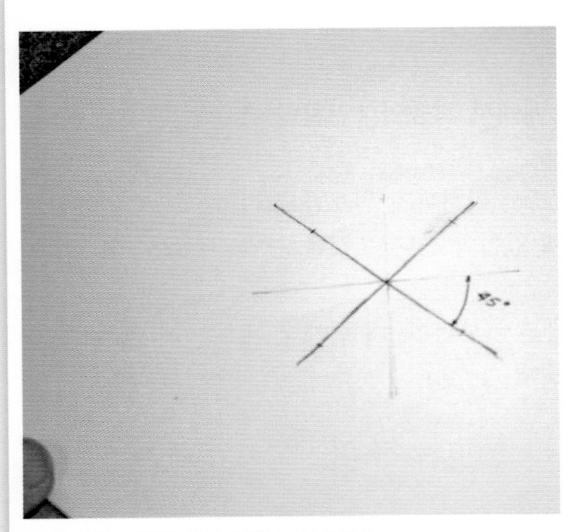

3. 직교하는 선에 대해 45°를 표시하라.

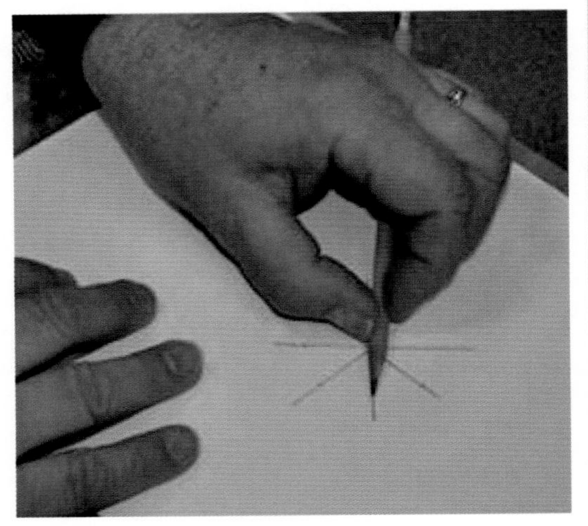

4. 연필 끝과 엄지손가락 위치를 기준으로 중심에서 각 선 위에 반지름을 표시하라.

그림 4-20 원과 원호를 그리기 위한 스텝들.

5. 손목을 회전축으로 하여 한 곳의 반지름 표시에서 다음 반지름 표시까지 원호를 그려라.

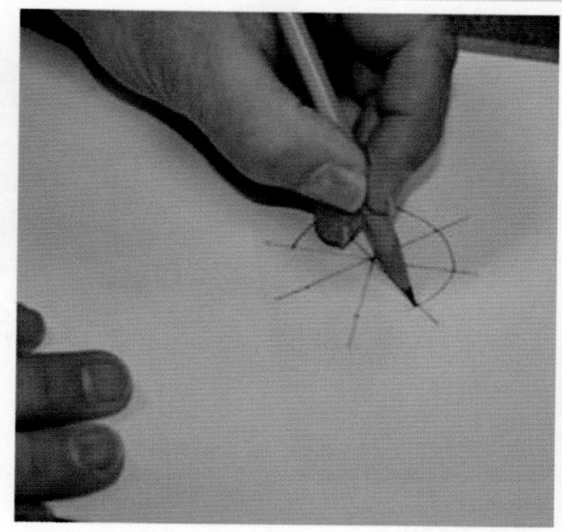

6. 각 원호를 연결하라.

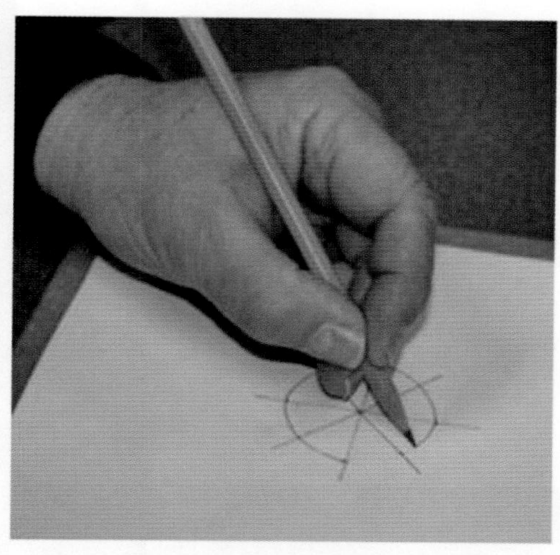

7. 원을 만들기 위한 4개의 원호를 완성하기 위해 종이를 돌려라.

8. 원을 완성하라.

그림 4-20 원과 원호를 그리기 위한 스텝.

요약

이 장에서 배운 학습내용

- 프리핸드 스케치는 제도용구나 CAD 시스템을 사용하지 않고 이미지를 그리는 과정이다.
- 프리핸드 스케치는 아이디어를 브레인스토밍하고, 측정값을 문서로 작성하여 절차를 기록하고, 새로운 제품의 설계과정을 시작하기 위해 자주 사용된다.
- 프리핸드 스케치는 빠르고 정밀하게 아이디어와 개념을 전달하기 위해 사용된다.
- 프리핸드 스케치는 엔지니어, 설계자, 도면작성자, CAD 조작자, 기계조작자와 건설 직업의 사람들이 사용하는 중요한 기능이다.
- 프리핸드 스케치는 간략형, 상세형, 발표형의 세 종류가 있다.
- 엔지니어와 설계자는 스케치를 시작하기 전에 물체를 시각화할 수 있어야 한다.
- 엔지니어와 설계자는 스케치를 잘 하기 위해서 비례와 척도의 개념을 잘 이해해야 한다.
- 엔지니어는 선의 종류를 사용해 그림으로 의사소통할 수 있어야 한다.

용어

각 용어들에 대한 정의를 쓰시오. 마친 후에, 자신의 답을 이 장에서 제공된 정의들과 비교하시오.

프리핸드 스케치
주(노트)
간략형 스케치
상세형 스케치
발표형 스케치
밑칠
시각화
비례
척도
국제단위계(SI)
선의 종류
기하학

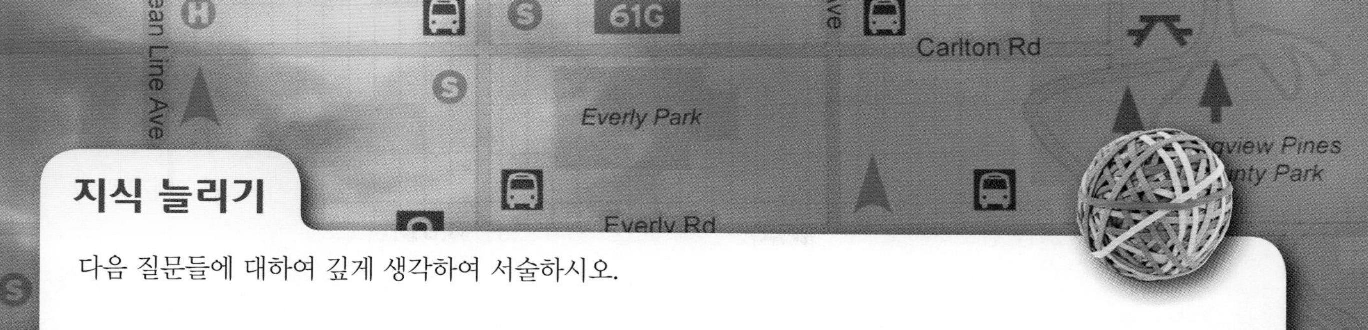

지식 늘리기

다음 질문들에 대하여 깊게 생각하여 서술하시오.

1. 제품의 아이디어를 스케치할 때, 엔지니어와 설계자가 기하학과 기하학적 용어들을 이해하는 것이 왜 중요한지 설명하시오.
2. 역공학의 장점들을 토의하시오.
3. 만약 엔지니어의 프리핸드 스케치가 혼란스럽고 조직화되지 못했다면, 어떤 문제가 발생할지 설명하시오.

다음 연습문제들을 완성하기 위해 스케치 용지를 사용하시오.

4. 정확한 프리핸드 스케치 기법을 적용하여 수평 선들을 그리는 연습을 하시오. 연습예제로 그림 4-21을 참조하시오.

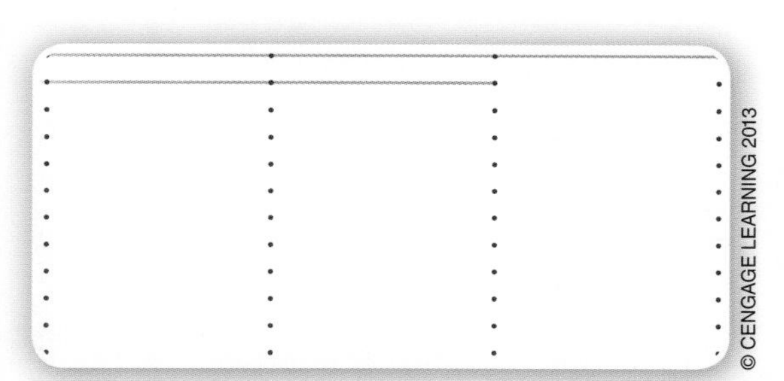

그림 4-21 정확한 프리핸드 스케치 기법을 적용하여 한 점에서 다른 점까지 수평선들을 그리기.

5. 정확한 프리핸드 스케치 기법을 적용하여 기울어진 선들을 그리는 연습을 하시오. 연습예제로 그림 4-22를 참조하시오.

그림 4-22 정확한 프리핸드 스케치 기법을 적용하여 한 점에서 다른 점까지 기울어진 선들을 그리기.

6. 정확한 프리핸드 스케치 기법을 적용하여 수직 선들을 그리는 연습을 하시오. 연습예제로 그림 4-23을 참조하시오.

그림 4-23 정확한 프리핸드 스케치 기법을 적용하여 한 점에서 다른 점까지 수직선들을 그리기.

7. 정확한 프리핸드 스케치 기법을 적용하여 서로 직교하는 선들을 그리는 연습을 하시오. 연습예제로 그림 4-24를 참조하시오.

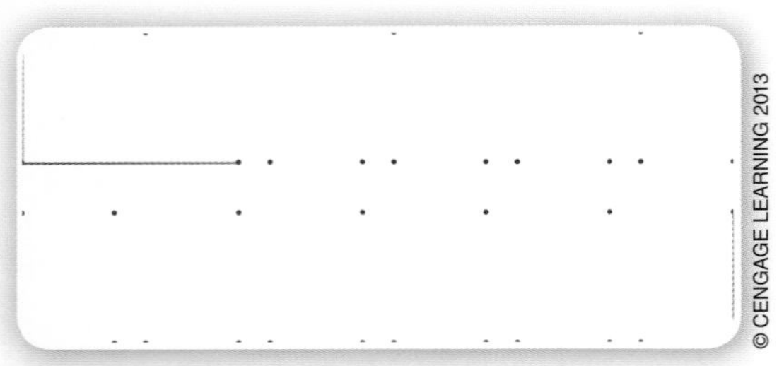

그림 4-24 한 점에서 다른 점까지 서로 직교하는 선들을 그리기.

8. 정확한 프리핸드 스케치 기법을 적용하여 원과 원호를 그리는 연습을 하시오. 연습예제로 그림 4-25를 참조하시오.

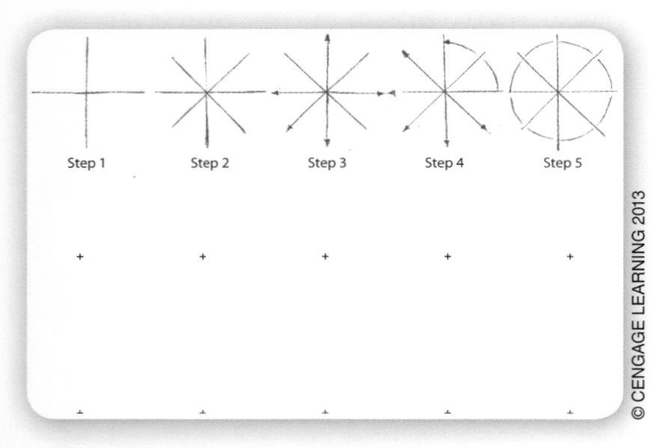

그림 4-25 원을 그리는 스텝들.

9. 정확한 프리핸드 스케치 기법을 적용하여 정사각형들을 그리는 연습을 하시오. 연습예제로 그림 4-26을 참조하시오.

그림 4-26 각 정사각형의 꼭짓점들을 이용하여 첫 두 줄에 정사각형들을 그리시오. 각 정사각형의 밑변을 사용하여 셋째 줄에 4개의 정사각형을 그리시오.

10. 정확한 프리핸드 스케치 기법을 적용하여 직사각형과 삼각형들을 그리는 연습을 하시오. 연습예제로 그림 4-27을 참조하시오.

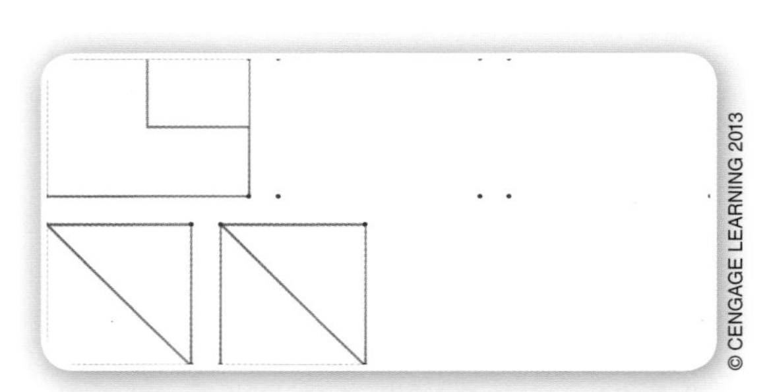

그림 4-27 첫째 줄에 노치를 가진 직사각형 모양을 두 번 복사하시오.

공학 과제

우리가 매일 사용하는 제품을 설계하는 엔지니어는 자신의 마음에 있는 아이디어나 개념을 가지고 설계를 시작한다. 엔지니어들은 그들의 설계가 바르게 역할을 하도록 복잡한 기계 시스템의 개념들을 통해 일을 해야 한다. 프리핸드 스케치는 아이디어를 시각적으로 기록하고 설계 초안을 만들게 한다.
이것은 엔지니어에게 기본적인 스케치 기능을 가지고 기하학적 모양을 잘 이해할 것을 요구한다.

기어 박스는 엔지니어가 설계할 수도 있는 기계 시스템의 한 예이다. 이 박스는 정해진 최대 크기를 맞추어야 하고 정해진 숫자의 연결 기어들을 담아야 한다. 당신은 엔지니어이고 다음 설계과제를 풀어야 한다고 가정하시오. 4장에서 배운 프리핸드 스케치 기능과 지식을 사용하여 당신의 해결책에 대한 프리핸드 스케치를 만드시오.

다음 기준을 이용하여 2차원 도면으로 당신의 해결책을 스케치하시오.

1. 기어 박스는 폭이 4인치이고 높이는 3.5인치여야 한다.
2. 기어박스는 다음과 같은 치수를 가진 기어 4개를 담아야 한다.
   a. 기어 1: 지름 2인치
   b. 기어 2: 지름 0.5인치
   c. 기어 3: 지름 1인치
   d. 기어 4: 지름 0.75인치
3. 기어를 표현하기 위해 중심을 가진 원을 사용하시오.
4. 각 기어는 다른 하나의 기어만 접촉할 수 있다.
5. 각 기어의 끝과 박스의 옆면 사이에 적어도 0.5인치의 틈새가 있어야 한다.
6. 기어 중심들이 일직선 위에 있어서는 안 된다.
7. 기어를 표현하는 원의 안쪽에 기어 1, 기어 2, 기어 3과 기어 4로 라벨을 붙이시오.

가장 좋은 프리핸드 스케치를 사용하는 것을 기억하시오.

보너스

기어는 시계바늘과 같은 방향으로 돌거나 그 반대 방향으로 돈다. 한 기어가 한 방향으로 돌 때, 그 기어와 접촉하는 기어는 그 반대 방향으로 돈다. 그래서 만약 한 기어가 시계바늘과 같은 방향으로 돈다면, 그 기어와 접촉하는 기어는 시계바늘과 반대 방향으로 돈다. 만약 기어 1을 시계바늘과 같은 방향으로 돌도록 설치한다면, 기어 4는 어떤 방향으로 돌까? 만약 기어 1이 시계바늘과 같은 방향으로 돈다면, 각 기어가 도는 방향을 나타내기 위해 각 기어 위에 화살표를 붙이시오.

CHAPTER 5
입체 스케치
Pictorial Sketching

Menu

미리 생각해보기

이 장에서 개념들을 공부하기 전에 다음 질문들에 대해 생각하시오.

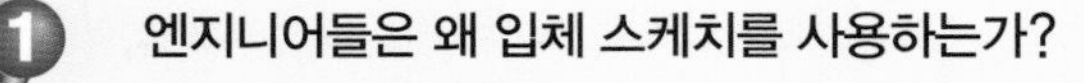

1. 엔지니어들은 왜 입체 스케치를 사용하는가?
2. 우리는 세상에서 물체를 어떻게 알아챌 수 있는가?
3. 입체 스케치란 무엇인가?
4. 비등각도란 무엇인가?
5. 등각도란 무엇인가?
6. 투시도란 무엇인가?
7. 발표도란 무엇인가?

이 발표 스케치들은 미래의 다리와 전기 주전자에 대한 설계자의 아이디어를 나타낸다.

공학의 실행

S T E M

엔지니어들은 그들의 설계 개념이나 프로젝트를 설명하고 혹은 변호하기 위해 공식으로나 비공식으로 발표한다. 그들은 새로운 다리를 설계하기 위한 비용을 지불하는 고객에게 계획을 발표할 수도 있다. 혹은 새로운 용도를 개발하고 있는 회사 위원회에서 설계를 발표할 수도 있다. 이러한 발표는 항상 발표 스케치를 포함한다. 가끔 밑칠(rendering)이라고 부르는 이 중요한 문서는 엔지니어에 의해 준비될 수도 있고 기술 삽화가에 의해 개발될 수도 있다.

우리가 4장에서 배운 것처럼, 발표 스케치는 설계과정에서 매우 중요하다. 엔지니어가 단지 말로 아이디어를 설명하는 것이 얼마나 어려운지를 상상해보라. 고객들이나 위원회 위원들이 엔지니어의 아이디어를 시각화하는 것은 힘든 일이다. 발표 스케치는 고객들이나 위원회 위원들이 엔지니어의 아이디어와 계획을 눈으로 볼 수 있게 한다.

5.1 왜 입체 스케치를 사용하는가?

4장에서, 프리핸드 스케치를 개발하는 기법과 과정을 배우고 연습했다. 또한 엔지니어와 설계자를 포함한 많은 사람들이 아이디어를 빠르고 정확하게 전달하기 위해 프리핸드 스케치를 사용하는 것을 알고 있다. 이 장에서는 이 지식과 기능을 3차원에서 물체를 스케치하는 것을 배우는 데까지 적용할 것이다. 또한 엔지니어와 설계자가 입체 스케치와 밑칠 기법을 이용하여 어떻게 물체를 실감나게 표현할 수 있는지를 배울 것이다(그림 5-1).

우리가 세상을 보는 방법

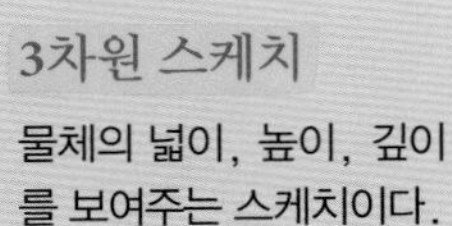

3차원 스케치

물체의 넓이, 높이, 깊이를 보여주는 스케치이다.

당신은 주변 세계를 볼 때, 물체들이 납작하게 보이는가? 물체가 깊이를 가지고 있고 혹은 어떤 물체들은 당신에게 가깝고 다른 것들은 멀리 떨어져 있는지를 당신은 말할 수 있는가? 물론 당신은 얘기할 수 있다. 인간으로서 우리는 흔히 3D라고 말하는 3차원(three dimensions)에서 우리 주위의 세계를 본다(그림 5-2). 이것은 우리 뇌가 우리가 보는 물체들을 통역하는 자연스러운 방법이다. 우리가 보는 세 치수는 폭, 높이, 깊이다(그림 5-3).

3차원 스케치는 다른 사람들에게 아이디어를 전달하는 가장 빠른 방법이다. 그것은 오해를 최소화하는 방법이다. 4장에서 배웠듯이 명확한 의사전달이 설계과정에 가장 중요하다는 것을 기억하자.

입체 스케치란 무엇인가?

입체 스케치

물체를 3차원으로 표현해주는 방법이다.

입체 스케치(pictorial sketch)는 3차원 형태로 물체를 나타내는 과정이다. 이것

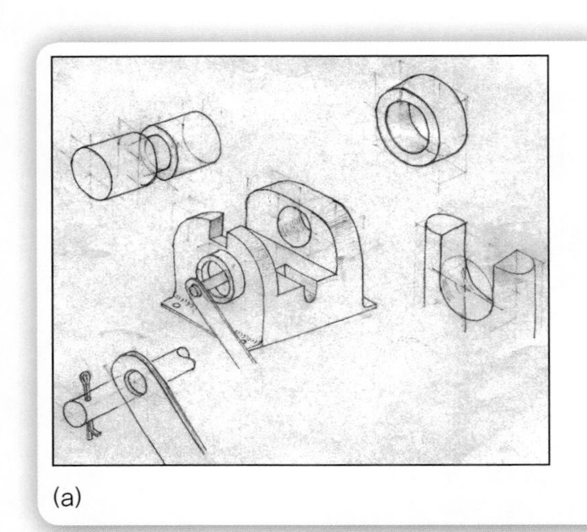

(a)

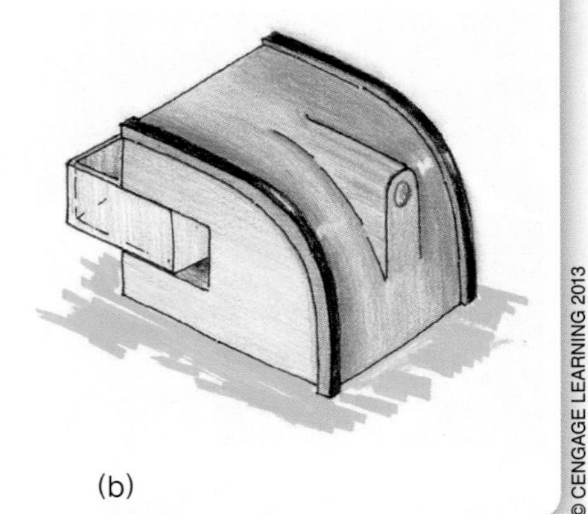

(b)

그림 5-1 기계의 부품들을 표현하는 입체 스케치.

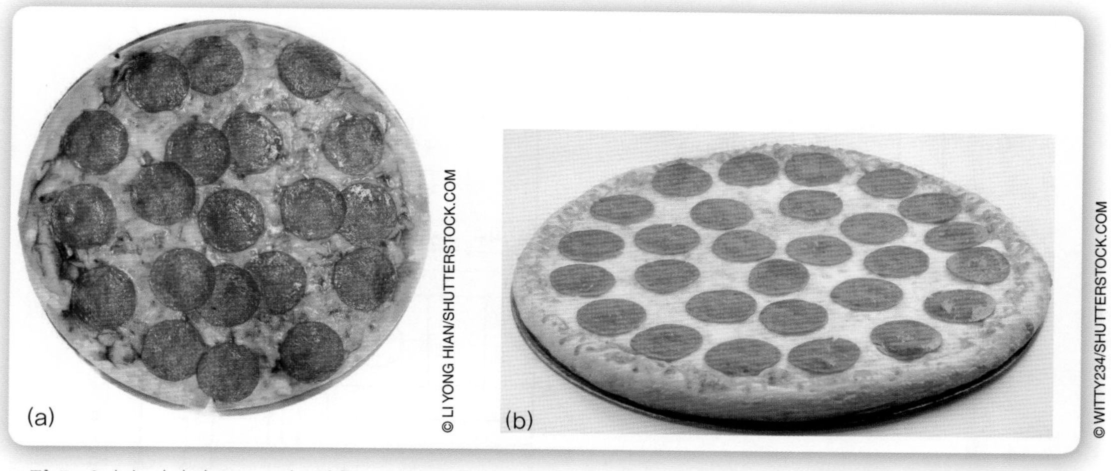

그림 5-2 (a) 피자의 2D 도면: 얇은 소시지 조각의 두께를 알 수 없다. (b) 피자의 3D 도면: 얇은 소시지 조각의 두께를 알 수 있다.

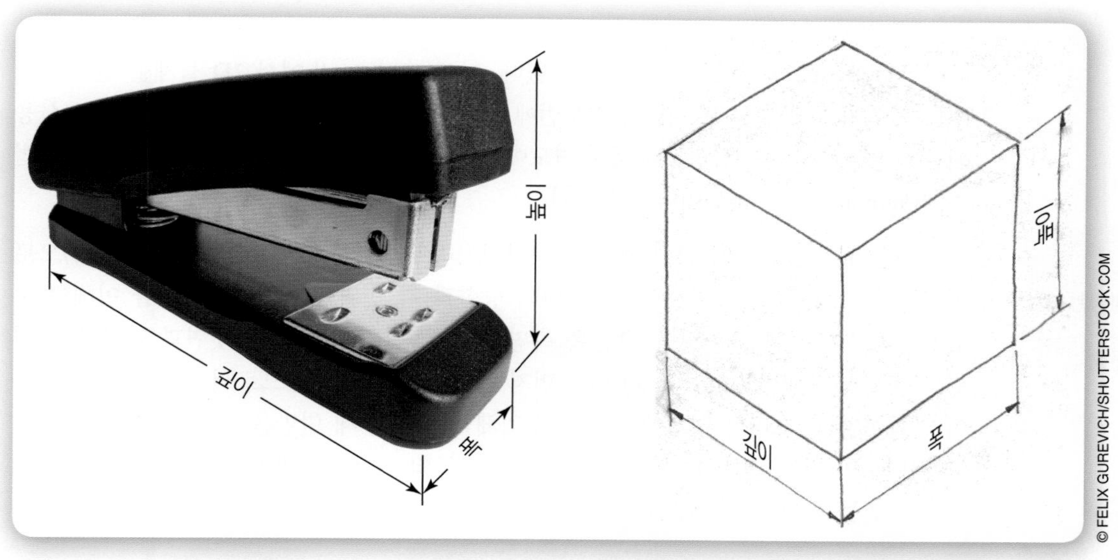

그림 5-3 우리 주위의 물체들은 폭, 높이와 깊이를 가지고 있다. 우리가 3차원으로 스케치할 때, 우리는 폭, 높이와 깊이를 보여준다.

의 반대는 물체를 2차원(2D) 형태로 나타내는 것이다. 이것을 다면 제도(multiview drawing)라고 말한다. 2차원 도면들은 물체의 한 면만을 보여주고 물체가 어떻게 만들어져야 하는지를 정확하게 전달하기 위해 사용된다(그림 5-4). 2D와 3D 사이에는 수학적인 차이가 있다. 제곱 단위로 측정된 면적의 개념은 2D 수학적인 관계이다. 세제곱 단위로 측정된 체적의 개념은 3D 수학적인 관계이다. 그림 5-4a에서 3D 물체를 살펴보자. 그것은 책상 위에 놓여 있는 실제 물체의 모양이다. 당신은 단일 스케치로 나

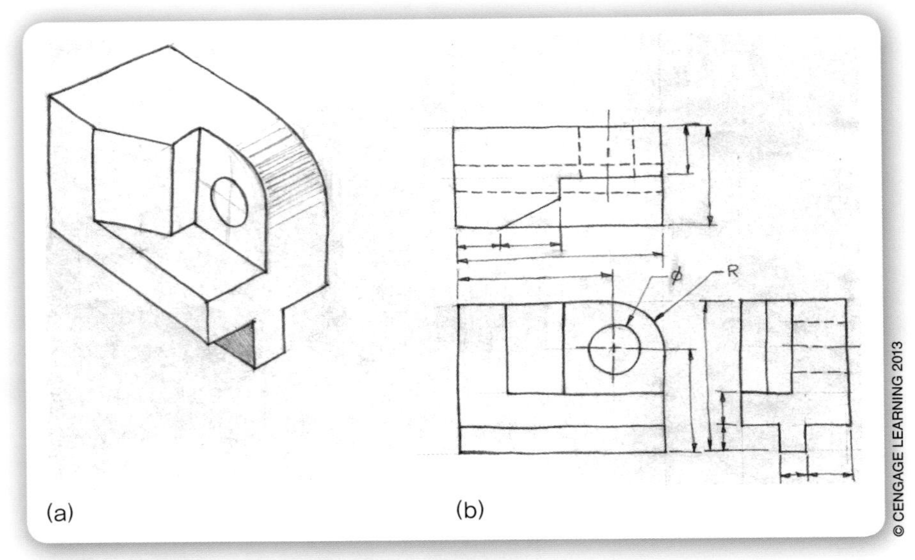

그림 5-4 (a) 물체의 3차원 입체 스케치, (b) 물체의 2차원 다면도 스케치.

타낸 물체의 폭, 높이와 깊이를 볼 수 있다. 이제 그림 5-4b에서 2D 물체를 살펴보자. 이 스케치가 그려진 방법, 당신은 한 번에 세 면만을 볼 수 있다. 가장 일반적으로 사용되는 도면은 정면도, 평면도와 우측면도이다. 이러한 2차원 도면들의 형식을 정투상법(orthogonal projection)이라고 부른다.

평면
기하학적으로 평평한 표면이다.

3차원 물체의 6면도 입체 스케치 형식일지라도, 각 물체는 6개의 **평면**(plane)으로 정의된다. 이것은 보는 사람에게 각 면의 방향과 각 면과 다른 면의 관계를 이해할 수 있게 한다. 여섯 평면은 정면, 오른쪽 측면, 왼쪽 측면, 윗면(평면), 뒷면과 밑면이다. 정면도는 고정 도면(anchor view)이다. 먼저 정면도를 잘 이해함으로써 모든 다른 도면들이 만들어진다. 그러나 형식에 관계없이 입체 스케치는 세 면만을 보여준다. 그림 5-5a는 정면도와 각 도면의 관계를 나타낸다. 도면들의 관계는 2개의 치수만을 보여주는 2차원 도면들을 전개하는 데 도움이 된다(그림 5-5b).

알고 있나요?

많은 컴퓨터와 비디오 게임들은 비등각투상도, 사투상도와 투시투상도의 개념으로 시작된다. 그래픽 설계자들은 이 입체개념들을 잘 이해해야 한다.

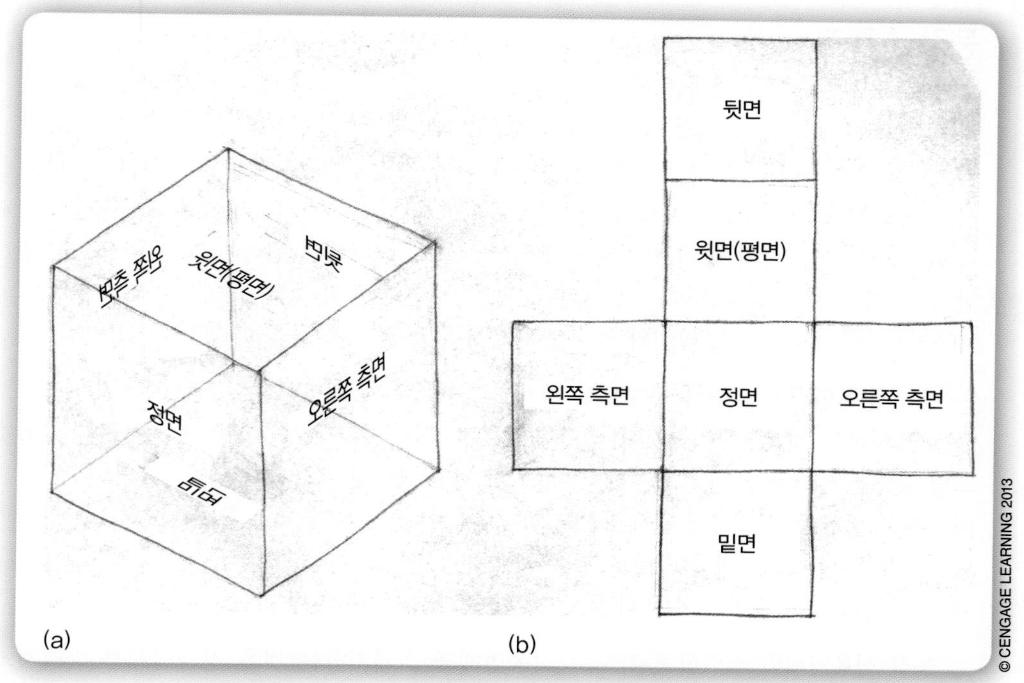

그림 5–5 (a) 그 모양이 복잡할지라도 물체는 여섯 면을 가진다. (b) 물체의 2차원 표현은 여기에 보이는 순서대로 각 면을 펼친 박스로 시작한다.

입체 스케치의 형식

입체 표현은 세 그룹으로 나뉜다. 이 중 두 가지를 5장에서 제시한다. 입체 스케치의 세 가지 형식은 비등각 투상(axonometric projection), 사투상(oblique projection)과 투시투상(perspective projection)이다. 비등각 투상군에 속하는 등각 스케치(isometric sketch)는 여기서 사용되는 것이다(그림 5–6).

x, y, z를 이용하여 3차원으로 표현하는 방법으로 x축과 y축 사이의 각도가 120°도이다.

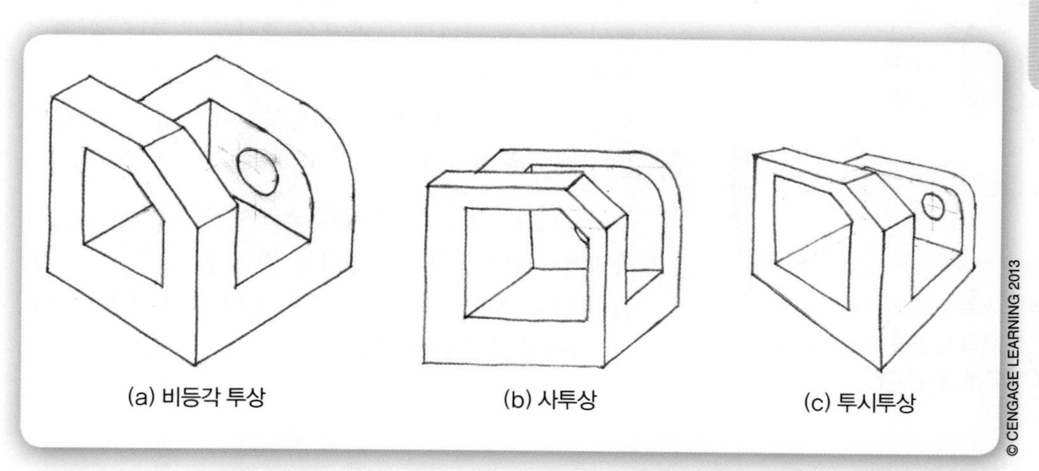

그림 5–6 입체 스케치의 형식.

5 등각 스케치

등각도면은 3차원 물체를 세 축으로 나타내는 방법이다. 축과 축은 언제나 120° 떨어지게 그려진다. 이 세 축들은 이미 수학에서 배운 직교좌표계에 관련되어 있다. x축은 물체의 폭을 나타내고, y축은 물체의 깊이를 나타내며 z축은 물체의 높이를 나타낸다. 직교좌표계는 7장에서 더 자세히 논의할 것이다. 그림 5-7은 이 방법을 보여준다. 등각 모양들은 수직선의 꼭대기에서 투사되는 선들로 시작해서 왼쪽과 오른쪽으로 진행한다. 각 선은 똑같이 120°로 분리된다. 물체의 정면과 측면의 밑변들은 수평선에 대해 30°를 이룬다. 측정은 폭, 깊이와 높이를 결정하기 위해 이 선들을 따라 이루어진다.

등각 정육면체의 스케치 등각으로 스케치를 배우는 쉬운 방법은 등각으로 정육면체를 스케치하는 것을 배우는 것이다. 정육면체는 모든 면이 정사각형인 3차원 모양이다. 그림 5-8은 정육면체를 스케치하기 위해 거쳐야 하는 단계들을 설명한다. 4장에서 평행이라는 기하학적 용어에 관해서 배웠다. 이제 이 용어를 실제로 쓸 시간이다. 스케치할 때, 마주보는 모든 변들이 서로 평행하게 해야 한다.

스케치된 등각 정육면체는 세 등각 정사각형 평면들에 의해 만들어진다.

등각 직육면체의 스케치 등각으로 직육면체를 스케치하는 것은 정육면체를 스케치하는 것과 매우 유사하다. 실제로 정육면체는 직육면체의 특별한 형태이다. 직육면체는 6개의 사각형 면들을 가진다. 그러나 서로 마주보는 두 면들은 정사각형일 수 있다. 정육면체와 직육면체의 차이를 알기 위해 그림 5-8과 5-9를 연구하라. 둘 다 모양들을 전개하는 데 그 단계들은 같다.

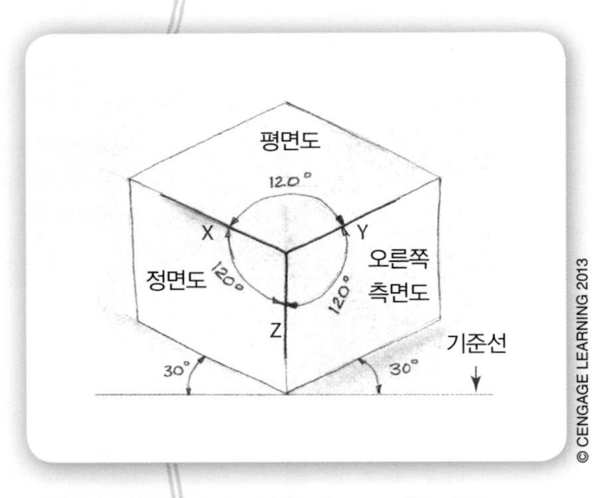

그림 5-7 모든 등각 모양은 서로 120°를 이루는 x, y, z의 세 축으로 시작한다. 물체의 밑면은 수평선을 따라 오른쪽과 왼쪽에 대해 30°가 되게 그려진다.

일부가 가감된 등각 직육면체의 스케치 원형 모양일지라도 모든 물체는 직육면체로 시작한다. 단순하거나 복잡한 모양들을 여기서 시작한다. 복잡한 모양을 스케치하는 과정은 간단한 모양을 스케치하고 그 모양에서 빼내거나 덧붙임으로써 시작한다. 톱과 같은 공구로 물체의 일부를 잘라내는 과정을 생각하라. 처음에 많이 잘라낼수록 나중에 더 적게 잘라낸다. 과정이 단순한 모양에서 복잡한 모양으로 이동하듯이 그림 5-10에 있는 단계들을 따르라.

경사면을 가진 직육면체의 스케치 우리는 세상이 직육면체로 만들어지지 않았다는 것을 안다. 즉, 모든 면들이 서로 직각으로 만나는 것은 아니다. 주위를 둘러보라. 곡면과 경사면을 가진 물체들이 보일 것이다. 등각

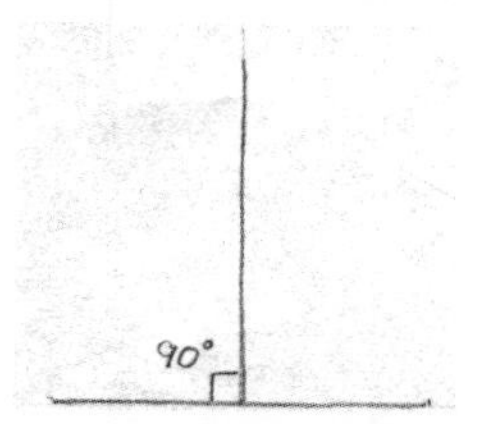

1단계: 서로 수직이 되는 두 선을 그려라.

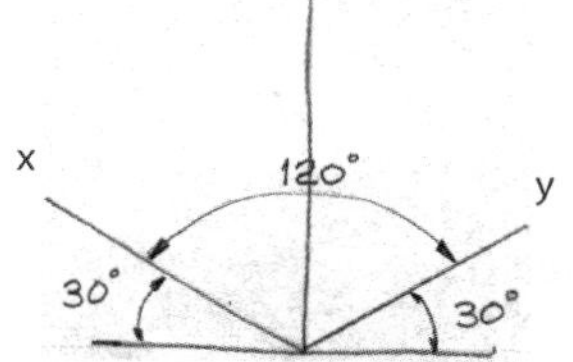

2단계: 위와 같은 각도로 등각의 세 축을 그려라.

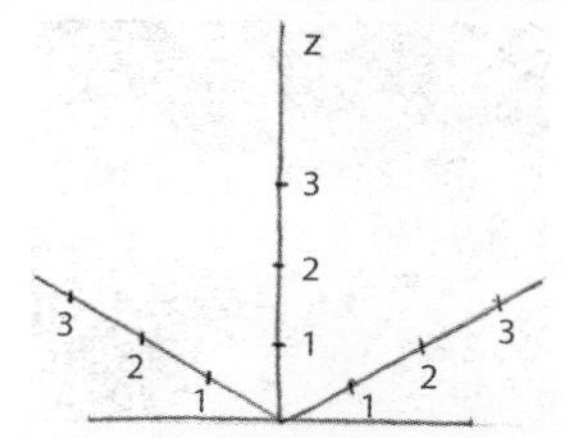

3단계: 각 축을 따라 정육면체의 길이를 표시하라.

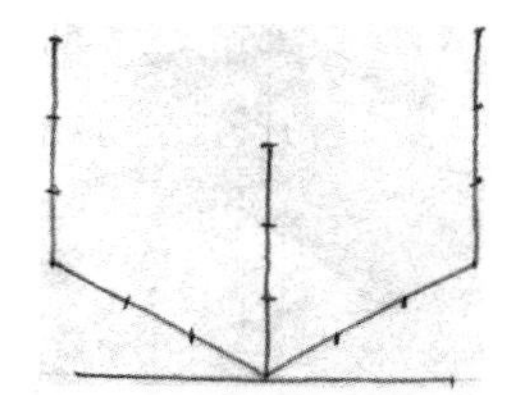

4단계: z축에 평행하게 수직한 모서리를 그리고 각 수직 모서리의 높이를 표시하라.

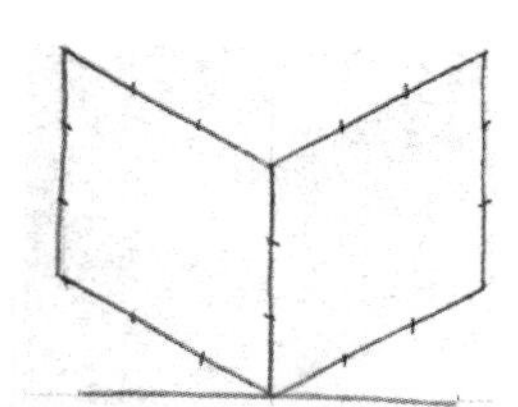

5단계: 밑면 모서리에 평행한 윗면 모서리를 그려라.

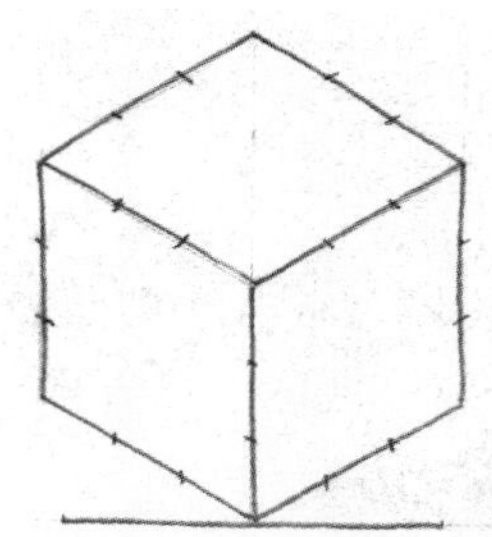

6단계: 5단계에서 그린 모서리에 평행한 윗면 뒤 모서리를 그려서 등각 정육면체를 완성하라.

그림 5-8 등각 정육면체를 전개하는 단계들.

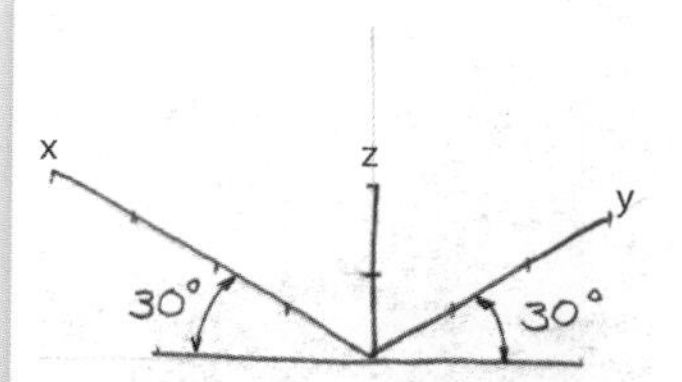

1단계: 위와 같이 등각 밑면을 그리고 x축을 따라 폭을, y축을 따라 깊이를, z축을 따라 높이를 표시하라.

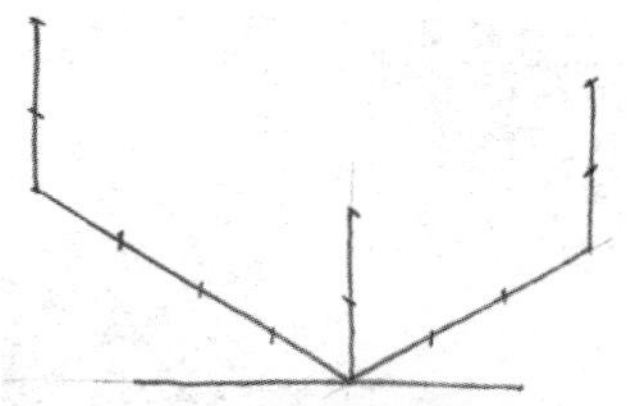

2단계: z축에 평행하게 x축과 y축의 끝에서 수직한 모서리를 그리고, 각 모서리를 따라 높이를 표시하라.

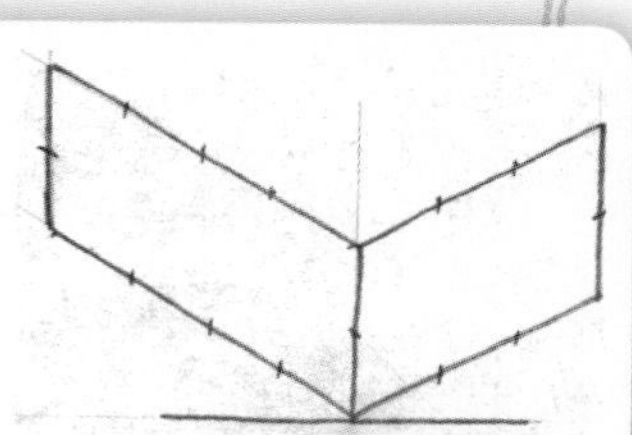

3단계: 물체의 밑면에 평행하게 윗면 모서리를 그려라.

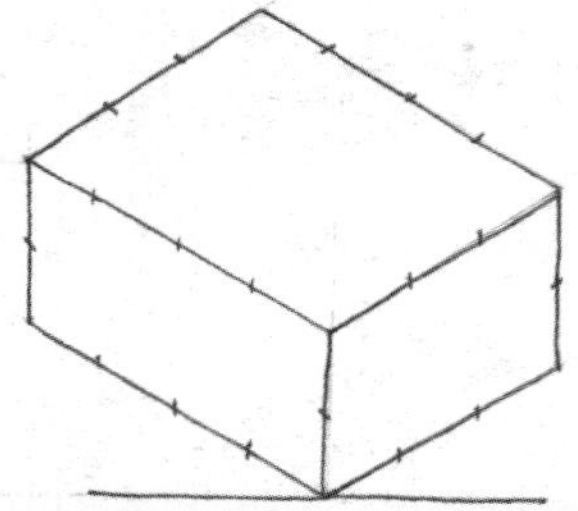

4단계: 3단계에서 그린 두 모서리에 평행하게 윗면 뒤 모서리를 그려서 등각 직육면체를 완성하라.

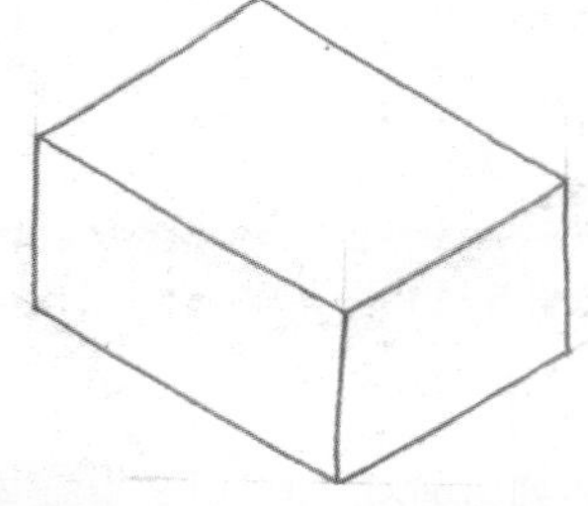

5단계: 만약 치수 표시를 연하게 했다면, 그대로 끝낸다. 만약 치수 표시가 진하다면, 스케치를 잘 보이게 하기 위해 그 표시들을 지워라.

그림 5-9 등각 직육면체를 전개하는 단계들.

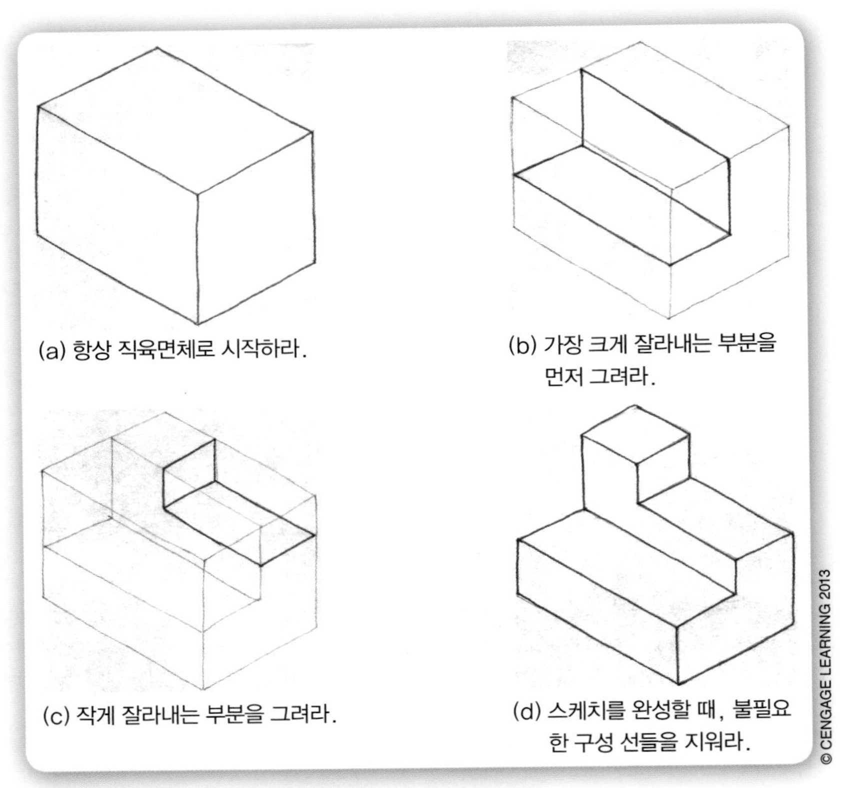

그림 5-10 단순한 직육면체 모양의 전개.

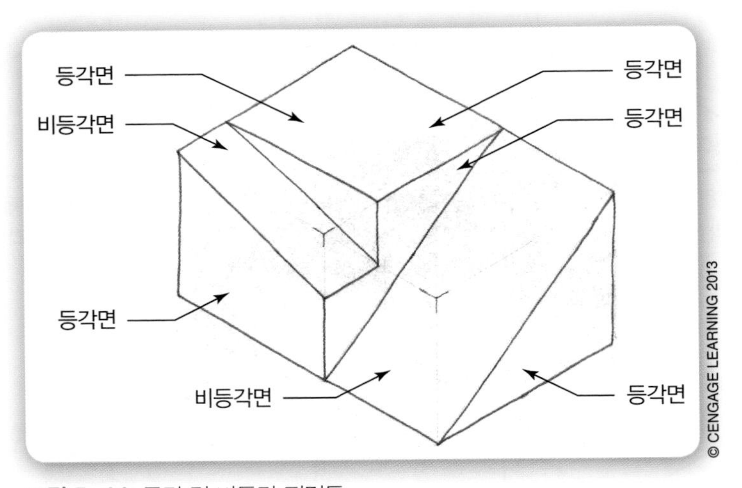

그림 5-11 등각 및 비등각 평면들.

비등각 평면
등각평면 내에 있지 않는 경사진 표면

스케치에서, 경사면을 **비등각 평면**(nonisometric plane)이라 부른다(그림 5-11).

경사진 평면은 경사면의 모서리에 점을 찍고 그 점들을 연결함으로써 스케치할 수 있다. 그림 5-12에 나타낸 단계들을 따르고 경사면이 어떻게 전개될지를 관찰하라.

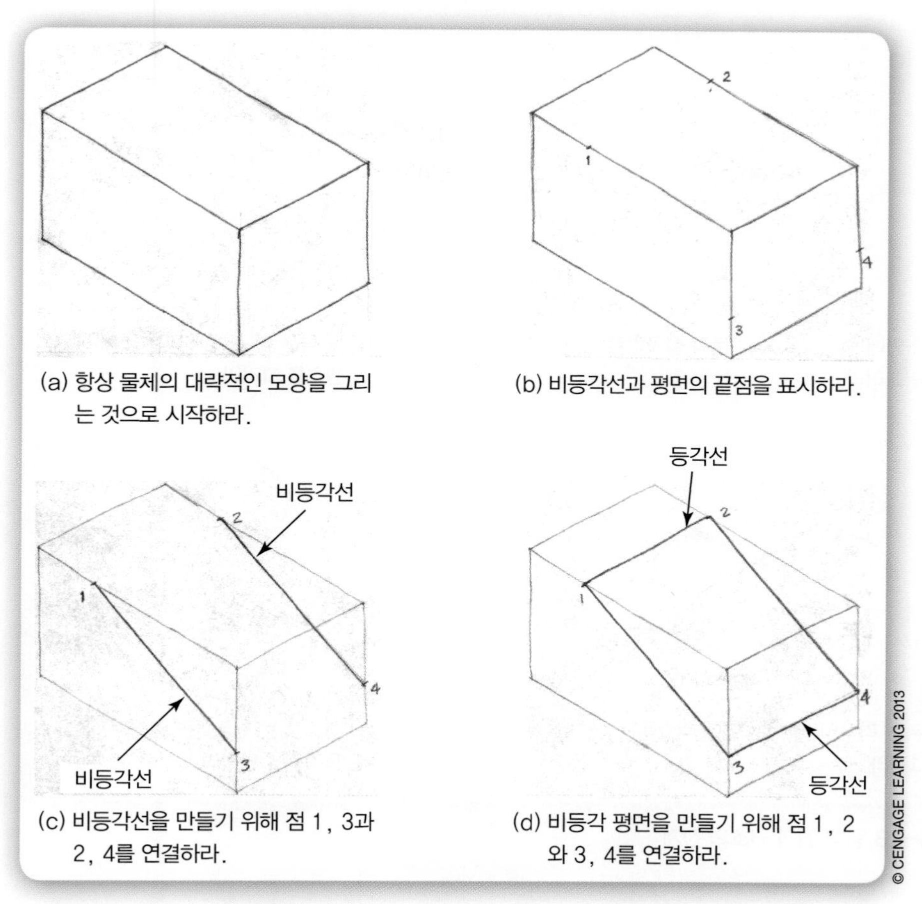

(a) 항상 물체의 대략적인 모양을 그리는 것으로 시작하라.

(b) 비등각선과 평면의 끝점을 표시하라.

(c) 비등각선을 만들기 위해 점 1, 3과 2, 4를 연결하라.

(d) 비등각 평면을 만들기 위해 점 1, 2와 3, 4를 연결하라.

그림 5-12 비등각선과 평면의 전개.

등각 원, 원호와 원통의 스케치 등각으로 스케치된 원과 원호는 타원(ellipse)처럼 보인다. 타원은 같은 크기의 2개의 큰 원호와 같은 크기의 2개의 작은 원호로 완성된 납작한 원이다. 등각원과 원호를 시작하는 가장 쉬운 방법은 등각 정사각형으로 시작한다. 원이나 원호는 그 등각 형상의 각 도면은 약간 다르게 보인다. 그림 5-13은 각 등각 원을 스케치하는 단계들을 설명한다. 4장에서 배운 것처럼 원호는 원의 일부분이다. 그래서 등각 원을 스케치하는 것을 배울 때, 등각 원호를 스케치하는 것을 배운다.

타원
납작한 원이다.

일단 등각 원을 스케치하는 것을 배우게 되면, 등각 원통 스케치는 자연스러운 다음 단계다. 원통은 양끝이 원 모양을 가진 입체이다. 서로 마주보는 두 등각 원들을 스케치할 때, 당신이 할 일은 그 원에 접하는 두 선(접선)으로 원들을 연결하는 것이다. 정면도, 측면도와 평면도로부터 등각 원통을 스케치하는 단계들을 알아보기 위해 그림 5-14를 참조하라.

등각 구멍의 스케치 등각 구멍은 등각 원통을 스케치한 것과 같은 방법으로 스케치

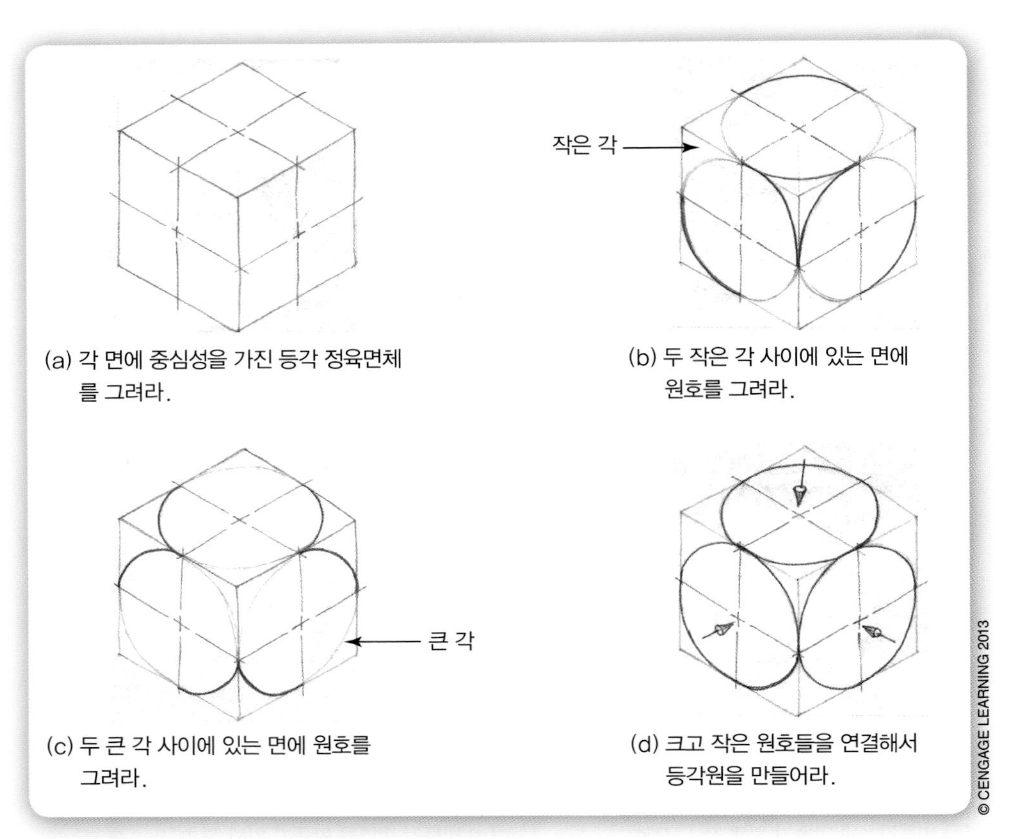

그림 5-13 등각 원과 원호의 전개.

할 수 있다. 속이 꽉 찬 원통 대신에 구멍은 빈 공간으로 이루어진 것이다. 그림 5-15는 등각 구멍을 스케치하는 방법을 나타낸다. 만약 구멍의 길이가 원의 지름보다 작다면, 당신은 구멍의 다른 끝을 볼 수 있을 것이다. 그러나 만약 길이가 지름보다 크다면, 당신은 구멍의 끝을 볼 수 없을 것이다.

복잡한 물체의 등각 스케치 지금까지 직육면체, 원, 원호와 원통과 같은 단순한 모양을 스케치하는 것을 배웠다. 당신은 또한 경사면이나 여섯 수직면과 직각을 이루지 않는 평면을 스케치하는 것을 배웠다. 이제 배운 것들을 가지고 인식할 수 있는 물체를 만들기 위해 모양들을 조합할 것이다.

모든 물체들은 단순한 등각 모양들로 나눌 수 있다. 이것을 하는 가장 좋은 방법은 직육면체로 물체의 각 부분을 시각화하는 것이다. 일단 당신이 이것을 완성한다면, 당신은 원, 원호 혹은 원통과 같은 곡면 모양을 덧붙일 수 있다. 그림 5-16은 단계적인 과정을 보여준다.

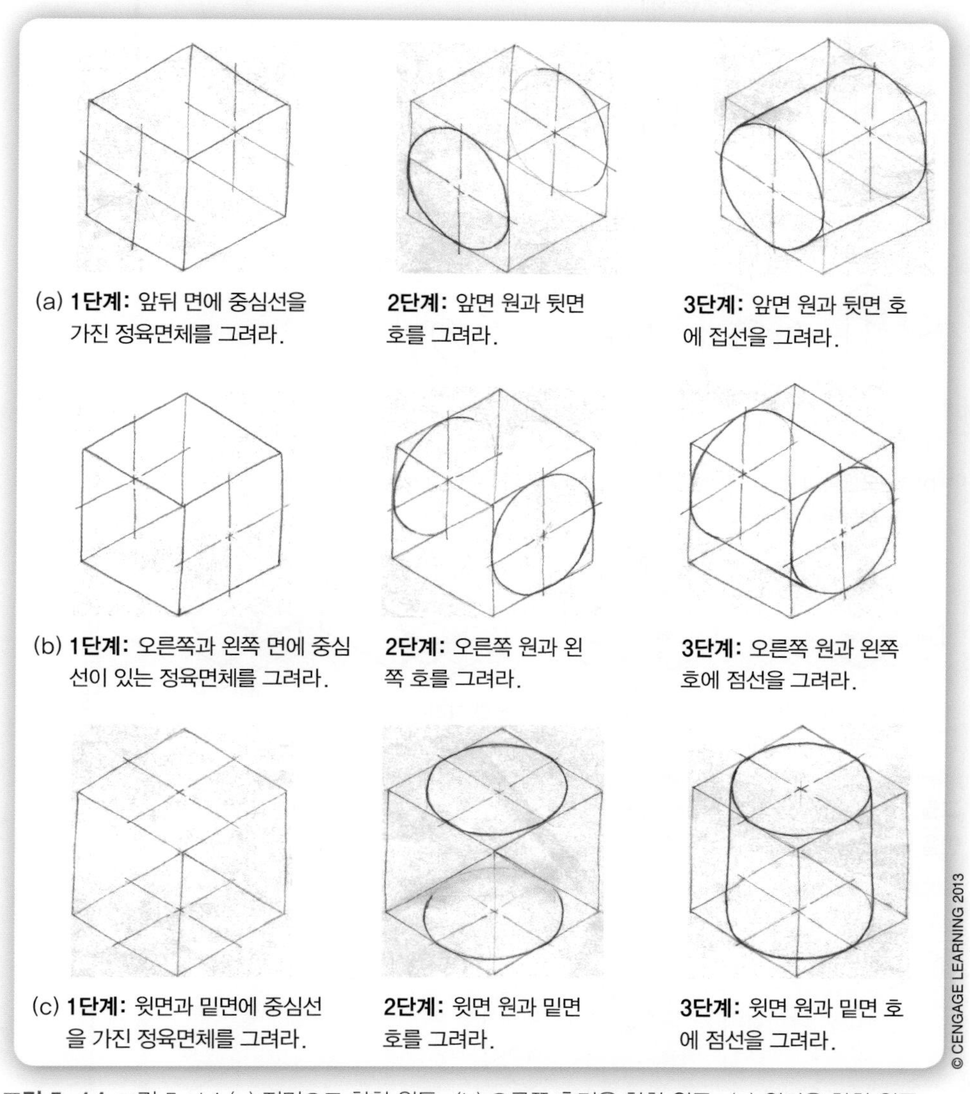

그림 5-14 그림 5-14 (a) 정면으로 향한 원통, (b) 오른쪽 측면을 향한 원통, (c) 윗면을 향한 원통.

투시도

등각 도면은 물체를 표현하는 좋은 방법이고 엔지니어와 설계자가 자주 사용한다. 그러나 투시 도면은 물체의 가장 실제적인 표현이다. 투시도(perspective drawing)나 투시 스케치(perspective sketching)는 주로 건축에서 사용되고 엔지니어와 설계자에 의해 발표 도면으로 사용된다(그림 5-17).

> **투시도(투시 스케치)**
> 투시도에서는 관측자로부터 물체가 멀어지면 작게 보인다.

투시 스케치의 개념 당신이 거리나 긴 고속도로를 내다볼 때, 두 가지를 주의해야 한다. 첫째, 당신에게서 멀리 떨어져 있는 곳의 거리나 고속도로를 보면, 그 도로의 양 측면이 아주 가까운 것처럼 보인다. 둘째, 전신주나 가로등은 짧아지고 아주 가까운 것처

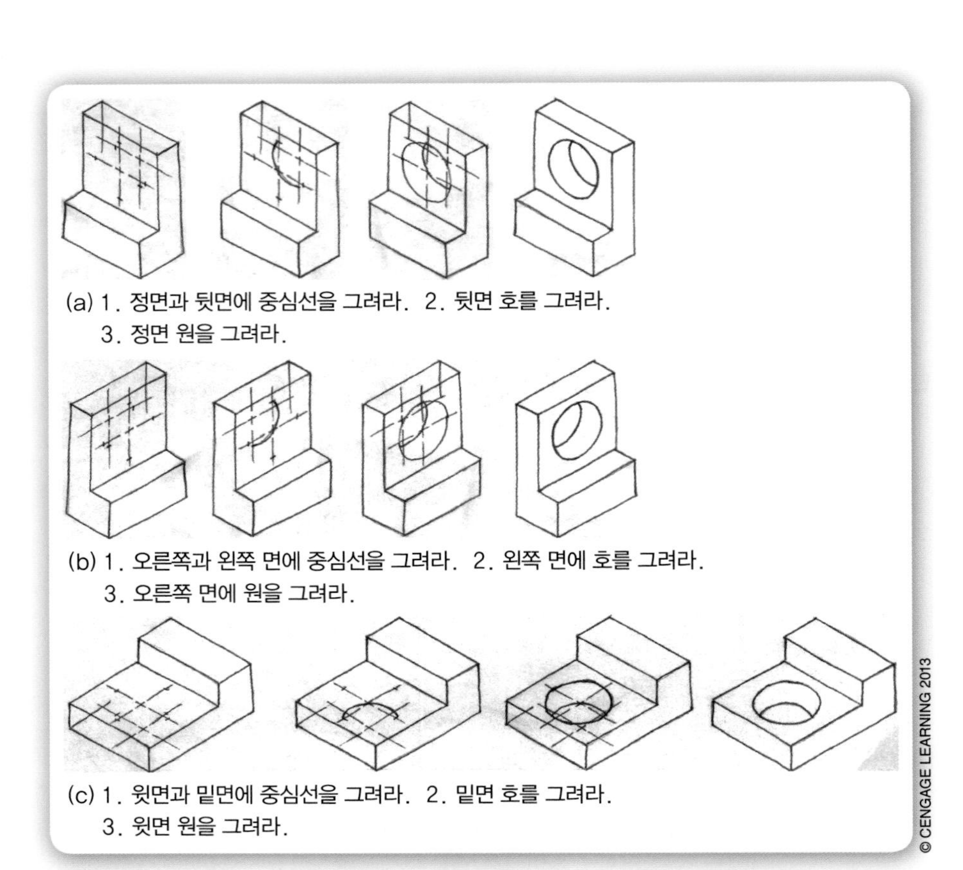

그림 5-15 등각 구멍의 스케치. (a) 정면을 향한 구멍, (b) 오른쪽 측면을 향한 구멍, (c) 윗면을 향한 구멍.

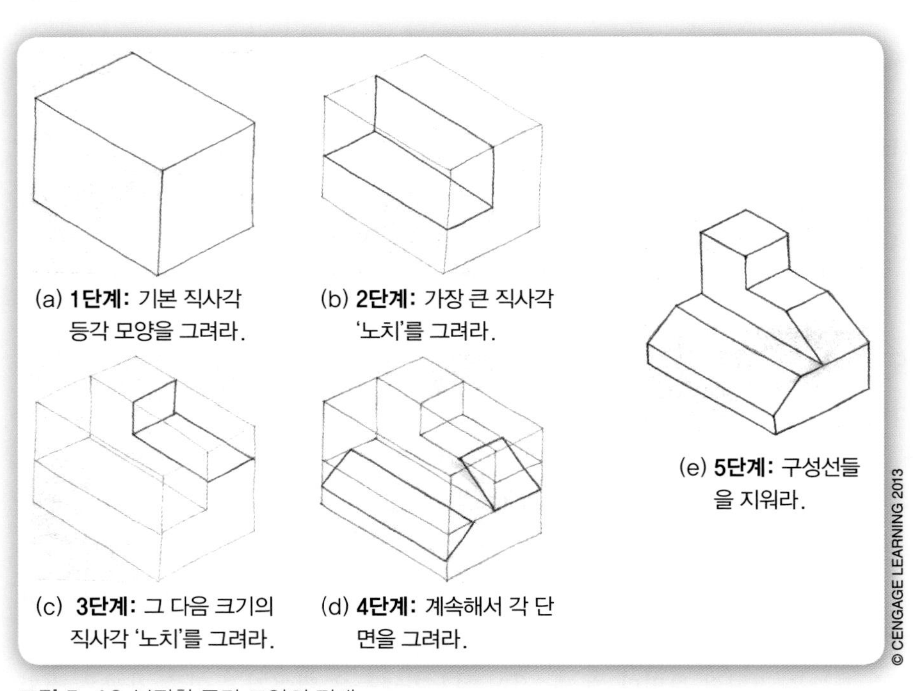

그림 5-16 복잡한 등각 모양의 전개.

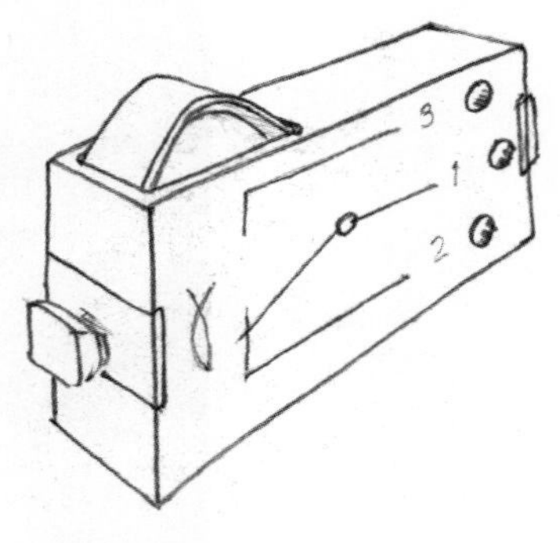

피셔 테크닉 스위치의 투시 스케치

COURTESY OF DAN HOGMAN

그림 5-17 건축가와 엔지니어는 투시 스케치를 사용한다.

럼 보인다. 나무와 건물 같은 다른 물체들도 작아지고 아주 가까운 것처럼 보인다. 이것이 **원근법**(perspective)이고 세상에서 있는 것들의 거리와 깊이를 아는 방법이다(그림 5-18).

투시 스케치에 대한 네 가지 기본적인 것들이 있다. 첫째는 우리가 볼 수 있는 먼 곳의 끝을 나타내는 가상선인 지평선(horizon line)이다. 둘째는 시선이 없어지는 지평선 위의 위치인 **소실점**(vanishing point)이다. 셋째는 물체를 볼 때, 사람이 서 있는 위치를

원근법

물체에서 길이와 깊이를 보여주기 위한 방법이다.

소실점

보는 사람의 시선이 없어지는 지평선 위의 위치이다.

공학 과제

엔지니어는 설계 문제를 해결하기 위한 아이디어들을 기록하기 위해 빠른 프리핸드 스케치를 사용한다. 그 스케치들은 처음의 대략적인 아이디어의 도면들이다. 그러나 입체 스케치로 더 구체화된다. 가끔 엔지니어는 기능이나 외양을 개선하기 위해 기존 제품을 재설계하도록 요청받는다. 이것은 기존 제품을 연구하고 고칠 내용을 스케치하기 위해 그 제품의 스케치 도면을 빨리 만들도록 엔지니어에게 요구할 수 있다. 당신의 공학 과제는 음료수 병이나 USB 플래시 드라이브와 같은 간단한 물건을 찾고 그 등각 스케치를 개발하는 것이다. 당신은 그 제품을 측정하고 그 물건을 비례적으로 스케치할 수 있다. 그 스케치를 완성한 후, 다양하게 제시된 개선점들을 반영한 제품의 등각 스케치 도면을 같은 종이 위에 다시 그리시오. 당신이 고친 내용을 설명하기 위해 각각의 개선된 제품 위에 메모를 붙이시오.

주의: 스케치를 할 때 좋은 스케치 기법을 사용하시오. 일단 과제를 마쳤다면, 다른 학생들과 개념들을 공유하시오.

그림 5-18 투시는 우리 주위의 세상을 보는 방법이다. (a) 보는 사람의 시야에서 멀어질수록 홀 마루와 천장이 더 좁아지고 사물함들이 더 작아진다. (b) 도로 위의 선들이 아주 가까워지고 전신주가 더 짧아진다.

나타내는 기준선(ground line)이다. 넷째는 기준선 위에 놓여 있는 물체 맨 앞의 모서리를 나타내는 실제 높이선(true height line)이다. 이 높이선의 측정값은 척도에 맞는 실제 크기이다. 모든 다른 선들이 지평선에 가까워질수록 그 선들이 점점 더 작아진다. 그림 5-19는 투시 스케치의 세 가지 기본 요소들을 설명한다.

보는 사람의 투시 투시 스케치는 일반적으로 두 가지 다른 관점 중 한 가지로 완성된다. 그 선택은 보는 사람에게 물체를 어떻게 보여줄 것인가에 달려 있다. 그림 5-18a

공학 속의 과학

투시 도면은 3차원 물체를 2차원 평면에 나타내는 과정이다. 기초 광학의 과학 원리들이 투시 도면 전개에 적용된다.

광학(optics)은 빛에 관한 연구이고, 그것은 인간이 주변 세계를 어떻게 보는가를 다룬다. 광학적으로 물체들이 멀리 떨어질수록 더 작아지고 윤곽이 덜 분명해지는 것을 볼 수 있다.

이 내부 투시도에서, 멀리 떨어진 물체들이 더 작아지고 윤곽이 덜 분명해지는 것을 볼 수 있다.

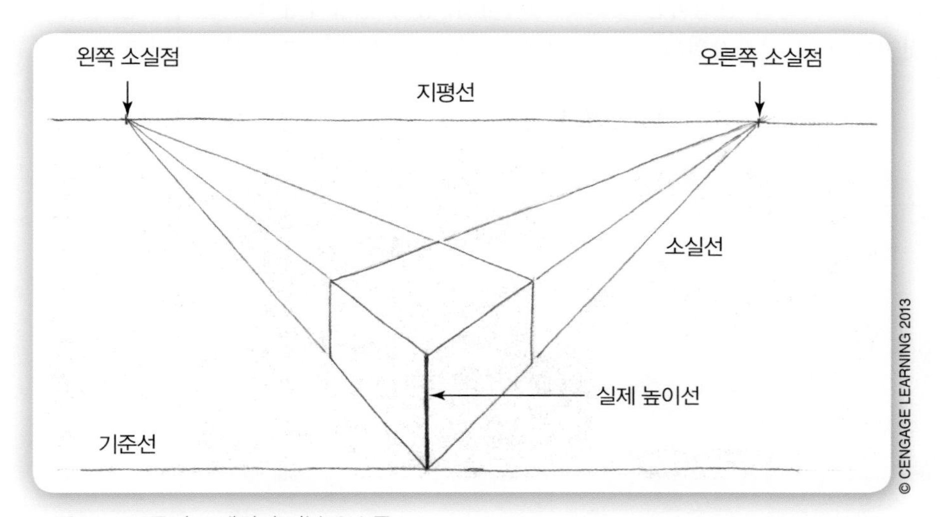

그림 5-19 투시 스케치의 기본 요소들.

광학
빛을 연구하는 학문이며, 사람들이 주변 세계를 어떻게 보는가를 다룬다.

그림 5-20 이 건물도는 두 점 투시의 예이다.

와 5-18b에 나타낸 학교 복도와 시골길은 한 점 투시(one-point perspective)를 나타낸다. 만약 당신이 물체의 지평선들을 연장한다면, 그 선들은 한 점에서 만날 것이다.

두 점 투시
물체의 두 면이 지평선에서 2개의 서로 다른 점으로 사라지는 것을 보여준다.

투시 도면의 두 번째 형식은 두 점 투시(two-point perspective)이다. 이 형식의 도면은 물체를 보는 사람에게 물체의 두 면이 지평선 위의 각기 다른 점으로 '사라지는' 것을 보게 하는 것이다. 예를 들면, 물체의 정면은 왼쪽 소실점으로 사라지고 오른쪽 측면은 오른쪽 소실점으로 사라진다. 그림 5-20에서 물체의 선들이 정면도에서 지평선에 투사될 때, 그 선들은 왼쪽 소실점으로 움직인다. 오른쪽 측면도에 관해서는 그 선들은 오른쪽 소실점으로 움직인다.

한 점 투시 스케치 당신이 정면으로 물체를 보려고 할 때, 한 점 투시가 사용된다. 당신은 시선에 직각으로 놓여 있는 물체를 수학적으로 보고 싶다고 말한다. 만약 우리가 우리 눈에서 물체의 표면까지 선을 그린다면, 그것은 물체의 표면과 직각이 될 것이다.

한 점 투시를 전개하는 단계들은 간단하다. 한 점 투시를 스케치하는 법을 이해하기 위해 그림 5-21에서 그 단계들을 살펴보라.

원, 원호와 구멍을 한 점 투시 스케치하는 것은 등각으로 투시하는 것과 비슷하다. 먼저 투시 정사각형을 완성하는 것으로 시작하자. 등각 정사각형과는 달리 모든 면들이 같고, 뒷면에서 그 정사각형의 높이는 더 짧고, 윗변과 밑변은 그 정사각형의 정면 높이

알고 있나요?

투시도의 간략한 형식은 기원전 5세기에 고대 그리스에서 처음 도입되었다. 1400년대 초기, 이탈리아 르네상스 건축가인 필리포 브르넬쉬(Filippo Brunellschi)가 투시도를 작성하는 기하학적 방법을 개발했다. 이것은 오늘날 예술가들과 설계자들이 사용하는 방법이다.

공학 속의 수학

우리는 멀리 떨어진 물체의 모양을 결정하기 위해 투시도에서 수학적 비례 개념을 사용한다(4장 참조). 물체가 멀리 떨어진 만큼 비례적으로 물체가 더 작게 스케치된다.

기둥들이 멀어질수록 더 짧아지고 아주 가까워진다.

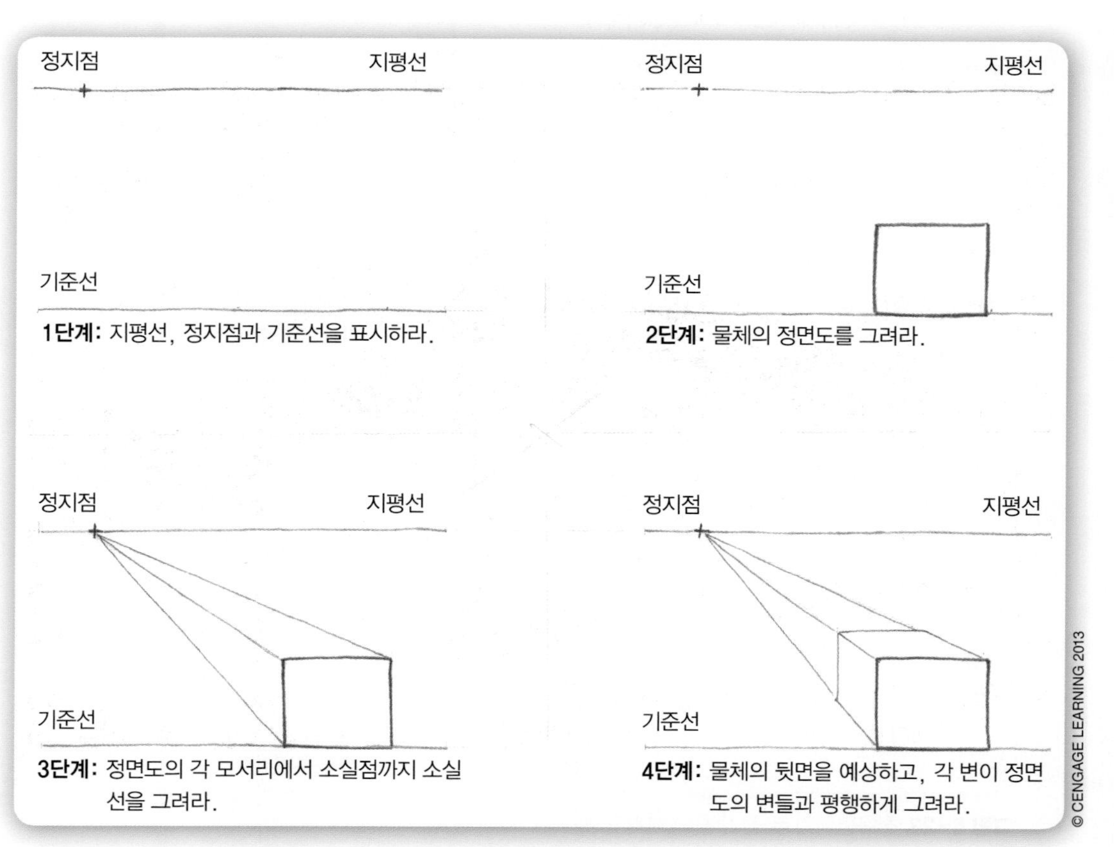

그림 5-21 정육면체의 한 점 투시 스케치하는 단계들.

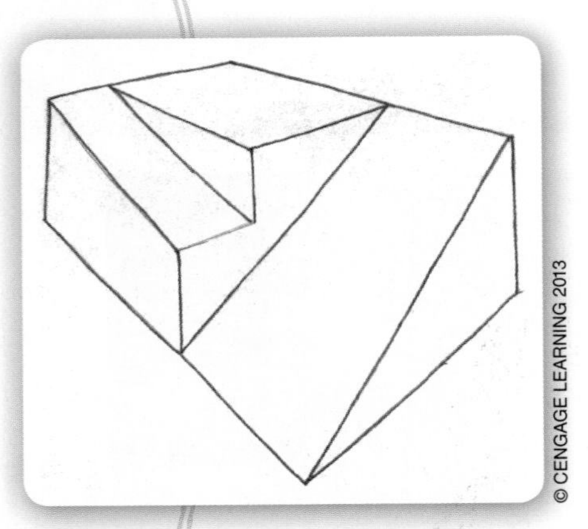

그림 5-22 공학 투시 스케치를 그림 5-11의 등각 스케치와 비교하라.

보다 더 짧다.

두 점 투시 스케치 당신이 모서리에서 본 물체를 보여주려 할 때, 두 점 투시도가 사용된다. 두 점 투시도의 요점은 물체의 두 면이 왼쪽과 오른쪽으로 사라지는 것을 보여주려는 것이다(그림 5-22).

두 점 투시도를 완성하는 단계는 간단하다. 두 점 투시를 스케치하는 법을 이해하기 위해 그림 5-23에서 그 단계를 살펴보라. 물체나 물체의 일부분인 구멍, 핀, 홈과 버팀목이 소실점에 접근할수록 더 짧아지고 아주 가까워지는 것을 볼 것이다. 이 투시 개념을 관찰하기 위해 그림 5-18을 다시 보자.

원, 원호와 구멍을 두 점 투시 스케치하는 것은 한 점 투시 스케치하는 것과 비슷하다. 그 차이는 정면과 측면이 각기 다른 소실점으로 사라지는 것이다.

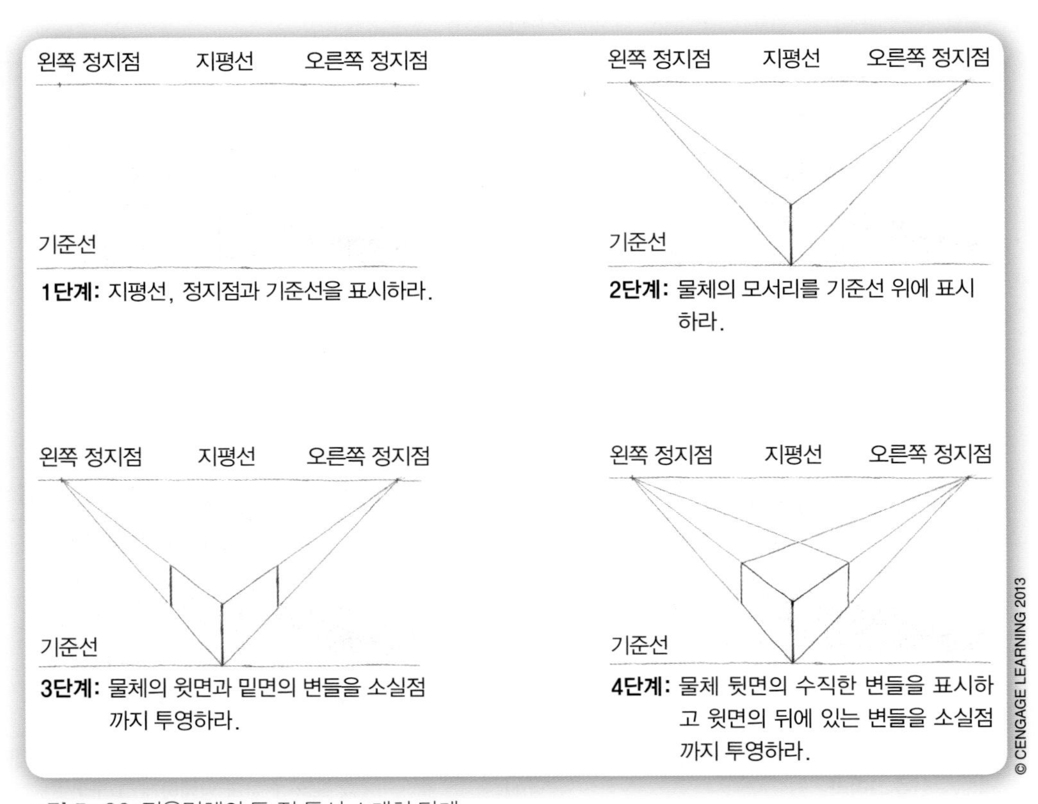

그림 5-23 정육면체의 두 점 투시 스케치 단계.

공학 직업 조명

이름

쉐인 알 세보(Shane R. Sevo)

직위

슈퍼 하우스 미디어(Superhouse Media)사의 크리에이티브 디자이너

직무 설명

세보의 직업은 건물을 세우기 전에 건물의 모습을 보여주는 일이다. 그는 컴퓨터로 그림을 그려 일한다.

먼저, 세보는 엔지니어와 건축가로부터 계획서를 받는다. 엔지니어는 건물의 기능을 결정하고 건축가는 건물을 보여줄 방법을 결정한다. 세보는 컴퓨터로 그들의 아이디어들을 조합한다. 그는 비디오 게임과 영화를 만들 때 사용하는 것과 같은 소프트웨어로 작업을 한다. "나는 가상 3D 세계에서 그림을 그리고, 그것이 실제처럼 보이게 만들어야 한다."라고 그는 말한다.

가끔 세보는 사진으로 작업을 한다. "나는 엔지니어가 제안하는 개선점들을 사진에서 제거하거나 덧붙임으로써 반영한다."

세보가 작업을 마칠 때, 건축가, 엔지니어와 고객은 그가 만든 이미지를 보고 그 이미지들이 그들이 예상했던 것과 같은지를 판단한다. 만약 아니라면, 그들은 개선점들을 반영하기 위해 함께 일한다. 그리고 세보는 그의 그림을 고친다. "엔지니어와 건축가는 고객을 섬기고 나는 그들이 의사전달을 잘 하도록 돕는 도구를 개발한다."라고 그는 말한다.

교육

세보는 세다빌 대학(Cedarville University)에서 기계공학으로 학사 학위를 받았다. 그는 학교에서 자유 시간에 컴퓨터로 그래픽을 만드는 것을 즐겼다. 졸업 후, 그는 그의 공학배경을 좋아하는 컴퓨터 그래픽과 결합하는 방법을 찾았다.

"나는 내가 즐기는 것을 했고, 컴퓨터로 그림을 그렸다."라고 그는 말한다. "그러나 나는 엔지니어를 위해 그 일을 하였다. 나는 엔지니어들이 고객들과 의사소통하며 겪는 어려움들을 이해한다. 그래서 나는 나의 두 가지 취미를 봉사하는 데 연결시킬 수 있었다. 그것은 나에게 나의 교육을 활용하고 창의성을 즐길 좋은 기회를 주었다."

학생들에 대한 조언

세보는 학생들에게 좋아하는 과목들을 따라가고 취미들을 직업으로 전환하는 방안을 생각해보라고 강조한다. "당신을 재미있게 하는 것을 생각하라."라고 그는 말한다. "당신이 즐기는 것들을 할 수 있는 방법을 배우면 그 기능으로 다른 사람을 섬길 수 있다."

5.2 발표 스케치

발표 스케치 혹은 밑칠(rendering)은 엔지니어와 설계자의 스케치가 더 실제적으로 보이기 위해 사용된다. 밑칠은 엔지니어가 아닌 사람이 제품이 제조되었을 때 보여주는 것과 같이 그 모양을 더 잘 이해하도록 하는 것이다(그림 5-24). 이 스케치 형식은 잡지, 신문, 카탈로그, 혹은 텔레비전 광고에서 제품을 광고하는 데 사용된다.

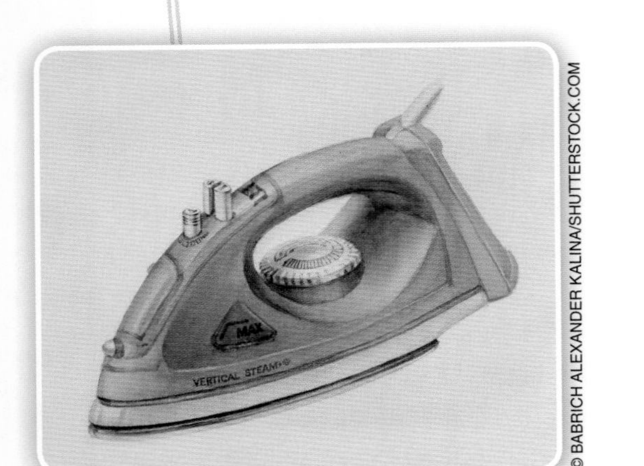

그림 5-24 스케치를 밑칠하는 것은 제품을 더 실제적으로 보이게 한다.

밑칠을 할 때 고려 사항

스케치에 밑칠을 할 때, 세 가지를 고려해야 한다. 첫째, 빛이 물체에 비치는 방향이다. 예를 들면, 빛이 물체의 뒤에서 혹은 정면에서 오는지, 물체의 왼쪽에서 혹은 오른쪽에서 오는지를 고려해야 한다(그림 5-25) 둘째, 물체의 표면에 비치는 빛의 세기는 어느 정도인지 고려해야 한다. 다른 말로, 빛이 얼마나 밝은지를 고려해야 한다. 셋째, 물체의 표

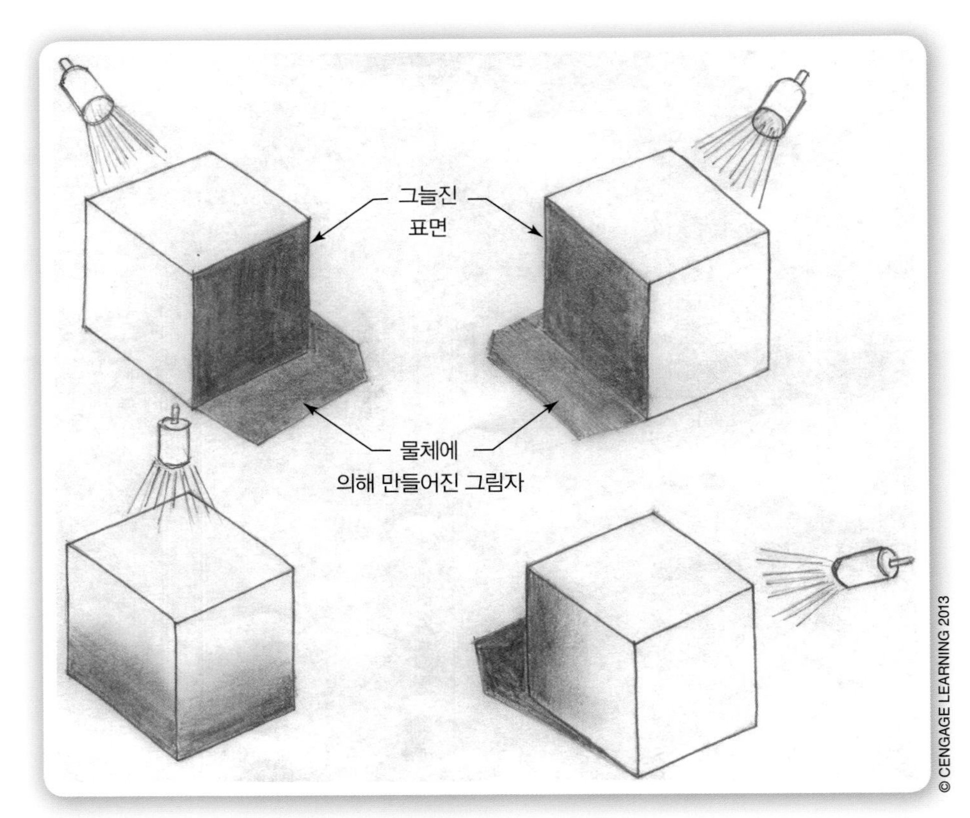

그림 5-25 음영과 그림자의 위치는 빛의 방향에 따라 결정된다.

면 형태를 고려해야 한다. 표면이 부드러울수록 빛이 더 반사될 것이다. 만약 표면이 거칠면, 그 면은 덜 밝을 것이다.

밑칠 기법

물체의 기본 밑칠은 음영(shade) 기법에 의해 이루어진다. 음영 기법을 이용하여 밑칠을 효과적으로 할 수 있다. 물체 위에 음영의 양은 주어진 빛의 양에 따라 정해진다. 물체에 의해 만들어진 그림자(shadow)의 양은 주어진 빛의 양과 빛의 방향에 의해 결정된다. 엔지니어와 설계자는 음영과 그림자를 절약해서 사용한다. 그러므로 이 장에서는 간단한 음영과 그림자 기법을 이야기한다. 그래픽 예술가들은 더 많은 기법들을 사용하지만, 우리는 세 가지 밑칠 기법만을 살펴본다. 프리핸드 스케치에서처럼, 밑칠의 기능을 개발하기 위해 연습이 필요하다는 것을 기억하라.

얼룩(smudge) 기법 얼룩 기법으로 매우 밝은 것에서 매우 어두운 것까지 명암을 조절할 수 있다. 이 기법은 실제 표면들이 보이는 것에 거의 가깝게 표현하는 방법이다. 명암을 완성하기 위해 매우 부드러운 연필(no.2, H, F)을 사용할 수 있다. 더 극적인 효과를 위해 색연필을 사용할 수 있다. 연필 끝을 무디게 하라. 연필을 앞뒤로 움직이면서 연필심의 끝을 이용하라. 그림 5-26은 그 움직임의 결과들을 보여준다. 스케치가 아주 지저분해질 수 있으므로 이 기법을 사용할 때 주의하라. 과도한 얼룩을 방지하기 위한 가장 좋은 방법은 다른 종이나 쉽게 붙일 수 있는 셀로판테이프로 스케치를 가리는 것

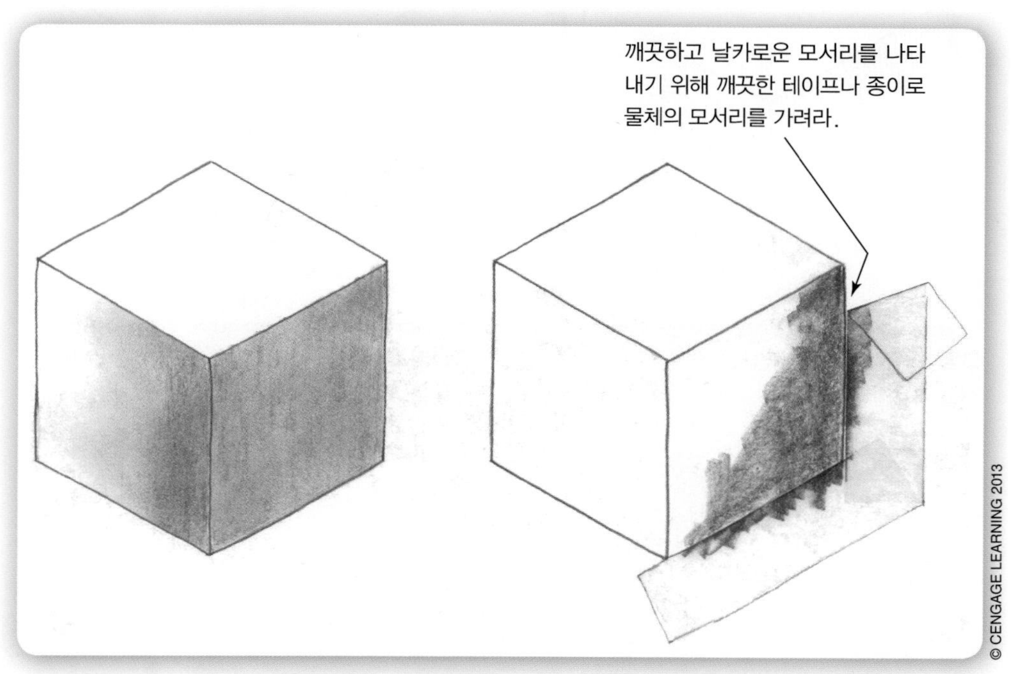

그림 5-26 얼룩은 음영이나 그림자를 만들 수 있는 하나의 기술이다.

이다.

선 기법 얼룩 기법처럼 선 기법으로 매우 밝은 것에서 매우 어두운 것까지 명암을 조절할 수 있다. 끝이 약간 무딘 부드러운 연필(no.2)을 사용하라. 이 기법에 색연필을 사용할 수 있다. 이 기법은 얼룩 기법처럼 더러워지지 않는다. 그래서 똑같은 주의가 필요하지는 않다. 음영과 그림자는 물체의 표면에 평행선들을 그려서 만든다. 평행선들이 가까울수록 표면이 더 어두워진다. 더 밝은 표면을 만들기 위해 선들을 더 띄워서 그려라(그림 5-27).

점찍기(stippling) 밝은 것에서 어두운 것까지 음영과 그림자는 점들을 멀리 떨어지게 찍거나 가까이 찍어서 만들 수 있다. 이 기법은 H나 F처럼 부드러운 연필이 필요하다. 선 기법에서처럼 더 극적인 효과를 얻기 위해 색연필을 사용할 수 있다. no.2 연필을 사용할 수 있지만, 그것은 더 많은 시간이 필요하다. 어둡게 표현하기 위해 점들을 더 가깝게 찍는다. 점들을 멀리 떨어지게 찍는 것은 표면을 더 밝게 만든다(그림 5-28).

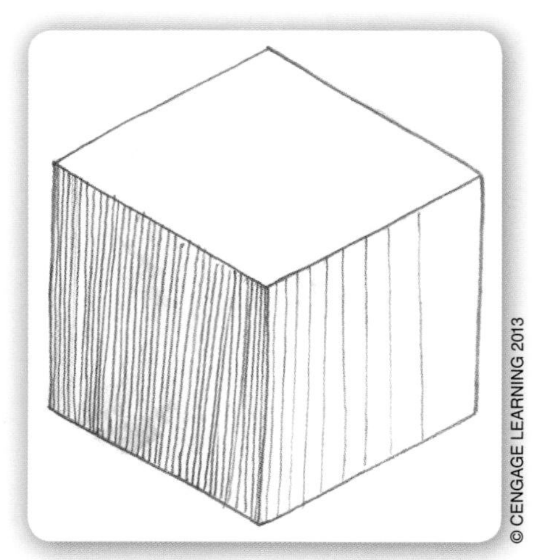

그림 5-27 음영과 그림자를 만들기 위해 선을 사용한다.

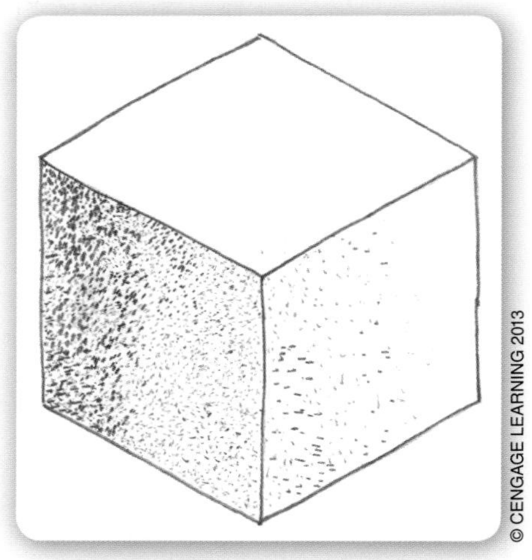

그림 5-28 음영과 그림자를 만들기 위해 점을 사용한다.

요약

이 장에서 배운 학습내용

- 엔지니어는 입체 스케치를 사용한다. 그것은 사람들이 자연스럽게 세상을 보는 방법을 나타내기 때문이다.
- 당신의 눈은 보고 당신의 뇌는 3차원(폭, 높이와 깊이)으로 우리 주위 세상을 이해한다.
- 입체 스케치는 3차원으로 물체를 표현하는 과정이다.
- 등각 입체는 엔지니어와 설계자가 사용하는 가장 인기 있는 방식이다.
- 한 점과 두 점으로 나누어지는 투시 도면은 물체의 가장 사실적인 도면이다.
- 등각 및 투시 원, 원호와 구멍은 타원 모양으로 나타낸다.
- 복잡한 입체도를 그리는 것은 물체의 전체를 기본 직육면체 모양으로 그리는 것에서 시작한다.
- 투시도의 개념은 물체가 보는 사람에게서 멀어질수록 더 작게 보이고 모든 것이 지평선으로 사라지는 것을 나타낸다.
- 밑칠은 음영과 그림자 기법을 사용함으로써 완성된다. 사용되는 세 가지 방법은 얼룩, 선과 점 찍기이다.

용어

각 용어들에 대한 정의를 쓰시오. 마친 후에, 자신의 답을 이 장에서 제공된 정의들과 비교하시오.

3차원 스케치
입체 스케치
평면
등각 스케치
비등각 평면
타원
투시 스케치
투시
소실점
광학
두 점 투시

지식 늘리기

다음 질문들에 대하여 깊게 생각하여 서술하시오.

1. 엔지니어와 설계자가 입체 스케치의 기능을 개발하는 것이 왜 중요한가?
2. 등각 입체와 투시 입체 사이의 차이는 무엇인가?
3. 엔지니어 이외에 누가 비등각 도면을 사용하는가? 그들은 비등각 도면을 무슨 목적으로 사용하는가?

다음 연습문제를 완성하기 위해 제공된 스케치 용지를 사용하시오.

4. 정확한 프리핸드 스케치 기법을 이용하여 등각 정육면체를 스케치하는 연습을 하시오. 연습을 위해 그림 5-29를 참조하시오.

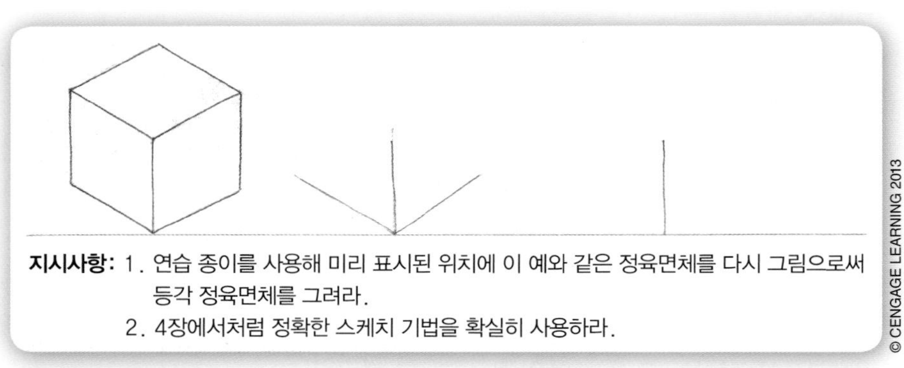

그림 5-29 등각 정육면체의 스케치 연습.

5. 정확한 프리핸드 스케치 기법을 이용하여 등각 직육면체를 스케치하는 연습을 하시오. 연습을 위해 그림 5-30을 참조하시오.

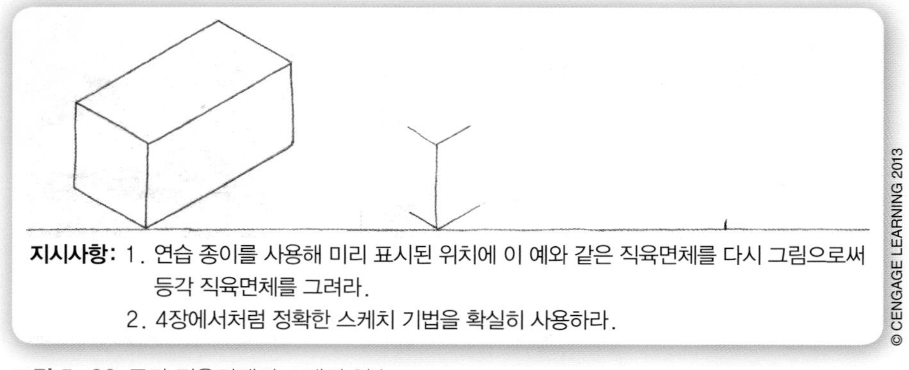

그림 5-30 등각 직육면체의 스케치 연습.

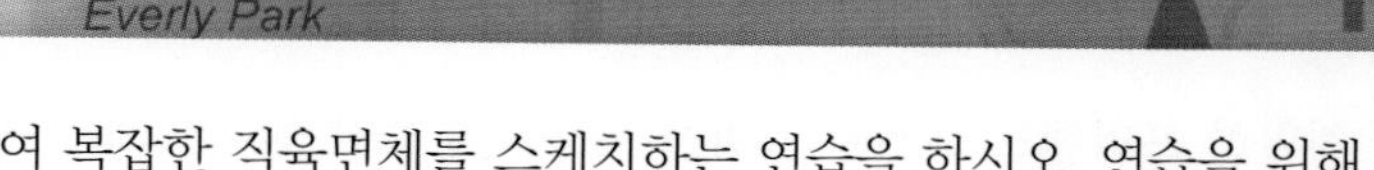

6. 정확한 프리핸드 스케치 기법을 이용하여 복잡한 직육면체를 스케치하는 연습을 하시오. 연습을 위해 그림 5-31을 참조하시오.

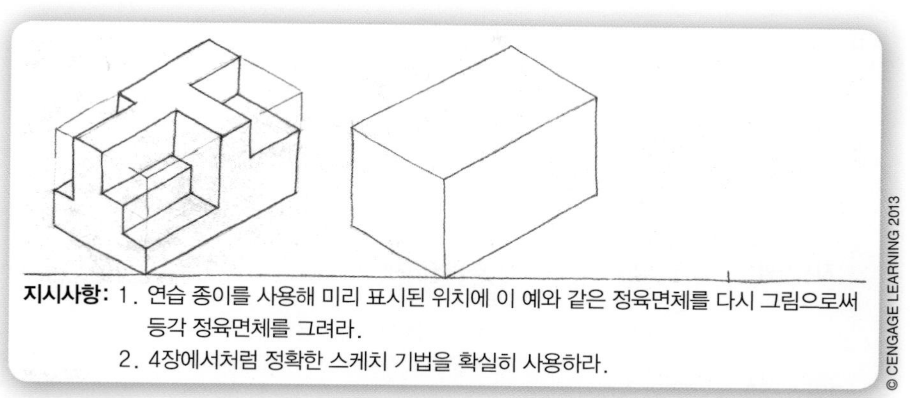

그림 5-31 등각 복합 직육면체의 스케치 연습.

7. 정확한 프리핸드 스케치 기법을 이용하여 경사면을 가진 직육면체를 스케치하는 연습을 하시오. 연습을 위해 그림 5-32를 참조하시오.

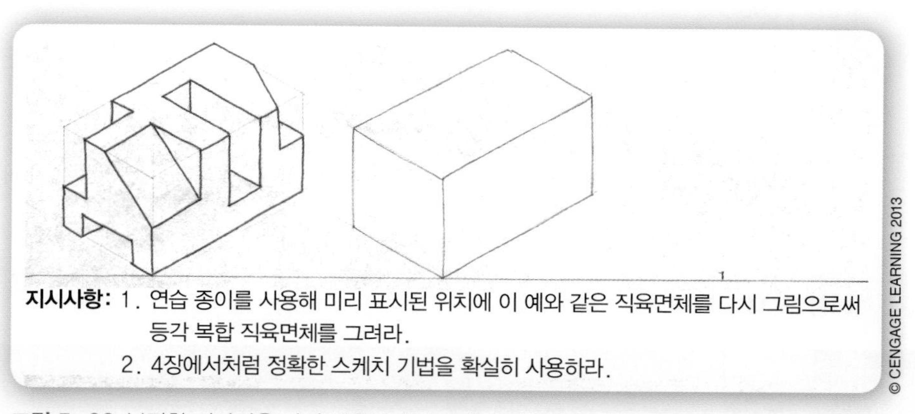

그림 5-32 복잡한 경사면을 가진 직육면체의 스케치 연습.

8. 정확한 프리핸드 스케치 기법을 이용하여 등각 원을 스케치하는 연습을 하시오. 연습을 위해 그림 5-33을 참조하시오.

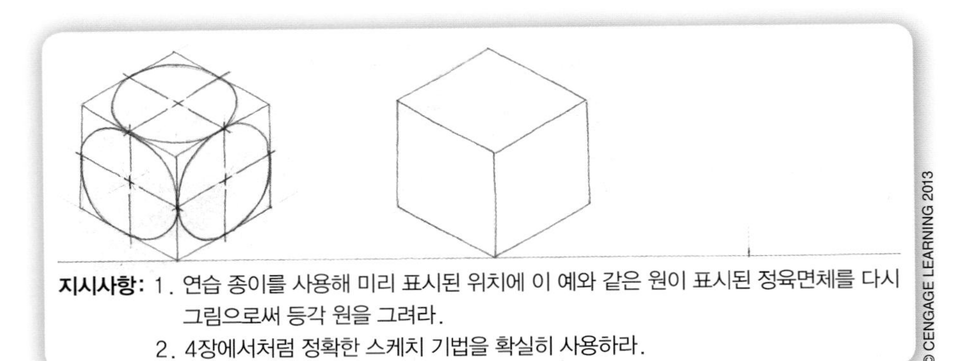

그림 5-33 등각 원의 스케치 연습.

9. 정확한 프리핸드 스케치 기법을 이용하여 등각 구멍을 스케치하는 연습을 하시오. 연습을 위해 그림 5-34를 참조하시오.

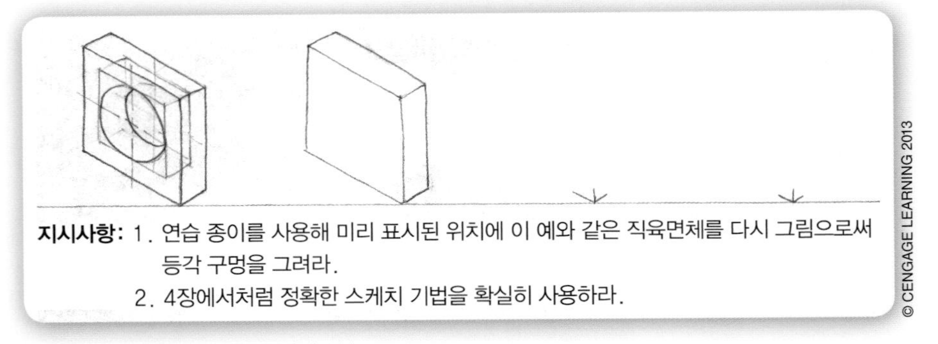

그림 5-34 등각 구멍의 스케치 연습.

10. 정확한 프리핸드 스케치 기법을 이용하여 한 점 투시 직육면체를 스케치하는 연습을 하시오. 연습을 위해 그림 5-35를 참조하시오.

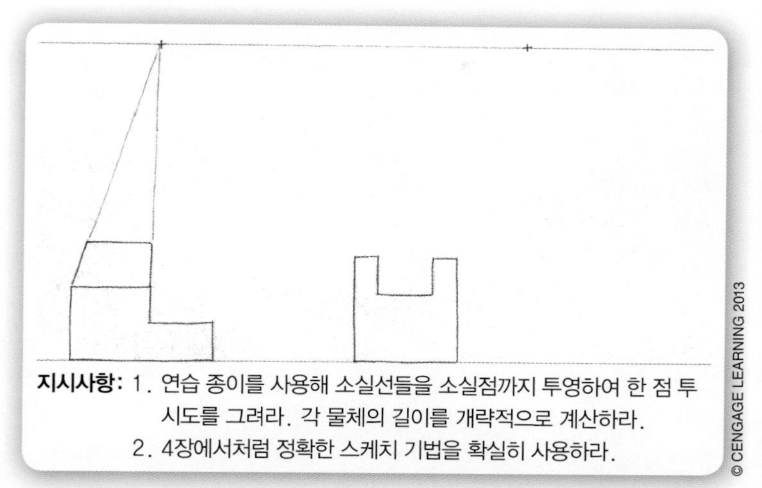

그림 5-35 한 점 투시의 스케치 연습.

11. 정확한 프리핸드 스케치 기법을 이용하여 두 점 투시 직육면체를 스케치하는 연습을 하시오. 연습을 위해 그림 5-36을 참조하시오.

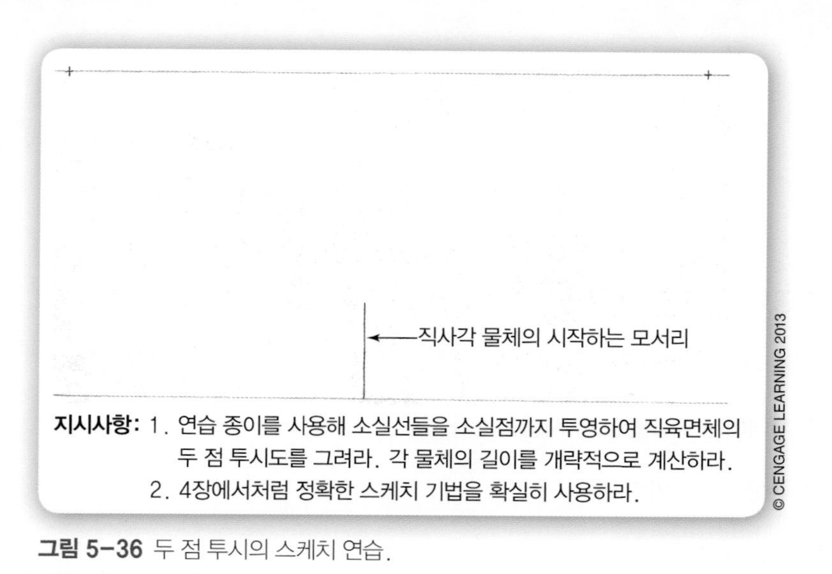

그림 5-36 두 점 투시의 스케치 연습.

CHAPTER 6

역공학

Reverse Engineering

Menu

미리 생각해보기

이 장에서 개념들을 공부하기 전에 다음 질문들에 대해 생각하시오.

1. 역공학이란 무엇인가?
2. 엔지니어는 왜 역공학을 사용하는가?
3. 엔지니어는 왜 다면도를 사용하는가?
4. 정투상이란 무엇인가?
5. 조립도가 왜 중요한가?
6. 분해도란 무엇인가?
7. 공학도면에서 왜 치수가 필요한가?

© ISTOCKPHOTO/SKIP O'DONNELL

공학의 실행

당신은 레고블록을 가진 어린 동생들이 있는가? 어릴 때 당신은 레고를 사용하지 않고 물건들을 만든 적이 있는가? 당신이나 당신의 동생들은 레고를 사용하여 벽돌이나 메가 블록(Mega Block)을 연결한 적이 있는가? 당신은 이 두 형태 블록의 차이를 말하지 못할 수도 있다.

메가 블록 회사는 블록을 연결하는 것을 설계하기 위해 역공학이라고 부르는 공정을 사용하였다. 그래서 그들은 레고블록과 조화를 이룰 수 있었다. **역공학**(reverse engineering)은 기존 품목을 측정하고 분석하는 과정이다. 설계자는 그 과정 동안 그 품목의 기술도면을 만들고 그 품목을 다시 만들기 위해 그 도면을 사용한다. 컴퓨터는 종종 이러한 새로운 도면을 만들고 그 도면은 컴퓨터 모델링을 하기 위해 쓰인다. 우리는 7장에서 이 과정을 논의한다. 블록 연결에 관한 레고 그룹의 1958 특허가 만료되었기 때문에 메가 블록이 이 역공학을 합법적으로 수행할 수 있게 되었다.

6.1 역공학

제품의 생산자가 더 이상 영업을 하지 않고 그 제품에 관한 문서들을 찾지 못할 때, 우리는 역공학(reverse engineering)을 사용한다. 그림 6-1에 나타낸 옛날 재봉틀에 새로운 부품이 필요하다면 무엇을 해야 할까? 엔지니어는 비슷한 옛날 재봉틀을 분해해서 나온 그 부품을 살펴보고 고장 난 재봉틀의 부품을 생산한다.

그림 6-1 옛날 재봉틀.

우리는 역공학을 여러 단계의 논리적 과정으로 볼 수 있다. 그림 6-2는 역공학 과정의 여섯 단계 흐름도를 나타낸다. 첫째, 우리는 조사의 목적을 확인해야 한다. 간단하게 표현하여 왜 역공학 과정을 완성해야 하는가? 답을 얻기 위해 무슨 질문들이 필요한가? 둘째, 우리는 그 질문에 대한 가정 혹은 답을 만들어야 한다. 셋째, 우리는 제품을 1개 이상의 부분(그러나 레고 벽돌처럼 단일 부품이 아닌)으로 분해해야 한다.

우리는 분해 후에 각 부분을 분석한다(그림 6-3). 분석에서 우리는 그 재료를 확인

역공학

기존 제품을 분해하여 측정하고 분석하여 그 제품의 도면을 작성하는 과정이다.

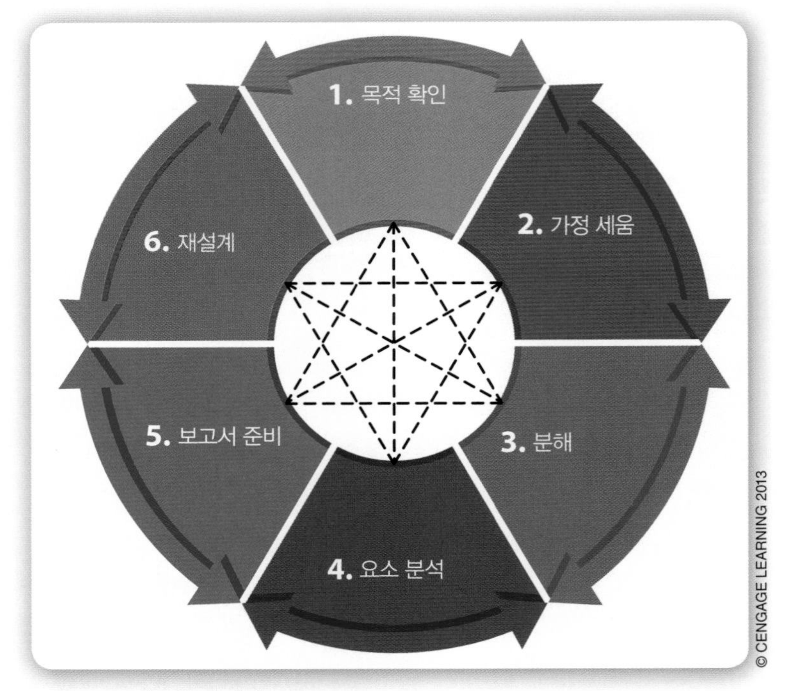

그림 6-2 역공학 과정의 흐름도.

공학 속의 과학

가끔 제품을 만든 재료의 종류를 확인하는 것이 어렵기 때문에, 엔지니어는 과학자에게 자주 도움을 요청한다. 실험을 통하여 과학자들은 다양한 형태의 재료들을 구분할 수 있다. 실험에서 우리는 재료가 몇 도에서 녹고 혹은 샘플을 다양한 화학 성분에 담글 때 무슨 반응이 일어나는지를 알 수 있다. 과학적인 조사는 역공학 과정의 없어서는 안 되는 부분이다.

하고, 그 부분을 제조하는 방법을 결정하고, 그 크기와 특징을 조사한다. 제품을 역공학할 수 있는 합당한 이유들이 많다. 그러나 역공학은 특허권자의 권리를 침해하게 한다. 우리는 역공학 과정을 사용할 때 법적인 쟁점과 윤리적인 쟁점을 둘 다 고려해야 한다.

다섯째 단계에서, 문서로 된 보고서는 분해 과정에서 찾은 것들을 상세히 제시한다. 이 보고서는 각 부분의 도면을 포함한다. 여섯째, 얻은 정보를 이용하여 우리는 역공학으로 고안된 제품을 재설계한다.

그림 6-3 팀원들이 분해된 부품들을 분석한다.

알고 있나요?

덴마크 출신 목수인 올 커크 크리스텐슨(Ole Kirk Christensen)은 1947년 처음으로 블록을 연결하는 방법을 설계하였다. 그는 그의 최초 블록을 자동묶음벽돌이라고 불렀다. 크리스텐슨의 작업장은 현재 세계적으로 유명한 레고그룹의 초라한 시작이었다. 그는 "잘 놀아라"라는 의미의 덴마크 관용구인 "Lego godt"를 따서 레고(Lego)로 그 이름을 붙였다. 1963년 만들어진 레고블록이 오늘날 만든 레고블록과 연결될 것이라는 것을 당신은 알았는가?

6.2 다면도

설계자가 제품의 특징을 제작자에게 전달하기 위해, 설계자는 그 품목의 도면을 만들어야 한다. 도면은 스케치 도면, 제도용구로 그린 도면, 혹은 컴퓨터 시스템을 이용하여 만든 도면 형태를 가질 수 있다. 제도용구나 컴퓨터로 만든 도면을 **공학도면**(engineering drawing)이라 한다.

대부분의 공학도면은 한 제품에 2개 이상의 도면을 포함한다. 이것을 **다면도**(multiview drawing)라 부른다(그림 6-4). 다면도는 생산 공정에 필요하며 제품의 설계를 영구적으로 기록하기 위한 것이다.

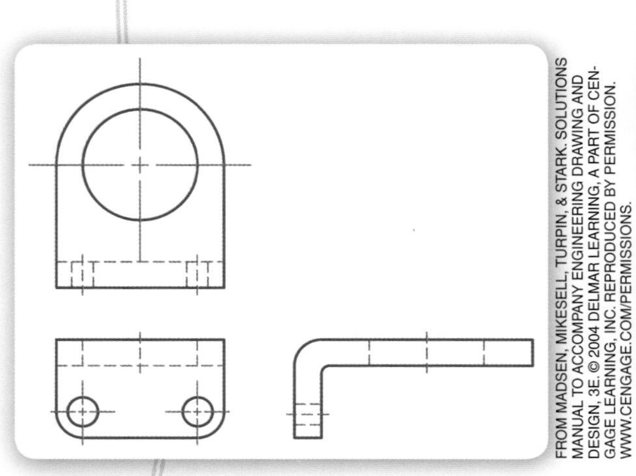

그림 6-4 다면도.

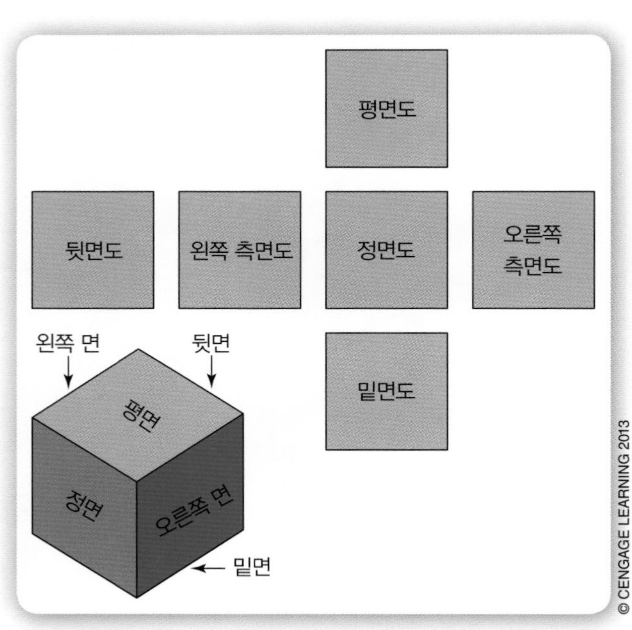

그림 6-5 물체의 여섯 면.

그림 6-5에 있는 블록을 보라. 몇 개의 면을 가지고 있는가? 여섯 면을 가지고 있다. 실제로 대부분 물체들은 여섯 면을 가지고 있다. 각 측면에서 볼 때, 당신이 보는 면을 측면도라고 부른다. 물체들이 여섯 면을 가지고 있기 때문에, 그 물체들은 6개의 도면을 가진다. 즉, 정면도, 평면도, 밑면도, 오른쪽 측면도, 왼쪽 측면도, 그리고 뒷면도이다. 물체들이 6개의 도면을 가질지라도, 다면도는 물체를 제대로 나타내기 위해 요구되는 도면의 수만을 포함한다. 전형적으로 다면도는 그림 6-4에 나타낸 것과 같이 3개의 도면(정면도, 평면도, 오른쪽 측면도)을 가진다.

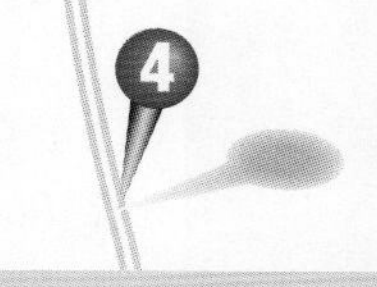

정투상법

이 6개의 도면을 완성하기 위해, 엔지니어는 물체의 각 면에서 도면의 특징을 투사하거나 전달하기 위해 정투상법(orthographic projection)을 사용한다. 그림 6-6은 한 면의 정투상법을 나타낸다. 물체에서 직선으로 시각(view)을 투사하는 것은 표면의 진짜 모양과 크기를 보여준다.

정투상법
물체의 각 표면에 수직한 평면에 그 물체의 시각을 투영하는 방법이다.

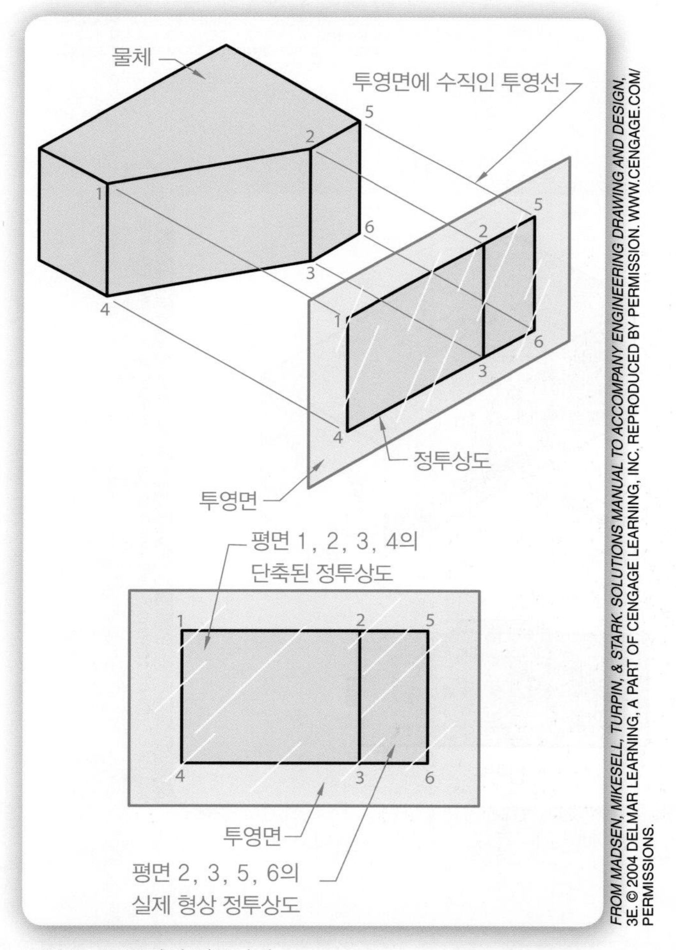

그림 6-6 표면의 정투상법.

공학 속의 수학

정투상은 공간에서 물체의 크기, 모양과 위치에 관련되는 기하학에서 나온 것이다. 기하학은 기원전 300년으로 거슬러 올라가는 수학의 가장 오래된 영역이다. 기하학을 연구한 고대 수학자들은 그들의 연습을 위해 컴퍼스와 직선자 같은 전통적인 도구들을 사용하였다.

그림 6-7에 있는 시계 라디오(clock radio)를 보자. 그 측면들은 정사각형이 아니다. 그러나 만약 당신이 그림 6-8에 있는 것처럼 시계 라디오를 정면에서 직접 본다면, 그 정면의 실제 모양과 크기를 볼 수 있다. 정면도는 물체의 높이와 폭을 나타낸다. 그림 6-9는 시계 라디오의 오른쪽 측면도를 나타내고 그 깊이와 높이를 나타낸다. 그림 6-10은 시계 라디오의 평면도를 나타내고 그 폭과 깊이를 나타낸다.

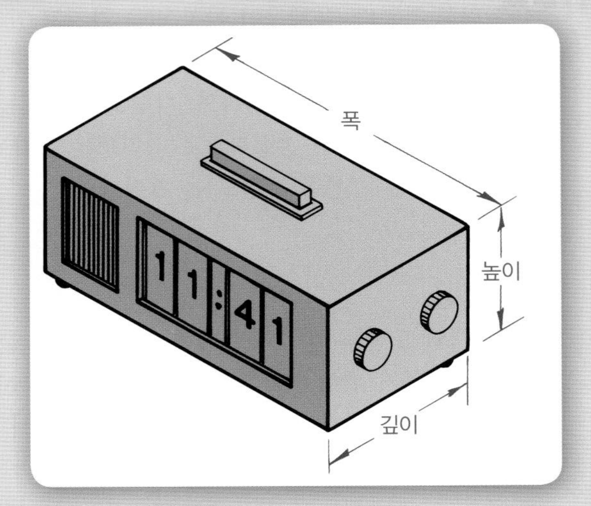

그림 6-7 시계 라디오의 등각도.

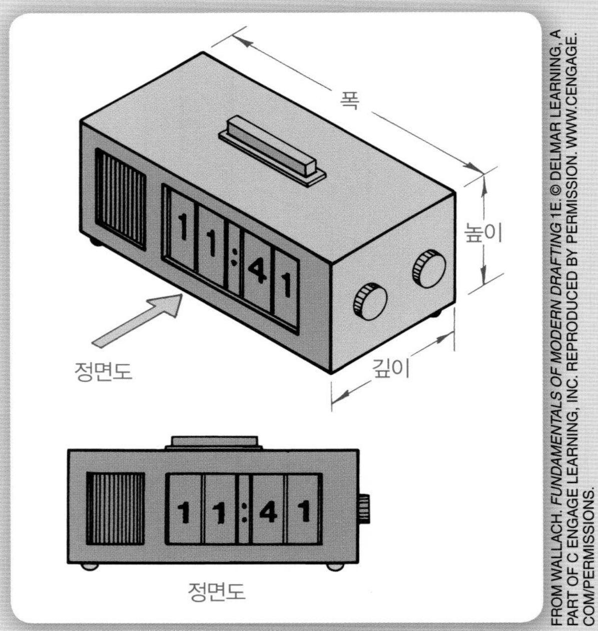

그림 6-8 정면도는 물체의 높이와 폭을 나타낸다.

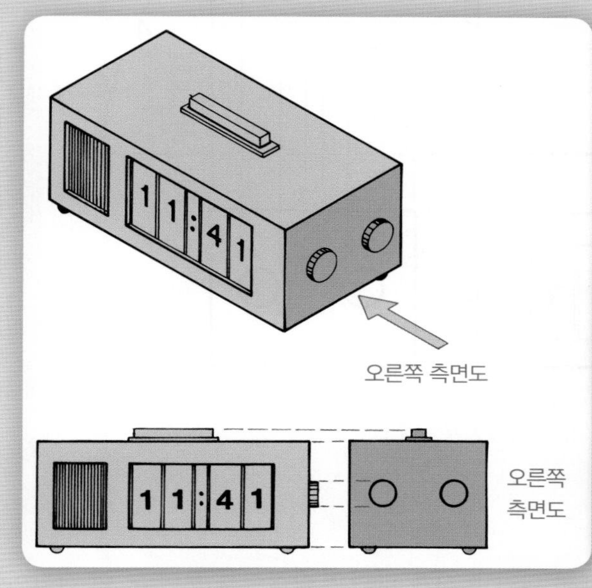

그림 6-9 오른쪽 측면도는 물체의 높이와 깊이를 나타낸다.

그림 6-10 평면도는 물체의 깊이와 폭을 나타낸다.

그림 6-11은 시계 라디오의 6개의 도면을 나타낸다. 시계 라디오에 대해 가장 상세한 도면은 정면도이다. 이것은 공학도면의 정면도로 선정된다. 정면도가 물체에 대해 가장 상세하게 보여주기 때문이다.

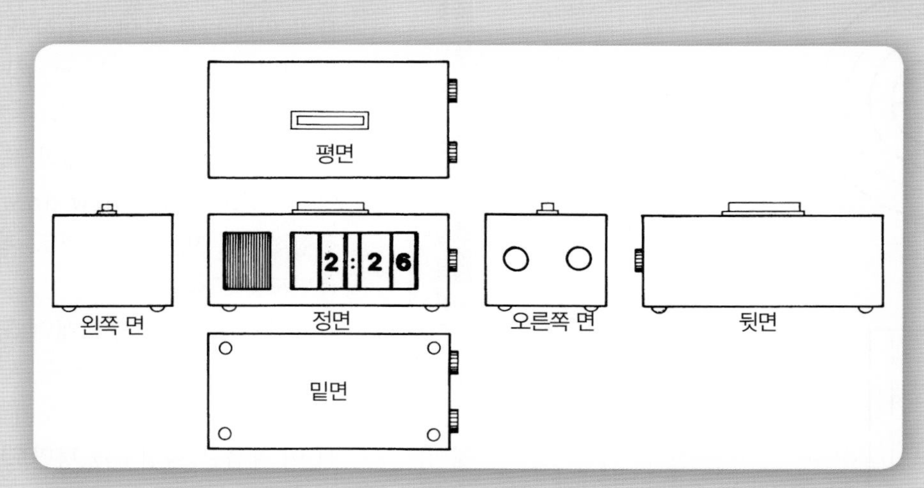

그림 6-11 시계 라디오의 6개의 도면.

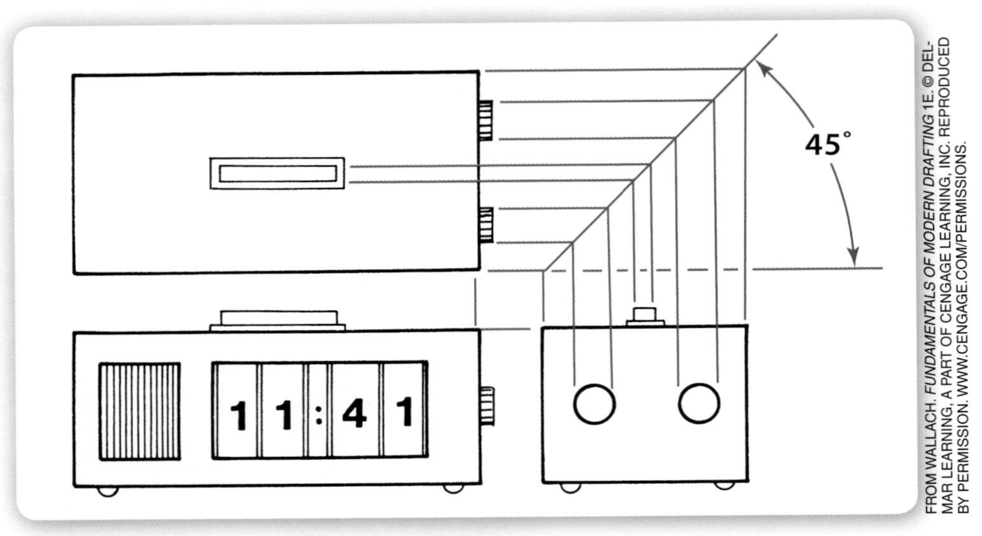

그림 6-12 위치를 옮기기 위한 45° 각도 기법의 사용.

기법

그림 6-9의 오른쪽 측면도에서 나타낸 시계 라디오 손잡이를 보아라. 이 손잡이들은 평면도에서도 볼 수 있다(그림 6-10). 설계자는 이 손잡이들을 어느 곳에 놓을지 어떻게 알았을까? 그 크기와 위치는 투사되거나 45° 각도 기법을 이용해 옮겨진다(그림 6-12). 이 투사기법은 평면도의 손잡이 위치를 오른쪽 측면도로 옮긴다. 또한 우리는 평면도의 손잡이 위치를 정면도로 옮기기 위해 같은 기법을 사용한다. 정면도가 물체에 관해 가장 상세할지라도 완전한 공학도면을 만들기 위해 다른 도면들이 항상 요구된다. 우리는 정면도에서 보이지 않는 상세한 것을 제시하기 위해 더 많은 도면을 추가한다. 가장 많이 쓰이는 다면도는 3개의 도면을 포함하고 이를 **3면도**(three-view drawing)라고 한다. 전형적으로 3면도는 정면도, 평면도와 오른쪽 측면도를 포함한다.

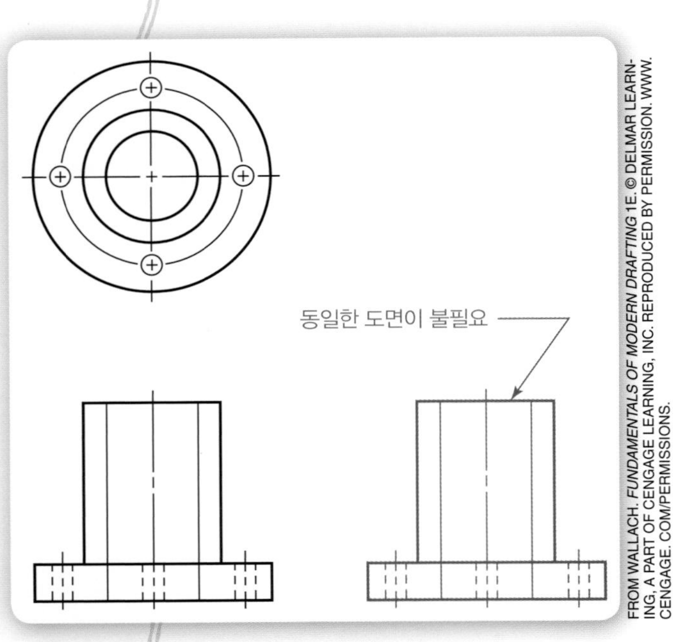

그림 6-13 원형 물체는 2개의 도면만을 필요로 한다.

어떤 다면도는 단 2개의 도면만을 요구한다. 그림 6-13에서 있는 둥근 물체를 보아라. 그 정면도와 오른쪽 측면도가 동일하다. 그래서 이 제품은 정면도와 평면도만 필요로 한다. 그림 6-14에 있는 개스킷(gasket)은 정면도만을 요구한다. 우리는 도면 위에 메모를 포함시킴으로써 개스킷의 두께를 설명한다.

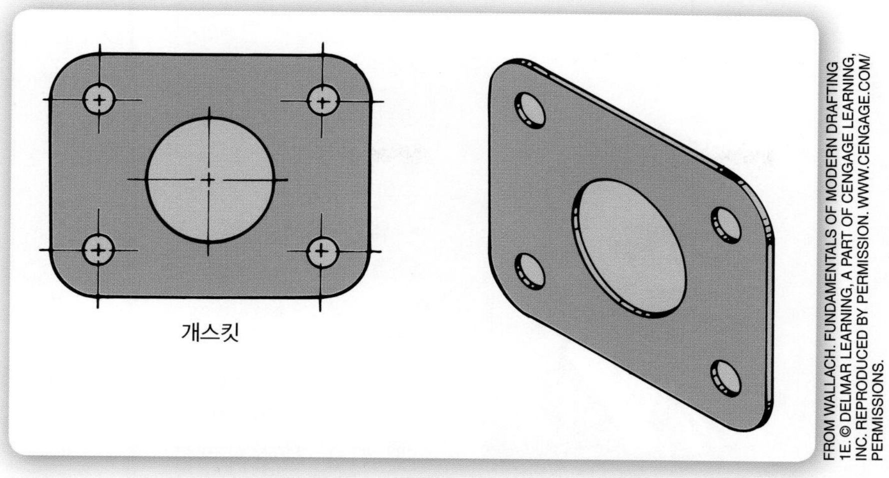

그림 6-14 평평한 개스킷은 한 도면만을 요구한다.

제작도

제품을 만들 수 있도록 모든 정보가 담긴 도면이다.

조립도

제품의 부품들이 바른 위치에 놓일 수 있게 보여주는 입체도이다.

6.3 제작도

제작도(working drawing)는 제품을 만들기 위해 필요한 정보와 상세사항들을 제공한다. 필요한 모든 정보를 포함함으로써, 우리는 그 제품을 만드는 기술자가 크기나 위치를 추측하지 않게 해야 한다. 제작도의 보편적인 형태는 조립도다. 제작도는 조립된 제품의 분해도를 포함한다.

조립도

대부분의 제품들은 2개 이상의 부품들을 포함한다. 그래서 엔지니어는 그 제품의 부품들이 어떻게 맞춰질 것인가를 보여주어야 한다. 이런 방식의 의사전달을 위해 부품들의 관계와 조립된 제품을 나타내는 조립도(assembly drawing)를 사용한다. 그림 6-15는 나무못 꽂이 장난감의 조립도를 나타낸다.이 조립도는 장난감의 측면 판들이 어떻게 수평 판에 끼워지고, 원통과 직육면체인 나무못들이 어떻게 장난감에 끼워지는지를 보여준다. 당신은 새로운 자전거나 가정용품과 함께 온 지시사항에서 조립도를 볼 수 있다. 조립도는 그 제품이 조립되었을 때 어떻게 보이는가를 소비자들이 시각화하는 데 도움을 준다.

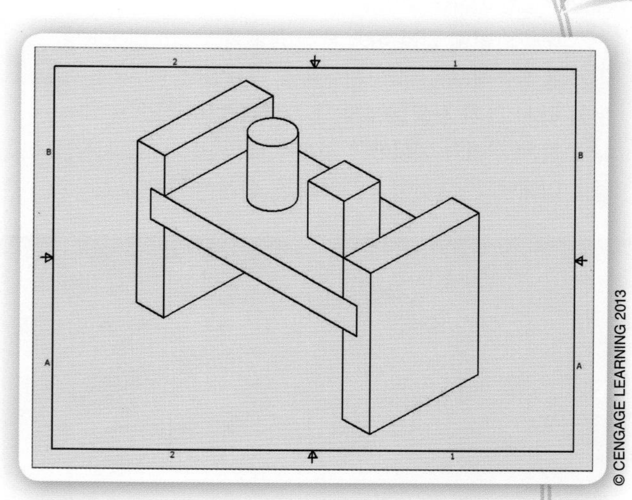

그림 6-15 나무못 꽂이 장난감의 조립도.

공학 직업 조명

이름

피터 지 황(Peter G. Hwang)

직위

휴렛 팩카드(Hewlett-Packard)사, 사용자 체험 설계자

© CENGAGE LEARNING 2013

직무 설명

황은 심리학과 기술을 연결하는 사람이다. 그 목표는 소비자가 원하는 여러 종류의 컴퓨터 프린터를 정확하게 설계하는 것이다. 첫째, 그는 소비자들의 요구와 목표를 이해하기 위해 일한다. 그는 사람들이 일하고 사는 곳을 찾아서 그들을 관찰하고 집중적으로 인터뷰한다. 실험실에 돌아와서 그가 수집한 데이터를 조사하고 다른 엔지니어들과 브레인스토밍을 한다. 그 다음에 컴퓨터 프린터의 시작품을 고안하고 그 시작품을 인터뷰한 사람들에게 가져간다.

"이런 일은 우리가 그들의 문제를 해결하고 있는지를 점검하게 한다."라고 황은 말한다. "우리 아이디어가 늘 그 초점을 사용자에게 맞추게 한다."

휴렛 팩카드는 황에게 한 달 동안 일본에서 소비자들을 관찰할 수 있는 기회를 주었다. "나는 길거리를 걸었고 사람들의 집에서 시간을 보내고, 나 자신을 그 문화에 빠지게 한다."라고 그는 말한다.

그는 첫 번째 일본 여행 후에 폼블록(foam block)을 이용해 컴퓨터 프린터의 시작품을 만들었다. "우리는 일본에 다시 가서 사람들에게 그 블록을 보여주었다. 그러나 그들은 우리가 예상했던 것과는 다른 방식으로 시작품들을 이해했다. 그것이 우리에게 큰 설계 영감을 주었다." 라고 그는 말한다. "우리는 얻은 것들을 다 가지고 돌아와서 우리가 더 깊은 문화적 지식을 갖지 못했다면 생각해낼 수 없는 새로운 제품을 착수할 수 있었다."

교육

황은 캘리포니아 버클리 대학에서 기계공학으로 학사 학위를 받았고 스탠포드 대학에서 제품설계로 석사 학위를 받았다. 그의 석사 학위는 반은 공학이고 반은 순수 예술이다.

"대부분의 사람들은 예술가이거나 엔지니어라고 생각한다."라고 그는 말한다. "그러나 나는 두 역할을 다 할 수 있는 중간을 찾았다. 내 직업에는 기술적인 측면이 있지만, 나는 수많은 스케치와 도면을 그리는 일을 잘 한다. 엔지니어가 되는 것이 당신이 지식인이거나 왼쪽 뇌를 쓰는 수학자 · 과학자라는 것만을 의미하는 것은 아니다."

학생들에 대한 조언

황은 학생들에게 그들의 열정을 공부와 직업에 쏟으라고 조언한다. "내가 공과대학에 다닐 때, 나는 그릴 수 있고 창의성을 발휘할 기회를 찾고 있었다. 그래서 나는 지금 내 일에서 그것을 하고 있다."라고 황은 말한다. "예를 들면, 파도타기에 열정을 가진 학생들은 서프보드(surfboard)를 설계하는 엔지니어가 될 수 있다. 또한, 스포츠를 사랑하는 학생들은 스포츠 장비를 설계하는 엔지니어가 될 수 있다. 그것은 보다 많은 의미를 가진 당신의 직업을 만든다."

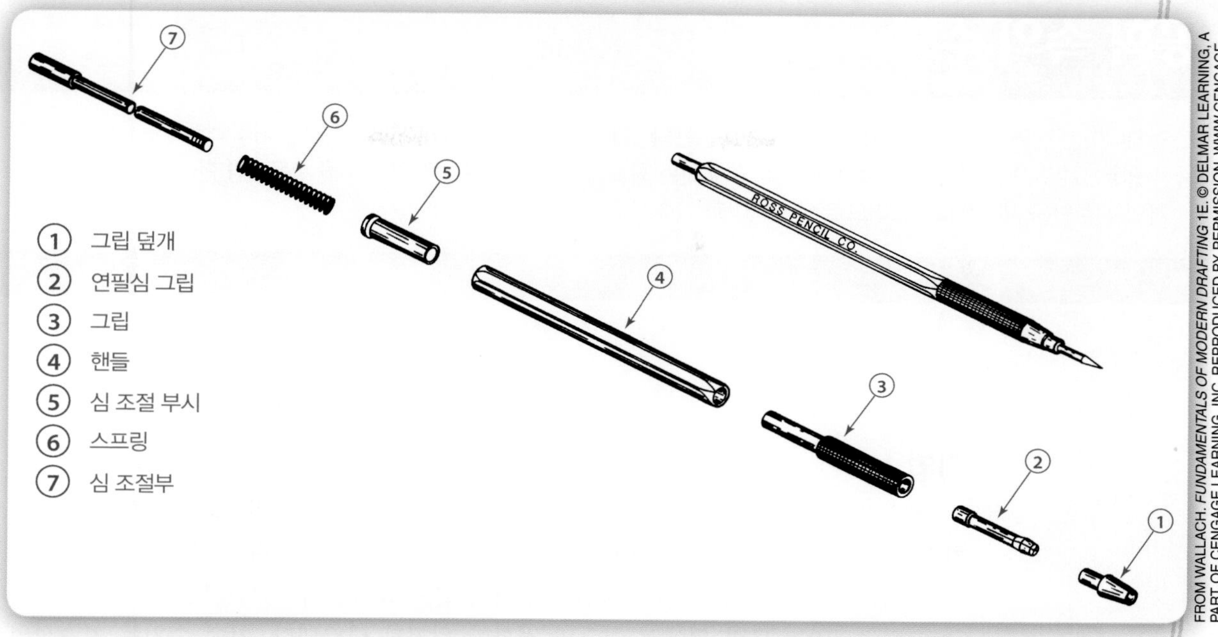

그림 6-16 부품 표시가 된 펜의 분해도.

분해도

분해도(exploded view)는 제품의 부품들이 서로 어떻게 분리되는가를 보여준다. 그 부품들은 공간에 떠 있는 것처럼 보인다. 분해도 없이는 그림 6-16에 그려진 펜의 내부 구성요소들을 보여주는 것은 불가능하다. 우리는 보통 조립도 매뉴얼에서 분해도를 본다. 그리고 펜의 분해도에 있는 것처럼 다양한 부품들이 라벨을 붙이고 있는 것이 보통이다.

분해도

분해된 제품의 부품들과 상호 관계를 보여주는 입체도이다.

6.4 치수기입

이론적 근거

부품을 만들기 위해 기술자들은 부품의 모든 세부사항들을 알아야 한다. 우리는 그림을 통하여 세부사항들을 전달한다. 다른 세부사항들은 크기와 공학도면에 있는 메모로 전달되어야 한다. 이들을 치수(dimension)라 한다. 치수는 물체의 크기, 구멍, 각도와 같은 특징의 위치를 정의한다.

치수

폭, 높이와 길이뿐만 아니라, 특징의 위치와 같은 개체의 선형측정을 기록한 도면 위의 치수와 메모이다.

그림 6-17a를 보아라. 부품에 관해 무엇을 말할 수 있는가? 이제 그림 6-17b를 보아라. 이것은 같은 부품이지만, 치수가 적혀 있다. 그 치수는 부품이 폭 5.75인치이고 높이 3.5인치인 것을 말한다. 당신은 지름 1.5인치인 구멍이 그 부품 안에 있는 것을 알 수 있다. 당신은 또한 왼쪽 측면이 45°로 잘릴 것을 안다. 치수는 공학설계과정의 핵심적인 요소다.

공학 속의 수학

엔지니어는 도면에 지나치게 치수를 기입하지 않는다. 다른 말로 표현하면, 그들은 사람들이 도면을 읽게 하는 최소한의 치수만을 제시한다. 그러므로 엔지니어와 기술전문가는 치수가 기입되지 않은 거리와 특징을 계산하기 위해 그들의 수학적인 기량을 사용해야 한다.

기법

치수기입을 위한 규정이 미국표준협회에 의해 제정되었다. 미국표준협회에 따르면, 치수는 미국 관습에 따른 인치(inch)나 미터법으로 혹은 두 가지를 같이 표시할 수 있다. 공학도면 위의 치수의 위치는 한 방향과 일렬로 표시할 수 있다(그림 6-18).

그림 6-19는 도면 위에서 치수의 정확한 위치를 나타낸다. 치수 수치는 치수선의 중앙에 표시한다. **치수선**(dimension line)의 각 끝에는 도면에서 연장되는 치수보조선과 접촉하는 **화살표**(arrowhead)가 있다. **치수보조선**(extension line)은 도면의 외형선과 접촉하지 않는다. 치수선과 치수보조선은 외형선보다 가는 선이다. 선의 종류에 대한 더 많은 정보는 4장을 참조하라.

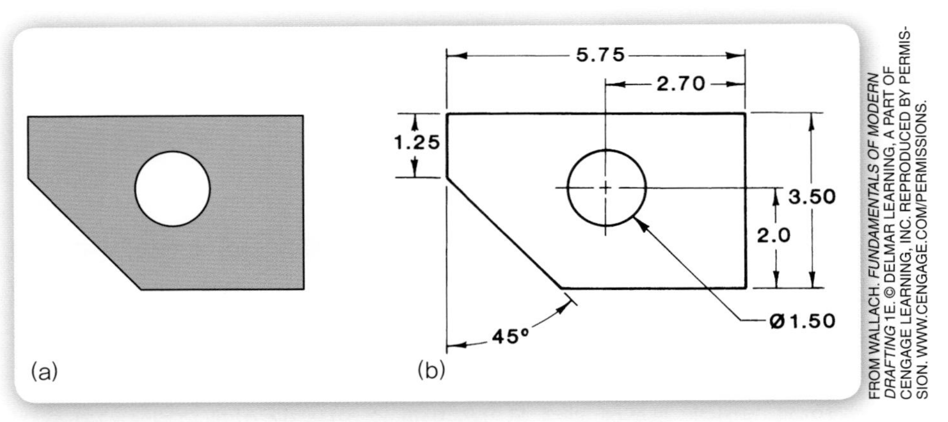

그림 6-17 블록의 도면 (a) 치수가 없는 것, (b) 치수가 있는 것.

공학 과제

공학 과제 1

4개의 부품들이 그려져 있다. 각 부품의 그림에 덧붙여서, 상응하는 부품의 정면도가 있다. 각 정면도는 적절한 치수가 기입되어 있다. 거리와 면적을 계산하기 위해 당신의 수학적인 지식을 이용하여, 각 부품에 대한 다음 질문들에 답을 하시오. 이것은 당신에게 각 공학도면에서 치수를 설명하기를 요구할 것이다.

부품 1

1. 점 A에서 점 B까지 거리는 얼마인가?
2. 부품 1의 정면도의 표면적은 얼마인가?

부품 2

1. 부품 2의 정면도의 표면적은 얼마인가?

부품 3

1. 점 A에서 점 B까지 거리는 얼마인가?
2. 점 C에서 점 D까지 거리는 얼마인가?

부품 4

1. 부품 4의 정면도의 표면적은 얼마인가?

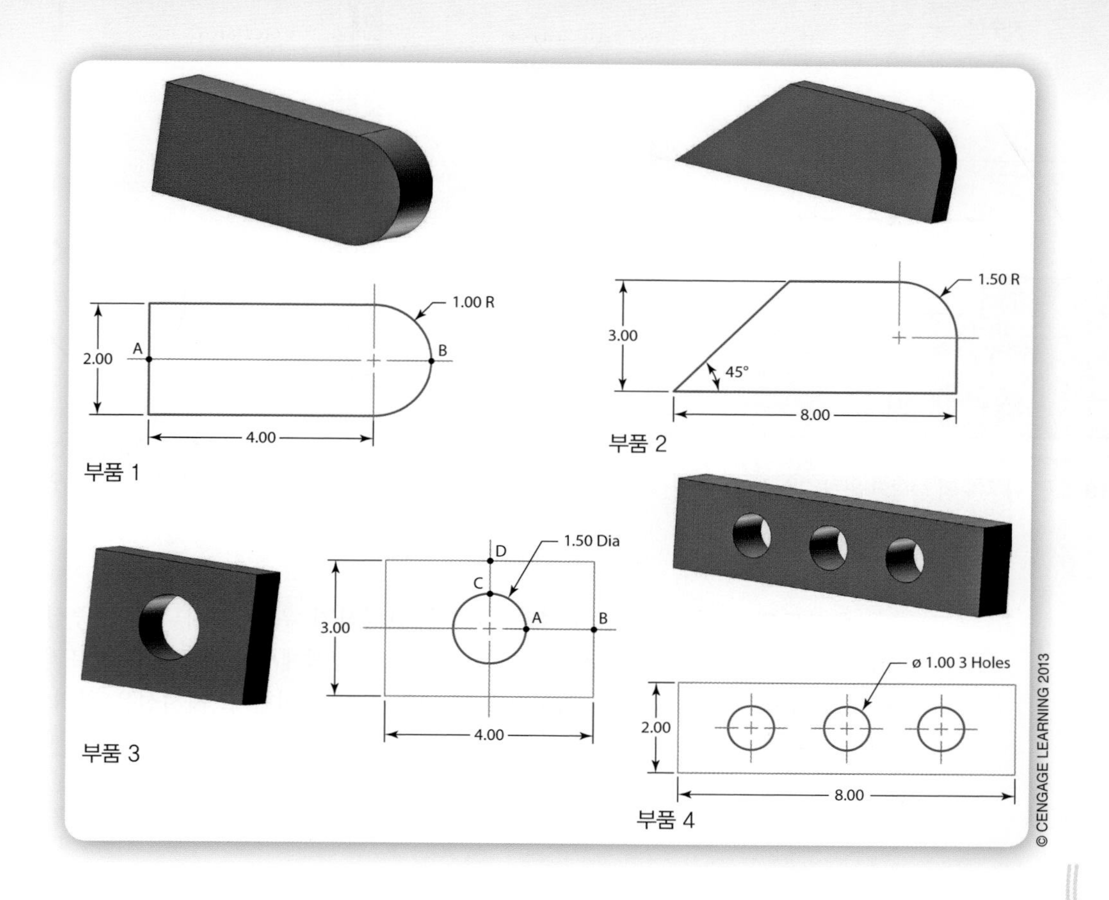

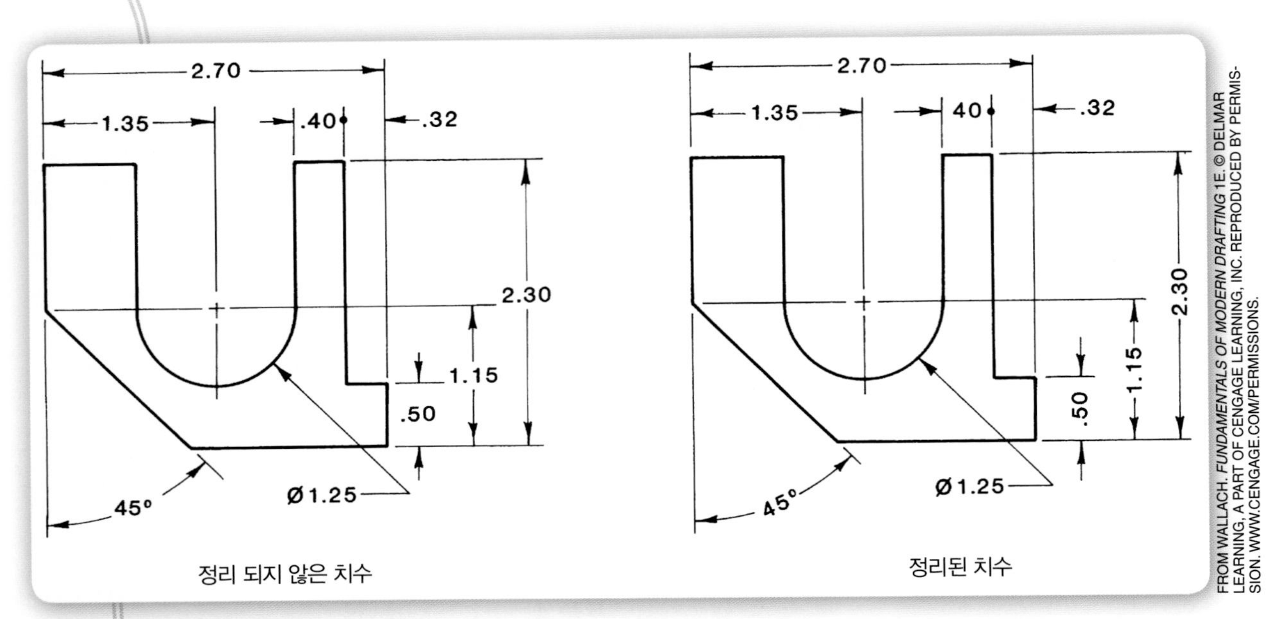

그림 6-18 한 방향과 일렬로 표시된 치수.

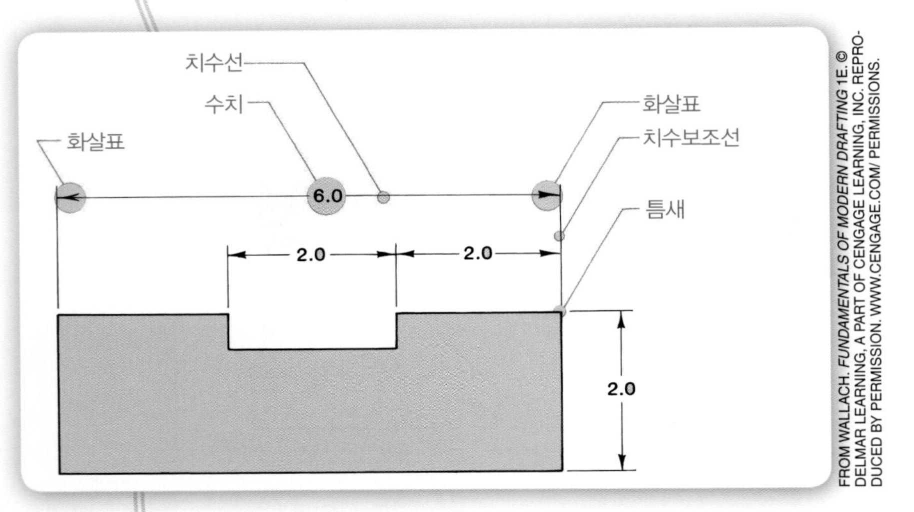

그림 6-19 도면 위 치수의 정확한 위치.

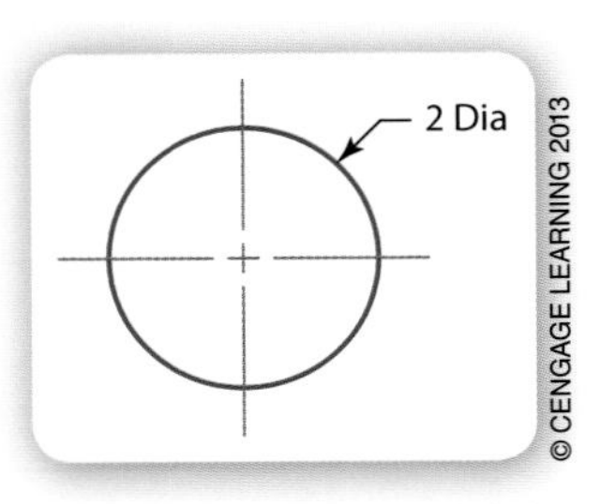

그림 6-20 중심선과 지시선으로 원에 치수를 기입.

공학도면 위에 원이나 구멍의 위치를 선정하기 위해 엔지니어는 **중심선**(center line)을 사용한다. 이 중심선들은 원이나 구멍의 중심에서 90°로 서로 가로지른다(그림 6-20). 구멍 지름의 치수는 **지시선**(leader)의 끝에 기입한다. 지시선은 원의 중심을 가리키고 원의 바깥 부분까지 연장된다.

미국표준협회(ANSI)는 공학도면에 치수를 기입하는 지침들을 확립하였다. 다음은 따라야 할 일반 지침들이다. 그림 6-21은 치수기입을 위한 지침이다.

- 물체의 실제 모양을 나타내는 도면에 치수를 기입하라.
- 한 도면에 함께 그룹으로 모아라.
- 물체의 측면도에 치수를 기입하지 말라.
- 도면 사이에 치수를 기입하지 말라.
- 연장선이 다른 치수를 가로지르지 않게 하라.
- 치수를 중복하여 표시하지 말라.

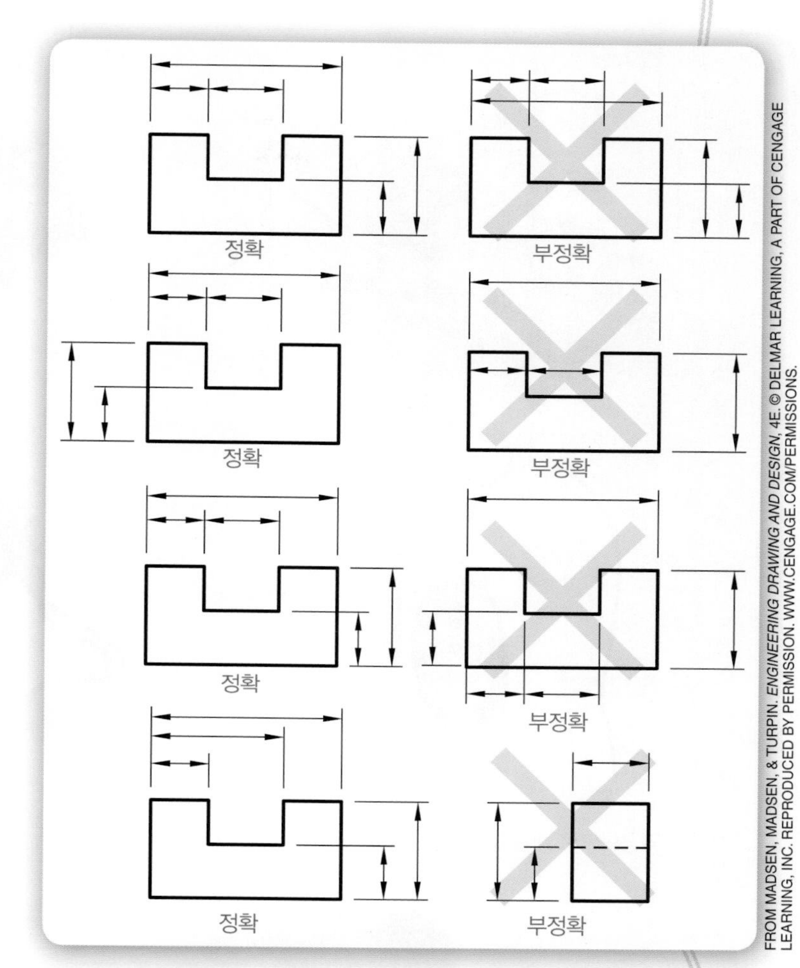

그림 6-21 치수기입의 지침.

공학 과제

공학 과제 2

당신의 팀은 그림으로 나타낸 제품들 중 하나를 역공학으로 개발하도록 요청받았다. 역공학 과정의 여섯 단계들을 따르시오. 당신의 공학노트에 당신이 찾아낸 것들을 기록하시오. 다음에 그 제품을 다시 창안하기 위해 필요한 적절한 공학도면들을 작성하시오.

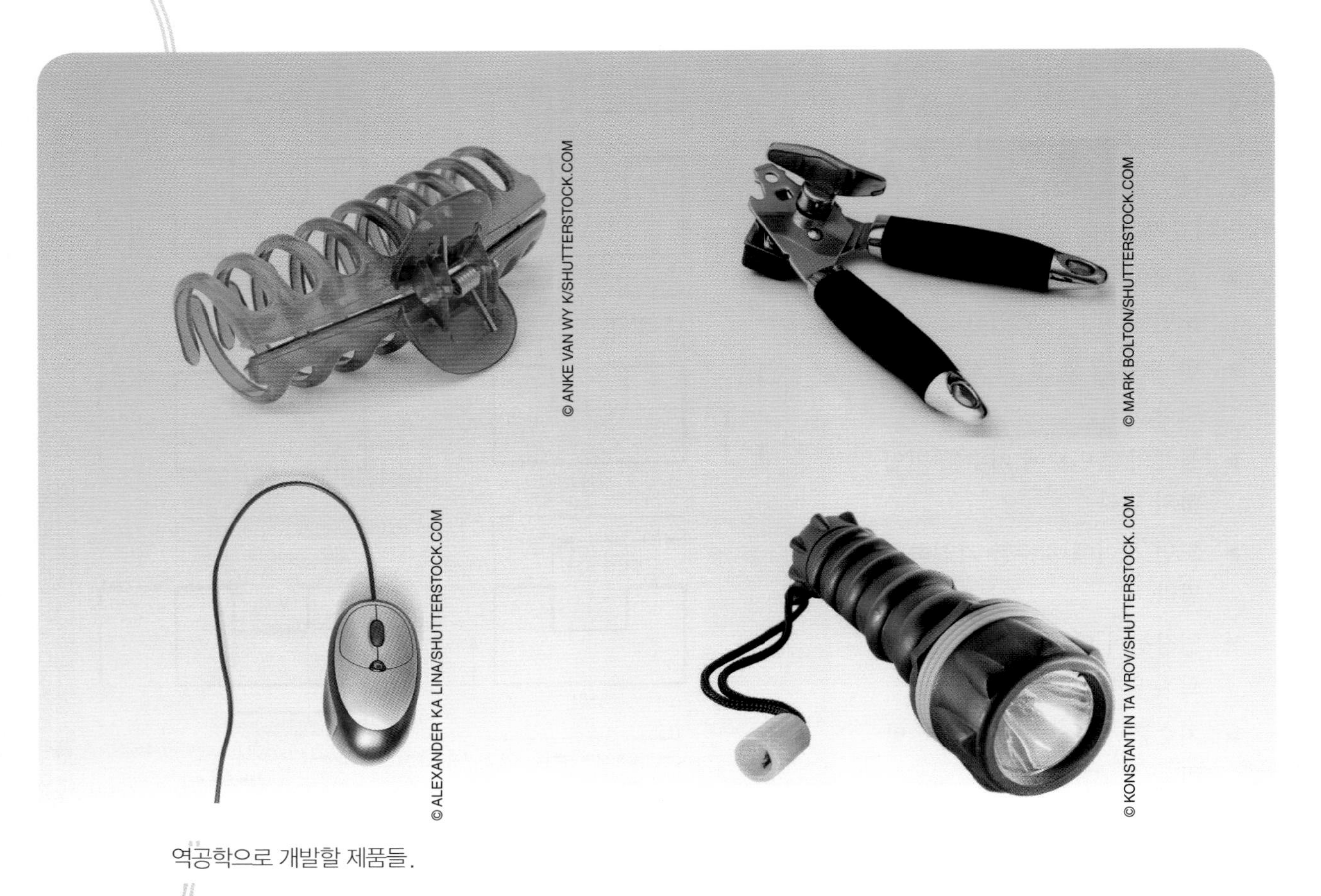

역공학으로 개발할 제품들.

요약

이 장에서 배운 학습내용

- 역공학은 기존 제품을 복사하기 위해서 사용되는 과정이다.
- 정투상은 부품의 실제 모양과 크기를 나타내는 부품의 도면을 만들기 위해 사용되는 기법이다.

- 대부분의 다면도는 정면도, 평면도와 오른쪽 측면도의 3개 도면으로 구성된다.
- 조립도는 모든 부품들이 조립되었을 때의 그 제품의 모양이 어떤가를 알려주는 그림이다.
- 분해도는 사람들에게 제품의 부품들이 어떻게 맞춰지는가를 알려준다.
- 치수는 엔지니어가 부품을 만드는 사람에게 그 크기와 특징의 위치를 알려준다.

용어

각 용어들에 대한 정의를 쓰시오. 마친 후에, 자신의 답을 이 장에서 제공된 정의들과 비교하시오.

역공학
제작도
분해도
정투상
조립도
치수

지식 늘리기

다음 질문들에 대하여 깊게 생각하여 서술하시오.

1. 역공학의 적절하고 윤리적인 사용은 무엇인지 설명하시오.
2. 산업의 세계화를 생각하면서 역공학의 부정적인 영향을 설명하시오.
3. 공학도면이 정확하게 그려지고 정확한 치수를 포함하는 것이 왜 중요한지 설명하시오.
4. 회사가 가정용 제품의 조립도의 품질을 높일 수 있는 방안을 설명하시오.
5. 미국표준협회의 치수기입 지침을 따르는 것이 왜 중요한지 설명하시오.
6. 치수가 미국 관습 단위, 미터법 단위 혹은 둘 다로 표기해야 되는지를 무엇이 결정하는지 설명하시오.

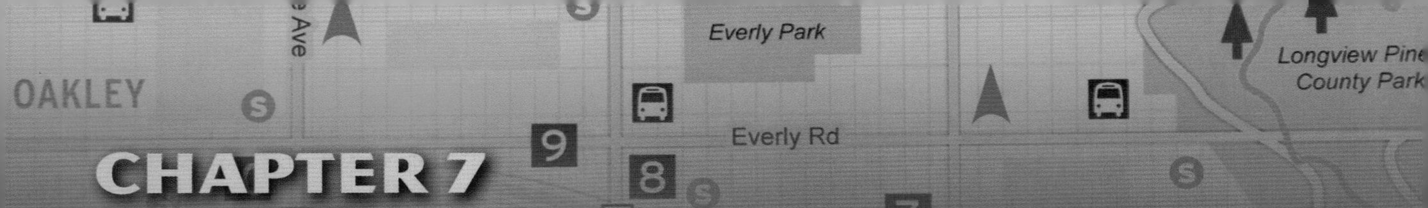

CHAPTER 7
매개변수 모델링
Parametric Modeling

Menu

미리 생각해보기

이 장에서 개념들을 공부하기 전에 다음 질문들에 대해 생각하시오.

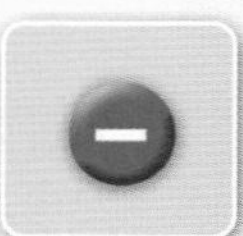

1. 매개변수 모델링이란 무엇인가?
2. 매개변수 모델링이 왜 필요한가?
3. 누가 매개변수 모델링을 사용하는가?
4. 매개변수 모델링은 컴퓨터 이용 제도 또는 설계와 어떻게 다른가?
5. 매개변수 모델링에서 대상물을 전개하는 기본적인 단계들은 무엇인가?
6. 스케치, 작업도와 3차원 모델의 다른 점은 무엇인가?

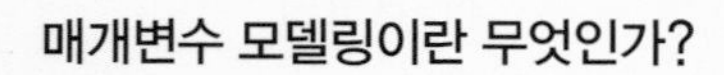

PHOTO COURTESY OF DIMENSION 3D PRINTING

컴퓨터 마우스 설계의 급속조형.

공학의 실행

역사적으로 매일 사용하는 제품을 설계하는 것을 완성하는 데는 몇 개월이나 또는 심지어 몇 년이 걸리는 과정이었다. 현재 엔지니어들은 불과 며칠 만에 제품의 아이디어를 개발하고 시험하기 위하여 매개변수 모델링 소프트웨어를 사용한다. 이러한 소프트웨어는 엔지니어가 선택한 재료의 강도를 시험할 뿐 아니라 형상을 창조할 수 있게 한다. 엔지니어는 매개변수 모델링 소프트웨어를 이용한 제품의 모의실험으로 제품을 실제로 제작하지 않고도 설계를 판단을 할 수 있다. 이것이 시간과 경비를 절약하게 한다.

CAD

Computer Aided Drafting(또는 Design)의 준말이다.

매개변수 모델링

특징기반 입체 모델링으로도 알려진 매개변수 모델링은 3차원 컴퓨터 제도 프로그램이다.

단면도

물체의 한 면의 2차원 윤곽이다.

7.1 매개변수 모델링

현대 CAD(컴퓨터를 이용한 설계 또는 제도라는 단어의 머리글자로 만든 단어)는 1960년대 초반에 시작되었다. 항공우주 자동차와 전자회사들이 처음으로 CAD를 사용하였다. 이러한 대형 회사들만이 CAD에 필요한 다량의 계산을 수행할 수 있는 컴퓨터를 제공할 수 있었다. 개인용 컴퓨터를 사용할 수 있게 되고, 이러한 수준의 컴퓨터에도 CAD 소프트웨어를 사용할 수 있게 됨에 따라 CAD는 설계, 제조와 건설에서 광범위하게 적용할 수 있게 되었다(그림 7-1).

1982년 존 워커가 Autodesk를 설립하고 개인용 컴퓨터에 사용할 수 있는 2차원(2D) CAD(AutoCAD)를 선보였다. 또 다른 Pro/ENGINEER 회사는 1988년 특징기반 입체모델링(3차원 3D CAD)을 소개하였다. 매개변수 모델링 CAD 프로그램 Autodesk Inventor는 1999년에 일반인들도 사용할 수 있게 되었다(그림 7-2). 지금은 여러 가지 3차원 모델링 프로그램을 사용할 수 있다. 2차원과 3차원 CAD 프로그램은 제품과 구조물을 설계하는 데 사용되는 기본적인 도구들이다.

1 매개변수 모델링이란 무엇인가?

특징기반 입체모델링으로도 알려진 매개변수 모델링(parametric modeling)은 3차원 컴퓨터 제도 프로그램이다. 엔지니어와 설계자들은 설계의 개념을 시작하기 위해 단면도(profile)라 부르는 단순한 2차원 기하학적 모양을 그린다. 일단 2차원 형상이 만들어지면 설계자들은 선들을 평행, 직각, 수평과 수직하게 만들 수 있다. 또한 설계자들은 기하학적 형상의 각선들에 정확한 치수를 정한다. 이 과정이 도면에 제약을 적용하는 것으로 알려져 있다(그림 7-3).

3장에서 정의한 것과 같이 제약은 기하학적 모양의 특징 사이의 위치나 관계를 제한하는 한계들이다. 제약의 몇 가지 예는 두 선들을 서로 평행하거나 직각이 되도록 만드는 것이다. 이러한 것을 기하학적 제약(geometric constraint)이라고 부른다. 선의 길이나 원의 직경 치수를 정하는 것을 치수 제약이라고 한다(그림 7-4).

매개변수(parameter)는 물건의 특징을 결정하는 값들의 물리적 성질의 집합들이다. 매개변수 모델링의 경우 물건은 원, 직사각

그림 7-1 초기 CAD 소프트웨어 프로그램을 작동하기 위해서는 대형 중앙처리 컴퓨터가 필요했다. 현재는 강력한 개인용 컴퓨터가 CAD를 크고 작은 회사에 사용할 수 있게 하고 있다.

형, 삼각형이나 이들 형상의 조합인 기하학적 형상으로 그려진다. 그려진 기하학적 형상의 모양과 크기들이 물리적 성질이다. 따라서 매개변수 모델링은 매개변수 제약으로 그리거나 스케치된 기하학 형상과 크기를 결정하는 과정이라고 말할 수 있다.

매개변수 모델링은 엔지니어가 설계 아이디어를 구멍, 노치와 버팀대와 같은 특징들의 크기나 위치들에 대한 걱정 없이 컴퓨터 화면에 스케치할 수 있게 한다는 것을 기억하라(5장 참조). 기본적인 설계 형상이나 단면을 일단 완성하면 물체의 특성에 제약을 가할 수 있다. 이 장의 후반부에 제약을 적용하는 과정을 논의한다(그림 7-5).

그림 7-2 강력한 개인용 컴퓨터가 CAD를 크고 작은 회사에 사용할 수 있게 한다.

매개변수의 필요

과거에 엔지니어는 제품을 제작하고 매매(판매)에 관련된 엔지니어와 독립적으로 제품을 설계하였다. 이러한 과정은 많은 시간, 노력과 경비가 요구될 수가 있었다. 엔지니어는 제품을 만들거나 판매하려고 하는 사람들과 논의하기 전에 설계를 완성하곤 하였다. 이러한 논의로 제품의 제작이나 매매(판매)와 관련된 문제점 때문에 제품을 변경해야 하는 결과들이 종종 발생한다. 설계 변화가 이루어지면 공학제도는 완전히 새로 제도해야만

기하학적 제약

선과 모양처럼 도면의 특징 간에 고정된 관계를 만든다. 두 선의 평행 또는 수직의 제약이 대표적인 예이다.

매개변수

물건의 특징을 결정하는 값들의 물리적 성질이다.

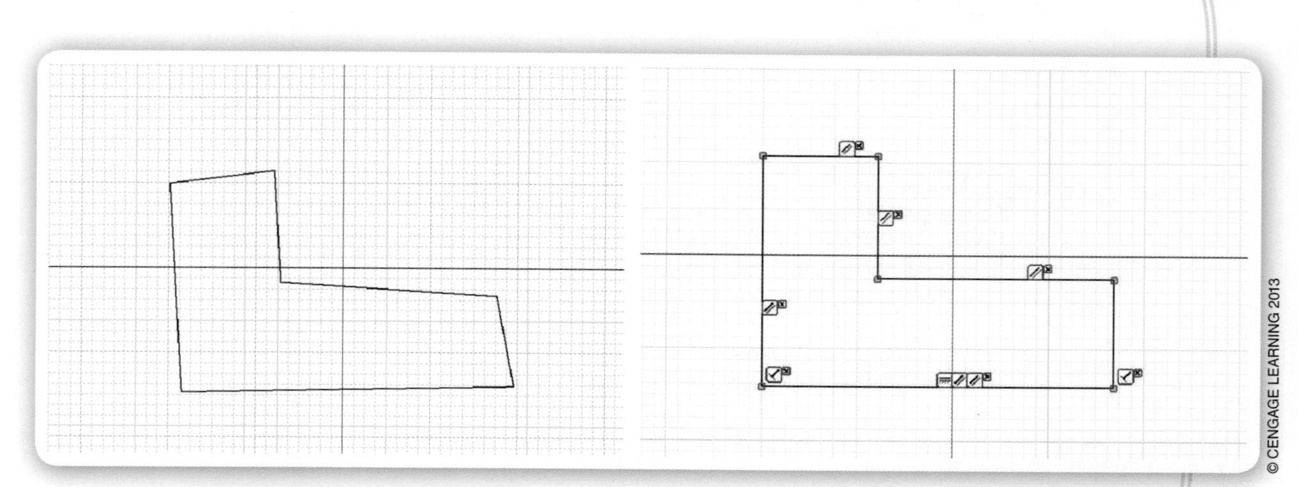

그림 7-3 제약을 적용하기 전후를 스케치한 기하학.

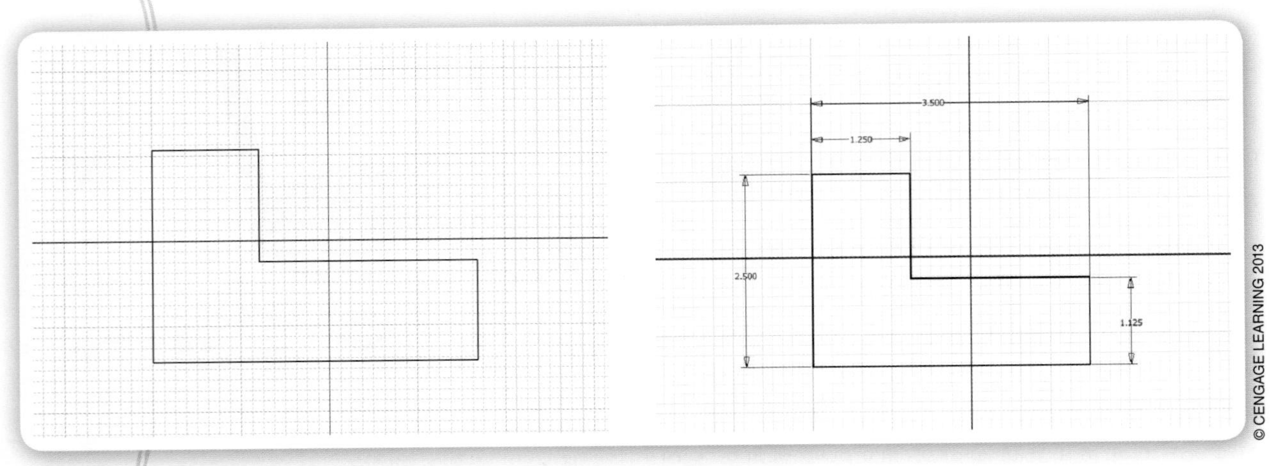

그림 7-4 치수 제약을 적용하기 전후의 스케치 형상.

> **동시공학**
> 설계과정의 시작부터 제품의 설계와 제작에 관해 책임을 가진 사람들을 포함하는 과정이다.

한다. 요구되는 변화로 인하여 시간과 경비를 허비하게 된다.

설계과정의 시작부터 모든 사람을 포함하는 개념이 설계와 제작의 세상에 혁신을 일으켰다. 모든 공학, 판매, 제작과 재무부서가 설계과정의 초기부터 참여하기 때문에 시간과 경비가 절약된다. 대부분의 경우 보다 좋은 제품이 설계되고 생산된다. 이러한 방식으로 제품을 설계하는 것이 동시공학(concurrent engineering)으로 알려져 있다(그림 7-6).

CAD와 인터넷의 사용이 다른 엔지니어와 엔지니어를 연결하는 과정을 개선하였다. 그래도 공학설계 도면의 변경이 일어나게 될 경우에는 이러한 것이 크게 도움이 되지 않았다. 도면을 변경하는 것은 여전히 시간을 낭비하게 하였다. 매개변수 모델링의 도입이 이러한 모든 것을 변화시켰다. 매개변수를 사용하는 매개변수 제도가 엔지니어로 하여금 물체의 형상을 다시 그리지 않아도 폭, 높이와 깊이와 같은 물체의 매개변수를 쉽게 변경할 수 있게 한다. 구멍의 크기와 위치까지도 새로 제도하지 않고 쉽게 변경할 수 있게 되었다. 이러한 과정을 치수중심 또는 기하학 기반 도면이라고 한다.

이 장의 후반부에서 매개변수 모델링으로 물체를 만들어내는 기본 단계들을 소개한다.

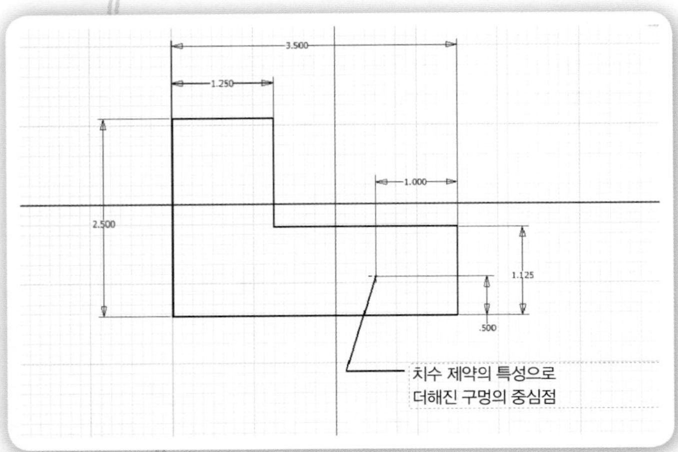

그림 7-5 기하학적 특성을 가한 단면도.

공학 속의 과학

응력해석은 교량, 차량 몸체, 차량 뼈대와 자전거 뼈대와 같은 구조물에 사용된 재료의 응력 용량을 결정하기 위해 사용하는 과학적 지식의 공학 과정이다. 과학적 과정의 목적은 구조물이 어떠한 힘과 하중에서 안전하게 유지할 수 있는지 판단하는 과정이다. 구조물의 강도를 시험하기 위해 압축, 인장과 비틀림과 같은 하중을 해석한다.

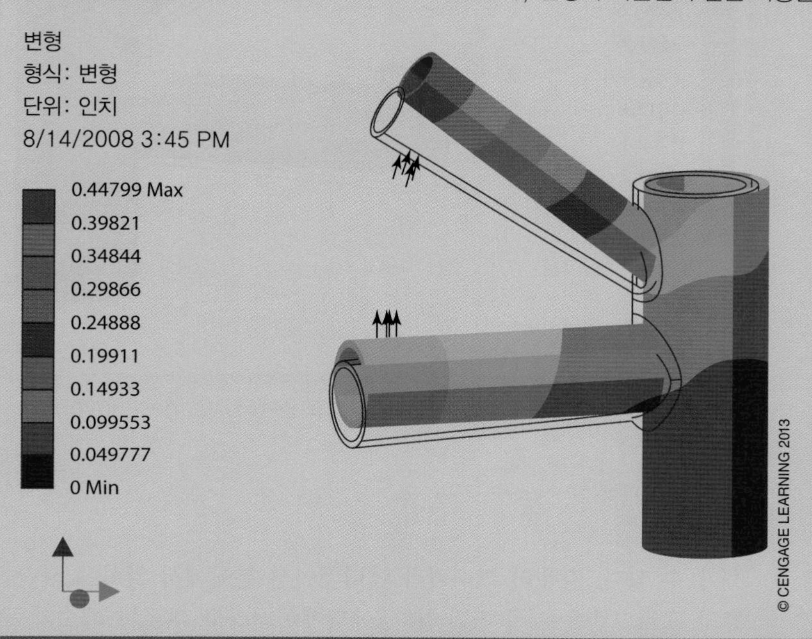

누가 매개변수 모델링을 사용하는가?

지금까지 매개변수 모델링의 사용자로 엔지니어와 설계자들만 언급하였다. 그들은 제품을 설계하고 설계제품의 구조적 기계적 특성을 해석하기 위하여 이러한 형식의 제도 프로그램을 사용한다. 매개변수 모델링을 사용함으로써 제품이 실제로 만들어지기도 전에 엔지니어는 설계제품의 강도나 설계제품에 포함된 부품들의 기계적 운동을 시험할 수 있다. 이런 **공학해석**(engineering analysis) 과정은 시간과 경비를 절약할 수 있다(그림 7-7).

엔지니어 이외의 사람들도 매개변수 모델링을 사

그림 7-6 엔지니어, 제작자, 판매대표자와 회계사까지도 동시 공학팀을 구성한다.

공학해석
제품을 만들기 전에 엔지니어가 설계제품의 강도나 설계에 포함된 부품들의 기계적 운동을 시험하는 과정이다.

그림 7-7 많은 해석 도구 중 하나인 오토데스크 인벤터(Autodesk Inventor)가 사용되었다.

용할 수 있다. 컴퓨터 그래픽과 애니메이션 분야에서 일하는 사람들도 현재 이러한 종류의 프로그램을 사용하고 있다. 애니메이터라고 부르는 예술가들도 캐릭터의 피부를 그리고 캐릭터 안의 골격과 피부를 매개변수적으로 관련을 맺는다. 따라서 뼈대가 움직이는 대로 피부도 함께 움직인다(그림 7-8).

MARK RALSTON/AFP/GETTY IMAGES

그림 7-8 공학설계뿐 아니라 매개변수 모델링은 애니메이션에도 사용된다.

의학적 입체모델링도 매개변수 모델링을 사용한다. 자기공명 영상 스캐너도 3차원 내부 장기 특색을 만들기 위하여 모델링 기술을 사용한다. 엔지니어는 보철물(의족)과 고관절과 무릎관절을 대체하는 인공관절을 설계하기 위하여 매개변수 모델링과 결합하여 의학적 정보를 사용한다(그림 7-9).

또한 엔지니어는 급속조형 기계를 사용하여 모형 부품을 제작하기 위해 매개변수 모델링을 사용한다. 급속조형은 3차원 인쇄의 방법이다. 다양한 급속조형 기계들은 모형을 만들기 위해 플라스틱이나 녹말 기반의 재료와 같은 다양한 재료를 사용한다(그림 7-10).

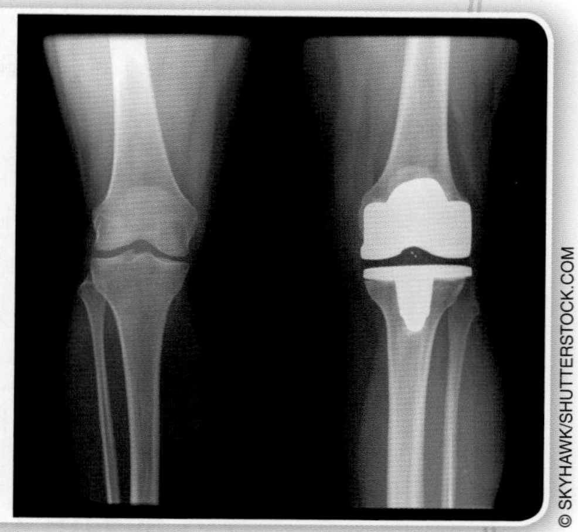

그림 7-9 매개변수 모델링은 의족과 무릎과 고관절 보철물의 설계에도 이용된다.

그림 7-10 매개변수 모델링으로 부품들을 설계한 후 3차원 인쇄기라고도 부르는 급속조형 기계를 사용하여 부품들을 빠르게 인쇄할 수 있다. (a) 모형 다리, (b) 스프링 기구, (c) 급속조형 기계, (d) 원형 톱 모형, (e) 조정렌치 모형이다.

매개변수 모델링의 장점

전통적인 CAD 제도는 엔지니어가 정확한 크기와 모양에 맞추어 기하학적 형상을 그려야 한다. 만약 설계의 크기와 모양을 변경하게 되면 엔지니어는 형상뿐만 아니라 형상의 치수 변화까지도 다시 그려야만 한다. 제약된 크기가 변경되면 형상은 자동적으로 크기가 조정된다.

매개변수 모델링에서 간단하거나 복잡한 기하학적 형상을 편집하면 형상과 관계되는 모든 도면들이 자동적으로 변경된다. 예를 들면 물체의 한 도면에서 구멍의 직경과 깊이가 변경되면 다른 도면들도 동시에 변경된다. 크기가 변경될 뿐 아니라 기하학적 형상도 변하게 된다.

7.2 매개변수 모델링을 사용한 개체 개발

4

엔지니어들은 선택할 수 있는 여러 가지의 매개변수 모델링 소프트웨어 프로그램을 가지고 있다. 이들 프로그램의 개념이나 근본적인 과정은 비슷하다. 이 절에서는 모델링 과정을 설명하기 위해 오토데스크 인벤터를 사용해 개념을 설명한다.

전통적 CAD에서의 제도

전통적 CAD 프로그램에서의 제도는 선과 형상을 그리기 위해서 정확한 측정이 이루어져야 한다. 예를 들면 4인치 직사각형은 4인치로 그려야만 한다. 만약 3인치로 그리고 4인치 크기 꼬리표를 붙여도 사각형은 여전히 3인치 크기로 남아 있다. 하지만 매개변수 모델링을 사용하면 어떤 크기로 사각형을 그리고 4인치 치수를 지정하여 주면 사각형은 자동적으로 4인치로 변경된다(그림 7-11).

CAD에서 사각형 크기의 변경은 사각형을 다시 그리고 크기를 변경해야 한다. 반면 매개변수 모델링에서 사각형 크기의 변경은 크기만 변경하면 된다. 제도의 기본 단계는 스케칭과 같이 적용할 수 있다.

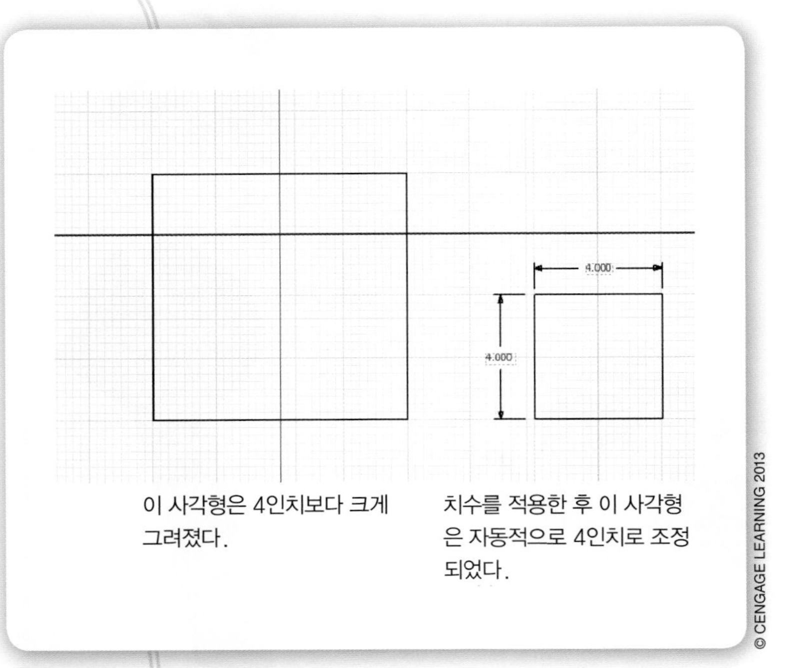

그림 7-11 매개변수 모델링에서 어떤 크기로 사각형을 그리고, 4인치 크기로 조정할 수 있다. 사각형은 자동적으로 4인치로 변경된다. 어떠한 크기와 관계없이 형상을 그리고 크기를 지정하면 형상은 주어진 크기로 조정된다.

기하학적 형상

매개변수 도면을 전개하기 전에 2차원과 3차원 기하학 형상에 익숙해지는 것이 중요하다.

사각형, 원과 삼각형을 정육면체, 구형과 피라미드와 같은 3차원 기하학적 입체로 변환할 수 있게 되기 전에 2차원의 도형을 컴퓨터로 스케치할 수 있어야 한다. 기하학적 형상을 이해하기 위해 4장을 복습하는 것이 생각을 다시 떠오르게 할 것이다.

직교좌표계

CAD 프로그램에서 2차원과 3차원의 도면은 수학의 직교좌표계(cartesian coordinate system)를 기반으로 하고 있다. 이 시스템은 제도 화면에 점의 위치를 나타내는 방법이다. 좌표계를 이해하고 이를 활용할 수 있는 것이 중요하다.

직교좌표계는 어떻게 역할을 하는가? 아주 간단하게 2차원계는 *xz* 평면이라고 부르는 면을 만들기 위해 축이라고 하는 직교하는(직각인) 두 선을 사용한다. 수평축을 ***x*축** 또는 *x*좌표(점의 가로 좌표)라 부르고 수직축을 ***y*축** 또는 *y*좌표(점의 세로 좌표)라고 한다(그림 7-12). 두 축이 교차하는 점을 원점(origin)이라고 하고 원점 O 또는 0, 0이라고 한다. *x*축이 수평이고 *y*축이 수직이다. 좌표계는 사분면으로 나뉘고 로마숫자로 이름을 부여한다[I(+, +), II(−, +), III(−, −), IV(+, −)(그림 7-12)]. 사분면은 오른쪽 위의 사분면을 숫자 I로 시작하여 일반적으로 시계 반대 방향으로 이름을 붙인다. 각 좌표 값은 음(−)이거나 양(+)이다. 만약 *x*축(수평)보다 위에 위치하면 *y*값은 양이고 이 선보다 아래에 위치하면 음이다. 만약 *y*축(수직)의 오른편에 위치하면 값은 양이고 이 선의 왼편에 위치하면 음이 된다. 그림 7-12에서 이것을 볼 수 있다.

> **직교좌표계**
> 2차원과 3차원의 공간에서 점의 위치를 나타내는 데 사용하는 수학적 도형계이다.
>
> **원점**
> 직각좌표계에서 *x*축과 *y*축이 만나는 점이다.

CAD는 제1사분면(오른편 상부)만을 사용한다. 이것은 *x*와 *y*의 값이 항상 양수임을 의미한다. 예를 들면 *x*2, *y*3와 *x*5, *y*3(보통은 2, 3과 5, 3으로 나타낸다)의 두 점을 사분면에 확인할 수 있는 두 선을 그릴 수 있다. 원점의 오른쪽으로 축을 따라 처음 2단위와 원점에서 축과 평행하게 3단위 위쪽의 위치점에서 시작한다. 두 번째 점은 원점에서 축을 따라 5단위와 축과 평행하게 위쪽으로 3단위에 위치한다. 이 두 점을 연결함으로 3단위 길이의 수평선을 만들 수 있다(그림 7-13). 2차원 계의 모든 점과 선은 축과 축으로 이루어진 단일 평면에 위치한다. 면(plane)은 끝없이 이어진 종이와 같이 두께가 없는

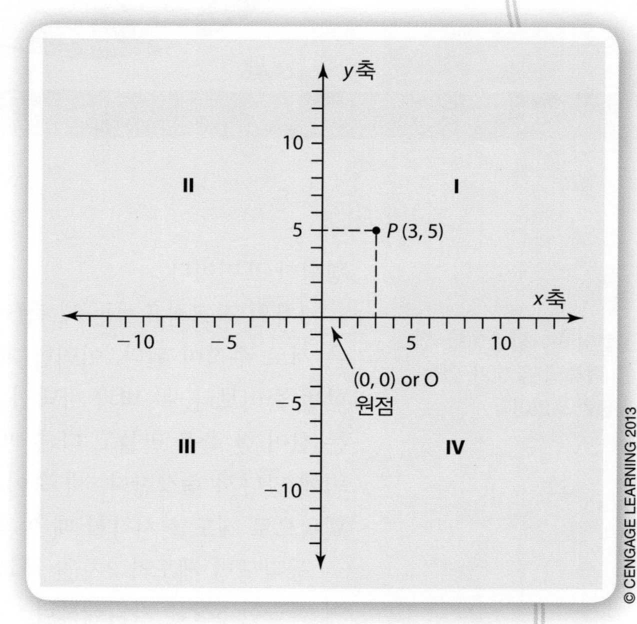

그림 7-12 *x*축과 *y*축, 0, 0 또는 0(원점)과 사분면.

STEM

공학 속의 수학

직교좌표계는 로봇, 컴퓨터 제어 기계와 이 장에서 언급한 컴퓨터 이용 제도를 포함하여 수학적으로 많이 이용되고 있다. 그러나 요즘 가장 보편적으로 사용되는 계는 경도, 위도와 높이 또는 고도의 세계 지도 개념이다. 본초자오선은 경도를 측정하기 위한 기본의 자오선으로 축을 나타낸다. 적도는 위도를 위한 기준선으로 축을 나타낸다. 해수면으로부터 지구의 상부 거리는 높이(고도)나 축을 나타낸다. 지도를 개발하기 위해 3차원 직교좌표계의 수학적 개념을 사용하고 국제적 위치계(일반적으로 GPS라고 부른다)를 운영한다.

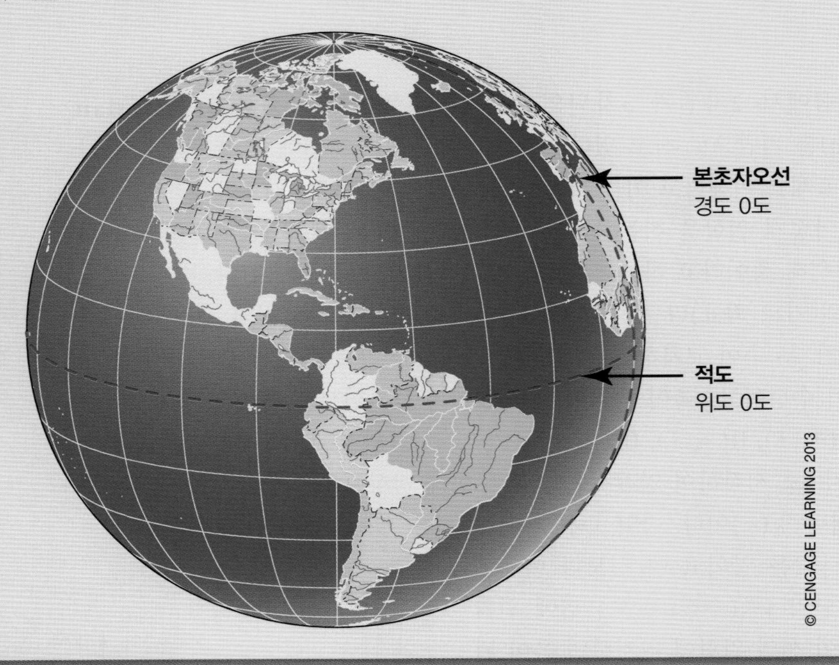

면

끝없이 이어진 종이와 같은 종류의 두께가 없는 평평한 표면이다.

평평한 표면이다.

3차원 직교좌표계는 세 축(x축, y축, z축)을 사용한다. 그림 7-14를 주목하라. 세 축은 서로 수직이 된다. 이러한 계가 공간에서의 어떠한 점들도 볼 수 있게 한다. 교실을 한번 둘러보라. 두 벽과 바닥이 만나는 방의 구석을 주목하라. 하나의 벽과 바닥이 만드는 선이 한 축을 만들고 다른 벽과 바닥이 또 다른 축을 만든다. 수직의 세 번째 축은 두 벽에 만나서 형성한다. 세 축이 세 면을 형성한다(xy, yz, xz, 그림 7-15). 매개변수 모델링으로 제도를 시작할 때 이것을 이해하는 것이 중요하다.

등각도법 제도가 3차원 직교좌표계를 이용한 예이다. 등각도법 형상 스케치에 대하여 학습한 5장을 기억해보라. 그림 7-16은 3차원 직교좌표계와 등각도법 도면의 관계를 보여주고 있다.

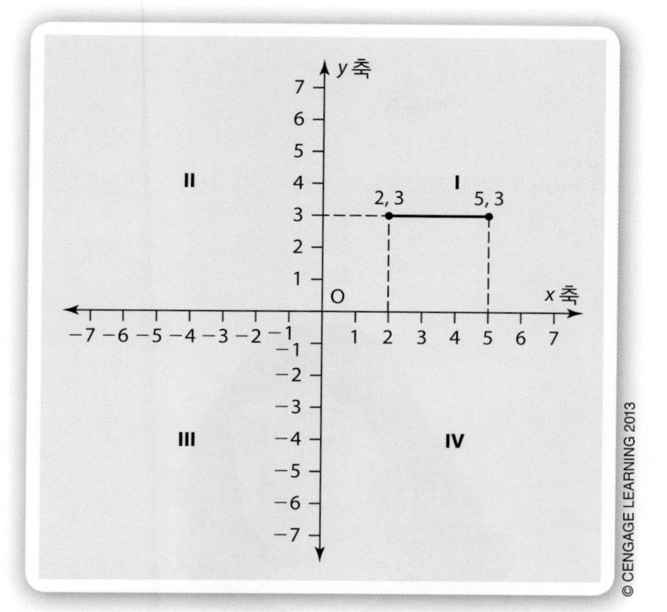

그림 7-13 선 구성.

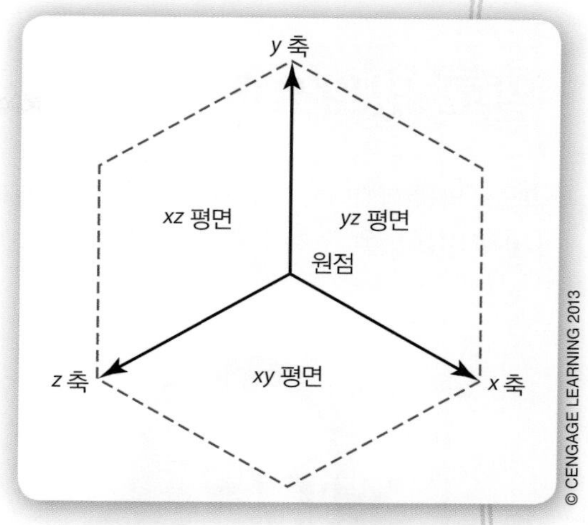

그림 7-14 *xy*, *xz*와 *yz*면을 보여주는 3차원 직교좌표계.

그림 7-15 벽들과 바닥이 3차원 직교좌표계를 형성한다.

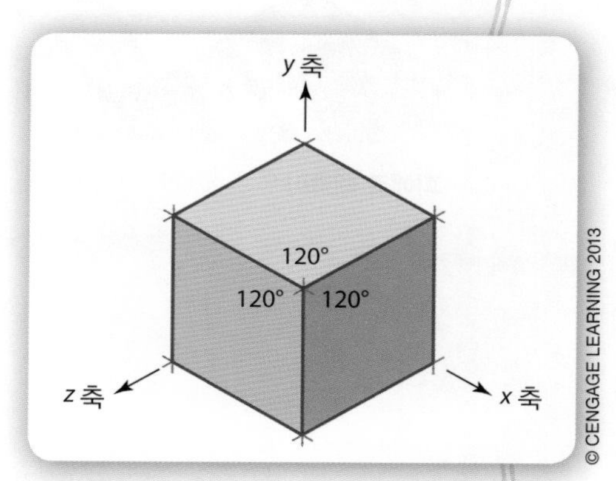

그림 7-16 3차원 직교좌표계와의 관계를 보여주는 등각도법 형상.

기본 6단계

5

매개변수 부품 모델을 만들기 위해 다음의 기본 6단계를 따른다.

1. 기본 부품의 모양(스케치 기학학 형상)의 2차원 단면 스케치를 그린다.
2. 2차원 스케치에 기하학과 치수 제약을 가한다.
3. 2차원 스케치를 압출, 쓸기 또는 회전으로 3차원 형상을 만든다.
4. 구멍, 홈과 사면 등과 같은 추가의 매개변수적 특징들을 더해 부품개발을 계속한다.

알고 있나요?

프랑스의 수학자이자 철학자인 르네 데카르트(René Descartes)와 수학자 피에르 페르마(Pierre de Fermat)가 직교좌표계라고 부르는 것을 1637년 각각 개발하였다.

피에르 페르마

르네 데카르트

5. 부품들을 결합한다.
6. 제품제작을 위한 작업도를 만든다.

각각의 단계를 분리하여 설명한다.

스케치 기하학

매개변수 모델링 프로그램에서 기하학적 형상 제도의 과정이다.

1단계: 기하학 단면을 스케치한다 스케치 기하학(sketch geometry)인 매개변수적 모델링 프로그램에서 기하학적 형상 스케치를 취급하는 것이다. 첫 단계는 (물체의 한 방향에서 보이는 2차원의 도면으로 알려진) 단면도 모양을 스케치하는 것이다. 이것은 사각형, 원 또는 보다 복합적인 모양일 수 있다. 여기서의 예는 복합적인 모양을 사용하고자 한다(그림 7-17). 여기서 단면의 정확한 크기나 모양을 그릴 필요가 없고 다음 단계에서 처리할 것이라는 것을 기억하라.

2단계: 기하학적 및 치수 제약을 적용한다 다음 단계는 모서리(선), 원과 중심점과 이들의 크기와 위치(치수)와 같은 스케치한 형상 부품들에 제약을 가하는 것이다. 기하학적 제약의 종류들은 평행, 수직, 접선과 동심원 등이다(그림 7-18). 이 용어들에 대한 보다 자세한 내용은 4장의 기학학적 언어의 절을 참조하라. 이러한 제약들은 매개변수 모델링 소프트웨어를 자주 사용하게 되면 더욱 익숙하게 될 것이다. 치수는 두 종류이다. (1) 크기(예를 들면 선의 길이, 원이나 호의 크기)와 (2) 위치(예를 들면 물체의 두 모서리로부터 구멍의 중심 위치)이다(그림 7-19).

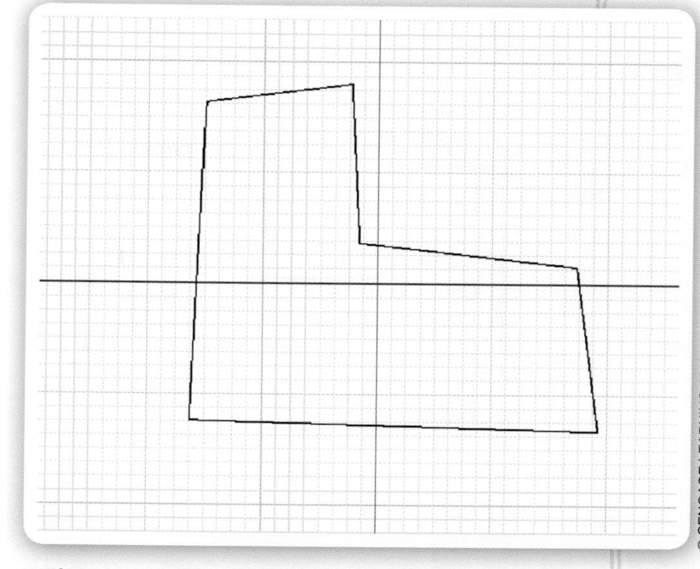

그림 7-17 1단계: 기하학 단면을 스케치한다.

3단계: 입체 3차원 그림을 만들어라 스케치한 기하학 모양과 치수를 제약하면 2차원 도면을 3차원 스케치로 변환해야 한다. 2차원 단면도를 3차원 도면(이 경우에는 등각도법 도면)으로 변경하는 것으로 이를 수행한다(그림 7-20, 7-21). 2차원 스케치 도구막대 메뉴를 3차원 개발 도구막대 메뉴로 변경해야 한다. 대부분의 모델링 소프트웨어 프로그램은 등각도법 도면을 3차원 입체모형으로 압출하는 도구 명령어를 가지고 있다. 압출(extruding)은 기하학적 형상에 두께를 더하는 과정이다. 모델링 프로그램은 단면도를 단면의 앞이나 뒤로 압출할 수 있도록 한다. 그리고 있는 단면도가 물체의 정면도가 될 수 있도록 권장하는 방향은 단면의 후면 방향이다(그림 7-22).

압출

매개변수 모델링에서 압출은 기학적 형상에 두께를 더하는 과정이다.

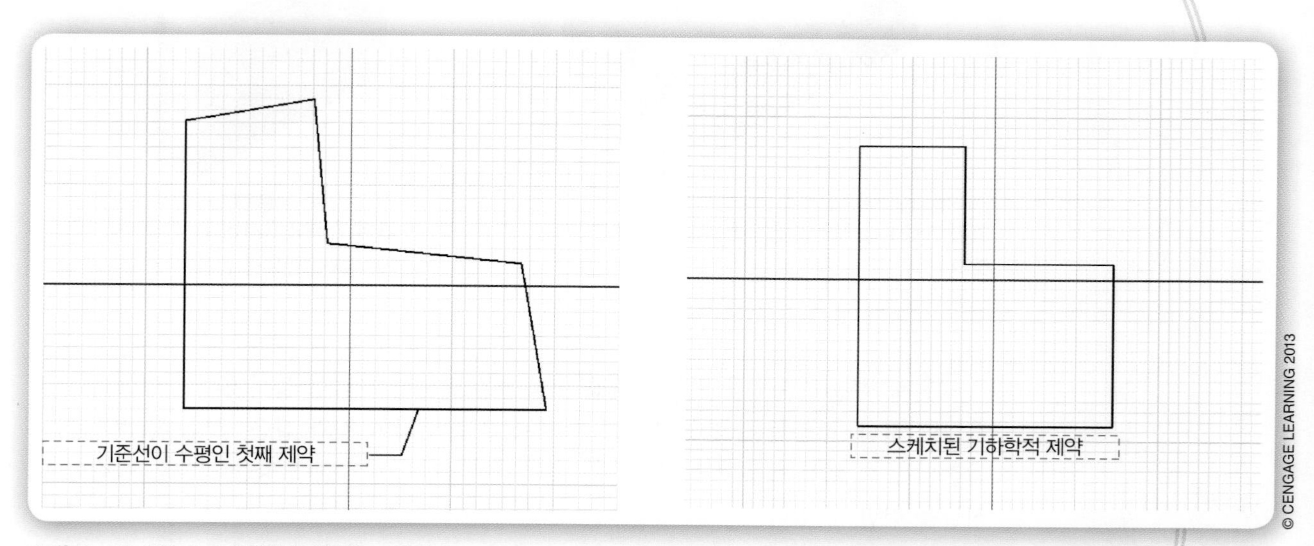

그림 7-18 2단계: 기하학적 제약을 가한다.

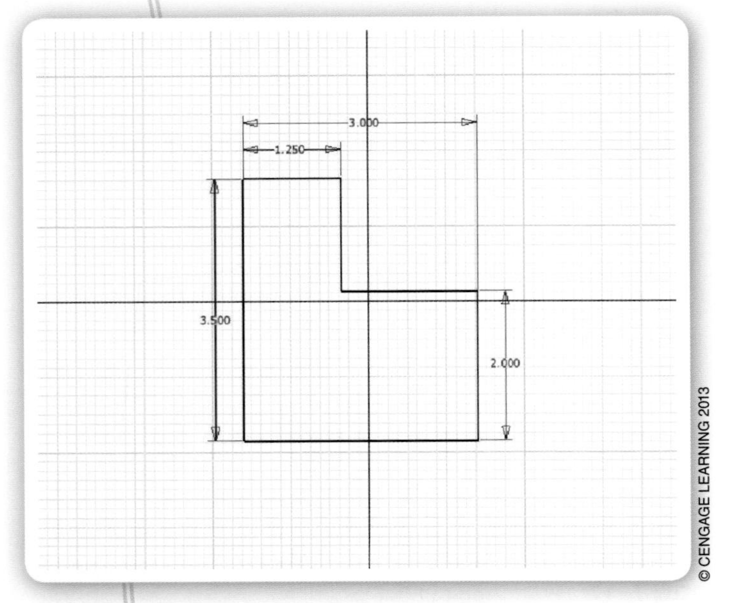

그림 7-19 2단계의 두 번째, 단면도의 치수를 제약한다.

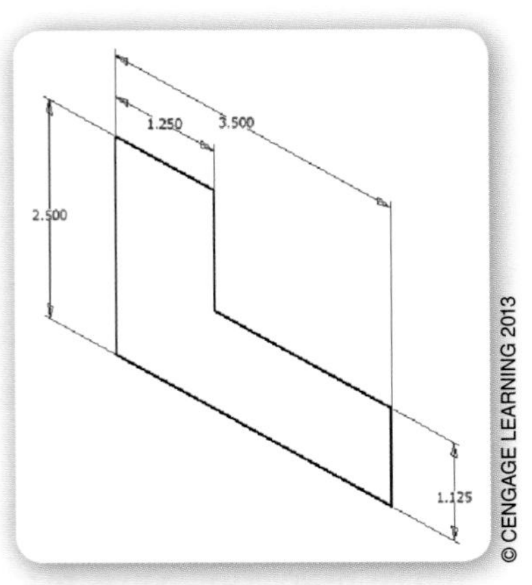

그림 7-20 2차원 스케치를 등각도법 (3차원) 스케치로 변환하기 위한 2단계 과정.

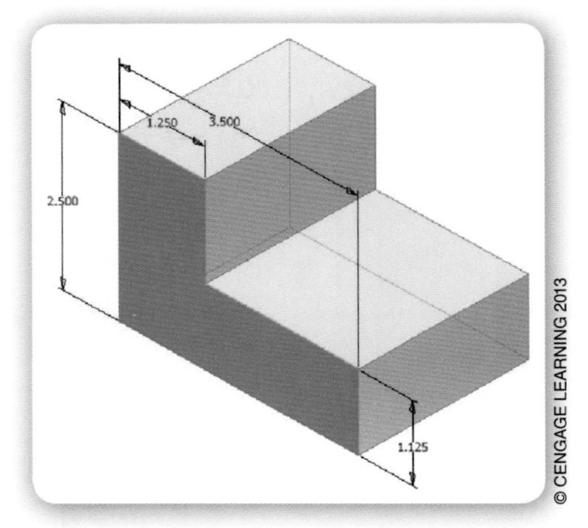

그림 7-21 등각도법 관점에서 스케치된 기하학 형상.

그림 7-22 3차원 입체 모델을 만들기 위해 단면도를 압출한다.

4단계: 부품의 특성을 더한다 제품 부품들은 단순한 사각형 블록이나 L 형상보다 더욱 복잡하다. 부품들은 몇 가지 가능한 특성으로 언급한 것과 같은 구멍, 홈, 버팀쇠나 돌출된 능선 모양 등을 가질 수 있다. 일단 기본적인 기하학적 모양을 만들면 이러한 특성들을 더할 수 있다.

예를 들어 물체에 구멍을 배치하고자 한다. 2차원 스케치 도구 막대로 돌아간다. 물체의 표면을 그리기 위하여 스케치 면을 선택하여야 한다. 매개변수 모델링 소프트웨어에서 스케치 면은 기하학적 특성을 그리는 표면이다. 구멍을 배치하고자 하는 표면에 스케치 면(sketch plane)을 선택한다. 다음 중심점 기하학적 도구를 선택한다. 그리고 구멍의 중심점을 만들기 위해 스케치 면의 어떤 점을 마우스로 누른다(그림 7-23). 물체의 표면에 중심점을 원하는 위치에 두기 위해 치수 제약을 적용한다(그림 7-24).

3차원 도구 막대로 전환한다. 그리고 구멍의 직경을 선정하고 물체에 있게 될 구멍의 깊이를 지시한다. 구멍의 직경은 0.5 인치이고 구멍의 깊이는 물체를 관통하게 둔다(그림 7-25, 7-26).

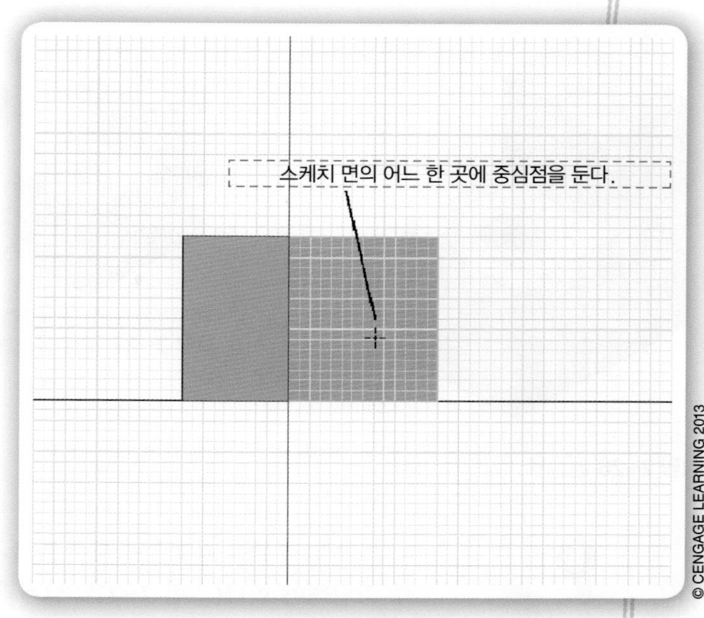

그림 7-23 스케치 면을 선택하고 중심점을 둔다.

스케치 면

매개변수 모델링 소프트웨어에서 스케치 면은 기하학적 특성을 그리는 표면이다.

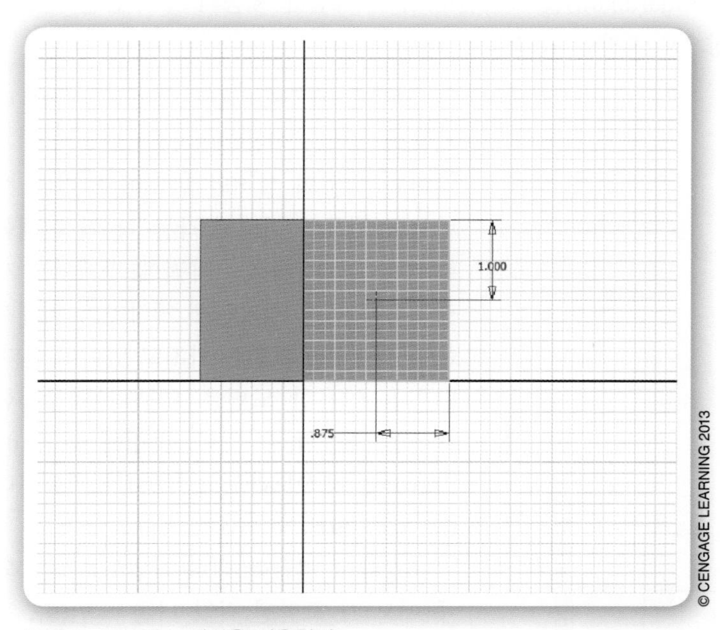

그림 7-24 치수 제약을 적용한다.

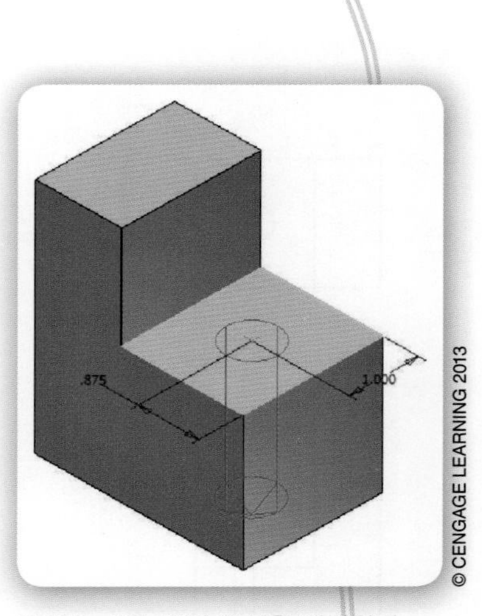

그림 7-25 구멍 특성을 배치한다.

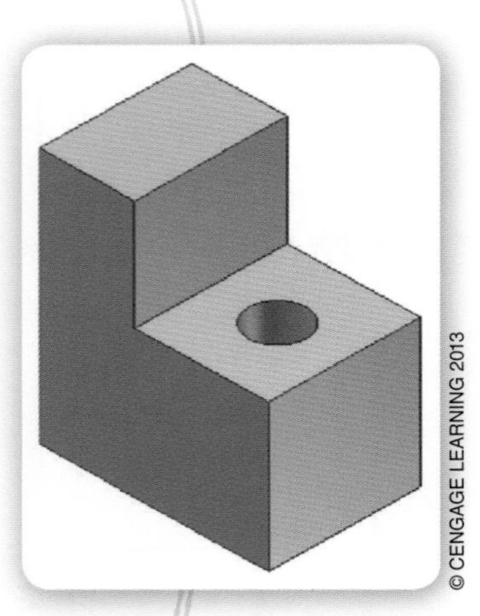

그림 7-26 완성된 기하학적 형상.

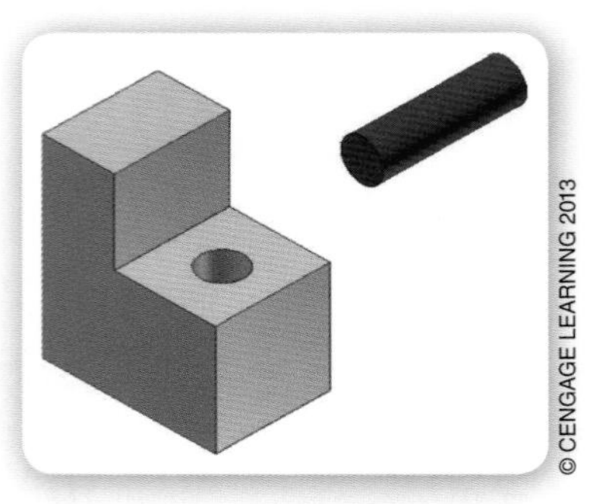

그림 7-27 구성 요소들을 조립한다.

그림 7-28 조립된 구성 요소들.

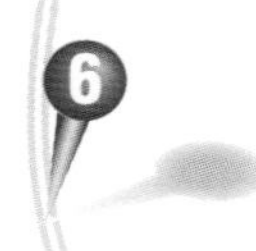

작업도

치수와 주(메모)가 포함된 각각 다른 도면(예: 정면도, 측면도, 평면도)으로 나타낸 개별 부품의 2차원 도면이다.

5단계: **부품을 조립한다** 대부분의 설계 제품들은 하나 이상의 부품을 가지고 있으므로 조립해야 한다(그림 7-27). 설계과정의 한 부분으로 부품들을 문제 없이 조립할 수 있다는 것을 확인하여 설계자는 부품들이 잘 맞다는 것을 보여줄 수 있어야 한다. 이것은 제품을 제조하거나 건축하지 않고도 할 수 있다. 매개변수 모델링은 설계자가 조립된 제품의 컴퓨터 모델을 만드는 데 필요한 그림도구를 가지고 있다.

각각의 매개변수 모델링 소프트웨어 프로그램은 약간의 다른 절차를 통해 제품을 조립할 수 있다. 그러나 기본적인 과정은 조립 모델을 만들기 위하여 조립파일(오토데스크 인벤터의 경우 Standard.iam)을 시작한다. 전체 제품에 제품의 각 부품을 이입하여 정확한 위치와 방향으로 제약한다(그림 7-28).

6단계: **제작을 위한 작업도를 만든다** 제품의 그림을 이용한(3차원) 도면은 엔지니어와 제품의 설계와 판매에 관련된 사람들이 제품이 어떻게 작동하는지 이해할 수 있게 한다. 제품의 제작에 관계되는 사람들은 제품을 정확하게 제작하기 위해서는 상세 2차원 도면을 가지고 있어야 한다. 그림을 이용한 도면은 요구되는 상세한 내용을 제공할 수 없다. 작업도(working drawing)(제작도라고도 부름)가 필요하다(그림 7-29).

6장에서 언급한 대로 작업도는 치수와 주(메모)가 포함된 각각 다른 도면(즉, 정면, 측면과 평면)이다(그림 7-30). 매개변수 모델링 소프트웨어가 작업도를 쉽게 만

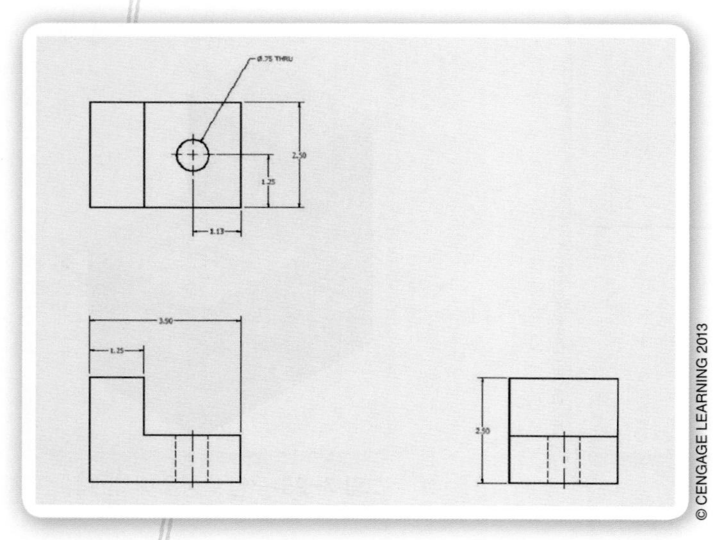

그림 7-29 제작하기 위한 작업도(제작도라고도 부름).

든다.

오토데스크 인벤터 파일 포맷 Standard.idw를 사용하여 작업도를 만들 수 있다. 일단 도면이 만들어지면 각 도면에 적절한 치수와 주를 넣을 수 있다.

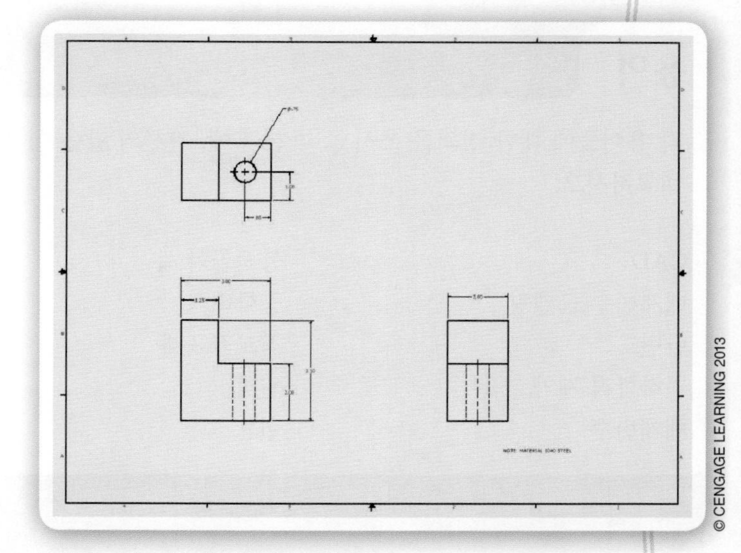

그림 7-30 제작을 위한 부품의 작업도.

요약

이 장에서 배운 학습내용

- 매개변수 모델링 소프트웨어는 엔지니어, 설계자, 애니메이션 예술가와 의학 분야의 엔지니어들이 사용한다.
- 매개변수 모델링은 동시공학 실행하는 소프트웨어를 사용함으로 제품을 설계하는 데 소요되는 시간을 절약하고 효율을 개선했다.
- 매개변수 모델링을 성공적으로 사용하기 위해서는 2차원과 3차원 기하학적 형상에 대한 이해가 필요하다.
- 도면의 점을 나타내기 위하여 2차원과 3차원 CAD프로그램에서 직교좌표계가 사용된다.
- 매개변수 모델링에서의 편집(변경, 수정)이 재래식 CAD에 비해 가장 큰 장점 중 하나다.
- 매개변수 모델링에서 복합적 형상을 만들기 위해 기본 기하학적 형상을 결합한다.
- 매개변수 모델링 소프트웨어는 기하학적 좌표계의 원리를 기반으로 한다.

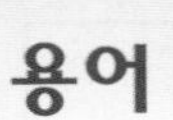

용어

각 용어들에 대한 정의를 쓰시오. 마친 후에, 자신의 답을 이 장에서 제공된 정의들과 비교하시오.

CAD
매개변수 모델링
단면도
기하학적 제약
매개변수
동시공학
공학해석
직교좌표계
원점
면
스케치 기하학
압출
스케치 면
작업도

지식 늘리기

다음 질문들에 대하여 깊게 생각하여 서술하시오.

1. 재래식 CAD와 매개변수 모델링 사이의 차이점을 비교하고 대조하시오.
2. 동시공학 설계에 사용되는 소프트웨어 프로그램(CAD나 매개변수 모델링)의 종류에 대해 논의하고 이유를 설명하시오.
3. 매개변수 모델링 프로그램을 사용하여 중심을 관통하는 구멍을 가진 정육면체를 개발하기 위하여 택한 단계들을 요약하시오.
4. 매개변수 모델링에서 물체에 기하학적 및 치수 제약을 적용하는 것이 설계과정에서 어떻게 도움이 되는지를 설명하시오.
5. 이 장에서 언급된 사용 이외의 매개변수 모델링의 새로운 사용법을 만들어보시오.

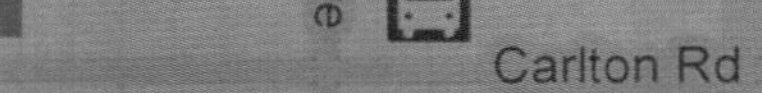

공학 과제

생산 엔지니어, 판매 전문가와 다른 사람들과 더불어 설계 엔지니어들은 일상적으로 설계 해들을 찾아낸다. 그들이 함께 일을 하면 동시공학이라고 부른다. 당신이 설계 엔지니어라고 상상해보라. 당신은 동시공학팀에서 당신을 도와 함께 일할 학생 2명을 선발하여 다음의 설계 문제를 해결해야 한다. 생산 엔지니어(제품을 만드는 방법을 설계하는 사람)와 판매전문가(광고 캠페인을 설계하는 사람)가 팀에 포함되도록 확인하시오. 판매가 될 수 있는 성공적인 제품을 개발하기 위해 팀은 함께 일해야 한다.

설계 문제: 현재 온도와 하루의 시간 안에 3인치와 4인치 사진을 보관할 수 있는 작은 사진액자를 개발하시오.

해: 매개변수 모델링 프로그램을 사용하여 해를 찾아야 한다. 등각도법 도면, 조립된 2차원 기계도면과 각 부품의 개별 기계 도면을 제공하시오. 액자(시계나 온도계가 아닌)를 만드는 단계의 목록과 제품을 홍보하기 위한 광고 전단지를 제공해야 한다.

CHAPTER 8 시작품

Prototyping

Menu

미리 생각해보기

이 장에서 개념들을 공부하기 전에 다음 질문들에 대해 생각하시오.

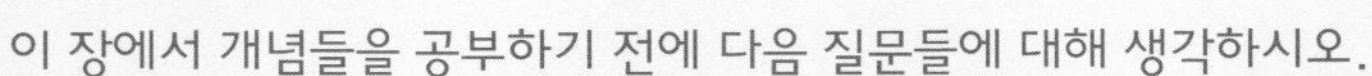

1. 시작품이란 무엇인가?
2. 시작품은 모델과 어떠한 차이가 있는가?
3. 엔지니어는 어떻게 재료를 분류하는가?
4. 재료의 기계적 성질은 무엇인가?
5. 제품을 설계할 때 엔지니어는 왜 재료의 기계적 성질을 이해해야 하는가?
6. 시작품을 제작할 때 엔지니어는 왜 재료의 기계적 성질을 이해해야 하는가?
7. 어떤 외력을 재료에 가할 수 있는가?

© JAMES STEIDL/SHUTTERSTOCK.COM

토마스 에디슨의 '말하는 기계'

공학의 실행

S T
E M

라디오, MP3 플레이어 또는 아이팟(iPod)과 같은 휴대용 전자기기를 이용해 음악을 들을 수 있는 것은 100여 년 전에는 시작품을 만들고 시험하는 엔지니어가 없었으면 불가능했을 것이다.

1877년 토마스 에디슨(Thomas Edison)은 처음으로 '말하는 기계'의 시작품을 만들었다. 에디슨은 축음기가 음악을 녹음하는 것을 생각하지 못했다. 그러나 시작품을 시험한 후 결과물을 변경하여 설계를 성공시켰다. 결국 에디슨의 기계로 '메리는 작은 양을 가졌다'는 동요를 들었다.

에디슨은 설계를 시험하는 중요성을 알았다. 결국 '멘로 파크의 마법사'라고 하는 성공한 발명가로 부르기 시작했다. 오늘날 언제 어디서나 좋아하는 곡을 들을 수 있게 하는 기술에 대해 에디슨에게 감사한다.

알고 있나요?

토마스 에디슨은 1869년 전자 투표기계에 대한 특허(90,646호)를 처음 획득하였다. 하지만 당시에는 어느 누구도 이 기계를 구매하는 데 관심이 없었다. 그 후 그는 팔리지 않는 제품은 발명하지 않기로 결심했다.

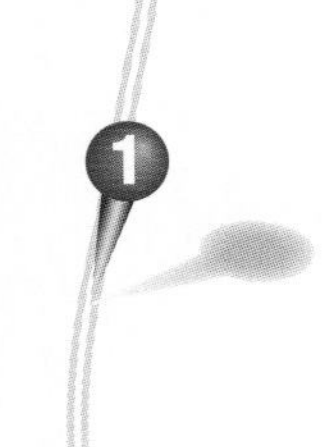

8.1 시작품이란 무엇인가?

엔지니어는 제품의 설계를 마친 후에 물리적으로 시험해야 한다. 이것을 행하기 전에 현대 컴퓨터 기술은 엔지니어들이 매개변수 모델링이라고 부르는 과정에 컴퓨터 이용 설계(CAD) 소프트웨어를 이용하여 설계 제품을 시험할 수 있다. 다음 제품을 생산하기 전에 설계 제품을 물리적으로 시험한다. 공학에서 일반적으로 두 가지 종류(모델, 시작품)로 제품을 나타낸다.

모델

모델
존재하는 물체의 3차원 적인 표현이다.

모델(model)은 존재하는 물체의 3차원 표현이다. 모델은 원래의 크기가 아니다. 전형적으로 이미 만들어져 있거나 제작하려고 계획하는 물체의 축소된 모습이다. 구매했던 비행기 모형 조립용품 세트, 지구본(지구의 모델) 또는 그림 8-1의 모형 건물을 생

그림 8-1 건축가들은 가끔 모형 건물을 만든다.

각해보라. 이러한 물품들은 이미 존재하는 것이다. 이 모델은 작은 형태로 방 안에 가져다 둘 수 있다. 어떤 모델은 작은 물품을 크게 표현할 수도 있다. 과학수업에서 사용하는 사람 안구의 모델이 한 예이다. 엔지니어는 모델을 시험하지 않는다.

그림 8-2 자전거의 매개변수 모델은 실물 모형을 만들고 시작품을 시험할 수 있게 한다.

시작품

3장에서 언급한 대로 시작품(prototype)은 설계 개념을 시험하기 위해 사용되는 실물 크기의 작동 모델이다. 관찰, 시험과 측정을 통해 엔지니어는 설계 개념이 설계 문제를 해결할 수 있는지를 파악할 수 있다. 시작품은 시험에 사용할 수 있도록 실물 크기로 만들어진다. 새로운 자전거를 설계하려고 하면 새로운 설계를 시험하기 위하여 자전거를 탈 수 있어야 한다. 이것은 축소 모델로써는 할 수가 없다. 엔지니어는 설계를 재검토하고 제품을 개선하기 위하여 시작품의 시험으로 얻은 정보들을 사용한다. 그림 8-2는 새로운 자전거 설계의 매개변수 모델, 실물모형과 시작품을 보여주고 있다.

시작품

실제 관찰을 할 수 있게 하여 설계 개념을 시험하는 데 사용되는 실물 크기의 작동 모델이다.

제조

어떤 것을 만들거나 창조하는 과정이다.

8.2 재료

엔지니어와 기술자는 시작품과 실제 제품을 제조하기 위하여 다양한 종류의 재료를 사용하여야 한다. 제조(fabrication)는 물체를 만들거나 창조하는 과정이다. 제품을 제조하는 데 사용되는 재료를 두 가지 기본 종류(천연, 합성)로 분류할 수 있다.

천연재료

천연재료는 지구나 생명체에 의해 자연적으로 만들어진다. 예를 들면 철광석, 화강암과 목재가 해당된다. 나무는 기본적인 제조 과정을 쉽게 수행할 수 있다. 따라서 나무나 목재는 시작품을 만드는 데 가장 보편적으로 사용되는 천연재료이다. 시작품을 제조하기 위해서는 다양한 종류의 금속재료도 사용할 수 있다.

목재는 단단한 나무와 무른 나무로 나눌 수 있다. **단단한 나무**(hardwood)는 낙엽성 나무나 매년 잎들이 떨어지는 나무에서 생산되며 오크, 단풍나무와 호두나무가 해

그림 8-3 무른 나무는 방울을 열매 맺는 나무에서 생산된다. 단단한 나무는 잎을 가지는 나무로부터 생산된다.

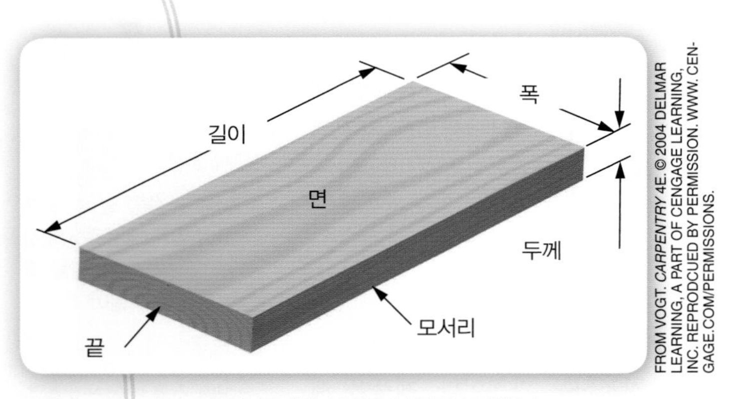

그림 8-4 목재의 표면에 특별한 이름을 붙여서 구별한다.

당된다. 이들 나무는 일반적으로 외관과 강도 때문에 가구를 만드는 데 사용된다. **무른 나무**(softwood)는 침엽을 가지고 송이를 맺는 침엽수나 상록수의 생산품이다(그림 8-3).

낙엽수는 천천히 자라기 때문에 단단한 나무는 무른 나무보다 일반적으로 비싸다. 무른 나무라는 이름처럼 단단하지 않은 나무는 제조하기 쉽기 때문에 보통 시작품을 만드는 데 사용된다. 가장 보편적인 무른 나무는 소나무이다.

목재의 크기는 그림 8-4에 나타낸 것과 같이 길이(나뭇결의 거리), 폭(나뭇결의 가로 길이), 두께로 주어진다. 목재의 나뭇결은 실제로 나무의 나이테이다. 만일 장작을 패본 적이 있다면 목재의 강도는 나뭇결의 방향에 있다는 것을 알고 있을 것이다. 엔지니어는 합판이라고 부르는 다른 목재 제품을 만들려고 하면 이러한 지식을 사용해야 한다. 그림 8-5에서와 같이 합판은 훨씬 강한 제품을 개발하는 데 도움을 주기 위해 교차로 접해진 나무 층을 가지고 있다. 이러한 재료의 층을 **적층물**(lamination)이라고 부른다. 엔지니어들은 제조와 시작품에서 크고 평평한 표면이 필요할 때 합판을 사용한다.

철금속
철을 포함한다.

비철금속
철 성분이 없는 금속이다.

금속(metal)은 시작품에 사용되는 자연적으로 생산되는 재료의 또 다른 종류이다. 금속은 내구성, 불투명, 전도성, 반사되고 물보다 무거우며 용융, 주물과 단조될 수 있다. 금속재료는 철을 포함한 것[철금속(ferrous metal)]이나 철을 포함하지 않은 것[비철금속(nonferrous metals)]으로 구분할 수 있다. 철금속은 철과 강이 포함된다. 비철금속은 구리, 알루미늄, 금과 은이 포함된다. 두 가지 이상의 금속을 결합하여 합금(alloy)을 만들 수 있다. 엔지니어들은 원하는 성질을 가진 금속을 생산하기 위하여 합금을 개발한다. 예를 들면 강의 철과 탄소의 합금이다. 탄소가 순철보다 강합금이 더욱 강하게 만든다. 황동은 구리와 아연의 합금이다.

유리, 점토와 세라믹도 천연재료이나 일반적으로 시작품 제조에는 사용되지 않는다.

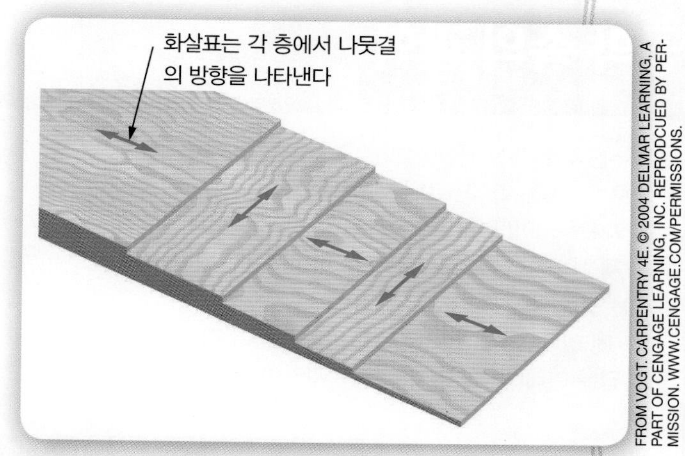

FROM VOGT. CARPENTRY 4E. © 2004 DELMAR LEARNING, A PART OF CENGAGE LEARNING, INC. REPRODCUED BY PERMISSION. WWW.CENGAGE.COM/PERMISSIONS.

그림 8–5 합판은 층을 교차로 접합하여 만든다.

합성재료

합성재료는 사람에 의하여 만들어진다. 사람들은 원하는 성질을 가진 재료를 만들기 위하여 석유와 같은 천연재료를 택하여 화학적으로 구조를 변화시킨다. 가장 일반적인 합성재료를 열이나 압력(또는 열과 압력)으로 만들어질 수 있는 크고 무거운 분자를 가진 합성재료의 뜻을 가지고 있는 플라스틱(plastic)이라고 부른다. 이것들은 주로 석유제품에서 생산된다. 플라스틱을 두 가지 종류(열가소성 수지, 열경화성 수지)로 나눌 수 있다. 열가소성 수지는 반복하여 가열하고 형상을 만들 수 있다. 열경화성 수지는 단 한 번 가열하여 형상을 만들 수 있다.

합금

두 종류 이상의 금속을 혼합하여 단일 복합체로 결합한 것이다.

플라스틱

크고 무거운 분자를 가진 합성재료이며 열로 형상을 만들 수 있으며 주로 석유제품으로부터 생산된다.

(a) 폴리스틸렌

© KAMEEL4U/SHUTTERSTOCK.COM

(b) 폴리에틸렌

© EUTOCH/SHUTTERSTOCK.COM

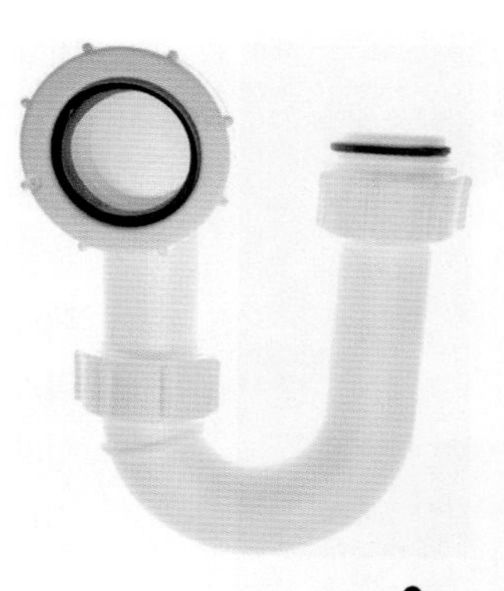

(c) 폴리염화비닐(PVC)

© STILL FX/SHUTTERSTOCK.COM

그림 8–6 세 가지 흔한 열가소성 수지의 예.

S T
E M

공학 속의 과학

대부분의 플라스틱은 화석연료에서 만들어지는 석유제품으로 만든다. 화석연료는 재생자원이 아니므로 플라스틱은 재활용되어야 한다. 오늘날 미국에서는 생산된 플라스틱 제품의 5%만이 재활용된다. 특히 플라스틱 물병을 버리는 것은 가장 큰 환경 문제다(그림 8-7).

왜 미국 사람들은 플라스틱의 재활용이 적을까? 간단한 답은 아니다. 한 가지 이유는 각각의 플라스틱은 다른 특성을 가지고 있어서 분리하여 재활용해야 한다는 것이다. 소비자들과 재활용자들이 플라스틱의 종류를 구분하는 것을 돕기 위하여 플라스틱 엔지니어 협회는 기호코드를 개발하였다(그림 8-6). 현재 39개 주에서는 플라스틱 제품에 이러한 코드를 사용하게 한다. 과학자들은 플라스틱을 재활용하는 보다 좋은 방법을 끊임없이 연구하고 있다.

그림 8-7 플라스틱 물병 쓰레기가 모여 있다.

일반적인 열가소성 수지로는 폴리에틸렌, 폴리스틸렌, 아크릴, 폴리염화비닐과 폴리프로필렌이 있다(그림 8-6). 모든 제품에서 찾을 수 있는 재활용 삼각형 표시를 보면 쉽게 플라스틱을 구별할 수 있다. 폴리에틸렌은 천연가스로 만들어진다. 폴리에틸렌은 우유통과 같은 다양한 제품을 만드는 데 사용된다. 폴리스틸렌은 값싸게 공급되고 쉽게 가공되는 합성 재료이다. 야유회에서 일반적으로 사용하는 플라스틱 식기류(나이프, 포크나 접시 등)는 폴리스틸렌으로 만든다. 아크릴은 무색이거나 색이 있는 얇은 판의 내구성 합성재료이다. 이것은 어항에서 샐러드용 접시까지 투명한 용기로 쉽게 만들어진다. 많은 급배수 설비에서 폴리염화비닐 또는 PVC를 찾을 수 있다. 폴리프로필렌은 매우 강한 플라스틱이며, 겨울철 옷의 단열하는 데도 사용된다.

그림 8-8 전기 스위치 판은 열경화성 플라스틱으로 만들어졌다.

일반적으로 사용되는 열경화성 플라스틱의 두 가지 종류는 폴리에스터와 페놀이다. 강한 재료가 요구되는 곳에는 폴리에스터를 사용할 수 있다. 전기

부품에는 베크라이트(bakelite)라고도 부르는 페놀을 사용할 수 있다(그림 8-8). 열경화성 플라스틱은 제조하는 데는 특별한 장치가 필요하므로 일반적으로 시작품을 만드는 데 사용하지 않는다. 대부분의 열경화성 플라스틱은 재활용될 수 없다.

기계적 성질

엔지니어는 재료의 특성을 설명하기 위해 기계적 성질(mechanical properties)이라는 용어를 사용한다. 경도, 인성, 탄성, 소성, 취성, 연성과 강도가 설명에 사용되는 가장 일반적인 특성이다. 오랜 조사와 연구를 통해 엔지니어들은 각 기계적 성질을 나타내기 위해 측정기구들을 고안해왔다.

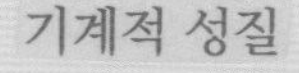

재료의 특성을 나타내며 경도, 인성, 탄성, 소성, 취성, 연성과 강도가 포함된다.

경도(hardness)는 다른 물체에 의하여 영구적 자국에 저항하는 재료의 능력을 나타내며, 엔지니어들에게 재료가 마모에 저항하는 정도를 알려준다. 다이아몬드는 매우 단단하여 금속을 절단하는 데 종종 사용된다. 소나무와 같은 재료는 끄는 못의 힘도 견디지 못하므로 연한 재료이다.

인성(toughness)은 작용하는 힘을 견디는 재료의 능력이다. 이것은 에너지를 흡수하는 재료의 능력을 나타낸다. 야구장갑은 인성이 있다. 야구공을 잡을 때마다 공의 에너지를 흡수한다. 가죽은 작은 조각으로 되지만 파손되지 않는다.

재료가 힘을 받으면 보통 형상이 변한다. **탄성**(elasticity)은 가해진 힘이 제거되면 원래의 형상으로 되돌아가는 재료의 능력이다. 탄성이 큰 것을 보여주는 제품은 용수철이다. 힘을 가하면 용수철은 압축된다. 힘을 제거하면 용수철은 원래의 모양으로 되돌아간다. 탄성은 재료의 모양을 임시적으로 변화할 뿐이다. 반면 **소성**(plasticity)은 재료가 변형되는 능력으로 새로운 형상으로 영구히 남게 된다.

취성(brittleness)은 재료가 휘어지지 않고 쉽게 부러지는 것을 나타내며, 소성과 반대이다. 취성 재료는 변형되기 전에 파손된다. 유리는 취성 재료 중 하나로, 야구공의 힘을 흡수하지 못하고 파손된다.

연성(ductility)은 재료를 파손시키지 않고 굽히고, 늘이고, 비틀 수 있는 능력이다. 대부분의 금속 재료는 매우 연성이다. 굽혀서 모양을 만들 수 있다. 소나무와 같은 목재는 연하기는 하나 연성은 아니다. 소나무를 부러뜨리지 않고 굽힐 수는 없다.

강도(strength)는 형상의 변화나 파손되지 않고 힘을 견딜 수 있는 재료의 능력이다. 재료에 네 가지 종류(인장, 압축, 비틀림, 전단)의 힘을 가할 수 있다. 엔지니어들은 이들 네 가

그림 8-9 줄다리기 시합에서 밧줄이 인장 상태에 있다.

공학 속의 수학

엔지니어가 재료의 강도를 연구할 때 재료의 면적을 가장 먼저 알아야 한다. 수학은 어떤 표면의 면적을 계산할 수 있는 공학공식을 제공한다. 수학교과서를 찾아서 사각형, 삼각형과 원의 면적을 계산하는 공식을 확인하시오.

공학 과제

공학 과제 1

엔지니어 팀은 다섯 가지 다른 재료를 조사하고 재료의 기계적 성질을 평가하도록 요청받았다. 다음의 세 가지 시험을 수행하시오. 알아낸 것을 가장 잘 보고할 수 있는 방안을 정하시오. 발견한 것을 제출할 수 있는 기술 보고서를 준비하시오.

시험해야 할 재료: 소나무 격자(또는 나무로 된 긴 자), 오크 조각(1인치 × 2인치), 오래된 차량 번호판(또는 22번 알루미늄), 앵글 철과 아크릴(1/16인치 두께).

필요한 도구: 송곳과 나무망치

- 경도시험: 각 재료를 작업대에 둔다. 재료에 송곳을 한 점에 위치하고 나무망치로 송곳을 친다. 각 재료에 대해 시험을 반복한다.
- 인성시험: 각 재료를 작업대에 둔다. 재료에 송곳을 한 점에 위치하고 마치 이름을 쓰듯이 송곳을 가로로 끌어라. 각 재료에 대해 시험을 반복한다.
- 탄성과 소성 시험: 각 재료를 작업대의 가장자리에서 절반이 뛰어나오도록 둔다. 작업대 위의 재료를 잡고 돌출하여 나온 부분에 압력을 가한 다음 압력을 제거한다. 각 재료에 대해 시험을 반복한다.

공학 속의 수학

백분율 이자에 따라 저축한 예금이 어떻게 늘어나는지 공부한 적이 있는가? 엔지니어는 재료가 인장에서 커지거나 압축에서 줄어드는 백분율을 알기 위해 이와 같은 종류의 공식을 사용한다. 은행원과 엔지니어는 백분율을 계산하고 이해할 수 있어야 한다.

지 힘을 사용하여 재료의 강도를 계산하고 나타낼 수 있다. 엔지니어들은 부품이 받게 되는 힘의 종류를 기초로 시작품에 사용되는 재료를 선정한다.

인장(tension)은 재료의 양쪽 끝에서 잡아당기는 힘이다. 그림 8-9는 줄다리기를 하는 두 팀을 보여준다. 각 팀 사이의 밧줄이 인장이다.

압축(compression)은 재료를 밀어서 쥐어짜는 힘이다. 그림 8-10의 의자는 코끼리 체중의 압축을 받고 있다. **비틀림**(torsion)은 재료를 비트는 힘이다. 그림 8-11에서처럼 고무줄 태엽 비행기를 날리기 전에 고무줄에 비틀림 힘을 가해야 한다. 고무재료는 쉽게 돌릴 수 있으므로 강한 비틀림 강도를 가진 재료가 아니다. **전단**(shear)은 재료의 각 면에 분리되는 힘의 짝이다. 그림 8-12의 종잇장은 가위에 의해 전단을 받고 있다. 종이 양면에 작용하는 힘이 종이를 전단하려고 한다.

그림 8-10 의자에 서 있는 코끼리는 의자에 압축을 주고 있다.

그림 8-11 장난감 비행기의 고무줄을 비틀 때 비틀림을 가한다.

그림 8-12 종이를 자르고 있는 가위는 전단력을 보여준다.

공학 과제

공학 과제 2

엔지니어는 재료의 강도를 연구할 때 수학적 계산을 이용한다. 재료의 강도를 시험하는 방법 중의 한 가지가 인장시험이다. 이 시험은 금속시편을 당기며(인장을 가함) 길이의 변화를 측정하는 것이 있다. 인장을 천천히 가하여 시편이 끊어질 때까지 증가시킨다. 시편에 가해지는 인장을 응력이라고 부른다. 시편이 늘어나는 것을 변형이라고 부른다. 엔지니어들은 시편의 단면적(인치 제곱)으로 나눈 힘(파운드) 또는 인치 제곱당 파운드(psi)인 응력을 측정한다. 시편의 늘어난 길이를 원래 길이에 대한 백분율로 변형률이라 한다. 그 예를 살펴보자.

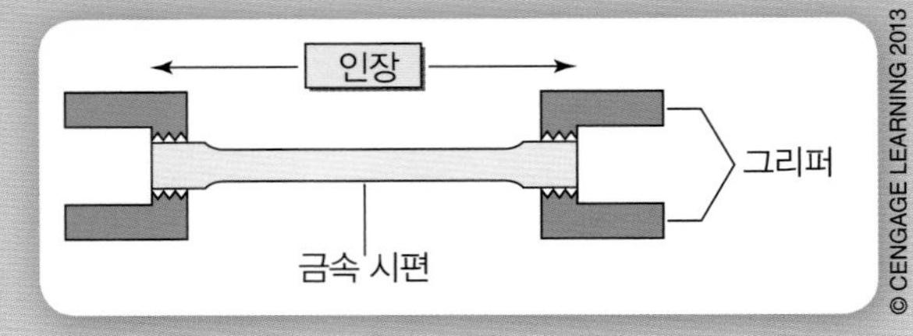

인장시험

금속시편은 1인치의 직경이다. 시편이 끊어질 때 물림 기구는 100파운드의 힘으로 당기고 있다 응력을 다음과 같이 계산할 수 있다.

$$\text{응력(psi)} = \frac{\text{힘(파운드)}}{\text{면적(인치제곱)}} \qquad \text{응력(psi)} = \frac{100\text{파운드}}{3.14 \times 0.5\text{인치} \times 0.5\text{인치}} \qquad \text{응력} = 126 \text{ psi}$$

만약 시편이 2인치에서 2.02인치로 늘어났다면 변형률은 다음과 같이 계산된다.

$$\text{변형률(\%)} = \frac{\text{새 길이(인치)} - \text{원 길이(인치)}}{\text{원 길이(인치)}} \times 100\%$$

$$\text{변형률} = \frac{(2.02\text{인치} - 2\text{인치})}{2\text{인치}} \times 100\%$$

$$\text{변형률} = 1\%$$

다음 표에 있는 세 가지 시험 시편에 대한 파단응력과 변형률을 계산하시오.

	응력		변형률	
시편	직경(인치)	파단인장(파운드)	원래 길이(인치)	늘어난 길이(인치)
A	1	2000	2	2.001
B	1	500	2	2.050
C	1	1000	2	2.020

- ▶ 어느 재료가 가장 강한가?
- ▶ 어느 재료가 가장 많이 늘어났는가?
- ▶ 왜 엔지니어는 같은 직경을 가진 시편을 사용하는가?
- ▶ 왜 엔지니어는 시편의 늘어난 길이를 측정하기 위하여 정해진 길이를 사용하는가?

공학 속의 수학

도로에서 언덕을 나타낼 때 도로의 경사를 말한다. 만약 언덕이 높으면 가파른 경사라고 말한다. 만약 언덕이 약간 높으면 낮은 경사를 가졌다고 한다. 엔지니어들도 경사라는 용어를 사용하는데 이것을 정의하기 위하여 수학적 계산을 이용한다. 엔지니어들은 달린 거리(수평거리)에서 높아진 거리(상승 거리)를 경사로 정의한다.

공학 과제

공학 과제 3

엔지니어는 응력과 변형률 선도에서 응력과 변형률의 측정치를 도표로 그린다. 도표의 모양이 엔지니어에게 시편의 기계적 성질을 보여주고 있다. 수학자들은 도표의 각도를 경사라고 부른다. 도표선의 끝점이 시편의 파단점이다. 도표 A의 응력 변형률 선도는 가파른 경사를 가지고 있다. 도표 B의 응력 변형률 선도의 경사는 낮다. 가파른 경사는 금속이 잘 늘어나지 않는다는 것을 알려준다. 도표는 금속이 높은 인장을 견딜 수 있으나 경고도 없이 파단된 것을 보여준다. 두 번째 시편은 파단되기 전에 더 작은 힘으로도 늘어난다. 두 시편에서 비교할 수 있는 것은 무엇인가?

- 시편 A 또는 B 중 어느 것이 더 강한가?
- 시편 A 또는 B 중 어느 것이 더 연성인가?
- 강한 재료의 응력 변형률 선도는 가파른 또는 낮은 경사인가?
- 연성 재료의 응력 변형률 선도는 가파른 또는 낮은 경사인가?
- 이러한 지식이 시작품을 설계하는 데 엔지니어를 어떻게 도울 수 있는가?

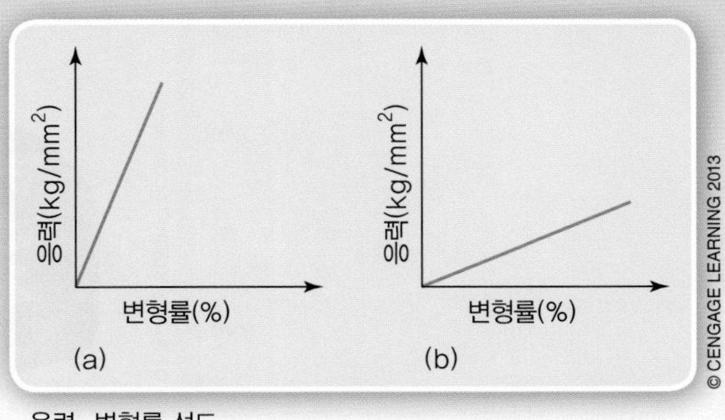

응력-변형률 선도

8.3 도구

도구는 사람들이 일을 하는 데 도움이 되는 물체이다. 망치와 같이 매우 단순할 수도 있고 컴퓨터 제어 밀링 기계와 같이 매우 복잡할 수 있다. 시작품을 만드는 동안 사람이 사용하는 가장 단순한 도구는 보통의 수공구이다. 동력 장비가 작동되면 더욱 복잡한 과정이 된다.

수공구

수공구는 단순기계(10장 참조)의 특성을 바탕으로 설계되고 제작되었다. 수공구는 다양한 일을 하는 데 도움이 되는 단순기계의 기계적 장점을 이용한다. 이러한 일들을 수행하기 전에 기능인들은 시작품을 설계하기 위하여 측정공구들을 사용한다.

배치공구 시작품 제작의 첫 단계는 도면에서 치수를 옮겨 재료에 치수를 배치하는 것이다. 그림 8-13은 측정하고 배치하는 데 사용되는 흔한 수공구(강철자와 줄자)를 보여준다. 이들 측정도구들은 일반적인 1/16인치의 눈금이 매겨져 있다. 곡척이나 곡척의 조합으로 수직선을 재료에 표현하는 데 사용된다. 목재의 경우에는 연필을 사용하여 표시한다. 만약 재료가 금속이면 송곳이 사용된다.

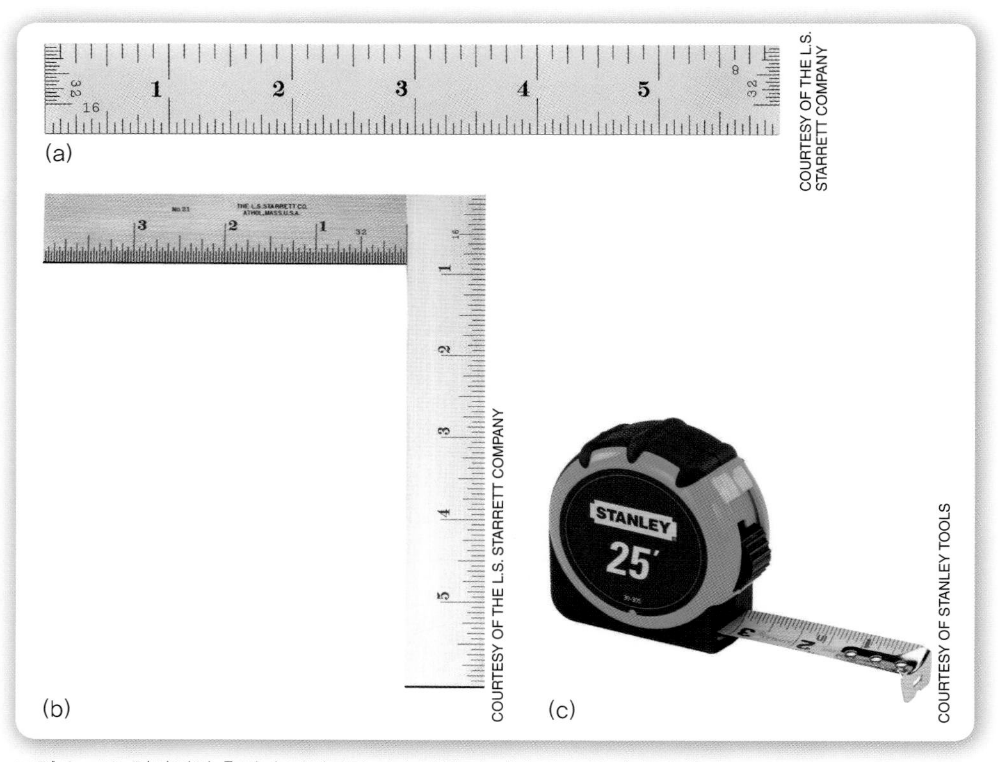

그림 8-13 일반적인 측정과 배치공구: (a) 강철 자, (b) 강 곡척, (c) 강 줄자.

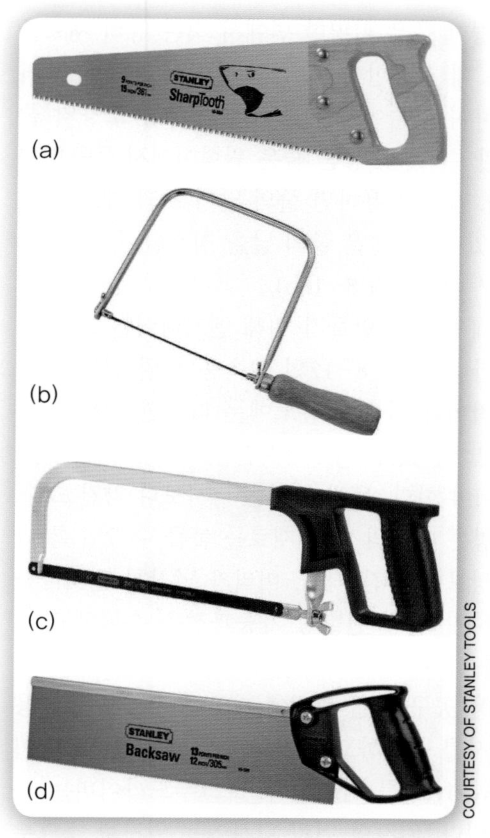

그림 8-14 일반적인 분리공구인 톱: (a) 작은 톱, (b) 실톱, (c) 쇠톱, (d) 등대기톱.

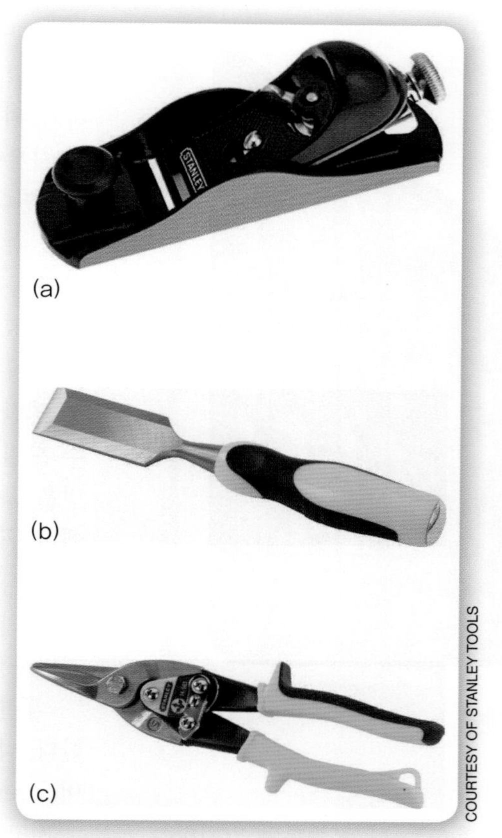

그림 8-15 전단을 위한 일반적인 분리공구: (a) 대패, (b) 목재 끌, (c) 항공가위.

분리공구 일단 배치가 완료되면 재료를 분할하여야 한다. 일반적인 수분리 공구는 파편으로 제거(예: 톱)하거나 재료를 전단(예: 가위)한다(그림 8-14). 일반적인 톱에는 작은 톱, 등대기톱, 실톱과 쇠톱이 있다. 두꺼운 금속은 쇠톱으로 절단하고 얇은 금속은 항공가위로 전단할 수 있다. 목재와 같은 무른 재료는 끌을 사용하여 제거할 수 있다. 대패는 목재 조각의 가장자리 면에서 재료를 전단한다(그림 8-15).

그림 8-16a는 대표적인 세 종류의 줄(편평한 줄, 가늘어지는 줄과 둥근 줄)을 보여주고

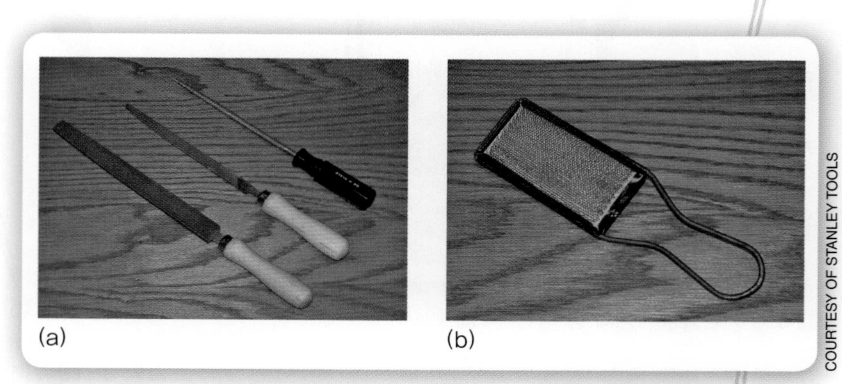

그림 8-16 일반적인 줄: (a) 편평하고 가늘고 둥근 줄, (b) 줄 솔(청소기).

있다. 편평한 줄은 편평한 면에서 적은 양의 재료를 제거하는 데 사용한다. 모서리 등에서 재료를 제거하기 위하여 가늘어지는 줄이나 삼각형 모양의 줄을 사용할 수 있다. 둥근 줄은 원형이어서 둥근면에 사용된다. 줄을 사용하면 줄의 날이 초과 재료로 메워질 수 있다. 줄 솔은 줄의 날을 청소할 수 있게 설계된 공구이다(그림 8-16b).

재료에 구멍을 만들기 위해 엔지니어는 드릴 날을 사용한다. 그림 8-17의 고속용 드릴 날들이 가장 일반적이나 특수한 용도에는 다양한 종류의 특수 드릴 날이 있다. 나무나사는 두 가지의 다른 구멍을 뚫어야 한다. 몸체 구멍은 나사보다 약간 크다. 예비 구멍은 나사의 날이 재료를 붙들 수 있도록 나사의 직경보다 약간 작다. 머리가 납작한 접지나사를 설치하기 전에 원뿔형 가공과정을 수행하고 접지나사를 설치한다(그림 8-18).

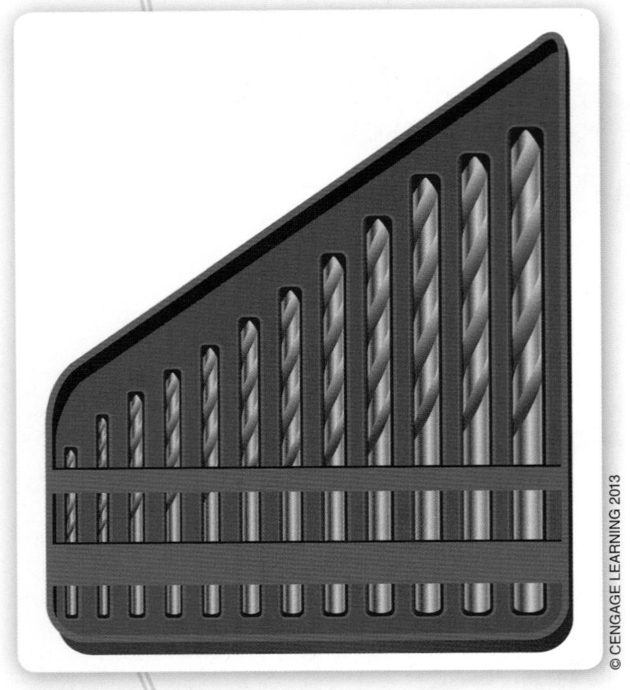

그림 8-17 고속용 드릴 날 세트.

체결용 공구 체결 과정에 다양한 수공구를 사용한다. 나사를 설치하고 제거하기 위해 스크루드라이버(screwdriver)를 사용한다. 스크루드라이버는 사용하는 나사 종류와 일치하는 끝을 가지고 있다. 일자형 머리 나사에는 일자형 스크루드라이버를 십자형 머리 나사에는 십자형 스크루드라이버를 사용한다. 어떤 나사는 사각형 드라이버, 육각형 드라이버 또는 별모양 드라이버를 가지고 있다. 그림 8-19는 다

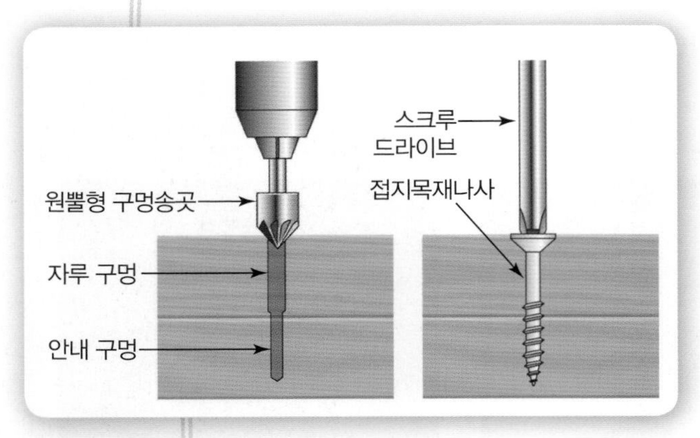

그림 8-18 원뿔형 구멍과 접지나사의 설치.

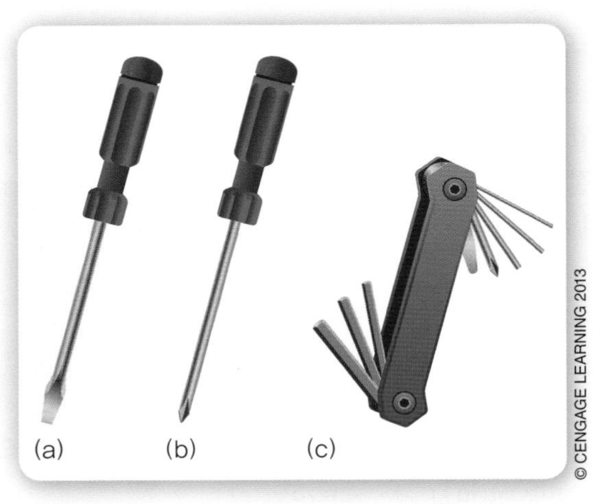

그림 8-19 일반적인 스크루드라이브: (a) 일자형 머리, (b) 십자형 머리, (c) 육각형.

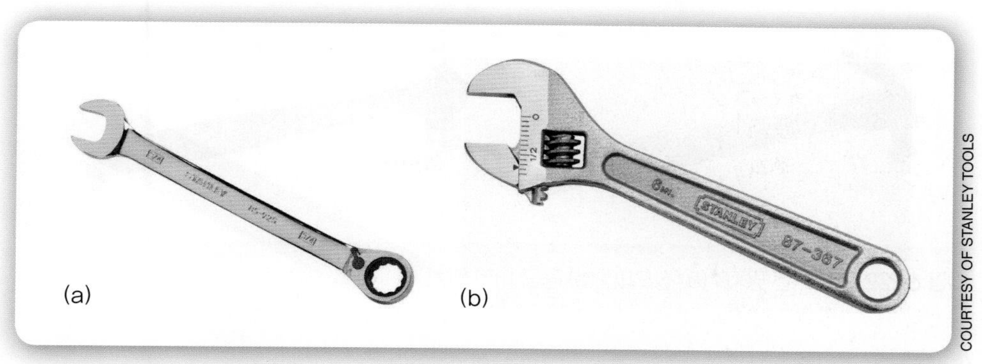

그림 8-20 일반적인 렌치: (a) 복합, (b) 조정 렌치.

양한 종류의 스크루드라이버를 보여주고 있다. 나사를 설치하고 제거할 때 적절한 크기와 종류의 스크루드라이버를 선택하는 것이 중요하다.

기계 나사(또는 볼트)는 특별한 공구가 필요하다. 복합 렌치는 기계 나사와 같이 사용하는 수공구의 한 종류다. 조정 렌치는 기능공이 여러 가지 크기의 기계 나사를 사용할 수 있는 다기능이다(그림 8-20). 체결 과정에서는 2종 지렛대인 플라이어도 사용할 수 있다. 플라이어도 다양한 종류가 있다(그림 8-21). 슬립 조인트 플라이어는 재료를 단단하게 잡게 할 수 있다. 니들 노즈 플라이어는 작은 품목을 잡을 수 있다. 대각형 플라이어(절단기)는 철선 전단공구다.

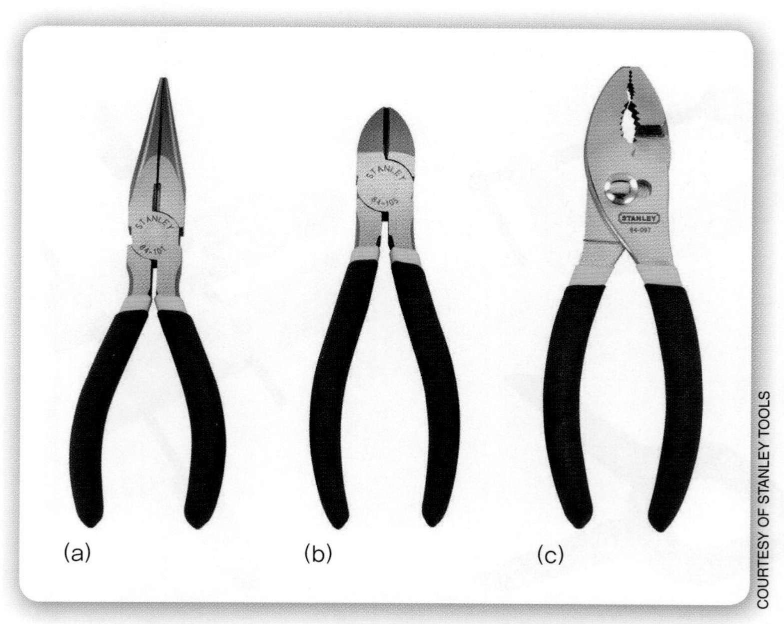

그림 8-21 플라이어 종류: (a) 니들 노즈, (b) 대각형, (c) 슬립 조인트.

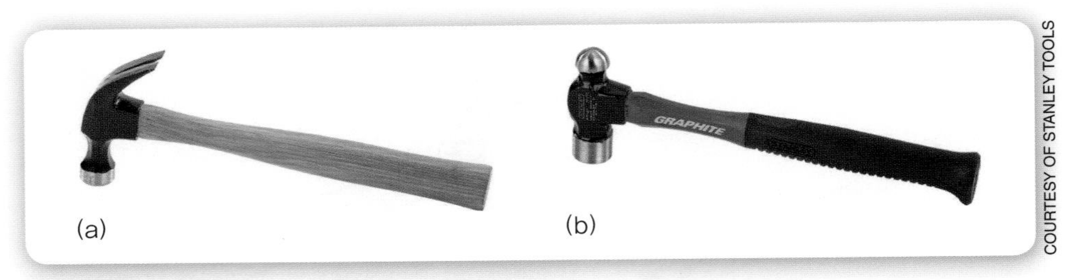

그림 8-22 일반적인 망치: (a) 장도리, (b) 둥근 머리 망치.

그림 8-23 플라스틱과 고무를 포함하여 많은 종류의 나무망치가 있다.

못을 박거나 제거하기 위하여 장도리를 사용한다. 금속 가공에는 둥근 머리 망치를 사용할 수 있다(그림 8-22). 나무망치(플라스틱, 고무 또는 생가죽)도 체결과정에 도움을 준다(그림 8-23). 재료를 함께 접착할 때 접합재가 굳을 때까지 압력을 가하고 있어야 한다. 이러한 목적으로 그림 8-24에 그려진 죔쇠(C 죔쇠, 손나사 죔쇠와 스프링 죔쇠)를 사용한다.

동력장비

어떤 가공은 동력장비를 사용하여 수행하는 것이 더욱 좋다. 동력장비는 수공구에 사용되는 사람

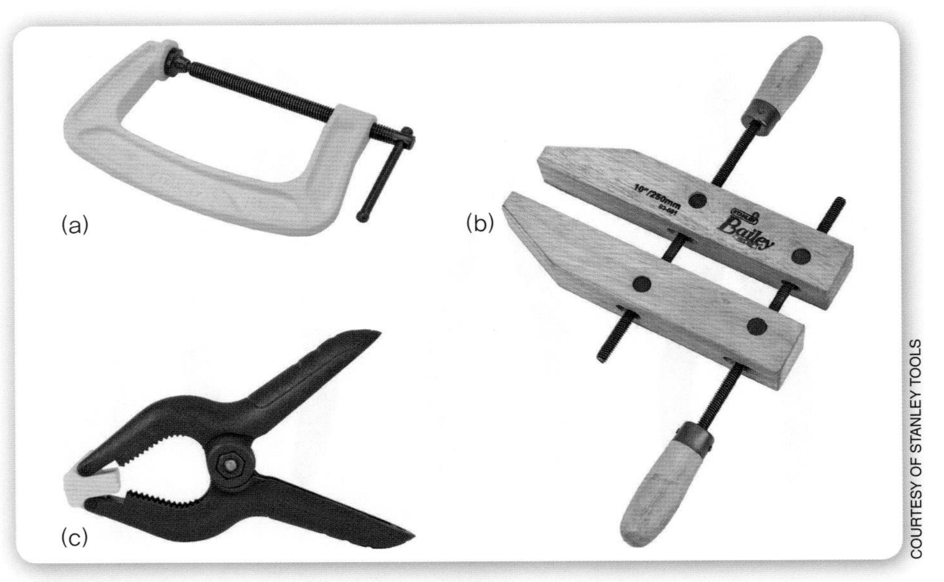

그림 8-24 죔쇠의 종류: (a) C 죔쇠, (b) 손나사 죔쇠, (c) 스프링 죔쇠.

의 에너지를 대치하기 위하여 전기에너지를 전달한다. 학교 실험실에서 사용되는 두 종류의 동력장비는 기계실톱과 드릴 프레스이다. 두 장비는 나무, 금속과 플라스틱의 분리가공을 수행하는 공구다.

기계실톱은 전동 실톱이다(그림 8-25). 재료에 대하여 톱날을 움직일 수 있도록 하기 위하여 칼날이 상하로 왕복운동을 한다. 드릴 프레스(그림 8-26)는 고속용 드릴 날을 사용하여 구멍을 뚫는다. 구멍을 내려는 재료를 드릴 프레스 판에 고정하고 재료를 향하여 회전하는 드릴 날을 내린다. 드릴 프레스도 다양한 특별 드릴 날을 사용할 수 있다. 드릴 프레스는 제작과정에 도움이 되도록 고정구를 사용한다. 그림 8-27에 보이는 것과 같이 재료를 정렬하기 위하여 **고정구**(fixture)를 사용하므로 정확하게 가공할 수 있다.

DELTA MACHINERY, JACKSON, TN

그림 8-25 기계실톱.

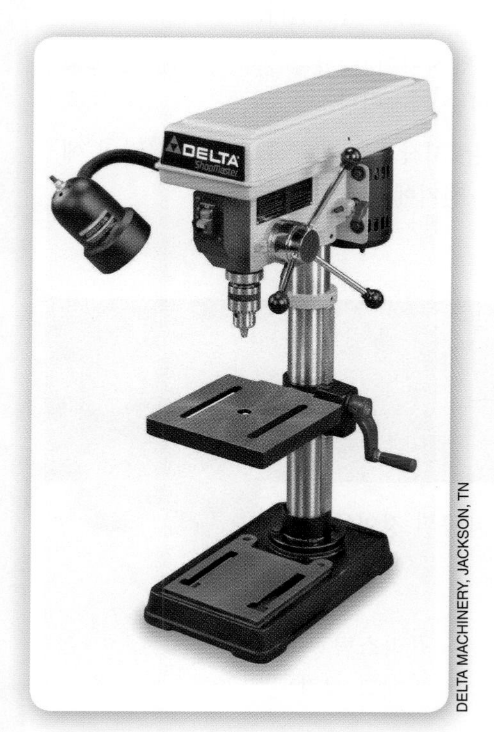

DELTA MACHINERY, JACKSON, TN

그림 8-26 드릴 프레스.

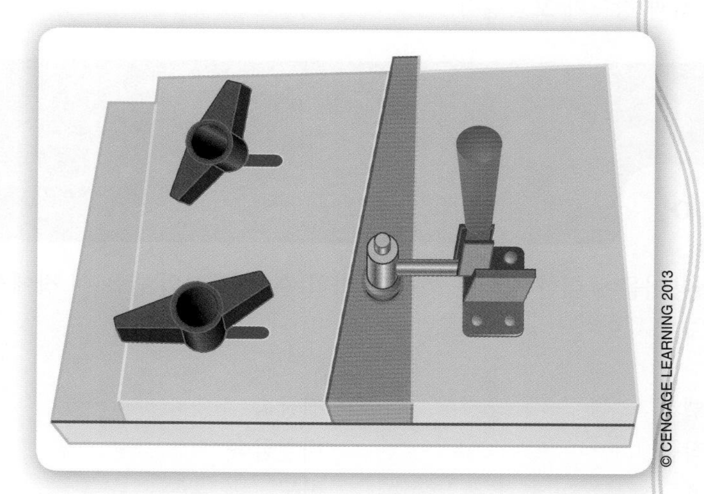
© CENGAGE LEARNING 2013

그림 8-27 드릴을 도와주는 고정구 사용.

요약

이 장에서 배운 학습내용

- 시작품은 설계 개념을 시험하기 위하여 사용되는 실물 크기의 작업 모델이다.
- 합금은 두 가지 이상의 금속을 결합하여 단일 복합체로 만든 금속이다.
- 플라스틱은 사람이 만든 합성재료이다.
- 기계적 성질은 경도, 인성, 탄성, 소성, 취성, 연성과 강도가 포함된다.
- 강도는 재료에 가해지는 네 가지의 힘(인장, 압축, 비틀림, 전단)을 나타낸다.
- 수공구는 엔지니어가 시작품을 만드는 데 도움이 되는 단순 기계이다.
- 전동공구는 시작품을 제작하기 위한 사람의 에너지 대신 전기에너지를 사용한다.

용어

각 용어들에 대한 정의를 쓰시오. 마친 후에, 자신의 답을 이 장에서 제공된 정의들과 비교하시오.

모델
시작품
제조
철금속
비철금속
합금
플라스틱
기계적 성질

지식 늘리기

다음 질문들에 대하여 깊게 생각하여 서술하시오.

1. 엔지니어가 설계 개념의 시작품을 제작해 시험하여야 하는 이유를 설명하시오.
2. 엔지니어가 재료의 기계적 성질을 이해해야 하는 이유를 설명하시오.
3. 엔지니어는 어떻게 다양한 재료의 기계적 성질을 정하는지 설명하시오.
4. 재료에 가할 수 있는 네 가지 힘을 알아보시오. 이들 힘이 작용하는 실제 예를 찾아 설명하시오.
5. 일반적인 수공구를 선택하시오. 공구가 어떻게 작동하는지 해석하고 어떠한 단순기계가 포함되어 있는지 알아보시오.
6. 금속 합금을 연구하고 찾아보시오. 합금을 만들 수 있도록 결합되는 금속을 알아보시오.

CHAPTER 9

에너지

Energy

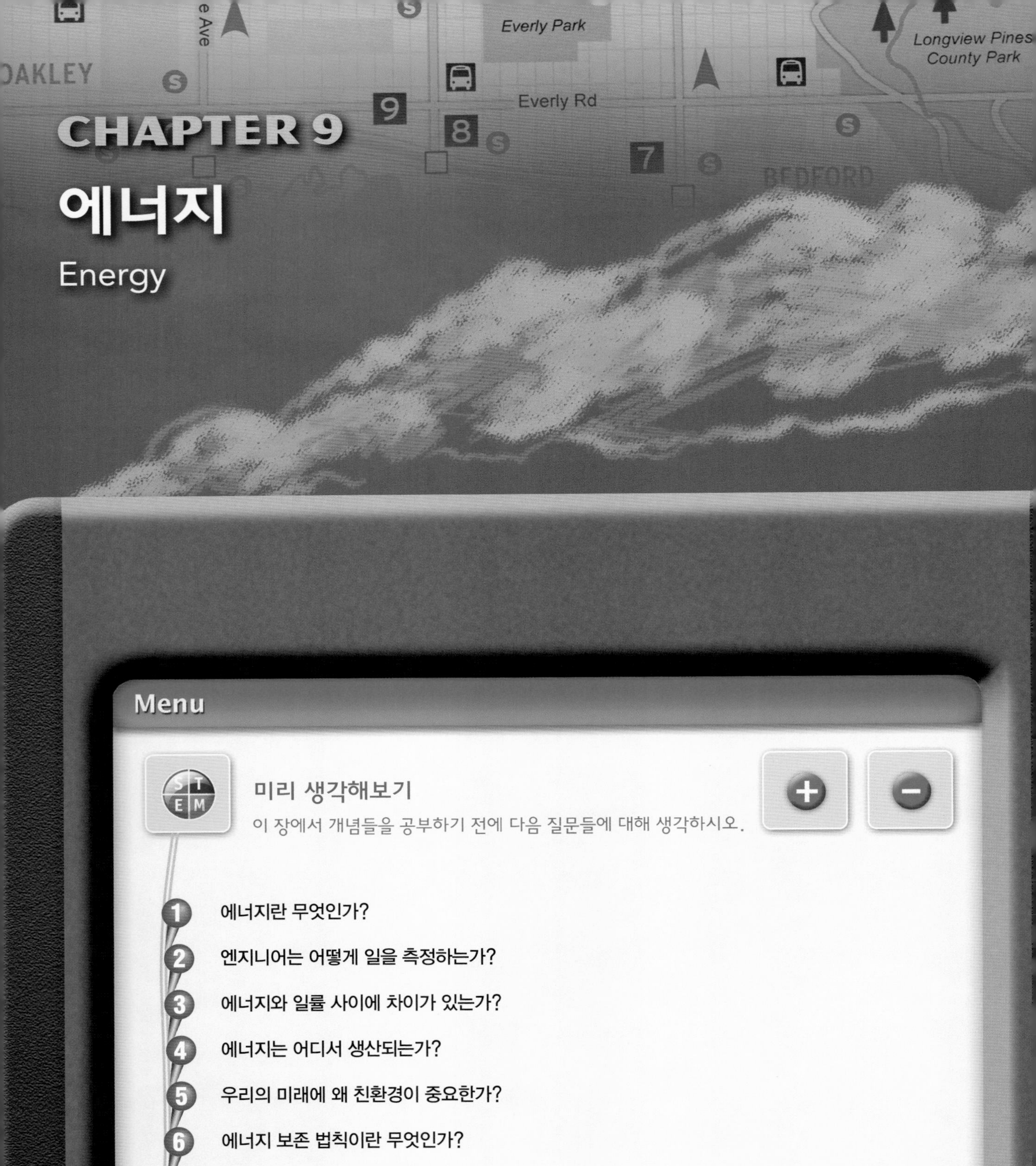

미리 생각해보기

이 장에서 개념들을 공부하기 전에 다음 질문들에 대해 생각하시오.

1. 에너지란 무엇인가?
2. 엔지니어는 어떻게 일을 측정하는가?
3. 에너지와 일률 사이에 차이가 있는가?
4. 에너지는 어디서 생산되는가?
5. 우리의 미래에 왜 친환경이 중요한가?
6. 에너지 보존 법칙이란 무엇인가?
7. 다른 종류의 에너지가 있는가?
8. 다른 형태의 에너지로 되는가?

공학의 실행

S T
E M

엔지니어와 과학자들은 석유를 사용하지 않고 승용차와 화물차에 동력을 공급하는 새로운 방법을 개발하고 있다. 세계를 돌아다니는 많은 자동차들이 연료로 천연가스를 대신 사용하고 있다. 단지 물만 만들어내는 연료전지는 청정 동력원으로 대단한 장래성이 있음을 보여주고 있다. 재충전이 필요하기 전에 긴 거리를 주행할 수 있는 자동차에 동력을 공급하기 위해 새로운 종류의 배터리도 개발되고 있다.

괴짜인 과학자가 쓰레기에서 자동차에 동력을 공급하는 방법을 개발하는 장면이 나오는 1980년대 과학 공상 영화 《백 투더 퓨처(Back to the Future)》에 친숙할 것이다. 좋게도 오늘날 과학 공상이 실제에 가까워지고 있다. 에너지를 생성하기 위하여 쓰레기를 사용할 수 있다. 비록 이런 기술이 자동차에 동력을 공급할 수 있는 수준까지 개선되지는 않아도 쓰레기 매립장으로 들어가서 "가득 채워!"라고 말하는 날을 생각하는 것도 타당하다.

9.1 에너지란 무엇인가?

2장에서 언급한 대로 에너지는 간단히 말하면 일을 할 수 있는 능력이다. 조깅, 스케이트 타기 또는 비디오 게임을 할 때 우리 몸은 에너지를 사용한다(그림 9-1). 자동차도 한 곳에서 다른 곳으로 이동할 때 에너지를 사용한다. 하지만 에너지는 운동보다 더욱 많은 에너지가 공급된다. 에너지는 빛, 열과 소리를 제공할 수 있다. 대규모 연주회장에서는 이런 세 가지 형태의 에너지가 존재할 수 있다. 에너지는 모든 종류의 물질에 들어 있고 한 형태에서 다른 형태로 변환될 수 있다.

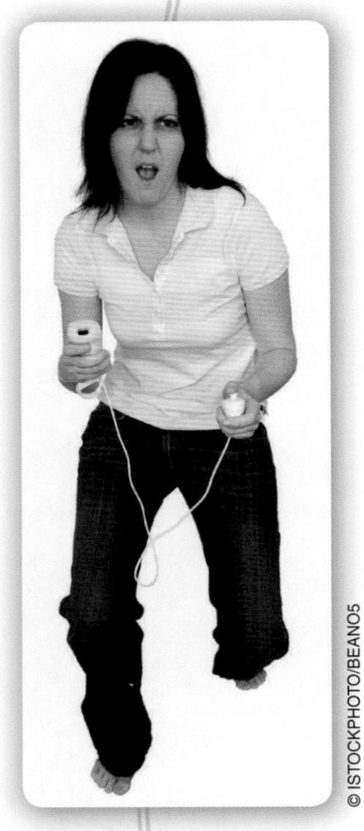

© ISTOCKPHOTO/BEANO5

그림 9-1 에너지는 닌텐토 위(Wii)와 같은 전자장치의 운동 지팡이뿐 아니라 사람에게 힘을 준다.

일과 일률

일상생활에서 사람들은 보통 생활비를 벌기 위해 일하는 직업이나 완수해야 하는 임무와 같은 것을 일이라고 생각한다. 그러나 공학과 물리에서 일은 완전히 다른 의미를 가지고 있다. 일(work)은 한 물리계에서 다른 물리계로 에너지를 전달하는 에너지로 정의한다. 에너지는 운동(모터에 의해 발생되는 운동을 포함)을 발생하게 한다. 실제로 밀어서 물체를 움직이면 일이 이루어진 것이다. 만약 물체가 움직이지 않으면 일이 이루어지지 않은 것이다. 일은 에너지와 직접적으로 관련되어 있고 때로는 볼 수 있는 가시적인 결과이다. 보통은 에너지를 볼 수 없지만 일이 이루어졌을 때는 에너지의 결과를 볼 수 있다.

일은 물체를 움직일 때 작용한 힘의 크기와 물체의 이동 거리를 곱해 측정한다. 수학적으로 힘과 물체의 이동 거리를 곱해 일을 계산한다(일 = 힘 × 거리). 공식은 다음과 같이 쓴다.

$$W = F \times d$$

© CENGAGE LEARNING 2013

그림 9-2 물체에 가하는 힘과 물체의 이동 거리를 곱하여 일을 계산한다.

일

한 물리계에서 다른 물리계로 에너지를 전달하는 것이다.

공학 속의 수학

STEM

공학과 과학 분야에서 측정을 위하여 보통 미터계로 나타내는 국제계 단위를 사용한다. 미터계에서 힘은 뉴턴(newton)으로 거리는 미터(meter)로 측정한다. 따라서 일은 뉴턴-미터(newton-meter)의 단위로 측정한다. 이것을 줄(joule)이라고 부른다.

어떤 시간 내에 얼마만큼 일을 하거나 할 수 있는지를 나타내기 위하여 일률(power)이라는 용어를 사용한다. 일률은 얼마만큼 일이 이루어졌는지를 나타내는 수학적 표현이다. 일률은 일을 시간으로 나누어 계산한다(일률 = 일/시간). 수학적 공식은 다음과 같이 쓴다.

$$P = W/t$$

마력(horsepower)은 기계적 일률을 측정하는 일반적인 단위로 보통의 말이 1초에 75kg 무게를 1미터만큼 들어올릴 수 있는 것을 의미한다(그림 9-3). 만약 (전문적으로 훈련된 성인의 감독 하에) 추를 가지고 실험을 하면 건강한 10대는 몇 분 동안 약 0.1~0.2마력을 발생할 수 있다.

그림 9-3 이것이 마력의 정의이다.

3

일률
어떤 시간 내에 얼마만큼 일을 하거나 할 수 있는지를 나타내는 것이다. 일률은 얼마만큼 일이 이루어졌는지를 나타내는 수학적 표현이다.

왜 에너지를 공부하는가?

에너지는 요즘 사용하고 있는 많은 장치와 제품의 설계에 포함되어 있기 때문에 에너지에 관해 공부하는 것은 중요하다. 에너지 없이 즐길 수 있는 훌륭한 기술적 장치는 요즘은 어느 것도 없다. 말 그대로 에너지는 생존과 휴양을 위하여 의존하는 대부분의 모든 것에 동력을 제공한다. 에너지 자원이 경제와 국가안보에 중요한 부분이다.

공학 속의 과학

이름이 뜻하는 것과 같이 화석연료는 수백만 년 전에 살았던 식물과 동물의 유적으로부터 만들어진다. 죽어가거나 죽은 식물과 동물들이 퇴적물층으로 덮여진다. 지각이 이동되고 유적을 매몰하였다. 열과 압력이 선사시대 유물의 대량 매장량을 화석연료로 변화시켰다(원유, 석탄, 천연가스).

어떤 에너지 자원은 공급에 제한이 있어서 부주의하게 낭비하게 되면 가까운 장래에 고갈될 수도 있다. 에너지나 동력이 더 이용 가능한 형태로의 에너지 변환은 공해와 같은 부정적인 결과를 생성하기도 한다. 에너지를 낭비하지 않아야 한다. 에너지를 보존하고 지혜롭게 사용해야 한다. 책임감 있는 시민들은 에너지 보존의 중요성뿐 아니라 부정적인 영향을 가지는 에너지의 사용에 대해서 잘 이해해야 한다.

4 에너지 자원

에너지 자원은 소모성, 재생 가능한 또는 비소모성으로 분류할 수 있다. 다음 절에서 각각의 자원을 설명하고자 한다. 태양은 가장 위대한 에너지 자원이고 오늘날 사용되고 있는 많은 형태의 에너지도 간접적으로 태양으로부터 찾아낼 수 있다. 예를 들면 화석연료(fossil fuel: 원유, 석탄과 천연가스)는 오래전에 살았던 식물과 공룡과 같은 동물의 결과물이다. 그것들은 오늘날의 우리들과 같이 생존하기 위하여 태양에 의존하였다.

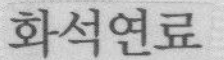

> **화석연료**
> 고대 식물과 동물의 매장량에 의해 만들어진 연료이다.
>
> **소모성 에너지**
> 제한되어 있고 원유, 석탄과 천연가스와 같이 사용되면 대체할 수 없는 에너지 자원이다.
>
> **재생에너지**
> 에탄올과 바이오매스와 같이 대체할 수 있는 에너지 자원이다.

소모성 에너지 화석연료는 소모성 에너지(exhaustible energy)의 대표적인 자원이다. 사용되면 최소한 백만 년 동안 대체할 수 없기 때문에 소모성이라고 부른다. 따라서 이러한 에너지 자원은 공급에 제한이 있다. 현재 바로 이용 가능한 원유의 공급은 만약 우리가 에너지를 절약하지 않으면 우리의 생애 안에 소진될 가능성이 있다(현재 추정은 약 40년).

현재 미국에서 소비되는 전체 에너지의 85% 이상이 소모성 에너지 자원으로 제공되고 있다. 미국이 쓰는 에너지 공급은 외국에 의존하고 있어서 이들 나라가 언제든지 원유의 공급을 줄이거나 없앨 수 있다. 이것이 국가안보에 잠재적인 위협으로 제기된다. 원유는 에너지 자원뿐 아니라 플라스틱을 만드는 데 결정적인 성분으로 사용된다. 원유 공급의 인위적인 감축은 경제와 방어 능력에 재앙적인 영향을 미칠 수 있다.

화석연료를 연소 또는 태움으로 사용가능한 에너지로 바꾸고 있다. 화석연료 연소는 공기 오염을 만든다. 이 오염의 결과로 식물과 숲을 죽이고 사람에게 폐암을 일으키고 태양광선에서 지구를 보호하는 오존층을 파괴하는 산성비를 내리게 한다.

재생에너지 재생에너지(renewable energy)는 대체할 수 있는 에너지다. 재생에너지 자원의 예는 에탄올, 수소와 바이오매스가 포함된다. 일반적으로 이들 에너지는 비재생 에너지 자원보다 공해를 적게 발생한다. 재생에너지 자원은 장차 점차적으로 중요하게 될 것이다. 재생에너지 자원은 경제와 국가안보에 활력이 될 것이다. 에탄올(휘발유를 대체)을 만들 수 있는 옥수수, 콩, 해초와 사탕수수와 같은 식물을 사용할 수 있다. 이러한 종류의 에너지를 바이오매스라고 부른다. 연료로 사용할 수 있는 생물과 최근에 죽은 생물 재료들도 이러한 용어로 부른다.

수소연료는 화석연료를 대체하여 자동차에 동력을 공급하는 데 사용될 수 있다. 수소연료는 전기분해 과정을 통해 물을 수소와 산소로 분해하여 생산된다. 태양과 풍력이 전기분해에 필요한 전기를 생산할 수 있다.

비소모성 에너지 비소모성 에너지(inexhaustible energy)는 태양, 바람, 물, 지열과 같은 고갈되지 않는 에너지 자원이다. 이런 자원은 우리의 미래와 지구의 환경에 절대적으로 중요하다. 천연자원의 책임감 있는 사용과 관리는 친환경(sustainability)이라고 부른다. 친환경은 우리의 미래와 환경을 염두에 두고 공학 해를 설계하는 것이다.

태양은 지구에 모든 재생에너지의 궁극적 자원이다. 많은 방법으로 태양으로부터 에너지, **태양에너지**(solar energy)를 잡아낼 수 있다. 우리는 지구에 도달하는 태양에너지의 아주 별 볼일 없는 작은 양만을 사용하고 있다. 많은 주택은 창문을 통과해온 태양의 에너지가 돌, 슬레이트 또는 주택의 기타 재료에 의해 흡수된 **수동 태양열 난방**(passive solar heating)의 장점을 취하고 있다(그림 9-4). 낮 동안의 공기로부터 이런 열을 뽑아내고 온도가 낮아지는 밤에는 공기로 다시 되돌려준다. 이것은 새로운 과정은 아니다. 사람들은 몇천 년 동안 이런 원리를 사용해왔다.

비소모성 에너지

태양, 바람, 물과 지열과 같이 고갈될 수 없는 에너지 자원이다.

친환경

우리의 미래와 환경을 염두에 두고 공학 해를 설계하는 것에 적용한다.

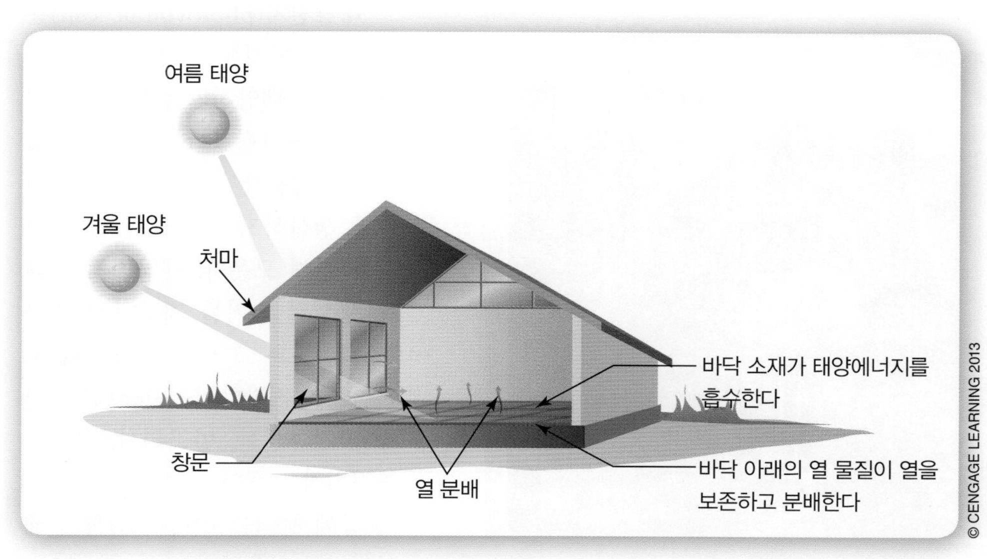

그림 9-4 수동 태양열 난방은 비용과 기타 자원을 절약한다.

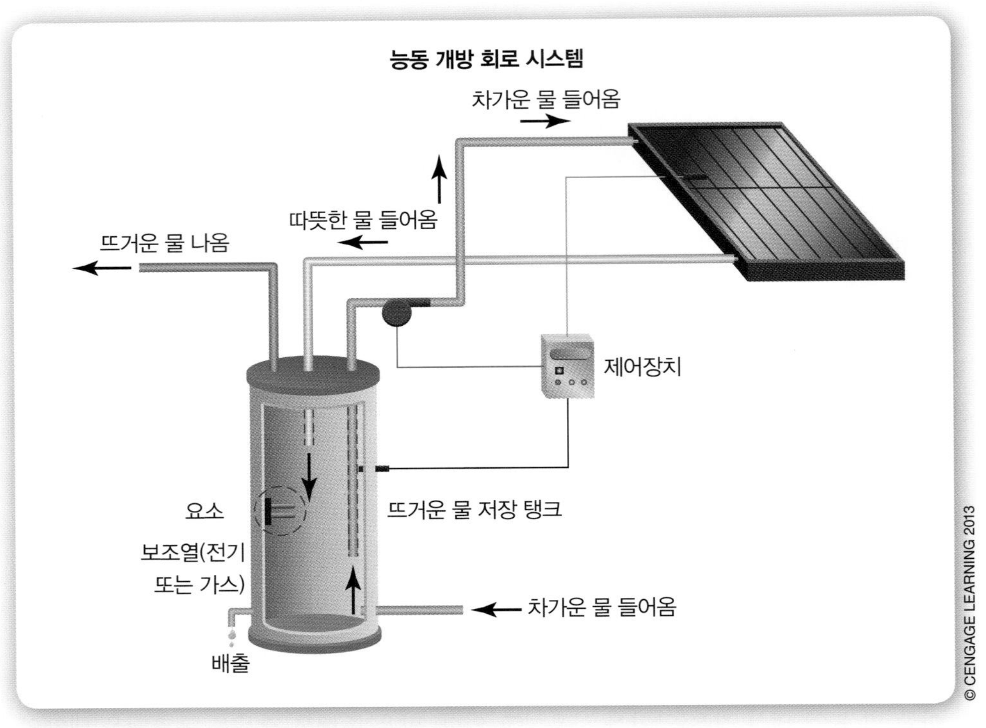

그림 9-5 능동 태양열 난방이 온수기에 적용되었다.

능동 태양열 난방(active solar heating)은 보다 효율적이고 관을 통하여 액체 순환을 포함한다. 보통 관은 지붕에 설치된 유리 아래의 상자에 매입되어 있다. 액체가 가열됨에 따라 온수 또는 전체 집으로 관을 통하여 순환한다(그림 9-5).

태양전지(photovoltaic cell)는 태양의 에너지를 전기로 변환하는 장치이다. 태양전기를 **배열**(array)로 모은다(그림 9-6). 각각의 개별 전지는 사용할 수 있는 충분한 전기를 생산하지 못하므로 단위 전지를 함께 모은다. 태양전지에 의해 생성된 전기를 저장하기 위하여 1개 또는 그 이상의 배열과 배터리를 연결한다. 고속도로를 따라 있는 긴급전화, 인공위성, 국제우주정거장, 개인 주택과 태양자동차 등에 동력을 전하기 위하여 태양전지를 사용한다.

그림 9-6 태양전기는 주택과 업무에 필요한 전기를 제공할 수 있다.

© BRIAN A. JACKSON/SHUTTERSTOCK.COM

그림 9-7 풍력발전단지는 전력 자원의 중요성이 점차 증가되고 있다.

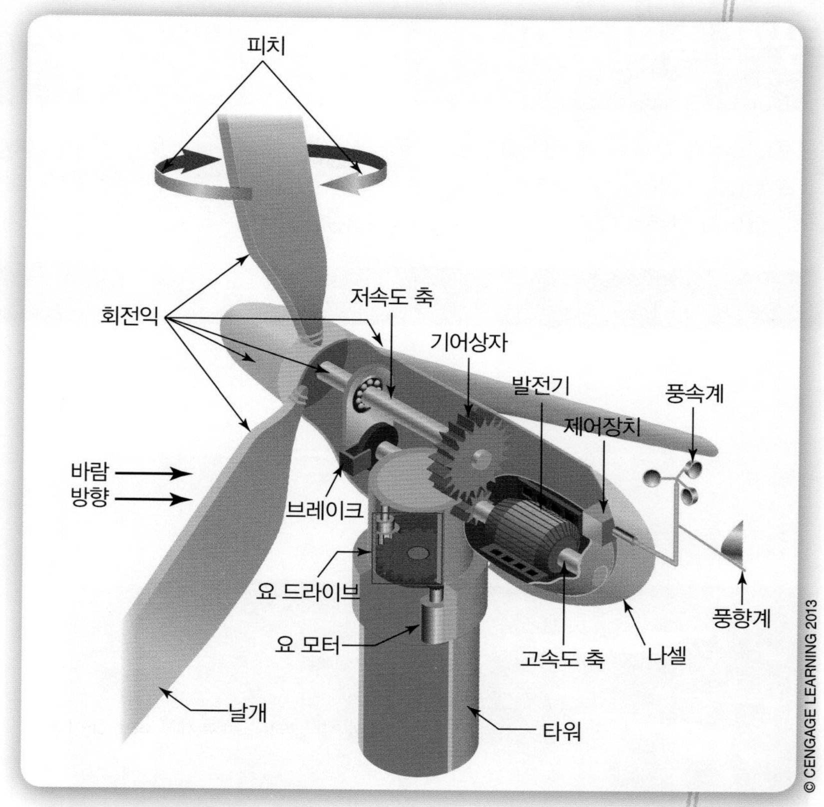

그림 9-8 풍력 터빈의 내부 부품.

바람은 다른 비소모성 에너지다. 사람들은 몇천 년 동안 풍력에너지를 사용해왔다. 아마도 지면에서 물을 뽑아내는 데 사용되어온 농장의 풍차를 보았을 것이다. 전기를 생성하는 대규모 **풍력 터빈 발전기**(wind turbine generator)에 동력을 전하기 위해 바람을 사용할 수 있다. 터빈은 회전운동으로 전기를 생산하는 장치이다(그림 9-7). 바람은 운동의 덕분으로 기계에너지를 가지고 있다(보다 자세한 내용은 이 장의 후반부에서 논의한다). 바람은 터빈 축을 회전시키는 커다란 날개를 회전시킨다(그림 9-8). 발전기는 전류를 생산한다(14장 참조). 수십 개나 수백 개의 대형 풍력 터빈이 때로는 바람이 강하거나 자주 불어오는 곳에 위치한 풍력발전단지에 모여 있다.

미국은 풍력으로부터 전체 전기의 1%만 받고 있다. 반면 덴마크, 스페인과 독일은 풍력으로부터의 소비 전력이 10%에 달하고 있다. 풍력은 어떠한 오염이나 유해 폐기물을 만들지 않기 때문에 풍력에너지를 많이 사용할수록 환경에 유익이 된다. 이것은 채굴하거나 시추하지 않고도 쉽게 이용할 수 있고, 방사능이 없고 위험한 물질을 운반하는 것도 필요하지 않는다.

물은 수천 년 동안 사람들이 사용해오고 있는 또 다른 에너지 자원이다. 물은 산업혁명 동안 기계 설비에 동력을 제공하는 커다란 수차를 회전시켰다. 그전에는 물레방아

공학 속의 과학

킬로와트(kilowatt)는 전기회로에서 부하 단위로 1,000 와트(watt)이다. 킬로와트아워(kWh)는 1시간 동안 1킬로와트의 전력에 의해 수행되는 일이다. 미국은 12,000 메가와트(megawatt, 메가와트는 1,000킬로와트) 전기를 생산할 수 있는 충분한 풍력 터빈을 가지고 있다. 전기는 킬로와트아워 단위로 소비자들에게 판매된다.

© ISTOCKPHOTO/LAWRENCE FREYTAG

그림 9–9 워싱턴 주의 콜롬비아 강에 있는 그랜드 쿠리 댐은 미국에 있는 모든 댐보다 많은 수력전기를 생산하고 나라의 반 건조 지역에 있는 농장에 관개를 제공한다.

는 음식에 넣을 수 있는 곡식과 곡물을 분쇄하기 위하여 제분소에 동력을 제공하였다. 오늘날 바람이 터빈을 회전시키는 방법과 비슷하게 전기를 만들어내는 거대한 터빈을 회전시키는 데 떨어지는 물의 힘을 사용한다. 물로 전기를 생산하는 것을 **수력**(hydropower) 또는 **수력전기**(hydroelectricity)라 부른다.

수력전기 시설은 댐 내부에 위치한다(그림 9–9, 9–10). 댐은 세 가지 유용한 목적을 제공한다. (1) 사람과 농장을 보호하기 위하여 홍수를 조절한다. (2) 수력전기를 생산한다. (3) 댐 후방의 저수지는 보트와 낚시를 할 수 있는 휴양지역을 제공한다.

수력전기는 물이 떨어지는 힘을

알고 있나요?

지난 몇 년 동안 미국에서 풍력에너지는 매년 25% 이상 증가해오고 있다. 미국은 현재 3백만 미국 평균 가구에 공급할 수 있는 충분한 풍력 터빈을 가지고 있다.

이용하여 생산된다. 댐은 물의 수위를 높여서 실제로 물의 위치에너지를 증가시킨다(에너지의 종류와 형식에 대해서는 다음 절을 참조). 물은 터빈을 회전하고 거대한 발전기에 동력을 전하기 위하여 댐에 있는 관을 통하여 커다란 힘을 가지고 떨어진다(그림 9-11).

그림 9-10 도시에 공급하기에 충분한 전기를 생산하기 위하여 수력전기 시설에는 많은 터빈이 요구된다.

지열에너지(geothermal energy)는 열의 형태로 지구에 저장되어 있는 에너지다. 맨틀이라고 부르는 암석층이 지구의 내부 깊이 있다. 용융된 외핵이 맨틀을 과열한다. 맨틀로 스며든 물은 증기로 바뀌며 부피와 압력이 증가한다. 결국 증기는 지구에 있는 균열을 통하여 탈출하게 된다. 간헐 온천과 천연 온천에서 이런 증기와 뜨거운 물을 발견할 수 있다. 이런 증기를 주택과 건물을 난방하는 데 이용할 수 있다.

그림 9-11 수력전기는 댐 내부의 터빈을 통과하는 낙수에 의하여 생산된다.

아이슬란드는 주택, 상가와 정부 건물 난방에 지열에너지를 사용하는 세계 선두이다. 우리는 물이 맨

알고 있나요?

미국 풍력에너지협회에 의하면 미국 풍력 터빈 집단에 의해 생산된 전기는 대략 9백만 톤의 석탄을 연소하는 것과 동일하다. 이만한 석탄은 10톤 화물차를 마이애미에서 시애틀까지의 거리인 3,400마일 이상의 길이로 줄을 세워야 한다. 다르게 표현하면 현재 미국의 풍력에너지 생산은 매년 5천만 배럴의 원유를 절약하는 것이다.

공학 과제

화석연료의 의존도를 줄이기 위해 비소모성 에너지 자원에 대한 권장을 연구하고 수업에서 발표하시오. 어떻게 환경과 사람에 보다 좋은 에너지 자원을 선택하였는지를 설명하시오. 어떻게 이런 에너지를 사용가능할 형태로 변화되는지 설명하시오. 화석연료로 이 에너지를 생산하는 생산비용을 비교하여 대비하시오. 이 비소모성 에너지 자원이 널리 채택되기 위하여 각 개인이나 정부가 어떠한 행동을 하여야 하는가?

틈로 자연적으로 스며들어 증기를 만들기를 기다릴 수 없다. 우리는 관을 통해 물을 지구로 깊이 보내어 증기로 변하게 하여 다른 관을 통하여 표면으로 증기를 올라오게 할 수 있다. 또한 전기를 생산하기 위하여 대형 증기 터빈 발전기에 동력을 전달하는 데 과열증기를 사용할 수 있다.

6

9.2 에너지의 종류와 형태

에너지 보존 법칙

에너지가 창조되거나 파괴될 수 없다. 한 가지 형태에서 다른 형태로 변환될 수 있는 다양한 형태로 존재하는 정해진 양의 에너지가 있으면 에너지는 결코 없어지지 않는다.

에너지 보존 법칙(law of conservation of energy)은 에너지가 창조되거나 파괴될 수 없다는 말이다. 이것은 에너지는 다양한 형식으로 존재하고 한 가지 형태에서 다른 형태로 단지 변화될 수 있다는 것을 의미한다. 우리는 새로운 에너지를 만들 수 없다. 단지 한 가지 형태에서 다른 형태로 변화될 수 있다. 에너지가 사용될 때 에너지는 사라지지 않는다. 에너지는 단지 한 가지 형식에서 다른 형식으로 변형된다. 에너지의 모든 형태를 우리가 사용할 수 있는 것은 아니다. 예를 들면 자동차가 일 갤런의 휘발유를 사용할 때 실제로 에너지의 30%만이 차를 움직이는 데 사용된다. 나머지 70%는 대기에 열에너지로 손실된다. 이것은 매우 비효율적 에너지 동력시스템이다.

우리는 에너지에서 변화를 설명하기 위해 에너지 보존의 용어를 사용한다. 모든 형태는 다른 형태로 변화될 수 있다. 에너지는 또한 다른 물체에서 다른 물체로 전달될 수 있다. 논의한 것과 같이 에너지의 많은 형태가 있다. 자동차는 다양한 형태, 에너지 보존과 한 물체에서 다른 물체로 에너지가 전달되는 좋은 예이다.

자동차는 휘발유(화석연료)에서 열에너지로 변환하는 엔진에 의하여 동력을 받는다. 휘발유 증기가 엔진에서 점화되면 급속히 팽창되어 크랭크축을 회전하도록 피스톤을 아래로 힘을 가한다. 따라서 열에너지는 기계에너지로 변환된다(이 장의 후반에 '에

공학 직업 조명

이름
로저 창(Roger Chang)

직위
어룹(Arip)의 수석 기계 엔지니어

직무 설명
창은 건축가와 함께 공항에서 박물관까지 다양한 건물의 기계적 시스템을 창조하는 일을 한다. 그의 주된 관심사 중 하나는 건축설계에서 관심이 많은 주제인 에너지 효율이다.

"모든 사람은 지구 온난화를 줄이는 데 도움이 되는 이야기를 하고 있다"고 창은 말한다. "이것은 공학 측면이고 많은 일들이 일어나고 있다. 건축물이 미국의 에너지의 40%를 소모하고 있어서 일해야 할 기후변화정책의 종류에서 건축물 설계를 이야기하여야만 한다." 건축물을 계획할 때 창은 벽, 창문, 조명 시스템과 냉난방 시스템과 같은 주요한 구성을 포함한 컴퓨터 모델을 개발한다. 이 모델은 실제로 건축물이 지어지기 전에 내부 공기 흐름, 온도와 습도를 이해할 수 있게 한다. 설계과정은 공항과 실험실과 같은 복잡한 프로젝트에는 2~3년의 긴 시간이 걸린다.

창의 가장 관심 있는 프로젝트는 시라쿠스 우수 센터(Syracuse Center of Excellence)이다. 이 연구센터는 에너지 효율 건축물 실천에 관한 연구를 하고 있어서 구조물 자체가 에너지 효율을 보여줄 수 있어야 한다. 창은 햇볕에 따라 차양막이 올라가고 내려오는 자동화 시스템을 설계하였다. 그는 또한 겨울철에 건축물에 열을 가하고 여름에는 열을 제거하기 위하여 지면을 사용하는 시스템을 개발하였다. 창은 항상 건축물에 관심이 있었으나 건축도면을 그리기에는 충분히 좋은 예술가가 아니라고 생각하였다. 그가 말하기를 "도면을 그릴 수는 없으나 건축물에 공학적 측면이 있다는 것을 알게 되었다. 당신은 엄청난 영향을 가지고 있다. 엔지니어로서 사람들이 만들려고 하는 건축물의 설계를 돕는 것은 매우 보람이 있다."

교육
매사추세츠 공과대학(Massachusetts Institute of Technology, MIT)에서 기계공학 학사와 석사를 받았다. "대학에 입학했을 때 생명공학을 전공하려고 생각했으나 재미가 없다고 느껴서 기계공학으로 결정하였다."고 말한다. "로봇을 설계하는 MIT에서의 경진대회에 관한 것을 들었다. 그것이 매력적이어서 기계공학에 참여하게 된 이유이다."

학생들에 대한 조언
창은 공학을 흥미있어 하는 학생은 과학과 수학과 같은 기본 교과목을 잘해야 한다고 말한다. 그러나 문학과 예술 같은 인문 교과목도 수강할 것을 충고한다. "장래에 이것이 전인격을 가지는 데 중요하다. 기후변화와 같은 이슈를 다루기 위해 엔지니어들은 세상의 모든 것에서 영감과 창의성을 얻을 수 있어야 한다."

너지의 형태'를 참조). 피스톤의 기계에너지는 기계에너지로써 직선이 아니라 회전으로 크랭크축으로 전달된다. 크랭크축은 변속기를 통하여 기계에너지를 전달하고 바퀴로 축을 구동한다. 동시에 전기에너지는 크랭크축 회전으로 동력을 전달받은 발전기에 의해 생산된다. 이 전기는 사이클을 계속하게 하는 연료를 점화하는 불꽃을 만든다.

자동차 라디오는 라디오 전파를 전기에너지를 들을 수 있는 소리에너지로 변환하는 스피커를 통하여 확대하고 틀 수 있는 전기에너지로 변환한다. 브레이크를 작동할 땐 바퀴에 압력을 가할 수 있는 기계에너지를 사용한다. 바퀴에 대하여 맞비비는 브레이크 패드의 마찰이 기계에너지를 바퀴로 전달되어 대기로 손실되는 열에너지로 변환한다. 이것이 다음에 차를 탈 때 생각해야 할 것을 준다.

7 에너지의 종류

에너지는 **위치에너지**(potential energy)와 **운동에너지**(kinetic energy)로 나눌 수 있다. 위치에너지는 어떤 조건에서 손쉽게 사용할 수 있는 에너지로 저장되어 있다. 이것은 위치나 화학적 구조물에 의하여 결정되는 물체의 에너지이다. 운동에너지는 운동 중에 있거나 위치에너지가 풀려질 때 일어나는 에너지다.

다음의 예는 위치에너지가 운동에너지로 변하는 방법을 보여준다. 스케이트보드 주행용의 둥근 콘크리트 구조물인 하프 파이프의 상단에 스케이트보드가 있다고 상상해보자. 이 경우 높이의 위치 때문에 위치에너지를 가지고 있다. 하프 파이프를 내려오는 순간 위치에너지가 풀려진다. 이제 움직이는 상태이므로 운동에너지를 가지고 있다. 모든 움직이는 물체는 자신의 동력으로 움직이든 아니든 운동에너지를 가지고 있다. 던진 야구공은 운동에너지를 가지고 있다. 움직이는 자동차도 마찬가지다.

물체의 화학적 구조물도 위치에너지를 결정한다. 나무를 형성하는 화학적 구조물 때문에 통나무도 위치에너지의 한 예이다. 통나무는 장작으로 위치에너지를 가지고 있다. 나무가 연소될 때 위치에너지가 열에너지로 변환된다.

8 에너지의 형태

에너지는 여섯 가지 형태(기계, 화학, 전기, 열, 원자력, 빛)를 가지고 있다. 다음 절에서는 각각의 형태를 설명한다.

기계 움직이는 물체는 운송기구(자전거, 승용차와 항공기)와 같이 매일 볼 수 있는 가장 일반적인 형태의 하나인 **기계에너지**(mechanical energy)를 가지고 있다(그림 9-12). 사람들은 우리를 위하여 일을 해주는 기계에 관해 이야기할 때 기계에너지를 생각하곤 한다. 그러나 기계에너지는 단지 이러한 예의 기계에만 국한되지 않고 우리가 걷고 뛸 때도 기계에너지를 가지고 있다.

기계에너지의 다른 형태는 물의 운동이나 소리도 포함된다. 에너지가 떨어지는 물이나 해변에 부딪히는 파도의 힘에도 가지고 있는 것을 상상하는 것은 쉽다. 비슷하게 소리도 단지 공기를 통하여 움직이고 고막을 울리는 압력 파동이다. 마이크는 소리 파동의 운동에너지를 전기적 에너지로 변환한다. 스피커는 전기적 에너지를 다시 기계에너지(소리 파동)로 변환한다. 따라서 마이크와 스피커는 같은 목적이나 반대의 역할을 한다.

화학 **화학에너지**(chemical energy)는 저장된 에너지다. 성장하는 식물은 세포에 에너지를 저장한다. 태양의 복사에너지를 사용하여 광합성이라고 하는 과정을 통해 이산화탄소, 물과 미네랄을 펄프나 섬유질로 변환시킨다. 식물 재료를 태우거나 먹는 것은 이런 저장된 에너지를 풀어주는 것이다. 통나무가 연소할 때 저장된 화학에너지가 열에너지로 변환된다.

배터리는 저장된 화학적 에너지의 또 다른 예이다(그림 9-13). 근본적으로 배터리

그림 9-12 롤러코스터는 기계에너지를 가지고 있다.

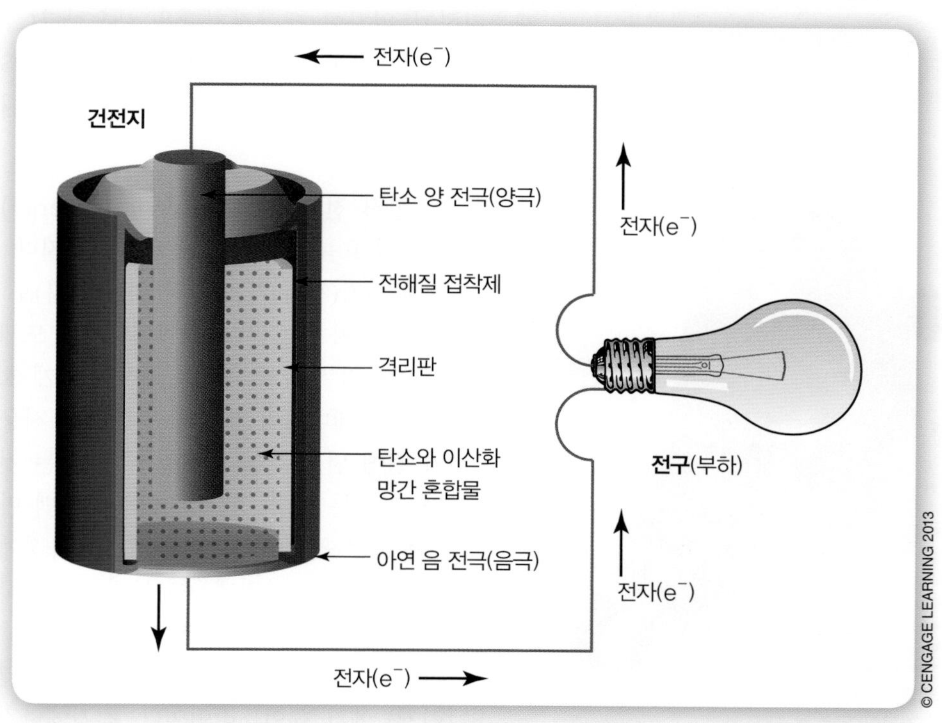

그림 9-13 건전지는 전기를 생산하기 위해 화학에너지를 사용한다.

공학 속의 과학

S T E M

식물을 먹으면 우리 몸은 저장된 화학에너지를 우리 몸을 따뜻하게 하고 힘을 주는 데 사용하는 에너지로 변환한다.

COURTESY OF NASA

그림 9-14 태양전지판은 통신위성에 동력을 제공한다.

© MUELLEK/SHUTTERSTO CK.COM

그림 9-15 전기는 많은 일상적 기구에 동력을 제공한다.

는 저장된 화학적 에너지를 전기적 에너지로 변환하는 장치다(13장 참조). 이것이 오늘날 우리가 사용하는 화학에너지의 가장 일반적이지만 가장 중요한 자원이다. 손목시계에서 MP3 플레이어에 이르는 장치의 배터리에 저장된 화학에너지로 수백만 장치가 만들어질 수 있다.

오늘날 대부분의 자동차는 위성위치확인시스템(GPS)을 장착하고 있어서 거리의 방향, 음식점과 기타 상업 위치를 운전자들에게 표시해준다. 대부분의 스마트폰도 GPS를 가지고 있다. 위성장치는 배터리에 의존하여 조정되고 있으며 배터리를 재충전하기 위하여 태양전지판을 사용한다(그림 9-14). 운전자에게 도움을 주는 것 이외에 GPS와 통신위성은 우리의 경제와 안전, 국가 안보에 매우 중요하다.

전기 **전기에너지**(electrical energy)는 전자의 흐름에 의해 발생되는 에너지다. 음전하 입자(전자)가 양전하 입자(양자)로 끌릴 때 전자가 흐른다. 전기에너지는 도체라고 알려진 특정한 재료를 통하여 쉽게 흐른다. 전기에너지의 가장 좋은 장점은 사용되기 전에 먼 거리를 이동할 수 있다는 것이다. 전기는 처음 생산된 곳에서 수백 마일 사용하는 곳으로 보낼 수 있다. 가정에서 전기에너지는 가전제품에 동력을 제공하는 모터를 통해 열에너지와 기계에너지로 변환된다. 두 형태의 에너지가 결합된(열과 기계) 예가 헤어드라이어다. 전기에너지는

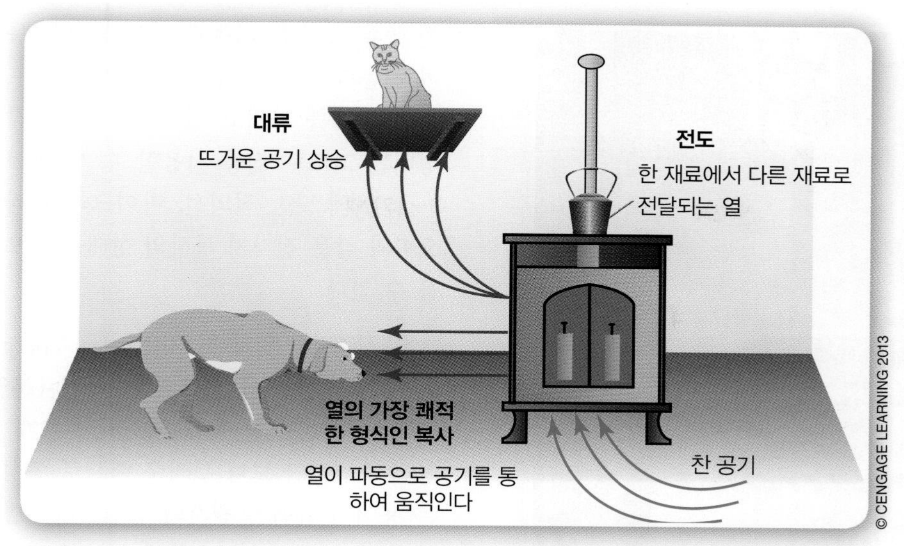

그림 9-16 열에너지는 복사, 전도, 대류로써 전달된다.

전구를 통해 빛에너지로 변환될 수 있다. 전기에너지는 일상적으로 사용되는 가장 개인적인 형태의 에너지 중 하나다(그림 9-15).

열(heat) 열에너지는 통과 중에 있는 에너지로 정의될 수 있다. 열은 항상 두 물체의 따뜻한 데서 차가운 곳으로 흐른다. 열은 세 가지 다른 방법(복사, 대류, 전도)으로 움직이거나 전달될 수 있다(그림 9-16).

복사(radiation)는 파동의 형태로 공기를 통하여 열이 이동하는 방법의 용어이다. 토스터에서 빵 조각을 굽는 것이 복사에 의하여 열에너지가 전달되는 예이다. 아마도 여름철에 포장된 도로에서 열이 올라오는 것과 같은 신기루를 보았을 것이다.

대류(convection)는 열이 액체가 기체와 같은 유체의 움직임이나 순환으로 열이 이동하는 방법의 용어이다. 이것은 난로 위의 물이 뜨거워지는 방법이다. 물이 끓을 때 물방울을 볼 수 있을 것이다. 방울이 물을 통하여 올라오는 방법을 관찰해보자. 뜨거운 물은 상부로 올라오고 차가운 물은 냄비의 아래 부분으로 내려간다. 대류 또한 많은 집에서 사용되는 강제대류 난로의 원리이다. 뜨거운 공기가 방 안으로 불어 위로 올라가는 반면 차가운 공기는 바닥으로 내려와서 냉기 반환 관을 통하여 난로로 들어가게 된다.

전도(conduction)는 고체 재료를 통하여 열이 이동하는 방법의 용어이다. 이것은 가열된 분자가 흔들리고 서로서로 부딪칠 때 일어난다. 분자는 모든 분자가 동일한 온도가 될 때까지 부딪치는 분자들에게 열을 발산한다. 이 원리는 재료를 가열하거나 냉각할 때 사용될 수 있다. 냄비가 난로의 가열요소에 놓으면 열이 전도를 통하여 가열요소에서 냄비의 하부로 전달된다.

빛 **빛에너지**(light energy)는 복사에너지의 한 형태다. 엄밀하게 말하면 전자기 복사라고 부른다. 빛은 항상 움직이므로 저장할 수 없다. 따라서 빛에너지는 위치에너지의

그림 9-17 레이저 조각기는 재료를 자르거나 새기는 데 빛에너지를 사용한다.

한 종류다. 빛은 파동과 같이 공간을 통하여 이동한다. 파동 주파수가 클수록 더 많은 에너지를 가지고 있다. 레이저와 같은 형태는 고도로 집중 사용할 수 있다(그림 9-17). 엑스선, 적외선, 마이크파와 라디오파와 같은 전자기 복사의 형태는 눈으로 볼 수 없다.

원자에너지 **원자에너지**(Nuclear energy)는 원자가 결합(융합)하거나 나뉘는(분열) 결과의 에너지다. **융합**(fusion)은 2개 이상의 소립자가 보다 무거운 핵으로 형성되는 용어이다(핵은 원자의 중심이다). 별에 의해 발산하는 빛은 융합에 의하여 생성된 것이다.

분열(fission)은 원자의 핵인 수많은 작은 소립자로 나누어지는 과정을 말한다. 분열은 원자력발전에서 전기를 생산하는 과정이다. 원자분열을 통해 원자가 분열하는 것은 많은 양의 열을 방출한다. 원자력

그림 9-18 많은 원자력발전소 터빈을 통과한 후 증기가 탈출할 수 있도록 거대한 냉각탑을 가지고 있다.

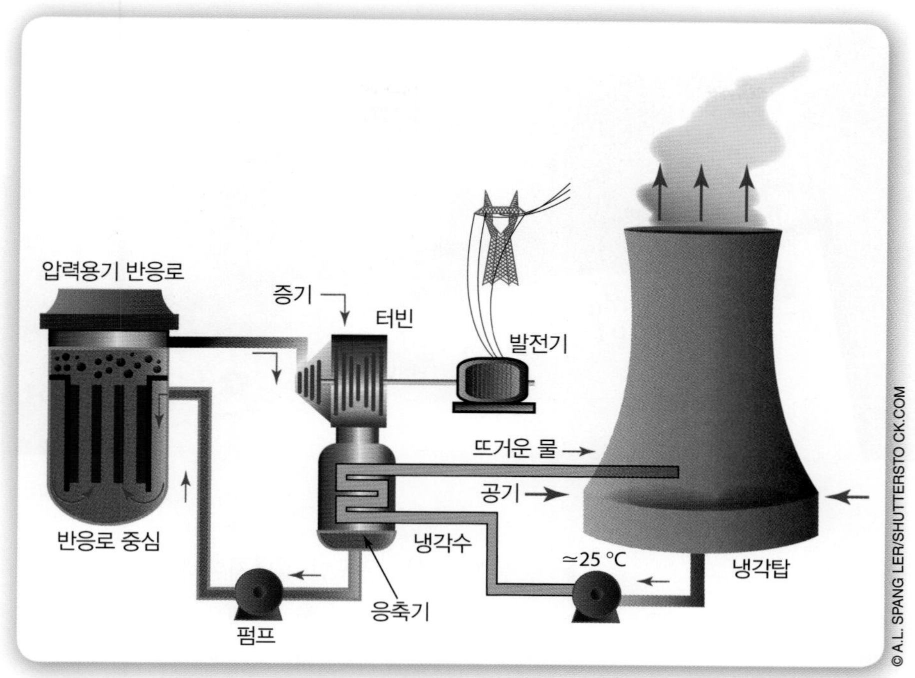

그림 9-19 원자력발전소가 전기를 생산하는 방법의 도표.

발전소에서 이 과정을 조정하여(그림 9-18, 9-19) 물을 끓이는 데 사용되는 열을 만들어낸다. 끓은 물은 커다란 증기 터빈을 회전시키는 데 사용되는 증기를 만들어낸다.

알고 있나요?

오늘날 세계의 31개국에서 400개가 넘는 원자력발전소가 작동하고 있다. 이들은 수십 억 명의 사람들이 사용할 수 있는 전기를 생산하고 있다.

요약

이 장에서 배운 학습내용

- 에너지는 일할 수 있는 능력이다.
- 일은 힘과 거리의 항목으로 측정되며 수학적으로는 $W = F \times d$로 나타낸다.
- 일률은 이루어진 일의 속도이다(일률 = 일/시간).
- 에너지의 종류는 두 가지(위치에너지, 운동에너지)이다.
- 위치에너지는 저장된 에너지이다.
- 운동에너지는 운동인 에너지이다.
- 에너지 자원은 소모성, 재생 가능 또는 비소모성으로 분류할 수 있다.
- 에너지의 여섯 가지 주요 형태는 기계, 열, 화학, 전기, 빛과 원자력이다.
- 에너지 보존 법칙은 에너지는 창조되거나 파괴되지 않고 단지 형태가 변화하는 것을 말한다.

용어

각 용어들에 대한 정의를 쓰시오. 마친 후에, 자신의 답을 이 장에서 제공된 정의들과 비교하시오.

일
일률
화석연료
소모성 에너지
재생에너지
비소모성 에너지
친환경
에너지 보존 법칙

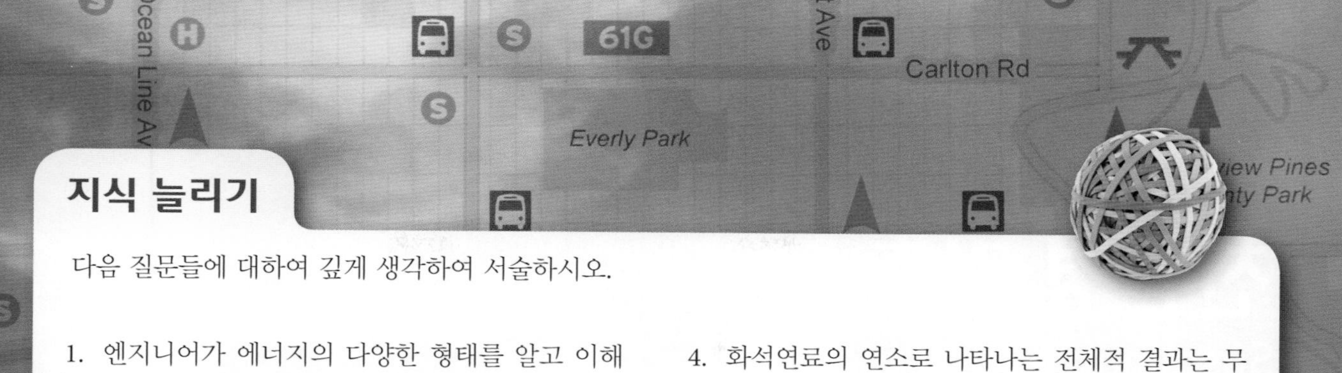

지식 늘리기

다음 질문들에 대하여 깊게 생각하여 서술하시오.

1. 엔지니어가 에너지의 다양한 형태를 알고 이해하는 것이 왜 중요한지 설명하시오.
2. 에너지 보존 법칙이 무엇인지 설명하시오.
3. 우리나라가 화석연료에 의존하는 것이 왜 위험한지 설명하시오.
4. 화석연료의 연소로 나타나는 전체적 결과는 무엇인지 설명하시오.
5. 소모성, 비소모성과 재생에너지 자원들의 차이점을 설명하시오.
6. 소모성, 비소모성과 재생에너지 자원들의 장점과 단점을 설명하시오.

CHAPTER 10

친환경 건축

Sustainable Architecture

Menu

미리 생각해보기

이 장에서 개념들을 공부하기 전에 다음 질문들에 대해 생각하시오.

1. 친환경 건축이란 무엇인가?
2. 토목 엔지니어에 여러 다른 종류가 있는가?
3. 환경 영향 평가가 왜 중요한가?
4. 미국에서 법률적으로 땅을 어떻게 표현하는가?
5. 건축설계의 요소와 원리는 무엇인가?
6. 배치계획, 평면도와 입면도는 무엇인가?
7. 주거건축의 여러 다른 방식은 무엇인가?

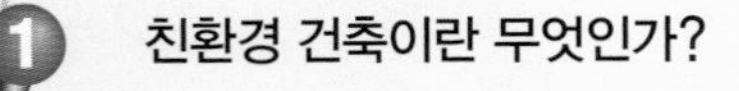

그림 10-1 두바이의 버지 타워(Burj Tower)는 세계에서 가장 높은 건물이다.

공학의 실행

'세계에서 가장 높은 건물'을 가지고 있다는 것을 나라는 어떻게 주장하는가? 이런 주장을 시험하기 위해 건물의 높이를 측정하는 표준 방법이 필요하다. 시카고에 위치한 초고층 도시 건축협회에 따르면 "건물의 높이는 주 출입구의 인도 수준에서 건물의 구조물 꼭대기까지 측정한다. 첨탑은 포함되나 텔레비전 안테나, 라디오 안테나 또는 게양대는 포함하지 않는다." 또한 세계의 10대 최고 높은 건물의 높이를 표현하는 데는 네 가지 기준이 있다. (1) 구조물의 최고 높이, (2) 거주하는 최고 층, (3) 지붕의 꼭대기 (4) 최고 높이의 첨탑, 뾰족탑, 안테나, 안테나 기둥 또는 게양대의 끝.

아랍에미리트 두바이의 버지 타워는 세계에서 가장 높은 건물이다(그림 10-1). 이 건물은 사무실, 상점가, 호화 아파트와 호텔로 사용된다. 버지 타워의 설계와 건축은 토목 엔지니어와 건축가가 함께 풀어온 많은 도전들을 가지고 있다.

10.1 토목공학과 친환경 건축의 개관

이 책 전반을 통해 배운 것과 같이 우리가 사용하고 있는 제품과 우리가 살고 있는 건물을 설계하고 개발하는 많은 종류의 엔지니어와 전문가들이 있다. 우리는 또한 친환경 또는 세상에 부정적인 영향을 주지 않는 행동을 보장하는 것의 중요성을 알게 되었다. 토목 엔지니어와 건축가들은 그들이 설계한 많은 장대한 구조물로 인하여 세상에 큰 영향력을 가지고 있다. 건축가와 토목 엔지니어는 둘 다 면허를 가진 전문가들이나 다른 일과 책임을 가지고 있다. 그렇기는 하지만 둘 다 일에서 친환경을 고려해야만 한다.

건축가

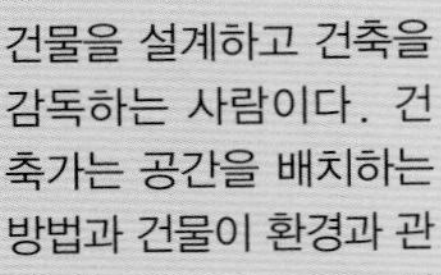

건물을 설계하고 건축을 감독하는 사람이다. 건축가는 공간을 배치하는 방법과 건물이 환경과 관련되는 방법을 포함한 건물 설계에 대하여 책임이 있다.

토목 엔지니어

공공사업 프로젝트(고속도로, 교량, 위생시설과 정수처리시설과 같은)의 설계와 감독을 하는 사람이다.

건축가(architect)는 건물을 설계하고 감독하는 사람이다. 건축가는 공간을 배치하는 방법과 건물이 환경과 관련되는 방법을 포함한 건물 설계에 대하여 책임이 있다. 건축가는 사람의 요구와 희망을 만족스러운 건물로 바꾸는 책임이 있다. 건축가들은 건물이 건축되는 방법을 명확하게 의사소통하기에 충분한 건축기술을 이해하여야 한다. 마찬가지로 건축가는 대중이 안전하고 행복을 보장하기 위하여 지방과 국가의 규정을 알아야만 한다. 건축학은 수학, 과학과 예술이 결합된 엄격한 대학 프로그램이다. 좋은 설계는 이들 세 가지를 기반으로 한다.

토목 엔지니어(civil engineer)는 공공사업 프로젝트(고속도로, 교량, 위생시설과 정수처리시설과 같은)의 설계와 건설에 훈련받은 사람이다(그림 10-2). 토목 엔지니어는 단지 설계, 건설 관리와 건물의 내부 작업에 대하여 주로 책임을 가지고 있다. 건물의 구조물 설계도 토목 엔지니어의 책임 부분이고 설계에 기계, 배관, 전기와 냉난방과 환기 시스템이 있다. 토목 엔지니어와 건축가는 프로젝트의 성공을 위해 함께 일한다.

© SHAWN KA SHOU/SHUTTERSTOCK.COM

그림 10-2 토목 엔지니어는 대규모 프로젝트를 설계하고 감독한다.

환경 친화적인 기술을 사용하여 건물을 건축하는 것을 친환경 건축 또는 녹색 건축(green building)이라고 부른다. 녹색 건축은 전기사용, 물 사용과 건물 수명 주기와 같은 구조물의 에너지 효율을 고려한다. 녹색 건축은 처음 건축할 때 비용이 많이 들지만 전체 수명 기간에서 적은 운영비용이 든다. 미국 녹색건축협회는 녹색 건축을 도와주는 지침을 개발해왔다. 이러한 시스템을 에너지와 환경 설계의 지도력(LEED)이라고 부른다. LEED증명은 친환경 건물의 표준으로 전국적으로 알려져 있다.

그림 10-3 구조 엔지니어는 댐, 교량과 경기장을 포함한 다양한 구조물을 설계한다.

토목 엔지니어의 임무와 책임

토목 엔지니어 안에 여러 가지 다른 학문이 있다. 전문 분야는 구조, 폐기물 처리, 운송, 지질, 물 처리와 건설 관리가 포함된다. 전문 분야와 관계없이 토목 엔지니어와 건축가는 팀으로 일을 잘 할 수 있어야 한다.

구조 엔지니어(structural engineer)는 운동 경기장, 건물, 교량, 탑과 댐과 같은 구조물을 설계하는 사람이다(그림 10-3). **폐기물 처리 엔지니어**(waste-treatment engineer)는 물 처리 장치를 설계하고 해석한다. 이것은 가정의 물과 폐수의 오수처리, 산업용 폐수와 음료수(식수의 정수)를 포함한다.

운송 엔지니어(transportaion engineer)는 도로와 고속도로, 교통통제 신호, 철도와 공항의 설계와 해석을 관여한다(그림 10-4). **지질 엔지니어**(geotechnical engineer)는 지면이 구조물의 하중을 지지할 수 있는지 즉, 암석과 토양이 하중을 지지할 수 있는지를 확인한다(그림 10-5).

물 처리 엔지니어(water-management)는 물의 흐름을 조절하기 위해 댐과 구조물을 설계한다. 이것은 운송을 위한 배수 시스템과 수로를 포함한다. **건설 관리 엔지니어**(construction-management engineer)는 구조물의 실제 건축을 감독한다. 이러한 엔지니어의 일은 계획 검토, 재료 발주와 하도급업자 일정이 포함된다. 일반적으로 품질관리와 설계된 대로 각 구조물이 건축되도록 확인하는 책임이 있다.

녹색 건축

환경적으로 책임이 있는 방법으로 건축하는 과정뿐 아니라 구조물의 결과이다.

구조 엔지니어

운동 경기장, 건물, 교량, 탑과 댐과 같은 구조물을 설계하는 사람이다.

그림 10-4 운송 엔지니어는 도로, 철도와 항공으로 사람과 화물을 움직이는 시스템을 설계한다.

프로젝트

토목공학에서 **프로젝트**(project) 용어는 계획과 건설을 포함하는 대규모 중요한 일에 관련하여 사용된다. 프로젝트는 토목 엔지니어의 종류에 따라 광범위하게 변한다. 이미 지적한 대로 프로젝트는 도로와 고속도로, 교량, 댐, 물 처리 장치, 민물공급 시스템, 건물의 구조적 요소와 건물인의 기계적 시스템을 포함한다.

프로젝트 설계 설계라는 단어는 명사 또는 동사로 사용될 수 있다. 동사로써 설계한다는 계획을 개발하는 과정을 나타낸다. 이 계획은 많은 다른 부분을 가지고 있다. 만약 교량, 댐 또는 건물을 설계하려고 하면 이것은 문제가 되지 않는다. 사용하는 설계과정의 많은 부분이 동일하다.

명사로 사용될 때 설계는 최종 계획이나 해를 나타낸다. 설계는 도면, 모델(컴퓨터 생성과 물리적 모델)과 제안을 통하여 표현될 수 있다. 설계는 종종 공식적인 발표로 고객에서 제출된다. 고객이 설계 제안을 받아들일 때 건설 단계가 시작된다. 토목공학 프로젝트는 설계와 건설 단계를 모두 포함한다.

그림 10-5 이탈리아의 유명한 피사의 사탑은 지질 공학의 중요성을 보여준다.

프로젝트 문서 토목 엔지니어들은 프로젝트의 처음 아이디어에서 최종 개발까지의 아이디어와 활동을 기록하기 위하여 프로젝트 문서를 사용한다. 프로젝트 문서는 설계와 건설 과정을 기록하기 위하여 포트폴리오, 일기, 스케치와 도면, 디지털 사진과 컴퓨터 파일과 같은 다양한 것들이 포함된다(그림 10-6). 프로젝트 문서는 프로젝트의 정확한 기록을 제공하므로 매우 중요하다. 때로는 이들 문서가 법적 경우에 증거가 된다. 엔지니어와 건축가는 프로젝트의 설계와 건설의 정확한 기록을 유지해야 할 법률적 윤리적 책임을 가지고 있다.

프로젝트 포트폴리오는 프로젝트의 처음 시작에서

완성까지의 기록이다. 엔지니어는 프로젝트를 통하여 특정한 설계 관점과 진척 과정을 보여주기 위해 포트폴리오를 사용한다. 엔지니어 노트의 구성방식에서 엔지니어의 포트폴리오는 법정에서 증거로 사용될 수 있는 법률 문서다.

일기와 같이 포트폴리오는 프로젝트와 관련된 원래 아이디어와 연구의 기록이다. 또한 포트폴리오는 프로젝트에서 만들어진 진척도 기록한다. 때로는 포트폴리오는 스케치, 도면, 표현, 설명서와 도표와 그림을 포함한다.

일기는 토목 엔지니어가 사용하는 또 다른 도구이다. 일기는 설계과정을 표현하는 글, 스케치와 연구 재료의 매일 기록이다.

프로젝트 계획

프로젝트 계획은 팀 작업을 포함한다. "두 사람이 한 사람보다 낫다"는 말을 들어보았을 것이다. 이것은 참된 말이고 프로젝트 계획 팀을 구성하기 위하여 다른 전문가들이 함께 모여야 하는 이유이다. 이 장의 앞부분에서 설명한 대로 토목공학에는 다양하게 많은 전문분야가 있다. 프로젝트의 종류와 프로젝트의 설계는 프로젝트 계획 팀에 필요한 전문가들을 정하게 된다.

구조 응력 해석에 훈련된 사람은 건물에 전기 공급 시스템 설계나 토양이 건물의 무게를 견딜 수 있을지를 시험하기 위해서는 최고의 사람이 아닐 수 있다. 마찬가지로 냉난방의 수요와 관을 통해 흐르는 공기 흐름을 계산하는 데 훈련된 토목 엔지니어는 배관 시스템의 설계를 위해서는 최고의 사람이 아닐 수 있다.

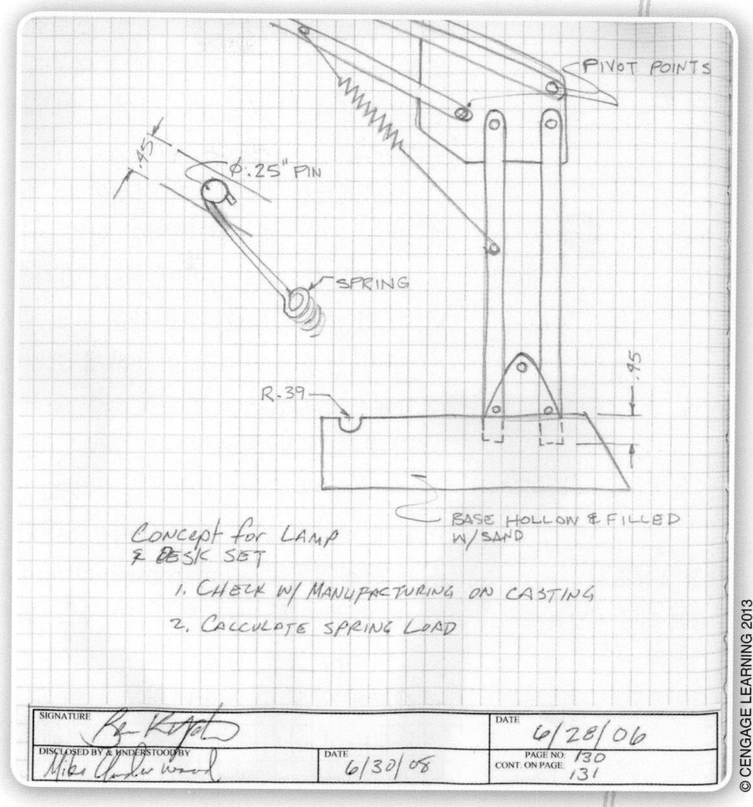

© CENGAGE LEARNING 2013

그림 10-6 엔지니어의 노트 면에는 스케치 개념, 주와 날짜 서명이 포함될 수 있다.

© ISTOCKPHOTO.COM/JOHAN RAMBERG

그림 10-7 토목 엔지니어는 공장이 아니라 부지에 건축되는 프로젝트를 설계한다. 덴마크와 스웨덴 사이의 외레순 다리(Oresund Bridge)는 도로와 철도 차량을 동시에 운송할 수 있는 세계에서 가장 긴 단일 다리이다.

부지 선정 및 규정 토목공학 프로젝트는 항상 부지에 위치한다(그림 10-7). 이것은 토목 엔지니어와 제조시설에서 제품을 생산하고 제조하는 일을 하는 엔지니어와의 주된 차이점이다. 토목 엔지니어는 사무실에서 일할 수는 있으나 각 프로젝트는 현장에 위치한다.

프로젝트를 위한 부지 선정은 결정적인 판단이다. 연구를 위한 좋은 거래는 다양하게 많은 영역에서 이루어져야 한다. 예를 들면 부지의 과거 소유주는 누구인지 무엇으로 사용하였는지를 알아야 한다. 대지를 사용하는 데 어떤 법률적 제한(토지 사용 제한법)이 있는가? 인접한 부동산은 무엇에 사용되고 있는가?

부지 선정에서 가장 중요하게 고려해야 할 것 중 하나는 환경에 대한 영향이다. 이 부지에서의 사람들의 활동이 다른 곳에 어떻게 영향을 주는가? 사람들의 활동으로 생기는 공해 또는 오염 물질이 땅으로 스며들어 내리막이나 하류로 움직인다는 것을 기억하라. 영향을 받게 될 지역에 습지가 있지 않은가? 프로젝트에 의하여 지역의 야생동물이 어떻게 영향을 받게 될 것인가? 이러한 질문과 보다 많은 것들이 프로젝트가 시작되기 전에 **환경영향평가**(environmental impact study)에 의하여 해결되어야만 한다.

환경영향평가

환경에 대한 제안된 프로젝트의 영향을 평가한다.

토양 종류는 모든 토목공학 프로젝트에서 중요하게 고려해야 한다. 피사의 사탑은 건물의 하중을 지지할 수 없는 땅에 건축된 건물의 가장 유명한 예 중 하나다. 뉴욕과 시카고에 있는 고층의 마천루가 왜 로스앤젤레스에는 존재하지 않는가? 토양의 종류는 건물뿐만이 아니라 모든 프로젝트에서 중요하다. 커다란 댐을 계획하는 데 지질 토목 엔지니어가 포함되지 않은 결과를 상상할 수 있는가?

부지 계획

토목 엔지니어는 착수하는 어떠한 프로젝트에 대해 법률적이고 윤리적인 책임을 가지고 있다. 책임감 있는 설계는 부동산을 가장 유용하게 사용하면서 환경에 영향을 최소화하는 것이다. 프로젝트 설계는 보기에 즐겁고 자연환경과 조화되어야 한다. 공간은 매력적이고 프로젝트의 특별한 목적에 잘 사용되어야 한다.

규정과 건축요건(국가, 주와 지역)은 부지의 사용과 설계에 영향을 준다. 지역 규정은 건축할 수 있는 구조물의 종류와 위치하는 장소에 영향을 줄 수 있다. 어떤 전기 수도 가스와 같은 공공사업의 이용 가능성과 부족은 부지 계획에 영향을 줄 수 있다. 조경

알고 있나요?

제작과 건설 과정은 둘 다 제품을 생산한다. 건설과 제작의 차이는 부지에 건축되는지, 공장에서 만들어진 제품인지이다.

공학 속의 수학

수학은 측량에서 매우 중요하다. 측량은 기하학과 삼각법의 원리를 사용한다. 미적분학은 호수의 면적을 정확하게 나타내는 데 사용된다.

도 부지 계획에 매우 중요한 부분이다.

부동산의 표시 땅은 가치가 있다. 미국에 있는 모든 땅은 법률적인 표시가 있다. 이 법률적인 표시는 공문서로 간주되어 일반적으로 지방 법원에 기록되어 있다. 이 표시의 목적은 모든 땅의 주인이 자기 땅의 경계가 정확하게 어디인지를 확신할 수 있게 한다.

법적 경계를 설정하는 가장 일반적인 방법의 한 가지는 측량(survey)을 사용하는 방법이다(그림 10-8). 측량은 1790년대부터 미국에서 사용되어왔다. 사각형 측량은 주 자오선과 기준선을 기초로 한다. 자오선(경도의 선)은 남과 북으로 기준선은 동과 서로 뻗어 있는 선이다. 본초자오선은 영국의 그리니치를 통과하고 경도 0으로 정의된다. 이것은 동반구와 서반구로 지구를 나눈다. 오늘날 GPS(위성위치확인시스템)도 부동산을 나타내는 데 사용된다.

측량
땅의 법적 경계를 설정하는 데 사용되는 방법이다.

공간할당계획 공간할당은 사용자의 필요에 따라서 이루어진다. 의도하는 공간사용에 따라 사람들이 움직일 수 있는 충분한 공간을 가지는 것이 가장 중요한 고려 사항일 수 있다. 예를 들면 주유소와 은행과 같이 자주 짧은 방문의 고객이 많은 영업은 도로나 고속도로에 쉽게 접근할 필요가 있다. 상점가나 식품점과 같이 오랫동안 머무는 고객이 많은 곳은 많은 주차장이 필요하다. 상점가는 수백 명의 사람이 쉽게 이동할 수 있도록 상점 사이에 충분한 실내공간이 필요하다.

어떻게 많은 사람들이 빠르고 안전하게 운동 경기장이나 연주회장에 도착할 수 있을까? 주요 행사에 가는 길에 교통체증을 경험한 적이 있는가? 공간할당계획은 어떻게 교통이 흐르는지 예측하는 것이 대단히 중요하다. 토목 엔지니어와 건축가들은 그들

그림 10-8 측량사는 땅의 정확한 법적 표시를 제공한다.

그림 10-9 부지 계획은 교통흐름, 안전과 단지에 공공시설을 공급하는 것이 중요하다.

그림 10-10 토목 엔지니어는 댐에서 생산된 전기를 필요한 도시에 공급하는 방법을 계획해야 한다.

이 설계하려고 하는 구조물에서 사람과 상품들이 어떻게 도착하고 출발하는지 계획이 필요하다(그림 10-9). 그들은 건물 안에서 교통이 어떻게 움직일지를 계획할 필요도 있다.

마찬가지로 산업 또는 공공 공사 프로젝트도 특별한 용도의 요구가 있다. 산업단지의 공간 할당에는 철도나 트럭에 의하여 싣거나 내릴 수 있는 커다란 공간이 포함될 수 있다. 그들은 또한 전기, 물, 민물과 천연가스와 같은 자원의 대규모 공급 장치도 필요하다. 이들 자원들 안전하게 구조물에 도달하게 하는 방법도 계획 과정에서 중요한 부분이다. 그것은 지하 관로나 동력선일 수 있다. 도로는 관로위로 가로놓여질 수 있다.

공공 공사 단지에 자원들이 들어오고 나오는 계획은 공간 할당 계획에서 중요한 고려 사항이다. 댐에서 생산된 전기가 만약 대규모 송전선을 통하여 소비자에게 전송되지 못한다면 아무런 가치가 없다(그림 10-10). 전기를 위한 송전선이나 액체와 가스를 위한 관들은 매우 비싸다. 토목 엔지니어는 이들 공급선을 가능하면 가장 짧고 안전한 경로를 계획한다.

평면 배치 계획 평면 배치는 상당한 양의 땅고르기를 포함한다. **땅고르기**(grading)는 토양을 옮기고 고르는 것을 나타내는 용어이다. 땅고르기 계획은 부지의 등고선뿐만 아니라 앞서 설명한 공간의 할당과 용도를 기초로 한다. **등고선**(contours)은 땅의 물질적 특성의 지형학적 개요나 동일한 고도 점들을 연결한 선을 보여주는 지도상의 선들이다.

> **등고선**
> 땅의 물질적 특성의 지형학적 개요나 동일한 고도 점들을 연결한 선을 보여주는 지도상의 선들이다.

단지의 등고선은 구조물의 방향에 영향을 미칠 수 있다. 많은 양의 토양을 옮기고 재배치하는 데 시간과 경비가 포함되므로 건축가와 토목 엔지니어는 현존하는 등고선의 장점을 택할 수 있도록 구조물의 방향을 정하는 방법으로 세심한 주의를 한다.

상단의 토양은 매우 가치 있는 자원이다. 이런 이유로 마지막 땅고르기 후에 재배포할 수 있도록 먼저 제거하여 한편에 보관해둔다. 땅고르기는 구조물에서 물이 잘 배수될 수 있도록 주의해야 한다. 토목 엔지니어는 땅의 침식이 최소화되도록 계획해야 한다.

진입로와 같은 단지의 어떤 특정한 요소의 위치는 이용이 쉽도록 유지하면서 비용을 최소화하도록 계획되어야만 한다. 예를 들면 짧은 진입로는 긴 진입로보다 땅고르기와 건설하기에 훨씬 비용이 적게 든다. 그러나 진입로가 결과적으로 너무 가파르게 되면 짧은 진입로는 좋지 않은 해결책이 된다. 아마 더욱 긴 진입로가 지형의 가파름과 더 좋은 균형을 이루게 될 것이다. 이것은 평면 배치 계획을 설계할 때 건축가와 토목 엔지니어가 반드시 해야 할 결정의 단지 한 종류의 예이다. 앞서 언급한 대로 공공시설 또한 계획과정의 중요한 부분이다.

건축학

건물을 설계하고 건립하는 예술과 과학이다.

친환경 건축

환경을 염두에 두고 구조물을 설계하는 것과 관련이 있다.

10.2 건축학

건축학(architecture)은 건물을 설계하고 건립하는 예술과 과학으로 정의할 수 있다. 이것은 진실로 대대로 가치 있는 아름다움을 유지할 수 있게 하는 예술과 과학의 결합이다. 예술적 부분은 처음 눈으로 보았을 때의 인상이다. 선들이 자연스럽게 흐르는가? 눈을 어디로 이끄는가? 설계가 환경과 조화를 이루는가?

때로는 녹색 건축이라는 용어인 친환경 건축(Sustainable architecture)은 환경을 염두에 두고 구조물을 설계하는 것과 관련이 있다. 건축가는 건물의 위치를 고려한다. 대중교통과 가까운가? 건축가들은 사용할 건축 재료를 결정한다. 재료가 재활용 제품으로 만들었는가? 건축가는 또한 건물의 에너지 사용도 고려한다. 태양에너지를 사용할 수 있는가?

플랭크 로이드 라이트는 아주 유명한 미국의 건축가 중 한 사람이다. 그는 사막이나, 대초원에서 또는 삼림지대에 건축하든지 주위의 환경과 자연스럽게 조화되는 주택과 건물을 독특하게 설계하는 것으로 명성이 있었다(그림 10-11). 플랭크 로이드 라이트에 대하여 연구하고 만약 그가 강위에 설계하고 건축한 주택을 찾을 수 있다면 보아라.

그림 10-11 플랭크 로이드 라이트의 설계는 주위 환경과 자연스럽게 조화를 이룬다.

물론 과학은 건물이 몇 세기 동안 튼튼하게 서있고 거주자들을 안전하다는 것을 보장하는 부분이다. 공간이 효율적으로 사용되는가? 방문객으로써 주 공간으로 끌려 들어가는가? 건물 전체에 공기가 자연스럽게 흐르는가? 건물은 태양열의 충분한 장점을 이용하는가? 오늘날의 많은 건물은 뉴욕

공학 속의 수학

수학은 대규모 고층 건물의 설계에서 매우 중요하다. 배관과 같은 시스템은 건물의 높이가 높아질수록 보다 복잡해진다. 물이 다양한 수준의 꼭대기까지 공급되어야 하고 배수관의 폐수는 낙하할수록 믿을 수 없을 정도로 힘이 커진다. 수학적 모델은 엔지니어가 이러한 문제를 다룰 수 있는 시스템을 설계할 수 있게 한다.

그림 10-12 새로운 자유탑(New Freedom Tower)과 같은 건물은 믿기 힘든 높이까지 도달하여 온전한 과학과 수학적 모델이 요구된다.

시의 세계무역센터를 대신하여 제안된 자유탑(Freedom Tower)과 같이 믿기 힘든 높이까지 도달한다(그림 10-12). 건물의 높이가 높아질수록 온전한 과학적 원리가 더욱 강조된다.

건물은 어떤 목적을 위하여 설계된다. 고객의 필요나 건물의 주된 목적을 이해하는 것이 잘 설계된 건물에 결정적으로 중요하다. 앞서 부지 계획에서 논의한 교통 흐름은 건물설계에서도 주요 요인이다. 즉석식품 식당과 고급 식당에서의 교통 흐름의 차이를 생각해보라. 건물이 이용되는 방법을 이해하는 것은 좋은 설계가 되기 위한 기본이다.

날씨는 건물의 지붕과 외부에 매우 혹독한 시련을 줄 수 있다. 바람, 비, 우박과 여름철의 태양으로부터 맹렬한 열은 건물 외부에 큰 피해를 줄 수 있다. 장차 몇 년 동안 자연으로부터의 이와 같이 심한 취급을 견딜 수 있는 적절한 재료를 선정하는 것을 확신하기 이해서는 과학을 잘 이해해야 한다. 과학은 또한 건물의 지붕과 옆면에서 물이 흘러내려 땅의 기초로부터 멀리 흘러가도록 설계하는 데도 포함되어 있다. 이들 기능적 요소를 매력적으로 만드는 것은 예술에서 해야 한다. 건물은 태풍, 토네이도와 아마도 지진과 같은 극심한 날씨도 견딜 수 있게 건축될 필요가 있다. 지방 건축 규정은 특정한 지역의 극심한 조건을 견딜 수 있도록 건물이 건축되도록 지시하고 있을 것이다.

건축양식

건축양식은 시간이 흐르면서 급격히 변화되어왔다. 미국을 개척한 유럽 정착민들은 자신의 고향에서 건물양식과 기술을 가져왔다. 따라서 미국 전역의 주택양식은 지역의 초기 정착민을 기반으로 변한다. 미국에서 일반적으로 발견되는 건축양식은 그림 10-13과 같다.

6

건축학적 양식과 상관없이 모든 양식은 요소와 설계의 원리를 결합한다. 이들 요소

그림 10-13 건축양식은 미국 전체에서 광범위하게 다르다. 사진은 이런 양식의 예들을 보여 준다. (a) 식민지시대, (b) 빅토리아, (c) 공예가, (d) 연립주택, (e) 목장, (f) 케이프코드, (g) 스페인. 이들 각 건물에서 건축학적 요소를 확인할 수 있는가?

공학 속의 과학

S T E M

엔지니어와 건축가는 열에너지의 전달을 이해해야 한다. 대형 건물은 각 다른 층뿐만 아니라 건물의 각 면에 따라서 서로 다른 냉난방이 필요하다. 냉난방 시스템은 대규모 건물에서는 막대한 에너지를 요구한다. 갈수록 건축가와 토목 엔지니어는 에너지를 절약하기 위해 자연 냉난방의 장점을 채택하는 녹색구조물을 설계해야 한다.

형상
선과 기하학적 모양으로 표현하는 설계의 원리이다.

감촉
재료나 건물의 반사성질을 포함하여 거칠기 또는 평탄을 나타낸다.

와 원리는 형상, 감촉, 리듬, 평형, 비율과 통합을 포함한다. 형상(form)은 선과 기하학적 모양으로 표현하는 설계의 원리이다. 구조물의 형상은 기능에 의해 영향을 받는다. 감촉(texture)은 재료나 건물의 반사성질을 포함하여 거칠기 또는 평탄을 나타낸다.

리듬(rhythm)은 선, 면 또는 표면 처리의 규칙적인 반복무늬를 가지므로 유동이나 움직임이 만들어내는 환상을 표현하는 데 사용되는 용어이다. 평형(balance)은 때때로 대칭을 나타내는 상상의 중심선과 관련하여 구조물의 다양한 면적을 다루는 설계의 원리이다. 비율(proportion)은 면적의 크기와 모양과 그들의 서로의 관계를 다루는 설계의 원리이다. 통합(unity)은 구조물 설계의 다양한 요소를 함께 묶는 설계의 원리이다.

작업도

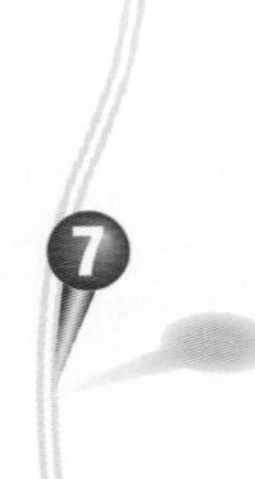

작업도는 건설 요건을 표현하고 소통하는 데 사용된다. 주택에 대한 작업도의 일반적인 완전 세트는 부지 계획, 평면도, 고도, 단면과 상세, 명세서와 기계, 배관과 전기 계획을 포함한다. 특별한 도식들이 캐비닛, 싱크와 전기 스위치와 전구와 같은 품목을 나타내기 위해 사용된다. 주거용 계획은 일반적으로 1/48의 척도로 그려진다.

평면도(floor plans)는 주택설계의 많은 양상을 건축가들과 가족들이 빨리 보고 알 수 있게 한다. 근본적으로 이것은 방들의 공간과 크기 관계와 사람들이 주택에서 어떻게 움직이는지를 보는 데 도움을 준다. 평면도는 "세탁실은 침실 근처에 있는가?" "거실에 당구대를 둘 수 있는 충분한 공간이 있는가?" "진흙 묻은 신발을 신은 어떤 사람이 외부에서 들어온다면 카펫을 밟아야만 하는가?"와 같은 질문에 답할 수 있다(그림 10-14, 10-15).

리듬
선, 면 또는 표면 처리의 규칙적인 반복무늬를 가지므로 유동이나 움직임이 만들어내는 환상이다.

평형
때때로 대칭을 나타내는 상상의 중심선과 관련하여 구조물의 다양한 면적을 다루는 설계의 원리이다.

입면도(elevation)는 주택의 외부를 보여주는 도면이다. 정면은 무엇과 같이 보이는가? 정면은 벽돌, 돌 또는 나무로 마감하는가? 집의 옆면에 창문은 어디에 있는가? 입면도는 건축가와 주인에게 건축을 마쳤을 때 장래의 집이 정말로 무엇과 같이 보이는지 매우 정확한 그림을 보여준다(그림 10-16).

단면과 상세도는 내부를 상세하게 그린 도면이다. **단면**(sections)은 건물을 가로지

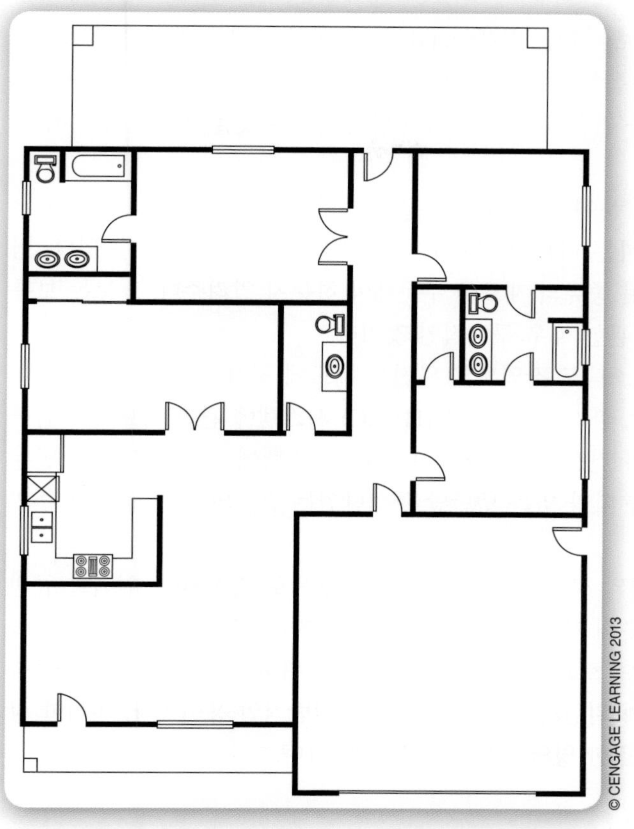

그림 10-14 평면도는 방의 크기, 공간의 사용과 교통 흐름을 볼 수 있게 도움을 준다.

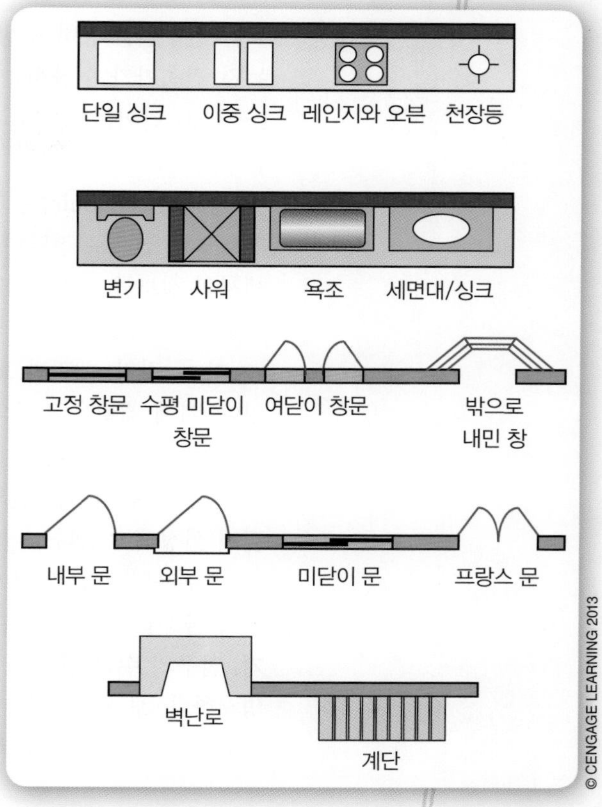

그림 10-15 건축학적 도식들이 구조물의 다양한 요소를 나타내기 위해 평면도에 사용되었다.

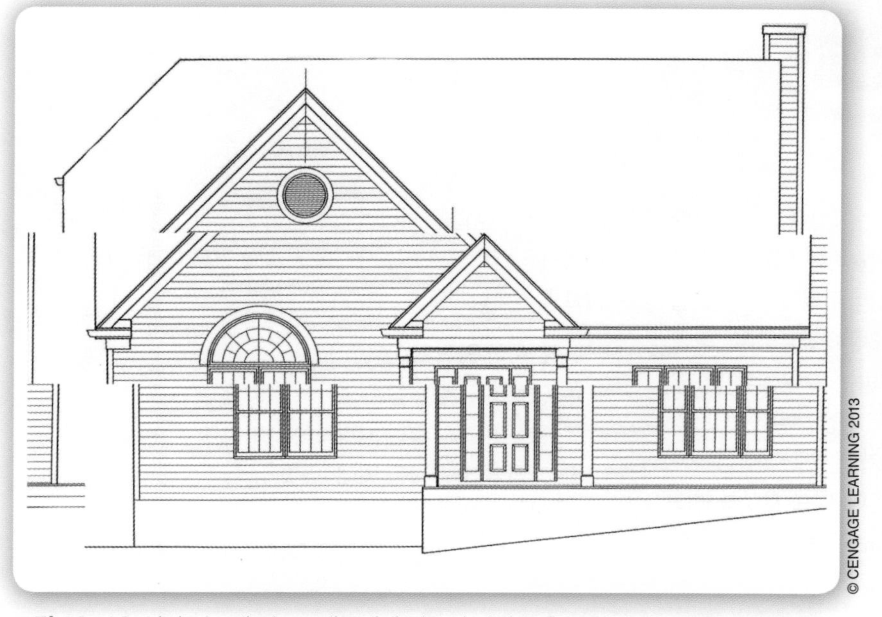

그림 10-16 입면도는 때로는 고객들에게 건물의 가장 좋은 종합적인 그림을 보여준다.

비율

물체와 다른 물체 또는 한 크기와 다른 크기와의 관계이다.

통합

구조물 설계의 다양한 요소를 함께 묶는 설계의 원리이다.

르는 절단면을 통하여 상세를 보여준다. **상세**(detail)는 특정한 조각들이 어떻게 조합되는지 건축가가 이해하는 데 도움이 되도록 특정한 부분을 확대한 도면이다. 대표적인(typical) 단어는 동일한 상세가 건물의 다른 곳에서 반복된다는 것을 의미하기 위해 사용될 수 있다.

명세서(schedule)는 창문과 문에 관한 정보와 같이 특별한 세부사항을 나열한 표다. 명세서는 집으로 전달하려고 하는 다른 조명기구를 나열하는 데도 사용될 수 있다. 명세서의 정보들은 건축가가 어떤 종류의 재료를 주문해야 하는지 알려준다. 정보는 보통 부품의 크기, 모델과 제작자에 관한 매우 구체적인 것이다.

기계, 전기, 배관과 보호 시스템도 작업도의 완전한 세트에 포함된 도면에 명시되어 있다. 기계 계획은 건물의 난방, 환기와 공기조화(HVAC) 시스템에 관한 정보를 포함한다. 주택에 살고 있는 사람들의 건강과 안락함은 HVAC 시스템에 의하여 영향을 받는다. 공기가 움직이는 일의 관을 따라 있는 냉난방 구성단위는 건물의 크기에 따라 주의 깊게 선정해야 한다.

거주자의 안전은 집에 설계된 전기, 배관과 보호 시스템으로 결정된다. 엄격한 규정이 민물공급과 집으로부터 하수의 제거를 통제한다. 마찬가지로 전기 규정도 전선의 크기, 전구의 수와 전기회로의 콘센트와 거주자들을 보호하기 위하여 설계된 기타 정보를 명시한다. 보호시스템은 연기와 일산화탄소 감지에 대한 일반적인 용어이다. 이러한 장치들은 침실과 같은 주택의 특정한 영역에 반드시 있어야 한다.

공학 과제

건축학의 양식은 나라의 한 곳에서 다른 곳으로 변한다. 선생님의 허가를 받고 이들 각각 다른 양식을 대표하는 유명한 주택과 건물을 웹(Web)을 검색을 팀으로 활동하라. 공예, 방갈로, 케이프코드, 농가, 연방, 조지안, 현대, 퀸앤, 목장, 소금통, 스페인, 스플리트 레벨, 튜더, 빅토리아. 예를 들어 백악관은 무슨 양식인가?

팀과 협력하여 건축학의 양식을 전자 발표 자료를 만드시오. 발표 자료에 각 양식을 나타내는 작은 사진을 포함해야 한다. 수업을 위하여 선생님이 요구하는 정보를 제목 페이지를 만드시오. 각 사진과 건축학 양식 아래에 다음의 정보를 기록하시오.

1. 건축학 양식의 이름
2. 양식이 유래한 장소
3. 양식이 가장 흔한 지리학적 위치
4. 가장 흔히 사용된 연대나 연도
5. 양식의 대표적인 층수
6. 양식을 알아볼 수 있고 유일하게 만드는 독특한 특징

공학 속의 과학

엔지니어와 건축가는 대규모 구조물을 설계하기 위해는 과학을 반드시 이해하여야 한다. 물리는 구조 엔지니어가 대규모 구조물에 영향을 주는 힘과 하중에 대한 계획을 도와주는 과학의 부류다.

10.3 구조공학

구조공학(structural engineering)은 힘과 하중과 그것들이 구조물에 주는 영향을 분석하는 것이다. 모든 구조물은 구조물에 작용하는 많은 다른 힘들을 가지고 있다. 힘은 구조물을 당기거나 민다. 힘은 바람과 같은 현상으로도 나타날 수 있다. **하중**(load)은 구조물이 지지해야 하는 무게를 말한다(그림 10-17). 하중은 건물에 있는 사람이나 가구로부터 올 수도 있고 교량 위의 자동차로부터 올 수도 있다.

구조 엔지니어는 구조물에 작용하는 힘과 교량, 건물, 댐과 경기장과 같은 건축물의 설계를 연구하는 전문가이다. 어떤 구조물이든 다음과 같은 세 가지의 기본 원리가 있다. (1) 안정해야 한다. (2) 작용하는 힘과 하중을 충분히 견딜 수 있어야 한다. (3) 건축하는 데 경제적이어야 한다.

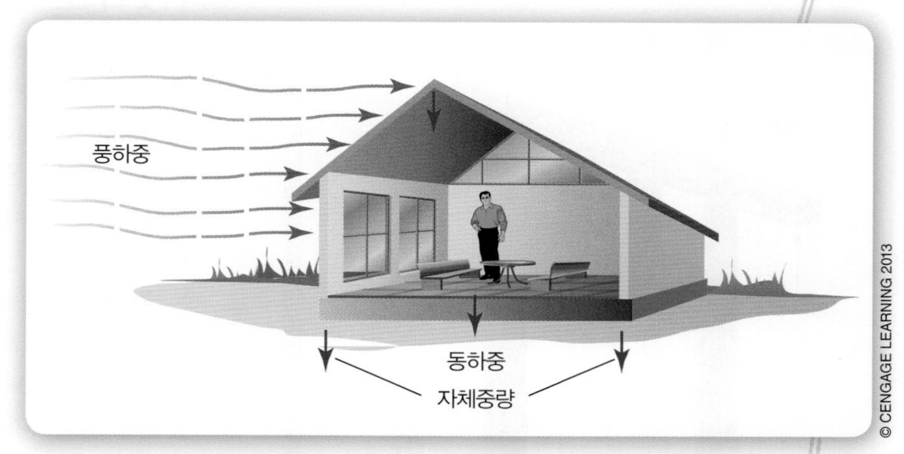

그림 10-17 자체중량은 구조물 부재의 무게이고, 동하중은 사람과 가구이며 풍하중은 주택의 외부에 가해지는 압력이다.

기초

기초(foundation)는 구조물의 하중을 지면으로 전달한다. 기초는 건물의 부분구조물이고 보통 콘크리트로 만들어진다. 전체 구조물은 기초 위에 놓여진다. 고층 건물에서 기초가 지지해야 하는 엄청난 크기의 무게에 대해 생각해보라. 토양의 종류가 기초 설계에서 대단히 중요하다. 최종 설계에 중요하게 되는 무게를 토양이 잘 지지하는 방법은 무엇인가?

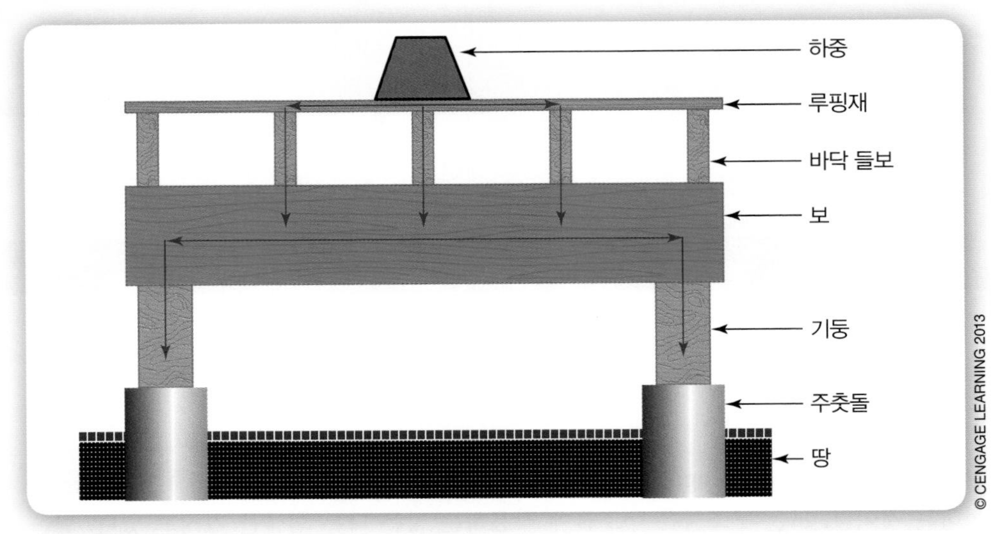

그림 10-18 기둥(말뚝)과 보는 기초로 하중을 전달한다.

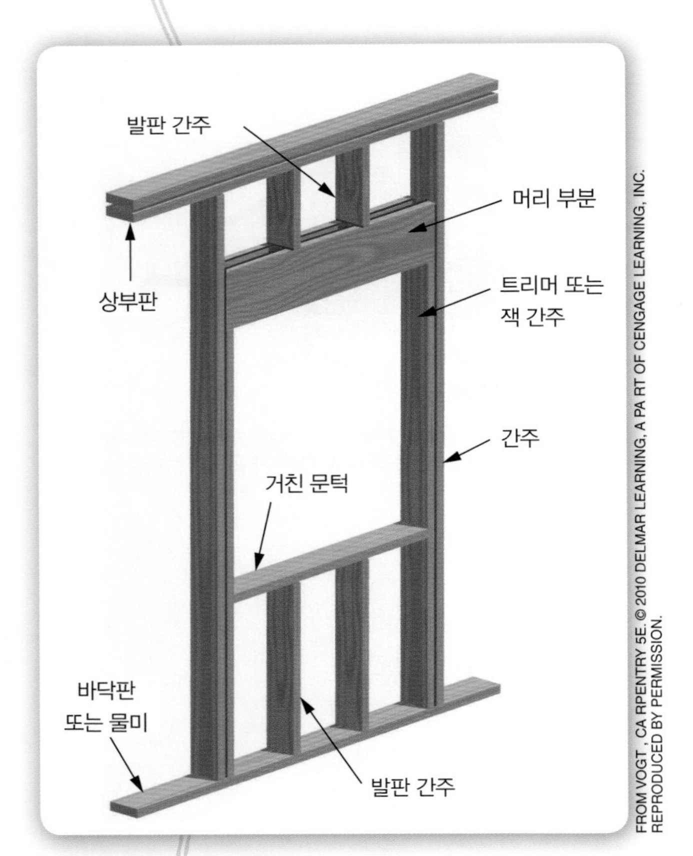

그림 10-19 벽 단면의 부재.

기둥과 보

기둥과 보는 상업용 건물에 가해지는 하중을 지지하는 중요한 구조물 요소들이다. **기둥**(column: 말뚝)은 구조물의 기초에 하중을 전달하는 수직구조물 부재이다. **보**(beam)는 지붕과 벽하중을 지지하는 수평 구조물 부재이다(그림 10-18).

기둥과 보는 가해지는 하중을 충분히 지지할 수 있도록 커야 한다. 나무, 공학목재, 강과 콘크리트를 포함하여 다양한 재료들이 보와 기둥으로 사용된다. 공학목재는 특수한 접착제로 작은 조각을 붙여서 만든다. 공학목재는 같은 크기의 원목보다 강하고 원목과 같이 뒤틀리거나 갈라지지 않는다.

벽 단면

주택의 하중은 벽 단면을 통해 전달된다. 벽 단면의 다양한 부품들은 주택의 하중을 분산하도록 설계된다. 하중을 전달하는 벽의 수직 부재는 간주라고 부른다(그림 10-19). 문구멍과 창문 위의 하중은 헤더(header)라고 부른다. 문과 창문의 구멍은 실제 문이나 창문보다 크게 건설되므로 거친 개방이라고 부른다. 이 여분의 면적은 목수가 문과 창문을 설치하는 동안 수평을 만들 수 있게 한다.

지붕 시스템

지붕 시스템(roof system)은 구조물의 꼭대기이고 기후로부터 건물의 내부를 주로 보호한다. 지붕 시스템은 지역의 기후 조건에 따라 선택된다. 수많은 다른 지붕 양식이 있다. 보편적인 지붕 양식은 그림 10-20에서 나타나 있다. 지붕의 마감 재료도 기후, 태양과 화제로부터 건물이 잘 서 있을 수 있기 위하여 중요하다. 주택의 일반적인 지붕의 재료는 아스팔트, 나무 세커, 골진 금속면과 타일로 만들어진 지붕널이 포함된다.

피치(pitch)는 지붕의 경사를 나타내는 데 사용되는 용어이다(그림 10-21). 전형적인 주택의 지붕은 3/12보다 큰 지붕의 피치를 가지고 있다. 3/12피치는 수평으로 매 12피트마다 수직으로 3피트 높아지는 지붕을 의미한다. 이 피치가 지붕에서 비와 눈이 흘러 떨어지는 데 도움이 되는 필수이다. 많은 눈이 내리는 지역의 집들은 눈이 너무 깊게 쌓이는 것을 방지하기 위

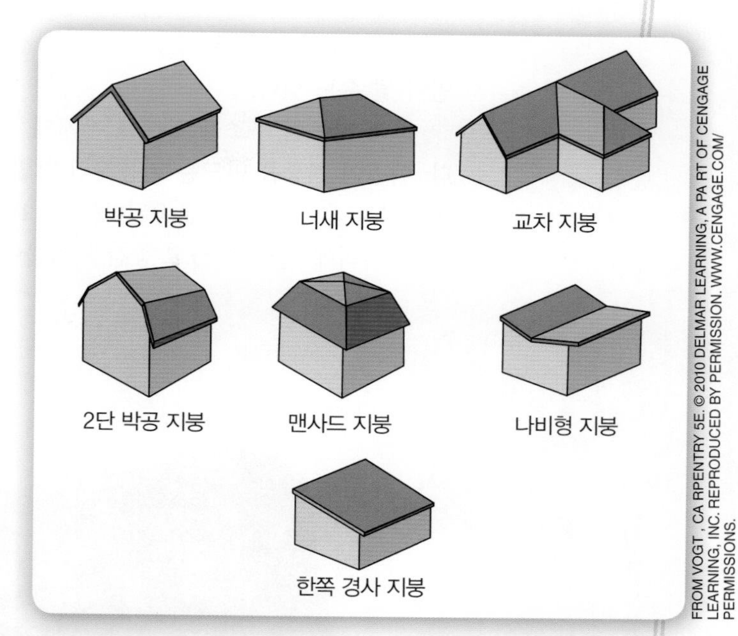

그림 10-20 다양한 지붕 양식.

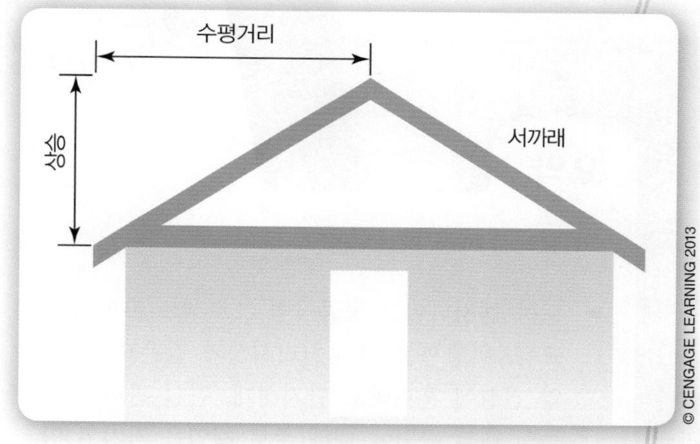

그림 10-21 지붕 피치는 수평 거리의 상승으로 측정한다.

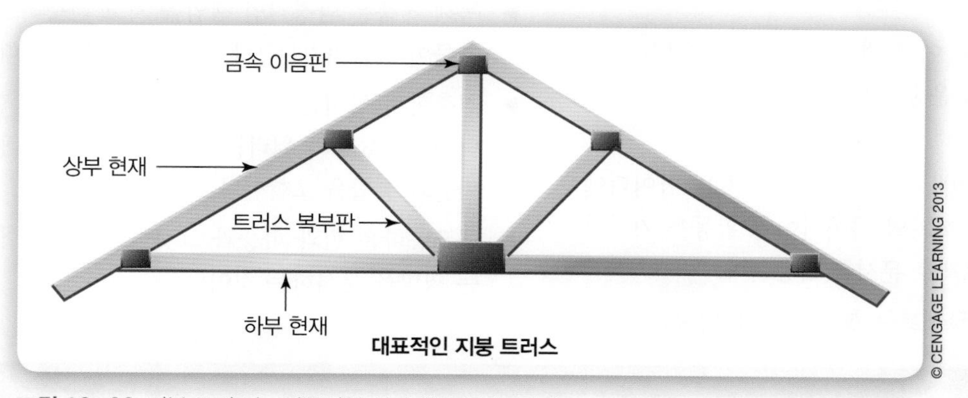

그림 10-22 지붕 트러스는 전통적인 서까래보다 튼튼하다.

하여 보통보다 가파른 지붕 피치를 가진다. 눈은 상당히 무거워 지붕을 붕괴시키는 원인이 될 수도 있다.

주택 지붕의 구조물 부재를 부지에 똑바로 세워져 있을 때 **서까래**(rafter)라고 부른다. 이것이 지붕을 만드는 전통적인 방법이다. **지붕 트러스**(roof truss)는 공장에서 미리 만들어진 후 현장으로 운송된다(그림 10-22). 지붕 트러스는 전통적인 서까래보다 훨씬 긴 거리에 걸칠 수 있고 중간 지지물이 필요 없다.

요약

이 장에서 배운 학습내용

- 토목 엔지니어는 공공사업 프로젝트(고속도로, 교량, 위생시설, 정수처리시설과 같은)의 설계와 건설에 훈련받고 단지설계, 건설 관리와 건물의 내부 작업에 대해 주로 책임을 가지고 있는 사람이다.
- 토목공학에는 여러 가지 다른 전문 분야(구조, 폐기물 처리, 운송, 지질, 물 처리와 건설 관리)가 있다.
- 토목 엔지니어들은 프로젝트의 처음 아이디에서 최종 개발까지의 아이디어와 활동을 기록하기 위해 프로젝트 문서를 사용한다.
- 토목공학 프로젝트는 항상 현장에 위치한다.
- 미국에 있는 모든 땅은 법률적인 표시가 있다. 이 법률적인 표시는 공문서로 간주된다.
- 친환경 건축은 친환경적인 구조물을 설계하는 것이다.
- 녹색 건축은 환경적인 책임을 지고 건축하고 구조물이 만들어지는 모든 과정과 관련이 있다.
- 건축학적 양식은 요소와 설계의 원리를 결합한다. 이들 요소와 원리는 형상, 감축, 리듬, 평형, 비율과 통합을 포함한다.
- 구조공학은 힘과 하중과 그것들이 구조물에 주는 영향을 분석하는 것이다.

용어

각 용어들에 대한 정의를 쓰시오. 마친 후에, 자신의 답을 이 장에서 제공된 정의들과 비교하시오.

건축가
토목 엔지니어
녹색 건축
구조 엔지니어
환경영향평가

측량
등고선
건축학
친환경 건축
형상

감촉
리듬
평형
비율
통합

지식 늘리기

다음 질문들에 대하여 깊게 생각하여 서술하시오.

1. 토목 엔지니어와 건축가의 공통점과 차이점을 설명하시오.
2. 토목공학에서 왜 협동정신이 중요한지 설명하시오.
3. 토목공학에서 각각 다른 전문영역은 무엇인지 설명하시오.
4. 엔지니어 또는 건축가가 정확한 프로젝트 문서를 유지하는 것이 왜 중요한지 설명하시오.
5. 입면도는 왜 고객에게 가장 도움이 되는지 설명하시오.
6. 친환경 건축과 녹색 건축이 왜 우리의 미래에 중요한지 설명하시오.

CHAPTER 11

에너지 전달

Transfer of Energy

Menu

미리 생각해보기

이 장에서 개념들을 공부하기 전에 다음 질문들에 대해 생각하시오.

1. 단일기계란 무엇인가?
2. 기구란 무엇인가?
3. 엔지니어는 어떻게 에너지를 전달하여 출력 운동이 입력 운동과 차이가 나는가?
4. 어떤 종류의 운동이 기구를 변경시키는가?
5. 기구는 어떻게 우리의 일상생활을 더 쉽게 만드는가?

페리스 대회전 관람차는 승객들을 즐겁게 하기 위해 공학원리를 사용한다.

공학의 실행

S T
E M

현재 알고 있는 것과 같이 페리스 대회전 관람차(Ferris Wheel)는 펜실베이니아 피츠버그 교량 건설가인 조지 페리스(George Ferris)의 기술력과 공학지식으로 만들어졌다. 페리스는 렌슬러 공과대학에서 토목공학사를 받았다. 그는 철도회사에서 교량건설가로 일하였고 후일 피츠버그에서 철강회사를 설립했다. 1889년 프랑스 박람회의 랜드마크인 에펠탑에 대응하는 미국의 구조물을 설계하기 위하여 1891년 공학 만찬에 초대되었다. 그는 냅킨에 수직 회전목마를 스케치하였다. 몇 년 후 그는 페리스 대회전 관람차를 1893년 시카고 세계박람회에서 발표하였다. 관람차는 264피트의 높이로 예상한 대로 강철로 만들어졌다. 오늘날 놀이기구에 대해서는 조지 페리스의 공학교육과 기술력에 감사해야 한다.

11.1 단일기계

단일기계(simple machine)는 일을 쉽게 하는 데 사용되는 기본적인 장치이다. 일은 물리적 시스템에서 다른 시스템으로 에너지를 전달하는 것이다. 이런 과정 동안 에너지는 창조되지 않고 단지 전달된다. 6개의 단일기계(경사면, 쐐기, 나사, 지렛대, 바퀴와 축, 도르래)가 있는데 이 장에서는 각 단일기계를 별도로 논의한다. 2개 이상의 단일기계를 결합하여 일을 더욱 쉽게 하도록 함께 작용하는 장치를 복합기계(compound machine)라고 부른다. 외바퀴 손수레가 복합기계의 예이다. 이것은 2개의 단일기계(지렛대, 바퀴와 축)를 포함한다.

복합기계와 단일기계는 기계적 장점이라는 용어 개념을 사용한다. 기계적 장점(mechanical advantage)은 기계를 사용하여 증가된 힘이나 확대된 운동을 얻는 것이다. 일반적으로 기계적 장점을 수학적으로 표현한다. 기계적 장점은 기계에 처음 가한 힘과 일을 수행한 힘의 비율이다.

단일기계

일을 쉽게 하는 데 사용되는 기본적인 장치이다.

복합기계

2개 이상의 단일기계의 결합이다.

기계적 장점

기계를 사용해 증가된 힘이나 확대된 운동을 얻는 것이다.

경사면

램프를 가진 트럭을 사용하여 포장물과 기구를 옮기는 것을 도와준 적이 있는가? 무거운 포장물을 들어 올리는 것보다 포장물을 램프로 미끌어 올리는 것이 쉽다. 이 과정은 경사면의 기계적 장점을 사용한다. **경사면**(inclined plane)은 수직 방향으로 하중을 옮기는 데 필요한 힘을 바꾸는 기울어진 표면이다(그림 11-1). 수평의 한 방향으로 힘을 가함으로 포장물은 수직의 다른 방향으로 이동한다.

만약 경사나 기울어진 평면의 각도가 낮으면(가파르게 변하지 않으면) 더욱 작은 수평력이 요구된다. 그러나 기울어진 면의 길이는 더욱 길어진다. 만약 기울어진 면의 경사가 가파르면 같은 높이로 물체를 올리는 데 더욱 많은 힘이 필요하다. 반면 경사면의 길이는 짧아진다. 토목 엔지니어는 자동차 도로와 기차 철로의 경사를 설계할 때 경사면에 관계되는 수학적 계산을 사용한다. 건축 규정은 보도와 건물 내의 장애인 램프로 사용되는 경사면의 경사도를 규정하고 있다.

알고 있나요?

페리스 대회전 관람차, 롤러코스터와 같은 놀이기구는 단순한 기계와 기구를 사용해서 에너지를 운동으로 변화시킨다. 이 운동이 모두에게 흥분과 즐거움을 제공한다. 놀이기구는 모두가 일이자 놀이라고 말할 수 있다.

그림 11-1 경사면은 수평힘을 수직힘으로 전달한다.

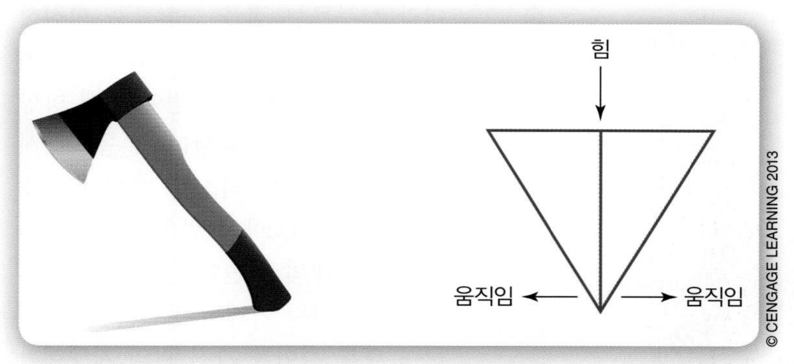

그림 11-2 도끼는 쐐기가 에너지를 전달하는 방법의 예이다.

쐐기

캠프파이어에 사용되는 장작을 패기 위해 도끼를 사용하거나 저녁식사에 사용할 채소를 손질하기 위해 칼을 사용해본 적이 있는가? 만약 경험이 있다면 쐐기의 기계적 장점을 사용한 것이다. **쐐기**(wedge)는 그림 11-2에 설명한 대로 한 방향의 운동이 쐐기에 직각으로 작용하는 분리 운동으로 변환한다. 때로는 2개의 경사면이 합하여 이루어지고 있는 쐐기를 볼 수 있다. 한 방향의 힘은 2개의 반대 방향으로 전달되어 물체를 분리시킨다.

나사

나사(screw)는 실린더를 따라 둘러싸인 경사면이다. 나사는 회전 운동을 나사가 회전하는 방향에 따라 안이나 바깥의 직선 운동으로 전달한다(그림 11-3). 경사면과 똑같이 나사산의 경사도가 각 회전에서 나사를 회전시키는 데 필요한 힘과 나사가 이동하는 양에 영향을 미친다. 그림 11-4에 있는 2개의 나사를 시험해보자. 그림 11-4a의 나사는 경사면의 경사도가 매우 가파르므로 나사를 빨리 설치할 수 있다. 그림 11-4b의 나사는 경사면의 점진적인 경사로 인하여 설치하는 데 오래 걸린다. 하지만 그림 11-4b의 나사는 가하는 힘을 매우 정확하게 조정하며 설치할 수 있다. 나사는 병의 뚜껑을 설

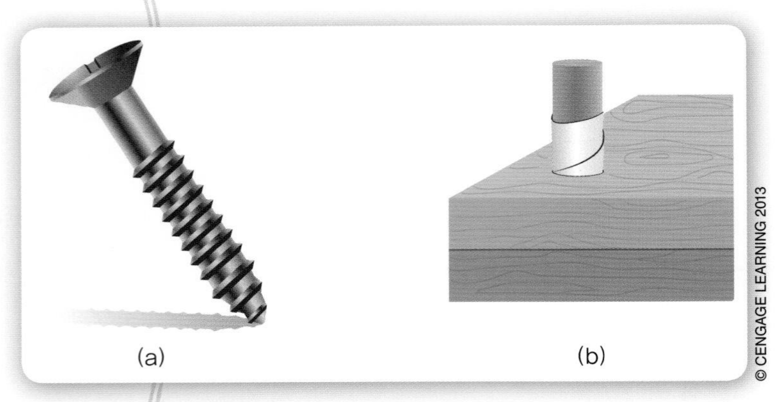

그림 11-3 나사는 실린더를 따라 둘러싸인 경사면이다.

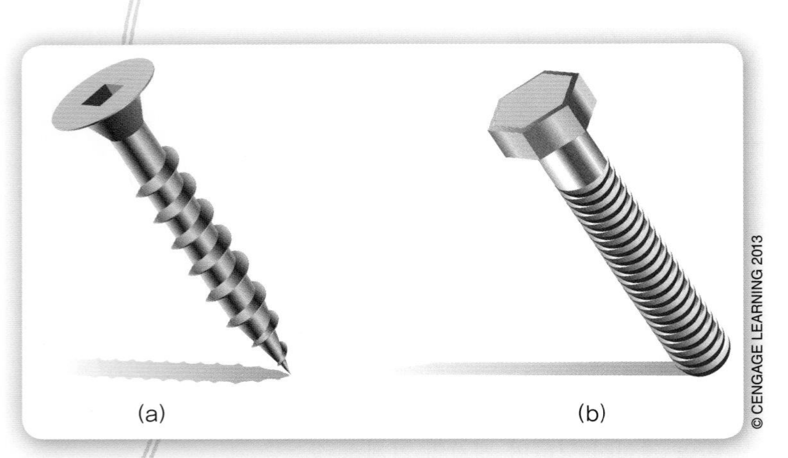

그림 11-4 나사는 다른 용도에 대해서는 다른 경사각을 가진 경사면을 적용할 수 있다. (a) 보통나사산을 가진 나사는 빨리 밀어 박을 수 있다. (b) 가는나사산을 가진 나사는 보다 정확하게 밀어 박을 수 있다.

치하는, 자동차 잭과 같이 들어 올리는 장치, 또는 작업대에 사용되는 바이스와 같은 체결도구와 같이도 사용될 수 있다.

지렛대

지렛대(lever)는 **받침점**(fulcrum)이라고 부르는 점을 중심으로 회전하는 팔이다. 지렛대는 받침점의 한 편의 운동이 받침점의 다른 편에 반대 방향으로 운동으로 변환한다. 운동장에서 어린이들이 타는 시소는 지렛대의 좋은 예이다. 시소에서 받침점부터의 거리는 지렛대의 양편이 동일하다. 하지만 엔지니어는 기계적 장점을 얻기 위하여 다른 길이를 가진 팔의 지렛대를 사용한다. 받침점의 위치에 따라 지렛대는 전달되는 힘을 증가하거나 힘이 작용하는 거리를 변화시킬 수 있다. 그림 11-5는 엔지니어가 계산에 사용되는 지렛대의 원리를 보여주고 있다.

지렛대의 세 가지 종류는 받침점의 위치에 기초하고 있다. 그림 11-6의 시소는 제1종 지렛대의 예이다. 에너지

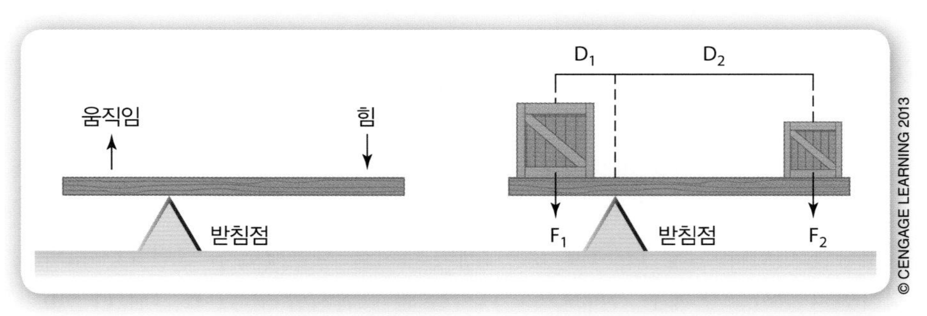

그림 11-5 지렛대는 매우 유용한 단일기계이다. 이것은 일을 하는 데 도움이 되는 기계적 장점을 제공한다.

공학 속의 수학

엔지니어는 지렛대가 들어 올릴 수 있는 하중의 크기, 특정한 하중을 들어 올리는 데 요구되는 힘과 특정한 하중을 들어 올리는 데 필요한 지렛대 팔의 길이를 구하는 데 수학적 계산을 사용한다. 사용되는 공식은 $F_1 \times D_1 = F_2 \times D_2$이다. 지렛대 팔의 길이가 길수록 같은 하중을 들어 올리는 데 필요한 힘은 적게 든다.

는 받침점의 한편에서 다른 편으로 전달된다. 기계적 장점의 크기는 받침점 양편의 지렛대 길이의 비율에 따른다.

제2종 지렛대의 예는 바퀴가 받침점의 역할을 하는 외바퀴 손수레이다(그림 11-7). 지렛대 팔의 길이와 하중의 위치가 얻게 되는 기계적 장점이 정해진다. 제3종 지렛대는 가장 많이 사용되는 지렛대의 종류이다. 제3종 지렛대의 다른 예는 소프트 공 또는 야

그림 11-6 제1종 지렛대는 힘을 증가시키고 운동의 방향을 변경하는 데 사용될 수 있다.

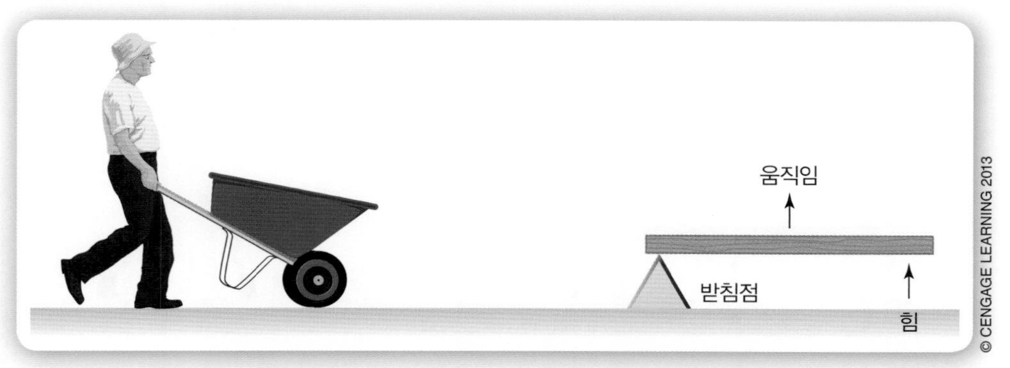

그림 11-7 제2종 지렛대는 힘이 작용하는 팔의 반대편 끝에 받침점을 가지고 있다.

공학 속의 과학

S T E M

과학적 배경을 가진 엔지니어가 지렛대와 관련된 수학적 계산을 개발하기 위하여 제공된 것은 뉴턴의 운동 법칙(1687)이다. 뉴턴의 제3법칙은 "모든 작용은 같은 크기의 반대 방향의 반작용이 있다"고 설명한다. 지렛대의 한편을 힘으로 내리누르면 그 반대편이 같은 힘을 받으면서 올라가게 된다. 그러나 엔지니어는 요구되는 힘을 조정하기 위하여 설계과정에서 지렛대 팔의 길이를 변경할 수 있다.

구 배트를 사용할 때, 쥐덫과 핀셋이다(그림 11−8). 지렛대 팔의 길이와 하중을 가하는 위치가 기계적 장점을 얻는 것을 결정한다.

바퀴와 축

바퀴와 축(wheel and axle)은 받침점(축)을 주위로 움직이는 회전 지렛대(바퀴)이다. 바퀴와 축은 제2종 지렛대의 기계적 장점을 사용한다. 바퀴의 직경이 커질수록 얻어지는 기계적 장점이 커진다(그림 11−9). 제2종 지렛대(바퀴와 축)의 예는 문손잡이와 자전거의 페달축이 포함된다.

바퀴와 축을 사용하는 또 다른 방법은 마찰을 줄이는 것이다. 이제 보도를 따라서 상자를 밀고 있는 것을 상상해보라. 화차에 상자를 놓고 상자와 화차를 끌려고 한다. 자

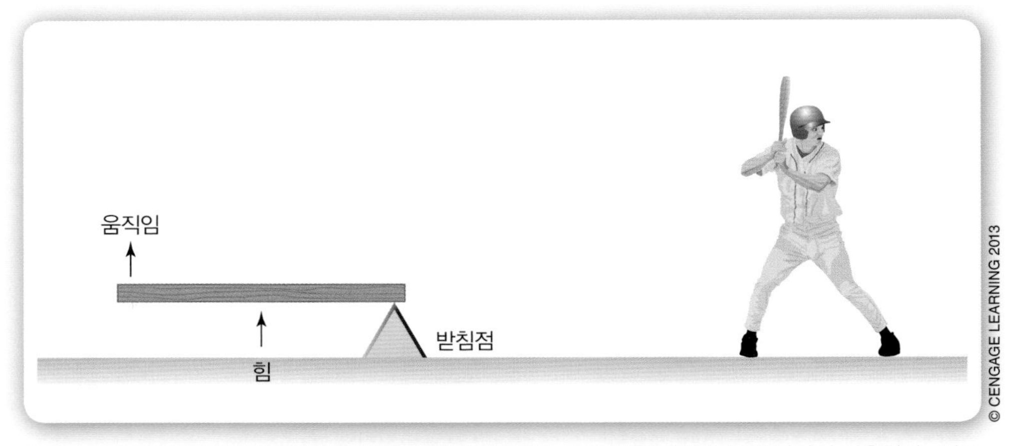

그림 11−8 제3종 지렛대는 팔의 끝점에 받침점을 가지고 있고 힘은 지렛대 팔에 따라서 작용한다. 야구 배트는 제3종 지렛대로써 작용한다.

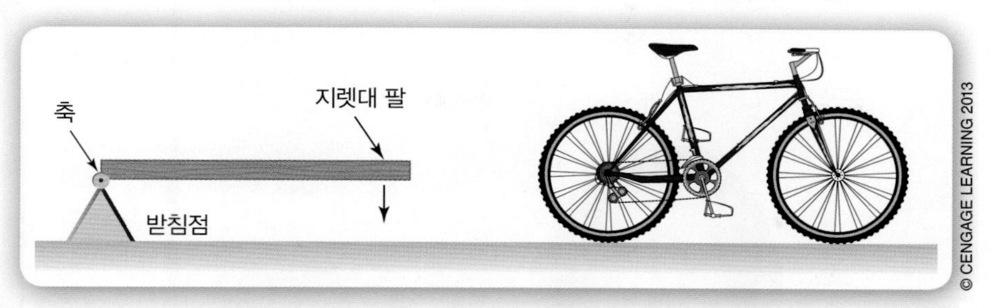

그림 11-9 바퀴와 축은 물체를 보다 쉽게 움직일 수 있게 한다.

전거, 스케이트보드와 화차의 바퀴는 이런 개념을 사용한다. 바퀴가 커질수록 마찰은 줄어들고 물체는 더욱 쉽게 굴러간다.

도르래

밧줄이나 케이블을 홈이 파진 바퀴 주위를 둘러쌀 때 단일기계 **도르래**(pulley)라고 부른다. 그림 11-10에 나타낸 것과 같이 도르래는 두 가지 방식으로 일한다. 첫째, 힘의 방향을 변경한다. 둘째, 하중을 들어 올리는 데 필요한 힘의 크기를 변경할 수 있다. 도르래를 함께 모으면 **복합 도르래**(compound pulley) 또는 **도르래 장치**(block and tackle)를 만들어낸다. 복합 도르래는 하중을 들어 올리는 데 필요한 힘을 줄일 뿐 아니라 필요한 밧줄의 길이도 증가시킬 수 있다. 이것을 **균형**(trade-off)이라고 부른다. 그림 11-11a와 11-11b는 엔지니어가 도르래의 기계적 장점을 계산하는 방법을 보여주고 있다.

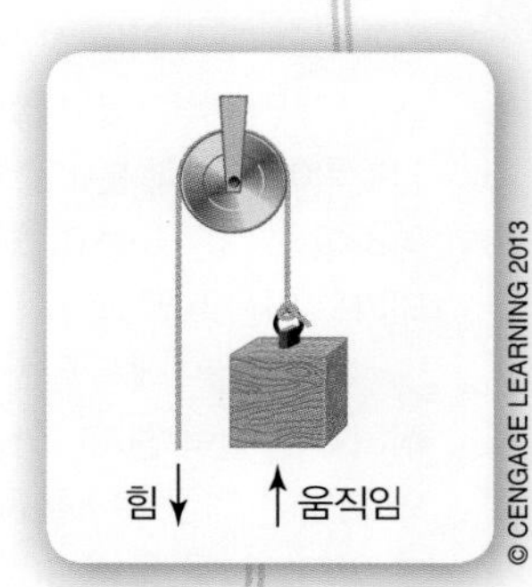

그림 11-10 도르래는 작용하는 하중의 방향을 바꾼다.

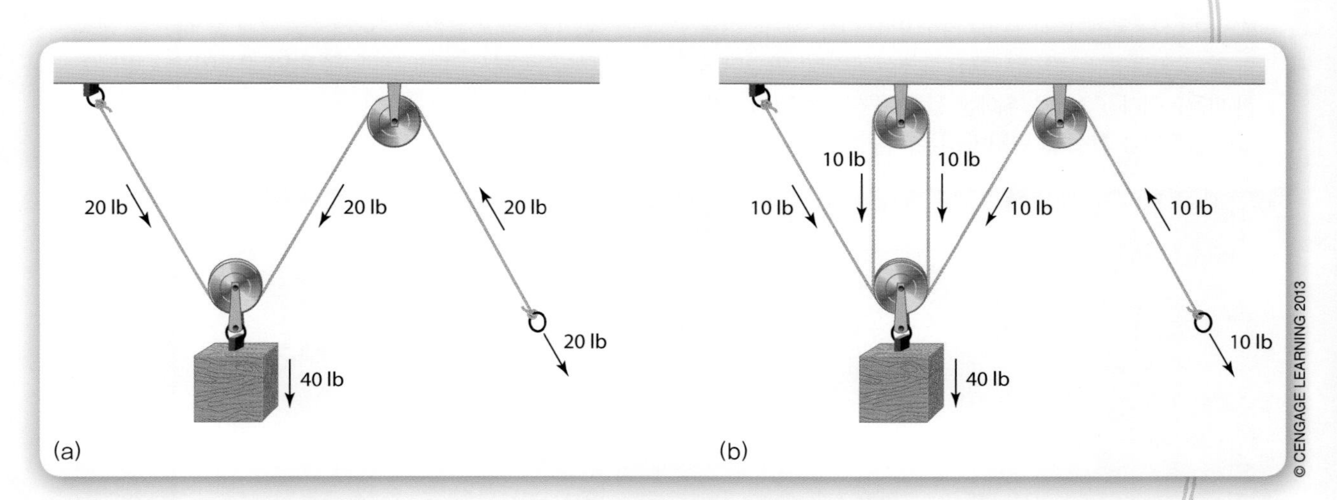

그림 11-11 복합 도르래는 무게를 들어 올리는 데 적은 힘을 요구하나 많은 밧줄이 필요하다.

공학 직업 조명

이름
옥사나 월(Oksana Wall)

직위
셀틱 엔지니어링(Celtic Engineering)의 상담 구조 엔지니어

직무 설명
베네수엘라에서 태어난 13살의 소녀였던 월은 플로리다에 있는 디즈니월드를 방문하였고 그곳은 그녀를 매료시켰다. 그녀는 "그곳은 정말 행복하고 매력 있는 장소였다."고 말했다. 그녀의 아버지는 전기 엔지니어였고 그녀는 수학과 과학을 잘하였으므로 건축학이나 공학 분야로 마음이 기울어 있었다. 그 방문을 통하여 그녀는 어른이 되면 테마공원에서 공학적 일을 하리라고 마음을 굳혔다.

디즈니월드에서 일하는 꿈을 가진 후 그녀는 남편이 시작하였던 셀틱 엔지니어링 회사를 떠났다. 월은 놀이기구와 공연을 위한 구조물을 만들기 위해 테마공원에서 일하고 있다. 예를 들면 360도 영화체험을 포함한 아시아의 멀티미디어 공연장 설계를 도왔다. "영화는 천장에서 내려오는 여러 가지의 동영상 요소들로써 당신을 완전히 사로잡고 있다."고 그녀는 말한다. "당신은 해저에 있는 것과 같이 느낄 것이다."

월은 공연의 요소들이 관객들 위로 내려와서 기능을 수행하고 다시 올라가는 기구에 관한 일에 다른 엔지니어들과 같이 일하였다. 가장 무거운 요소는 무게가 약 2만 5천 파운드이다. "스크린 뒤에는 함께 공연을 하기 위해 별도로 움직이는 최소 열 가지의 다른 기구가 있다."고 말한다. 월은 이런 종류의 일을 하는 데에 매우 좋은 시간을 보내고 있다. "전에는 이와 같은 방식으로 똑같은 일을 한 적이 없기 때문에 오락에 관한 구조공학은 매우 도전적인 것이다."라고 말한다. "이와 같이 독특하고 유일한 것에 전통적인 공학 방법을 채택하여야 한다. 이것은 같은 일을 결코 두 번 하지 않으므로 재미가 있다."

교육
플로리다공과대학교에서 토목공학사와 석사학위를 받았다. 그는 테마공원에서 일하는 것을 원했기 때문에 학교에서 그 목표에 초점을 두었다. "내가 하고 싶어 하는 것을 들어주는 모든 선생님과 모든 사람들과 이야기를 계속하였다."고 말한다. "결국 나는 내가 해야 할 것을 찾아내기 위해 다른 엔지니어들과 이야기를 했다. 이것이 좋은 과목인가? 무엇이 내가 가져야 할 좋은 실제적 경험인가?"

학생들에 대한 조언
월은 매우 어려워 보이는 일에서의 장점을 보고 있다. "어렵다고 용기를 잃지 말라."고 말한다. "진짜로 어렵고 진짜로 바보같이 느껴질 때 두뇌는 진짜로 늘어나게 된다."

월이 극복해야 할 한 가지 어려움은 여자라는 것이다. "이 분야에는 여자가 매우 적으나 그것이 나를 실망시키지는 않는다."라고 말한다. "어려움을 겪게 될 때 꿈을 생각하면서 계속해서 그곳에서 일을 하면 결국에는 도달되어 있을 것이다."

공학 속의 수학

엔지니어는 도르래 장치에 포함된 도르래의 수를 기초로 물체를 들어 올리는 데 필요한 힘을 수학적으로 계산할 수 있다. 하중은 도르래의 모든 밧줄에 균등하게 분포되므로 더 많은 도르래가 포함될수록 물체를 들어 올리는 데 필요한 힘은 줄어든다. 엔지니어는 수학적 계산을 돕기 위해 그림 11-11a와 11-11b에 있는 것과 같은 도표를 사용한다.

11.2 기구

페달을 밟으면 자전거가 어떻게 움직이는지 궁금해한 적이 있는가? CD 플레이어에 디스크 트레이가 어떻게 열고 닫히는지 생각해본 적이 있는가? 사람들이 설계하고 장치를 조정하여 가능하게 만들어진 이런 과정과 많은 것을 기구라고 부른다. 기구(mechanism)는 출력의 움직임이 입력의 움직임과 다르도록 움직임을 전달하는 장치이다. 기구는 움직임의 속도, 방향 또는 운동의 종류를 변화시킬 수 있다. 운동은 직선운동, 회전운동과 왕복운동의 형식일 수 있다.

기구
출력의 움직임이 입력의 움직임과 다르도록 움직임을 전달하는 장치이다. 움직임의 속도, 방향 또는 운동의 종류를 변화시킬 수 있다.

직선운동
직선상의 움직임이다.

직선운동

직선운동(linear motion)에서 물체는 식품점 계산대의 컨베이어에 의하여 되는 것과 같은 직선을 따라 움직인다. 지렛대는 직선운동을 만드는 단일기계이다.

랙과 피니언 회전운동을 직선운동으로 변환하는 기구는 **랙과 피니언**(rack-and-pinion gear)이다(그림 11-12). 만약 컴퓨터의 CD 드라이브가 열리는 기구를 본다면 랙과 피니언 기어를 찾을 수 있을 것이다. 인출 단추를 누르면 컴퓨터는 회전운동을 만

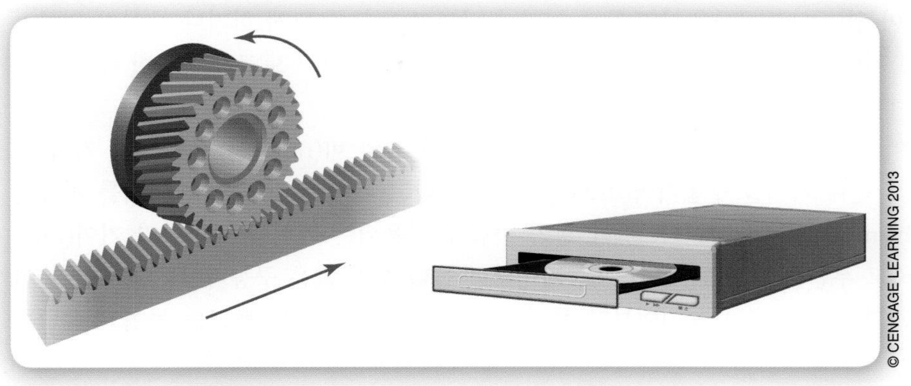

그림 11-12 랙과 피니언 기어는 회전운동을 직선운동으로 변환한다. CD 드라이브를 여는 데 사용된다.

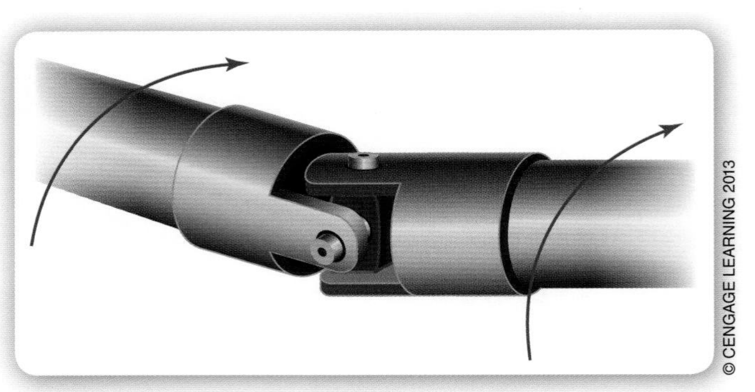

그림 11-13 유니버설 조인트가 자동차 엔진의 회전운동을 바퀴로 전달하는 데 사용된다.

들기 위해 소형 모터를 사용한다. 랙과 피니언 기어는 이 회전운동을 CD 트레이를 열고 닫는 직선운동으로 변환한다.

회전운동

회전운동
원운동이다.

자전거 바퀴나 페리스 대회전 관람차와 같은 도는 운동을 **회전운동**(rotary motion)이라고 한다. 회전운동의 속도는 분당 회전수(rpm)로 측정한다. 회전운동을 하게 하는 힘을 **토크**(torque)라고 한다.

유니버설 조인트 회전운동을 전달하는 가장 단순한 방법은 그림 11-13에 보이는 것과 같은 **유니버설 조인트**(universal joint)를 이용하는 것이다. 유니버설 조인트는 정렬을 다르게 하고 운전 중 약간 움직일 수 있도록 두 축을 연결한다. 대표적으로 자동차는 엔진의 회전운동을 이러한 유니버설 조인트를 통하여 바퀴에 전달한다.

기어 **기어**(gear)는 서로 물리는 톱니를 사용하여 회전운동을 전달하는 원형장치이다. 엔지니어는 회전운동의 기계적 장점을 얻기 위하여 다양한 방법으로 기어를 결합한다. **기어 열**(gear train)은 속도를 높이거나 낮추고 토크를 크게 하거나 줄이기 위하여 설계된 기어의 집합이다. 속도가 높아질수록 토크는 감소하고 토크가 증가할 때 속도는 줄어든다.

기어 열에서 다양한 기어의 톱니의 수가 기어 열의 **비**(ratio)를 결정한다. 기어 열에서 첫 번째 기어를 **구동기어**(drive gear)라고 하고 기어 열의 마지막 기어를 **피동기어**(driven gear)라고 부른다. 기어 열의 중간에 사용되는 기어를 **아이들러 기어**(idler gear)라고 부른다(그림 11-14). 피동기어보다 톱니 수가 많은 구동기어는 속도를 높이고 토크가 줄어든다. 피동기어보다 톱니 수가 적은 구동기어는 토크를 높이고 속도를 줄인다.

그림 11-14 기어 열은 회전운동을 전달하는 데 사용된다. 운동의 속도와 토크를 변화시킬 수 있다. 각 기어는 구동기어의 반대 방향으로 회전한다. 자전거에서 기어 열을 볼 수 있다.

그림 11-15 베벨기어는 로봇 팔의 회전운동의 방향을 변경하는 데 사용된다.

특수기어 회전운동의 방향을 변경하기 위해 베벨기어(bevel gear)를 사용한다(그림 11-15). 일반적으로 베벨기어는 회전의 속도를 변화시키지 않고 속도나 토크의 변화 없이 로봇 팔의 운동을 전달하는 데 사용될 수 있다. 회전운동의 방향을 변화시키기 위해 **크라운 피니언 기어**(crown-and-pinion gear)를 사용할 수도 있는데 이것은 일반적으로 토크를 크게 하는 반면 회전속도가 줄어든다. 낚시 릴의 커버 아래에서 크라운

베벨기어
구동 기어 축과 피동 기어 축이 직각을 이루는 기어이다.

공학 과제

공학 과제 1

엔지니어 팀이 회전운동을 전달하기 위해 기어의 집합 또는 기어 열을 설계하고자 한다. 모터에서 입력 속도는 1,560 rpm이다.

입력 축과 같은 방향으로 회전하고 출력 속도가 390 rpm이 되도록 기어 열을 설계하시오.

입력 축과 반대 방향으로 회전하고 출력 속도가 4,680 rpm이 되도록 기어 열을 설계하시오.

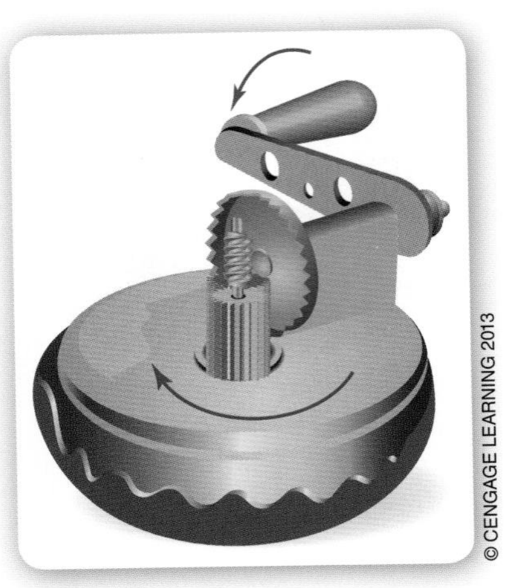

그림 11-16 크라운 피니언 기어는 회전운동의 방향을 변화시키고 일반적으로 토크를 증가시킨다. 낚시 릴은 크라운 피니언 기어를 사용한다.

그림 11-17 웜기어는 회전 방향을 바꾸고 토크를 증가시키는 회전운동을 전달한다.

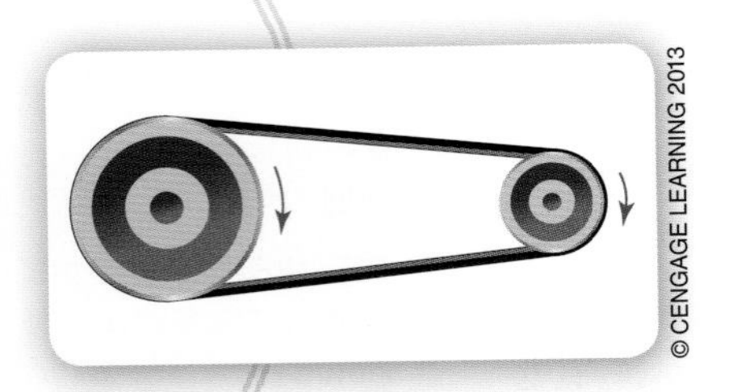

그림 11-18 브이벨트와 풀리는 회전운동을 전달하는 데 사용된다. 이 기구는 운동의 속도와 토크를 변화시킬 수 있다. 각 풀리는 같은 방향으로 회전한다.

피니언 기어를 찾을 수 있다(그림 11-16). **웜기어**(worm gear)는 운동의 토크를 증가시키는 한편 회전 방향을 바꾼다(그림 11-17).

브이벨트와 풀리 엔지니어는 그림 11-18에 보여주는 **브이벨트와 풀리**(V belt and pulley)를 사용해 회전운동을 변화시킬 수 있다. 함께 맞물려 있는 기어는 방향을 변경한다(예: 시계 방향을 반시계 방향으로). 브이벨트를 사용하는 풀리는 계속해서 같은 방향으로 회전한다. 브이벨트와 풀리에서는 속도와 토크를 결정하는 요인이 기어의 톱니 수가 아니라 풀리의 원주이다.

리드 스크루 **리드 스크루**(lead screw)를 사용하여 회전운동을 직선운동으로 변경할 수 있다. 이 기구는 비가역적이다. 그림 11-19의 금속회전 선반이 리드 스크루의 예이다.

왕복운동

반복적으로 앞뒤로 움직이는 운동을 왕복운동(reciprocation motion)이라고 한다. 왕복운동의 예는 재봉틀의 바늘 또는 실톱의 톱날이다.

왕복운동
반복적으로 앞뒤로 움직이는 운동이다.

캠과 종동절 회전운동을 왕복운동으로 변환하는 데 사용하는 일반적인 기구는 **캠과 종동절**(cam and follower)이다(그림 11-20). 캠은 캠과 종동절에서 항상 입력장치이다. 리프터(lifter)라고 부르는 종동절은 항상 이 기구의 피동 성분이다.

크랭크와 슬라이더 엔지니어는 **크랭크**(crank)를 사용해 회전운동을 왕복운동으로 바꿀 수 있다. 일반적으로 크랭크는 앞뒤로 움직이는 봉에 연결되어 있다. 때로는 이 봉을 슬라이더(slider)라고 부르고 때로는 커넥팅 봉(connecting rod)이라고도 한다. 봉에 의하여 이동하는 직선거리는 크랭크 오프셋의 두 배이다. 이 운동은 반대로도 가능하여 봉의 앞뒤 운동은 크랭크의 회전운동을 일으킬 수 있다(그림 11-21).

그림 11-19 금속 회전 선반이 대표적인 리드 스크루를 사용하는 좋은 예이다.

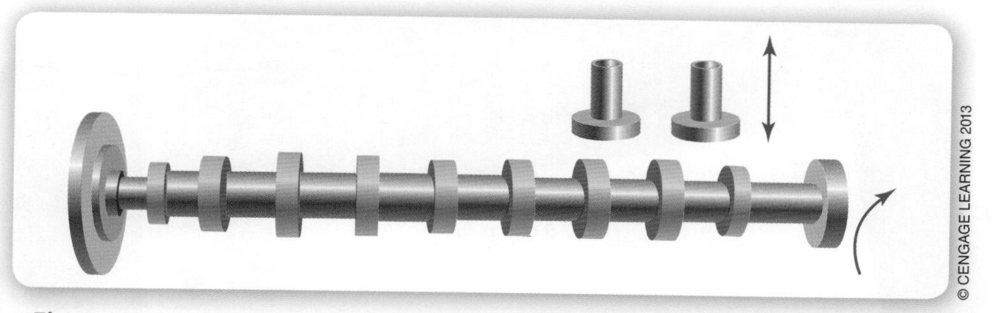

그림 11-20 캠과 종동절은 회전운동을 왕복운동으로 전달하는 데 사용된다. 캠축과 종동절은 자동차 엔진에 사용된다.

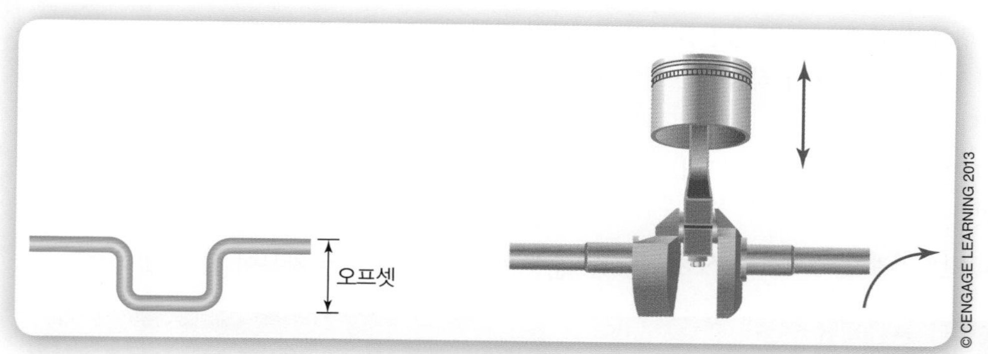

그림 11-21 크랭크는 회전운동을 왕복운동으로 전달하는 데 사용된다. 이 전달은 반대도 가능하다.

공학 과제

공학 과제 2

대기선에서 승객이나 구슬을 위로 24인치 옆으로 24인치를 이동시킬 수 있는 단순한 기계와 기구로 만든 놀이시설을 설계 · 제작 · 시험하시오. 이것은 놀이기구이므로 24인치 입체공간에 맞게 가능한 한 많은 단순한 기계와 기구들을 사용하시오.

요약

이 장에서 배운 학습내용

- 엔지니어는 일을 수행하기 위해 기계적 장점을 사용한다. 기계적 장점은 개발된 힘과 작용하는 힘의 수학적 비율이다.
- 6개의 단일기계(경사면, 쐐기, 지렛대, 도르래, 나사, 바퀴, 축)가 있다.
- 2개 또는 그 이상의 단일기계를 결합하여 사용하면 복합기계가 된다.
- 기구는 운동을 변경하여 출력운동이 입력운동과 다르게 된다.
- 운동의 방향, 속도와 종류를 변경하기 위해 기구를 사용할 수 있다.
- 운동은 직선, 회전 또는 왕복이 될 수 있다.

용어

각 용어들에 대한 정의를 쓰시오. 마친 후에, 자신의 답을 이 장에서 제공된 정의들과 비교하시오.

단일기계	기구	베벨기어
복합기계	직선운동	왕복운동
기계적 장점	회전운동	

지식 늘리기

다음 질문들에 대하여 깊게 생각하여 서술하시오.

1. 기구의 발달은 시간이 흐르면서 사람들의 일상생활(일과 놀이 모두)에 어떠한 영향을 미쳐왔는가?
2. 에너지의 활용과 기구의 발달에 의하여 생활이 경제와 표준에 어떻게 영향을 받아왔는가?
3. 만약 우리가 기구를 가지고 있지 않다면 우리의 생활이 어떻게 달라질 것인지 설명하시오.
4. 어떤 분야의 엔지니어가 설계하기 위해 기구를 사용하는가?

CHAPTER 12

유체동력

Fluid Power

Menu

미리 생각해보기

이 장에서 개념들을 공부하기 전에 다음 질문들에 대해 생각하시오.

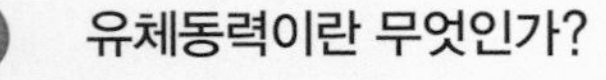

1. 유체동력이란 무엇인가?
2. 공기압이란 무엇인가?
3. 수력학이란 무엇인가?
4. 엔지니어는 어떻게 유체동력을 이용하는가?
5. 어떻게 유체동력은 우리의 일상생활을 더 쉽고 더 안전하게 만드는가?
6. 어떻게 엔지니어는 유체동력 시스템이 작동하는 법을 결정하는가?

공학의 실행

어떻게 학교에 도착하였는가? 자동차를 탔느냐? 학교 버스를 탔느냐? 만약 대도시에 살고 있다면 열차를 탔느냐? 이러한 모든 종류의 운송은 학교에 안전하게 갈 수 있게 하기 위하여 **유체동력**(fluid power)에 의존한다. 유체동력은 일률을 전달하기 위해 압력을 받고 있는 유체를 사용한다. 유체를 액체와 기체로 구분한다.

자동차와 학교 버스는 액체 유체동력을 사용한다. 운전자가 브레이크 페달을 밟으면 액체 브레이크 유체가 관을 통하여 바퀴로 민다. 바퀴에서 유체동력이 브레이크에 작용한다. 정원 호스가 물을 분사하는 것과 같이 액체 유체동력은 많은 힘을 가지고 있다.

기체는 정지하기 위하여 공기 유체동력을 사용한다. 열차는 자동차나 학교 버스보다 훨씬 무거우므로 정지하기가 더욱 어렵다. 공기는 액체가 할 수 있는 것보다 더 많이 압축될 수 있다. 가득 찬 플라스틱 물병을 압축해보아라. 압축하기가 어렵다. 병마개를 닫은 빈 플라스틱 물병을 압축해보아라. 병은 쉽게 압축될 수 있다. 따라서 공기는 액체의 힘을 가지고 있지 않다. 어떻게 공기가 열차를 정지할 수 있을까?

처음 열차 브레이크는 매우 단순하였다. 각 열차의 객차는 지붕에 크랭크를 가지고 있었다. 제동수가 브레이크를 작동하기 위하여 크랭크를 돌렸다. 열차 엔지니어는 제동수에게 신호를 보내기 위해 열차의 호각을 불었다. 제동수는 객차를 뛰어다니면서 크랭크를 돌렸다. 제동수는 매우 위험한 직업이었다(그림 12-1).

© CENGAGE LEARNING 2013

그림 12-1 제동수로 일하는 것은 위험했다.

유체동력
동력을 전달하기 위하여 압력을 받고 있는 유체를 사용한다.

조지 웨스팅하우스(George Westinghouse)란 이름의 남자가 자동안전장치라고 부르는 브레이크 시스템 장치를 발명하였다. 공기는 커다란 열차를 정지하기에 충분한 힘을 가지고 있지 않았으나 각 객차의 브레이크에 신호를 전하는 데 사용될 수 있었다. 따라서 열차에서 각 바퀴의 브레이크가 항상 작동 중에 있다. 공기 신호가 브레이크를 풀어주므로 자동안전이라는 말이 사용되었다. 따라서 열차는 유체동력을 정지력으로 작용하는 것이 아니라 조절 신호를 전달하는 데 사용한다.

알고 있나요?

- 조지 웨스팅하우스는 1872년 3월 5일 자동안전 장치 브레이크의 특허를 획득하였다(특허번호 re.5,504).
- 미국 의회는 1893년 안전용구법을 통과시켰다. 이 법은 모든 열차에 자동안전 장치 브레이크를 설치하도록 요구하였다.
- 조지 웨스팅하우스는 361개의 특허를 받았다.
- 조지 웨스팅하우스와 토마스 에디슨은 초창기에 전기 공공 산업의 라이벌이었다.

공학 속의 과학

세시비우스(Ctesibius)는 그리스의 과학자이자 발명가로, 기원전 285년부터 222년까지 이집트의 알렉산드리아에서 살았다. 세시비우스는 젊은 나이에 그의 이론을 개발하기 시작하였다. 젊을 때 공기 관으로 납공을 떨어뜨렸다. 공은 공기를 압축하였고 그는 압축된 공기도 물질임을 알았다. 세시비우스는 압축공기의 과학에 관한 처음 이론과 공기를 펌프로 조절할 수 있는 방법을 기술하였다. 그는 기역학의 아버지로 알려져 있다. 세시비우스는 사이펀의 원리를 발견한 공이 있는 것으로 여겨져 있다.

12.1 유체동력과학

몇 세기 동안 유체동력과학이 사회의 진보에 도움을 주어왔다. 고대 그리스, 중국과 이집트인들은 그들의 일을 돕기 위해 유체동력을 사용했다. 이들 모든 문명은 유체동력의 효과를 연구하는 과학자와 엔지니어를 가지고 있었다. 그들은 보통 전체 사회의 이익이 되는 응용보다는 유체동력을 신기한 용도의 연구에 집중하였다.

수력학

액체를 통하여 동력을 전달하는 것이다.

공기압

보통 공기인 기체를 통하여 동력을 전달하는 것이다.

액체동력의 종류

액체동력은 수력학과 기역학의 두 종류로 나뉜다. 수력학(hydraulics)은 액체를 통하여 동력을 전달하는 것이고 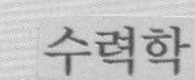공기압(pneumatics)은 보통 공기인 기체를 통하여 동력을 전달하는 것이다.

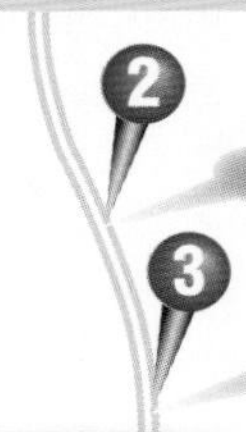

재료는 물질로 만들어진다. 물질은 고체, 액체, 기체의 상태를 가지고 있다. 고체의 분자는 강하게 결합되어 있으며 액체는 다소 느슨하게 결합된 분자를 가지고 있고 기체의 분자는 자유롭게 움직일 수 있다. 유체라는 말은 흐르는 재료와 관련이 있으므로 액체와 기체는 모두 유체라고 부를 수 있다. 액체와 기체는 압력이 작용하면 다르게 행해진다.

그림 12-2에 나타난 것처럼 압력을 액체와 기체에 동시에 가하면, 기체가 많이 압축된다. 이것은 기체에 있는 분자는 약하게 구속되어 있으므로 어떤 빈 공간을 채우기 위하여 이동할 수 있다. 수압은 고체 물체를 미는 것과 같다. 공기압은 스프링을 밀고 있는 것과 같다(그림 12-3).

그림 12-2 액체와 기체가 압력에 반응하는 방법.

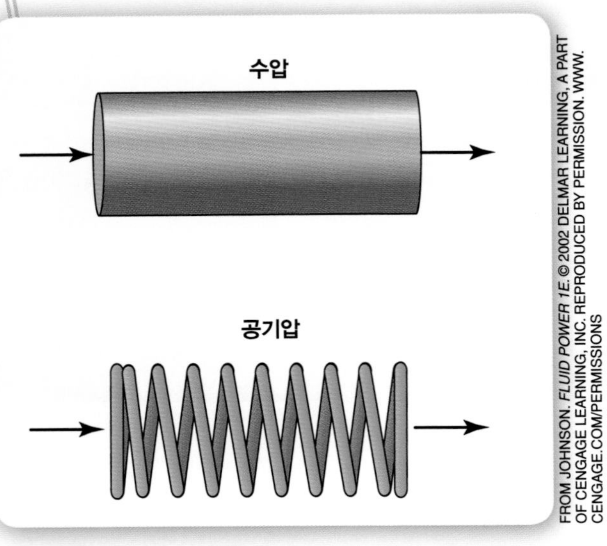

그림 12-3 수압은 동력을 확실하게 전달한다. 공기압은 스프링처럼 동력을 전달한다.

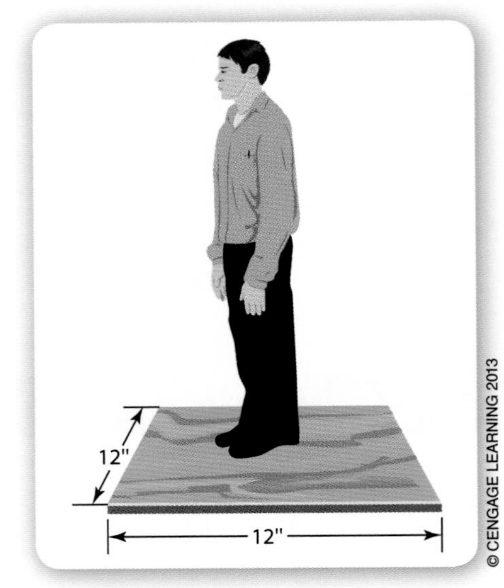

그림 12-4 평방피트당 파운드.

압력

유체동력계에서 압력은 시스템을 작동하게 하는 기본적인 성분이다. **압력**(pressure)은 표면적의 힘이다. 그것은 수학적으로 힘을 면적으로 나누어 표현할 수 있다(압력=힘/면적). 그림 12-4의 학생 체중은 120파운드이고 1피트 곱하기 1피트의 합판위에 서 있다. 이 예에서 압력($P = F/A$)은 120 평방피트당 파운드다.

옛날 과학자들이 수력학과 기역학의 원리를 이해하고 발전해왔다. 이러한 원리를 이용하여 현재의 엔지니어들은 그들의 목적을 달성하기 위한 유체동력 시스템을 설계할 수 있다.

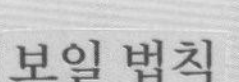

유체동력 공식

수학적 공식을 이용하여 엔지니어들은 유체동력 시스템을 설계, 계산하고 조절할 수 있다. 이러한 많은 공식은 수세기 전에 개발되었다.

보일 법칙

고정된 온도에서 정해진 양의 기체에 대해서 압력과 부피는 반비례하다고 설명한다.

보일 법칙 보일 법칙(Boyle's law)은 고정된 온도에서 정해진 양의 기체에 대해서 압력과 부피는 반비례하다고 설명한다. 기체와 기역학에만 적용할 수 있다. 이 기역학 원리는 1662년 로버트 보일에 의하여 출판되었다(그림 12-5). 수학적으로 보일 법칙은 다음과 같이 표현된다.

$V_1 \times P_1 = V_2 \times P_1$

그림 12-6을 주목하라. 실린더는 8입방인치의 부피를 가지고 10평방인치당 파운드

그림 12-5 로버트 보일.

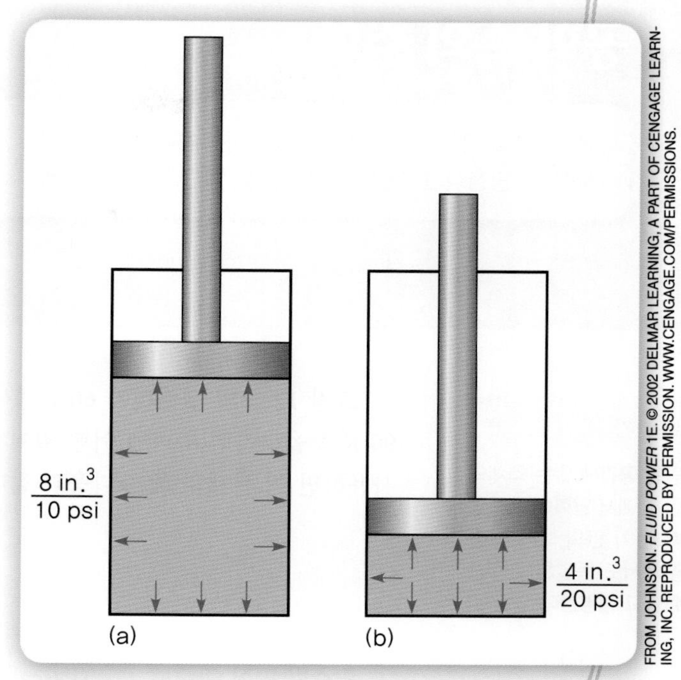

그림 12-6 보일 법칙의 작용.

(psi)의 압력을 받고 있다(그림 12-6a). 20 psi의 압력을 가하면(그림 12-6b) 부피에 어떤 일이 일이 발생할까? 정답은 '감소한다'이다. 부피는 가해진 압력에 반비례한다. 수학적으로 그림 12-6에 대하여 보일 법칙을 적용하면 다음을 알 수 있다.

$$V_1 \times P_1 = V_2 \times P_2$$
$$8 \text{ in.}^3 \times 10 \text{ psi} = V_2 \times 20 \text{ psi}$$
$$V_2 = 4 \text{ in.}^3$$

샤를 법칙 샤를 법칙(Charles's law)은 막힌 공간에 있는 기체의 부피는 압력이 일정하게 유지되면 온도에 비례한다고 설명한다. 샤를 법칙은 공기와 기역학에만 적용된다. 이 법칙은 조셉 루이스 가이-루삭에 의하여 1802년 출판하였다. 그의 저서에서 가이-루삭은 1787년 제퀴 샤를의 출판되지 않은 업적을 언급하고 원리를 샤를 법칙으로 명명하였다.

샤를 법칙을 사용하기 위해서는 절대온도(absolute temperature)를 사용해야 한다. 절대온도는 모든 분자가 운동을 멈추는 점을 영(0)이라고 부르는 온도 척도이다. 과학자들은 이 척도를 캘빈(K) 척도라고 부른다. 캘빈 척도에서 영은 화씨 −463도와 같다. 샤를 법칙의 수학적 방정식은 다음과 같다.

$$\frac{V_1}{T_1} = \frac{V_2}{T_2}$$

샤를 법칙
압력이 일정하게 유지될 때 막힌 공간에 있는 기체의 부피는 온도에 비례한다.

절대온도
모든 분자의 운동이 정지된 점을 영(0)으로 하는 측정계이다. 캘빈(K) 척도로 알려져 있다. K에서 0도 = 화씨 −463도

공학 속의 수학

유체동력을 계산하기 위하여 엔지니어는 수학 방정식을 사용한다. 방정식은 좌편의 수학계산이 우편의 수학계산과 같다는 것을 나타낸다. 이 수학 원리를 사용하여 엔지니어는 유체동력 시스템을 설계할 수 있다.

파스칼 법칙

막힌 공간에 있는 액체의 한 점에서 압력이 증가할 때 용기 안의 다른 어떤 점에서도 동일하게 증가한다고 설명한다.

그림 12-7의 실린더가 60 K에서 120입방인치의 부피를 가지고 있다. 만약 온도가 90 K로 올라가면 부피에 어떤 일이 일어나는가? 답: 비례적으로 증가한다. 샤를 법칙을 사용하면 이 문제의 해는 다음과 같다.

$$\frac{120 \text{ in.}^3}{60 \text{ K}} = \frac{V}{90 \text{ K}}$$

$$V = 180 \text{ in.}^3$$

파스칼 법칙 **파스칼 법칙**(Pascal's law)은 막힌 공간에 있는 액체의 한 점에서 압력이 증가할 때 용기 안의 다른 어떤 점에서도 동일하게 증가한다는 법칙이다. 이 법칙은 액체와 기체 모두에 적용할 수 있다(수력학과 기역학 모두). 이 원리는 17세기에 프랑스 수학자 블레즈 파스칼(Blaise Pascal)이 개발하였다(그림 12-8).

그림 12-9와 같이 막힌 공간에 있는 유체의 압력은 실린더 전체를 통하여 동일하다. 벽에 작용하는 압력은 피스톤에 작용하는 압력과 동일하다. 유체동력 장치에서 압력이 작용하는 면적은 대표적으로 둥근 피스톤이다(그림 12-10). 힘이 작용하는 면적을 구하려면 둥근 피스톤의 표면적을 계산하여야 한다. 원의 면적은 $A = \pi \times r \times r$이다.

여기에 파스칼 법칙을 적용한 예가 있다. 그림 12-11a에서 250파운드를 피스톤에 가하고 있다. 유체의 결과적 압력은 또는 $P = F/A$피스톤 면적으로 나눈 파운드이다. 피스톤의 면적은 $A = \pi \times r \times r$ 또는 $A = 3.14 \times ½ \times ½$ 또는 $A = 0.785$ 평방인치다. 따라서 $P = 250$파운드/0.785평방인치 또는 $P = 196$ psi이다.

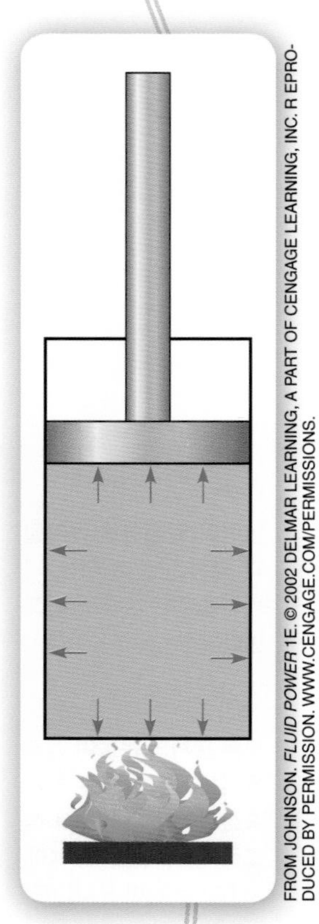

그림 12-7 작용 중인 샤를 법칙.

그림 12-8 블레즈 파스칼.

공학 속의 과학

캘빈, 섭씨, 화씨 등의 다른 척도로 온도를 측정할 수 있다. 과학자와 엔지니어들은 한 가지 척도에서 다른 척도로 온도를 변경하는 공식을 사용한다. 이들 측정 척도의 두 가지 공통 요소는 다음과 같다. (1) 각기 눈금 값 영(0)을 가지고 있다. (2) 각 눈금 사이의 거리는 각 척도 내에서는 동일하다.

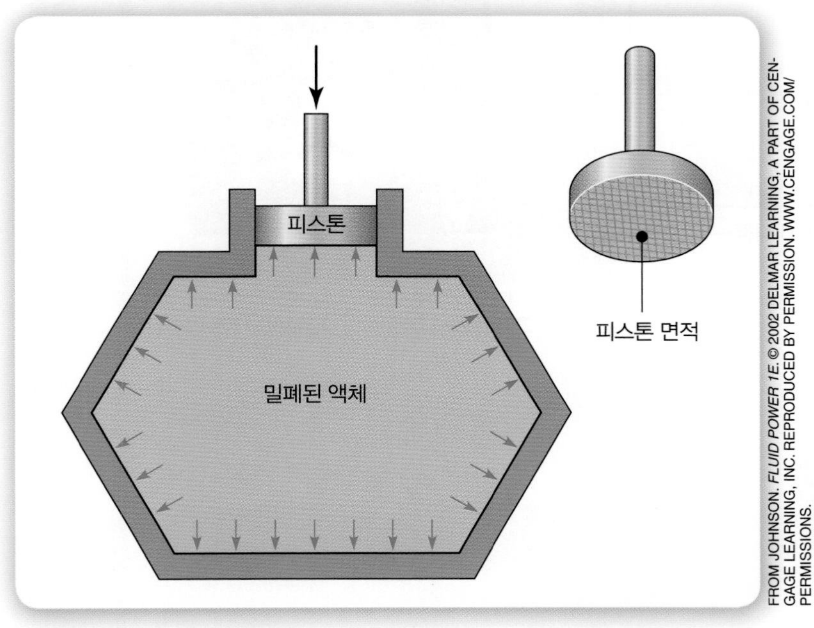

그림 12-9 실린더 전체를 통하여 동일한 압력.

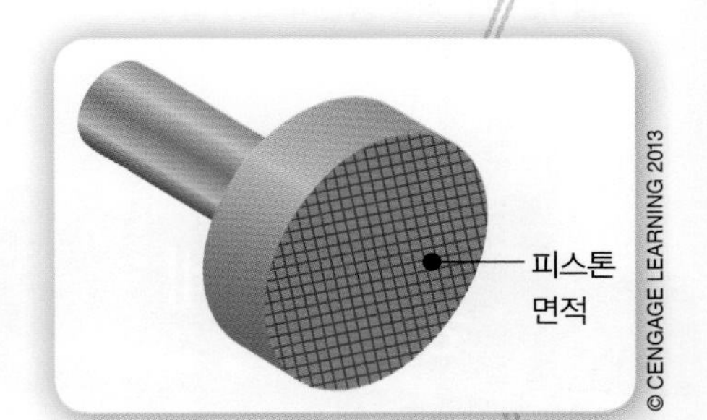

그림 12-10 피스톤의 표면적.

그림 12-11b의 피스톤은 더 큰 면적을 가지고 있다. 면적은 $A = 3.14 \times 1.25 \times 1.25$ 또는 4.9평방인치이다. 따라서 이 피스톤에 의하여 위로 가해지는 힘은 다음과 같다.

$$P = \frac{F}{A}$$

$$196 \text{ psi} = \frac{F}{4.9 \text{ in.}^2}$$

$$F = 960 \text{ lb}$$

이것은 더 많은 힘과 유체동력이 기계적 장점을 증가시키는 데 사용할 수 있는 법의 예이다. 유체동력에 의하여 얻은 기계적 장점은 그림 12-12의 무거운 흙 파는 기계가 작업을 수행할 수 있는 방법을 설명한다.

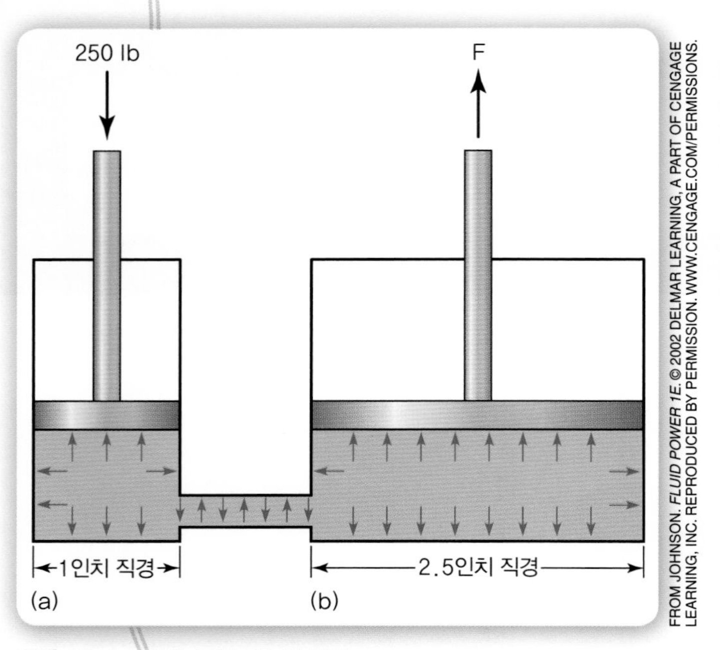

그림 12-11 작용 중인 파스칼 법칙.

그림 12-12 중장비가 유체동력에 의존한다.

공학 과제

공학 과제 1

A. 엔지니어는 설계과정을 돕기 위해 보일 법칙을 사용한다. 시작품을 제작하기 전에 엔지니어는 설계 문제의 해를 구하기 위해 수학을 사용한다.

▶ 도표 1에서 실린더의 현재 40 in.^{3}의 부피를 20 in.^{3}의 새 부피로 변화시키기를 원한다. 실린더는 현재 100 psi의 압력을 받고 있다. 원하는 새로운 부피가 되기 위해 얼마의 압력이 필요한가?

B. 엔지니어는 설계과정을 돕기 위해 샤를 법칙을 사용한다. 시작품을 제작하기 전에 엔지니어는 설계 문제의 해를 구하기 위해 수학을 사용한다.

▶ 도표 2에서 실린더의 현재 100 in^{3}의 부피를 50 in^{3}의 새 부피로 변화시키기를 원한다. 실린더는 현재 48 K의 온도이다. 원하는 새로운 부피가 되기 위해 얼마의 온도가 필요한가?

C. 엔지니어는 설계과정을 돕기 위해 파스칼 법칙을 사용한다. 시작품을 제작하기 전에 엔지니어는 설계 문제의 해를 구하기 위해 수학을 사용한다.

▶ 도표 3의 자동차를 들어 올릴 수 있는 피스톤 B의 크기를 결정하라. 자동차의 무게는 4000파운드다. 유체동력 시스템은 100 psi의 압력을 가지고 있다. 피스톤 B가 자동차를 들어 올릴 수 있는 최소의 직경은 얼마인가?

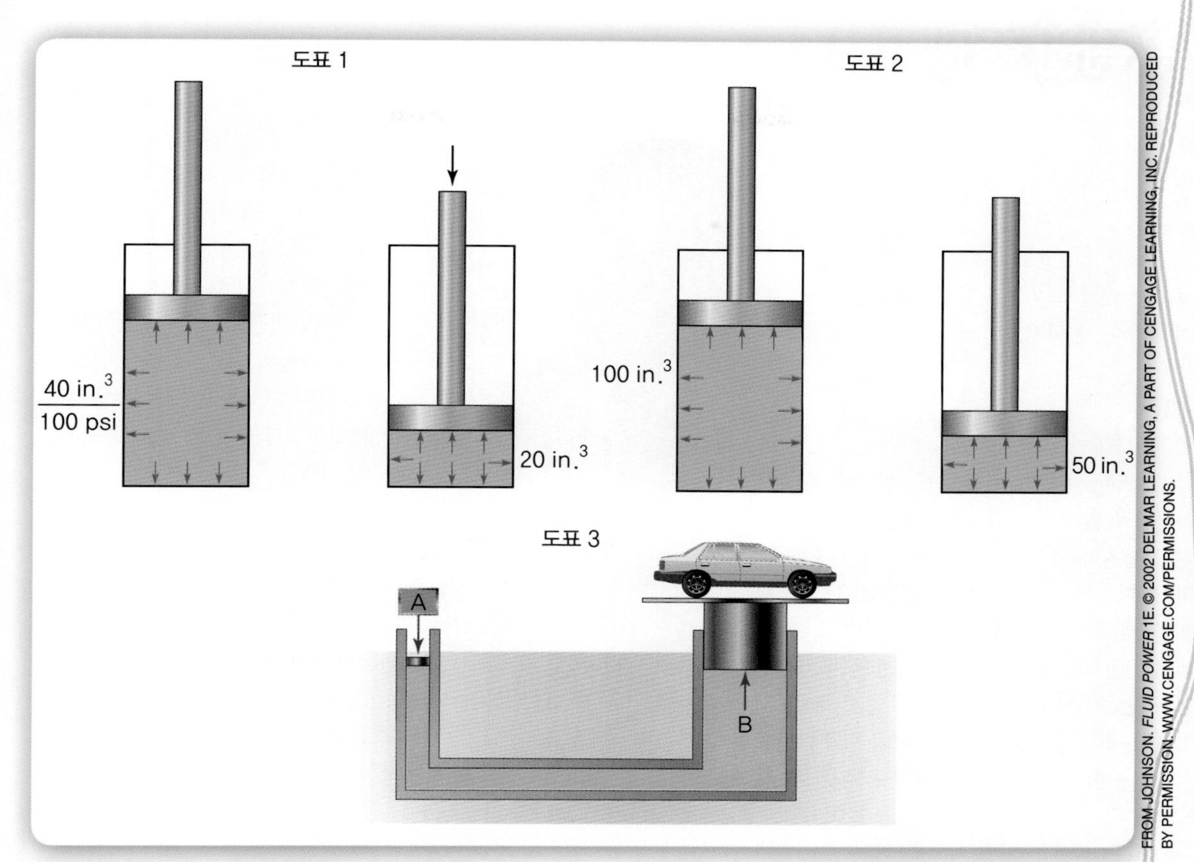

공학도전 1 보일 법칙, 샤를 법칙, 파스칼 법칙의 적용.

12.2 공기압

공기압 원리

공기압 동력에 사용되는 가장 일반적인 기체는 공기다. 공기는 공간을 차지하고 압축될 수 있다. 공기의 압축 특성 때문에 공기압은 무거운 하중에는 사용할 수 없다. 공기압은 빠른 반응과 저급 수준의 정밀도가 요구되는 작동에 매우 적합하고 가벼운 하중을 가진다. 공기압은 신호를 전달하는 데 우수하다. 이것이 자동안전 열차 브레이크 시스템이 작동하는 법임을 기억하라.

공기압은 식품 가공 공장과 같이 수압 액체의 누수가 바람직하지 않을 경우에 적용될 수 있다. 공기압은 깨끗하고 시스템에 필요한 유체(공기)를 쉽게 이용 가능하다. 공기압은 제어 시스템에 대표적으로 사용된다.

공학 직업 조명

이름
이반 알 디아즈(Ivan R. Diaz)

직위
월트 디즈니 월드(Walt Disney World)의 유지 공학 팀장

직무 설명
디아즈가 십대였을 때 공포의 환상 특급 탑(Twilight Zone Tower of Terror)으로 알려진 월트 디즈니 월드의 명소를 설계한 엔지니어들에 관한 기록물을 보았다. 그들의 일은 그가 엔지니어가 되도록 하였다. 디즈니와의 디아즈의 경력은 그가 수업의 한 부분으로 디즈니 월드 리조트에서 인턴으로 일한 대학교 3학년 동안 시작되었다.

디아즈는 디즈니 월드 리조트의 엔지니어로서 유명한 캐리비안의 해적 명소를 개선하는 팀의 주요 대원으로 일하였다. 그는 또한 자동 명소와 놀이기구 유지 시스템에 대한 특허도 얻었다. 이 시스템은 디즈니가 놀이기구 유지를 보다 효율적으로 할 수 있도록 얼마나 많은 놀이기구가 사용되었는지를 추적하기 위하여 안테나와 수신기를 사용한다.

현재 디아즈는 디즈니의 운송 시스템(모노레일, 증기열차, 버스와 선박)에서 일한다. 그와 그의 팀은 시스템이 신뢰성 있고 현대적이 되도록 확실하게 한다.

"나는 정말 일이 재미있습니다." 디아즈가 말한다. "재미와 나와 같이 일하는 훌륭한 사람들이 나를 디즈니에서 계속 있도록 한다. 이것은 매력의 일부이다."

교육
디아즈는 플로리다 주립 대학교에서 전기 공학사를 받았다. 그는 로린 대학에서 로이 이 크룸머 상업 대학에서 경영학 석사를 받는 공부를 계속하였다. 그는 또한 플로리다 주의 기술사 면허도 취득하였다.

학부과정에서 디아즈는 태양 전지 자동차 팀에 포함되었었다. "그것이 교실에서 배운 것을 실생활로 이행하는 데 실제로 도움이 되었다."

학생들에 대한 조언
디아즈는 젊은 사람이 수학과 과학에 흥미를 갖도록 일한다. 그는 최초 로봇(FIRST Robotics)와 최고 레고 리그(FIRST LEGO League)의 멘토로 봉사하고 있다. 최고 로봇 경진대회는 고등학생을 위항 경기 종목이다. 매년 초에 학생들은 전국적으로 같은 목적의 집합을 받게 된다. 조립용품 셋트를 사용하여 그들의 목적을 성취할 수 있는 로봇을 만들어야 한다. 최고 레고 리그는 중학생을 위한 유사한 경진대회이다.

디아즈는 엔지니어는 고등학교에서 물리와 대수학 모두를 택할 것을 충고한다. "수학과 과학은 때로는 지루하게 보일 수 있다. 그러나 여기 디즈니에서 우리가 경험하는 재미와 흥분은 모두 수학과 과학에서 오는 것이다."

디아즈는 말하기를 대학교에서 학생들은 신입생 동안에 인턴십을 찾아야 한다. "전문적인 관계를 맺으면서 전문적인 기술을 쌓을 수 있도록 가능한 한 빨리 집중된 관심분야에서 일을 시작하여야 한다."고 그는 말한다. "일의 세계로 전환하는 것은 대학을 시작할 때부터 시작하여야 한다."

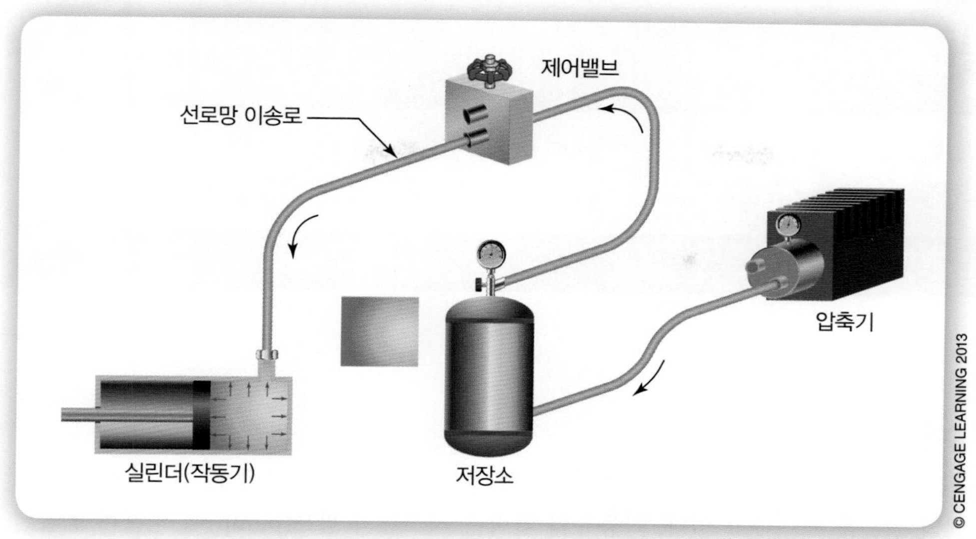

그림 12-13 공기압 시스템.

공기압 시스템의 성분

엔지니어가 공기압을 사용하기 위해서는 공기압 시스템을 설계해야 한다. 2장에서 언급한 대로 시스템은 과정을 성취하기 위해 함께 일하는 관련된 성분들의 집합이다. 대표적인 공기압 시스템은 압축기, 저장소, 선로망 이송로, 제어밸브와 **작동기**(actuators)로 구성된다. 이러한 성분들이 그림 12-13에 나타나 있다.

압축기(compressor)는 공기의 압력을 높이고 압축공기를 탱크로 펴내는 장치다. 압축공기 탱크를 **저장소**(reservoir)라고 부른다. 압축공기는 **선로망 이송로**(transmission line)를 통해 원하는 위치로 노선을 따라 보낸다. 선로망 이송로는 압축공기가 흘러가는 관이다. **제어밸브**(control valve)는 기체의 흐름을 조절한다. 공기압 시스템은 유체동력을 직선운동 형태의 기계적 동력으로 변환하기 위해 움직일 수 있는 피스톤을 가진 **실린더**(cylinder)를 사용한다.

12.3 수력학

수압 원리

수압 시스템은 **작동유**(hydraulic fluid)라고 부르는 오일 종류 액체를 사용한다. 이 유체는 일반적으로 석유 제품으로 만들어진다. 수력학의 장점은 액체는 기체보다 압축하기가 훨씬 어려워서 수압 시스템은 더 큰 크기의 동력을 전달할 수 있다는 사실이 포함된다. 작동유는 또한 시스템의 성분의 윤활에도 도움을 준다. 그러나 작동유가 흘러나오면 문제가 있을 수 있다. 승강기, 치과용 의자, 중장비 운전과 자동차 브레이크 시스템은 수력학을 사용한다. 작동유의 압력은 쉽게 제어될 수 있다.

공학 속의 과학

과학자는 다른 종류의 작동유를 계속해서 시험하고 있다. 석유 기반의 유체가 가장 보편적이다. 그러나 환경 문제로 야채유 기반의 유체가 최근 시험되고 있다. 과학적 조사가 공학설계와 환경에 이익이 된다.

수압 시스템의 성분

수압 시스템의 성분은 공기압 시스템의 성분과 유사하다. 그림 12-14는 수압 시스템의 성분을 보여주고 있다. 작동유의 압력은 시스템의 **펌프**(pump)에 의하여 공급된다. 수압 펌프는 시스템에 유동을 만들어내는 장치다. 저장소는 펌프에 의하여 가압된 작동유를 저장하고 있다. 선로망 이송로는 가압된 작동유를 제어밸브와 작동기로 보낸다. 제어밸브는 작동유의 흐름과 압력을 조정한다. 작동기는 유체동력을 기계적 동력으로 전달한다.

공기압에서와 같이 수력학은 유체동력을 직선운동 형식의 기계적 동력으로 변환하기 위해 실린더라고 부르는 작동기를 사용한다. 유체동력 실린더로 얻는 장점은 수압과 공기압 모두에 적용할 수 있다.

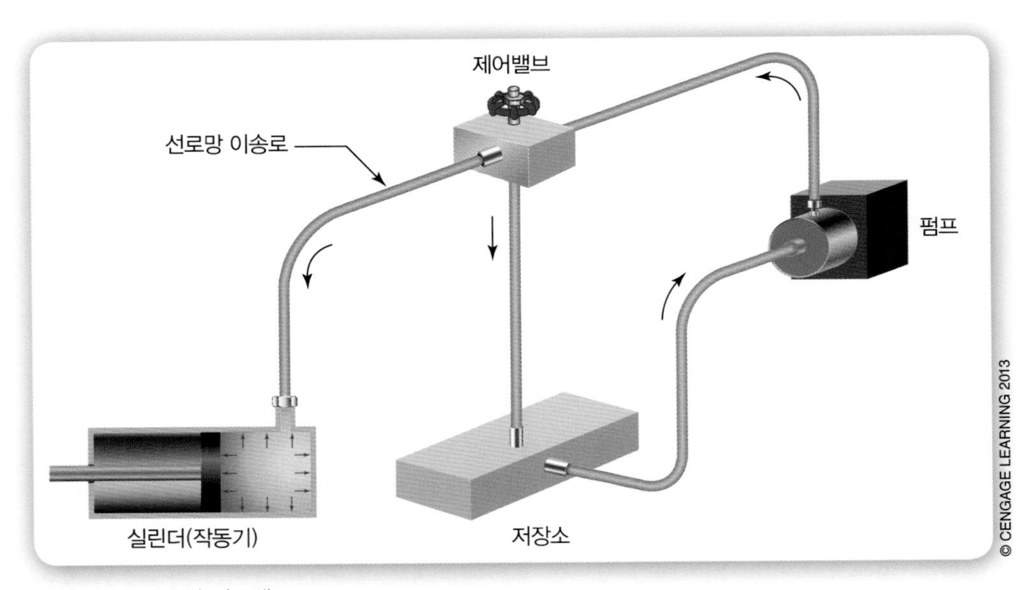

그림 12-14 수압 시스템.

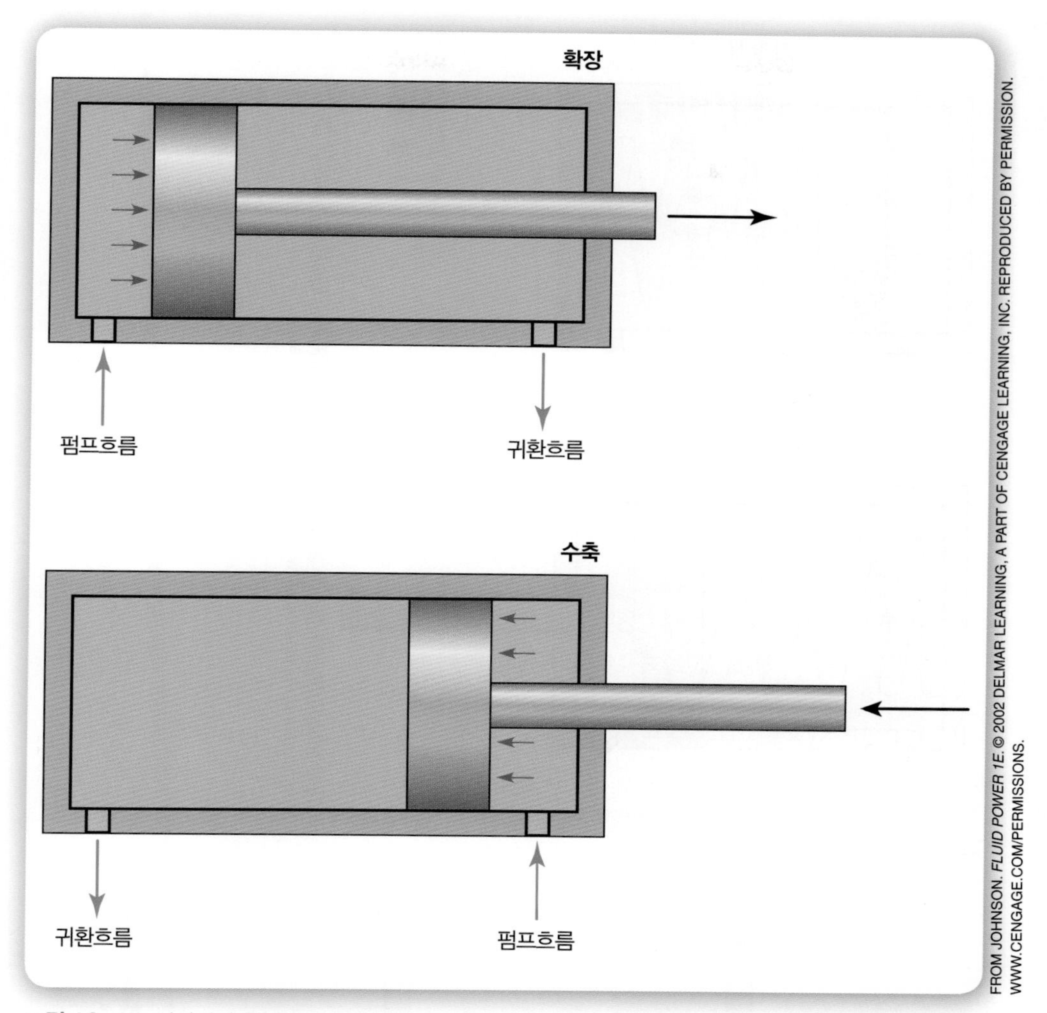

그림 12-15 실린더가 확장되고 수축된다.

실린더는 엔지니어가 설계에 사용할 수 있는 장치이다. 그림 12-15의 실린더는 확장되고 줄어든다. 엔지니어는 가압 유체를 실린더의 한편 또는 다른 편으로 방향을 바꾸기 위해 양방향 제어밸브를 사용한다. 그림 12-16에서 보여주는 다른 형식의 실린더는 스프링 하중을 받고 있어서 작동유가 해제되면 자동으로 되돌아온다.

파스칼 법칙을 기초로 엔지니어는 유체동력 시스템에서 2개 또는 그 이상의 실린더를 사용할 수 있다. 그림 12-17에 그려진 실린더 모두에게 동일한 압력을 가하지만 각 실린더의 피스톤 표면적을 변경하여 실린더에서 나오는 힘을 변경할 수 있다.

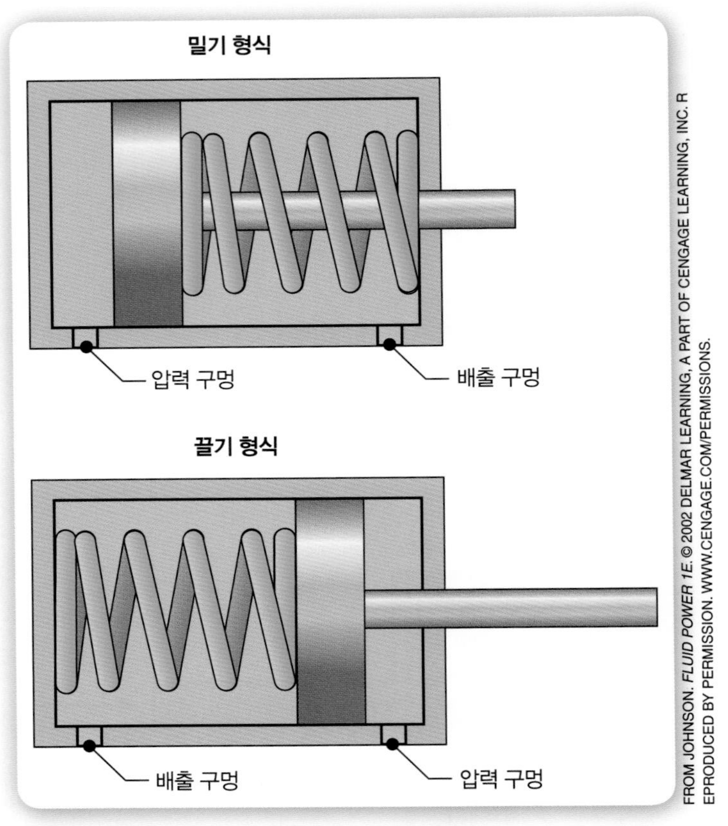

그림 12-16 스프링 하중 실린더.

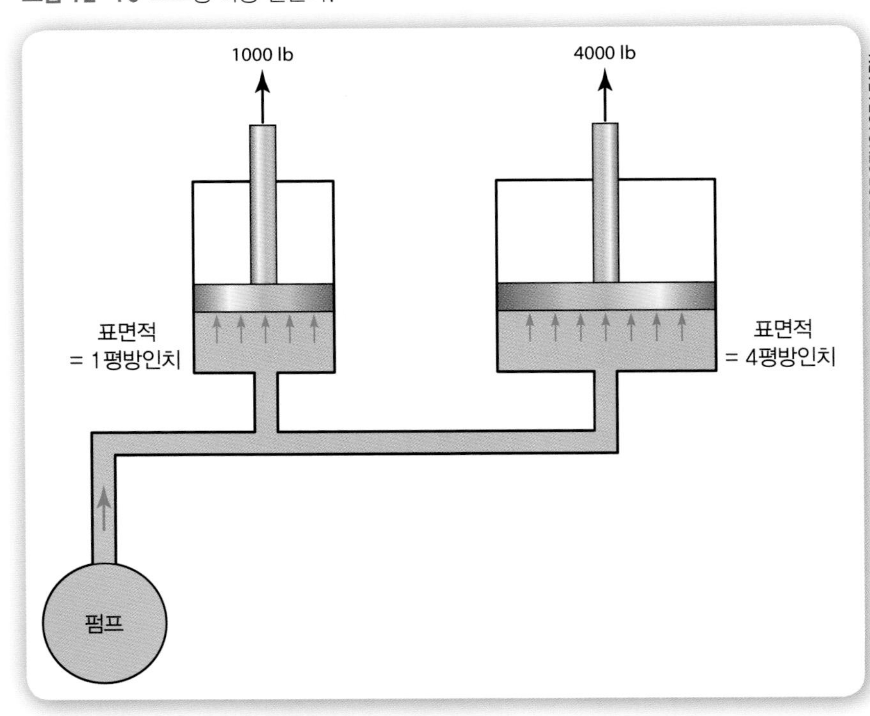

그림 12-17 파스칼 법칙의 이해.

공학 속의 수학

유체동력 실린더에서 피스톤의 이동 거리를 조절하는 것으로 엔지니어의 설계를 도울 수 있다. 그림 12-18의 그림을 주목하라. 피스톤 A의 직경은 1인치이고 피스톤 B의 직경은 4인치이다. 만약 피스톤 A가 실린더의 아래로 2인치 움직이면 피스톤 B는 실린더에서 얼마나 올라갈까? 엔지니어는 이 문제를 풀기 위해 수학 방정식을 사용한다. 답은 인치이다.

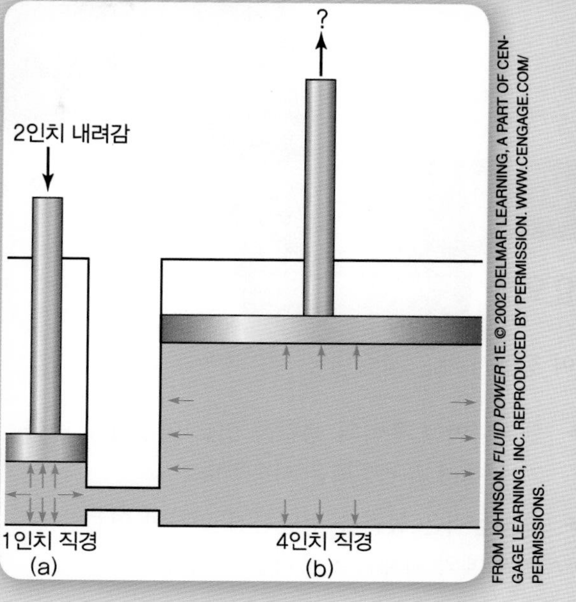

FROM JOHNSON. *FLUID POWER* 1E. © 2002 DELMAR LEARNING, A PART OF CENGAGE LEARNING, INC. REPRODUCED BY PERMISSION. WWW.CENGAGE.COM/PERMISSIONS.

그림 12-18 파스칼 법칙의 이용.

공학 과제

공학 과제 2

테니스공을 움직이는 장치를 설계, 제작 및 시험하고자 한다. 장치는 테니스공을 2인치 들어서 2인치 왼쪽으로 움직여야 한다. 그곳에서 장치는 공을 떨어뜨려야 한다. 이 동작은 유체동력이 흙을 움직이는 중장비와 유사하도록 설계된다.

기본적인 제작 재료로 나무, 줄, 접착제와 결합재를 제공받는다. 또한 다양한 크기의 6개의 주사기와 플라스틱 관을 많이 사용할 수 있다.

© GILLES LOUGASSI/SHUTTERSTOCK.COM

공학 과제 2 들어 올리는 장치 설계.

요약

이 장에서 배운 학습내용

- 엔지니어는 우리의 생활을 쉽고 안전하게 만들기 위해서 유체동력을 사용한다.
- 유체동력은 동력을 전달하기 위하여 압력을 받는 액체와 기체를 사용하는 것이다.
- 수력학은 액체를 통해 동력을 전달하는 것이다.
- 공기압은 기체, 보통 공기를 통하여 동력을 전달하는 것이다.
- 보일 법칙은 공기압에 관해 부피와 압력은 반비례한다고 설명한다.
- 샤를 법칙은 기체의 부피는 절대온도에 비례한다고 설명한다.
- 파스칼 법칙은 액체와 기체 모두 용기에 있는 압력은 전체적으로 동일하다고 설명한다.

용어

각 용어들에 대한 정의를 쓰시오. 마친 후에, 자신의 답을 이 장에서 제공된 정의들과 비교하시오.

유체동력
수력학
공기압
보일 법칙
샤를 법칙
절대온도
파스칼 법칙

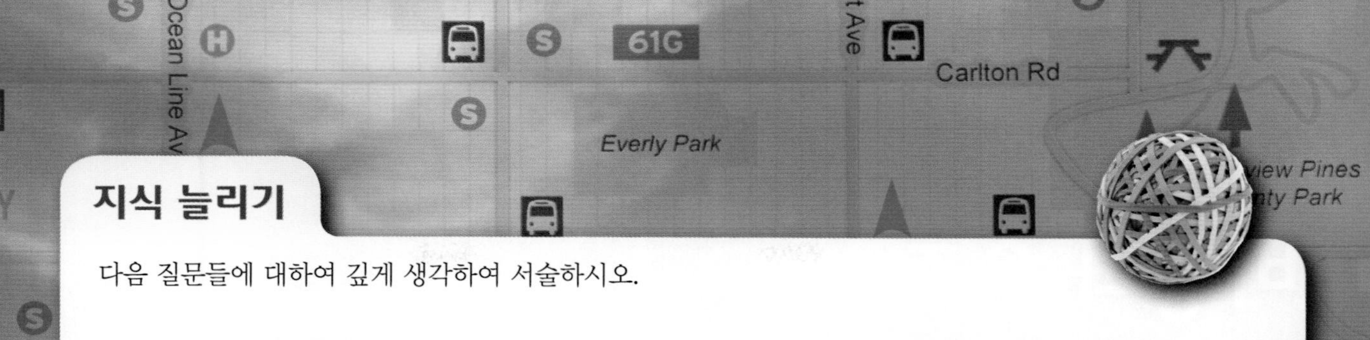

지식 늘리기

다음 질문들에 대하여 깊게 생각하여 서술하시오.

1. 유체동력에서 과학적 연구가 공학설계에서 왜 중요한지 논의하시오.
2. 유체동력 시스템을 설계할 때 엔지니어는 왜 수학기술을 사용하는지 설명하시오.
3. 유체동력은 생활에 어떤 방식으로 영향을 미치는지 설명하시오.
4. 유체동력이 사회에 어떤 방식으로 영향을 미치는지 설명하시오.
5. 미래에 유체동력이 어디서 사용될지 논의하시오.

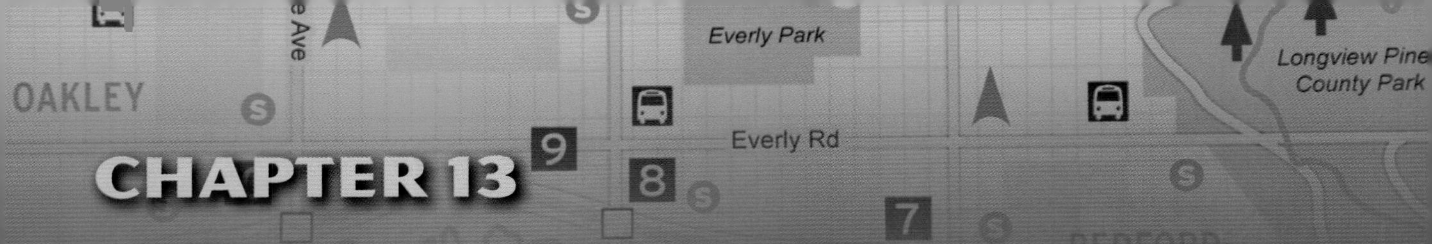

CHAPTER 13

비행과 우주

Flight and Space

Menu

미리 생각해보기

이 장에서 개념들을 공부하기 전에 다음 질문들에 대해 생각하시오.

1. 비행기는 어떻게 나는가?
2. 비행에 영향을 주는 힘은 무엇인가?
3. 공기역학이란 무엇인가?
4. 항공기를 설계할 때 엔지니어는 어떤 변수를 사용하는가?
5. 추진력이란 무엇이고 어떻게 만들어지는가?
6. 조종사는 어떻게 항공기의 비행을 조종하는가?
7. 전통적인 항공기 비행과 우주 비행의 차이는 무엇인가?

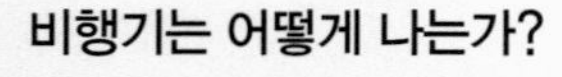

COURTESY OF MAARTEN VISSER-HOLLAND

공학의 실행

S T
E M

미국에서는 매일 수천 명의 사람들이 항공 운송을 이용한다. 상업용 비행이 미국인의 생활방식이 되었다. 그러나 항공기를 설계하고 제작하는 엔지니어와 기술자들이 없으면 비행은 불가능하다. 항공 산업을 나아가게 하는 기술적이고 공학적인 발전들이 비교적 매우 짧은 기간에 이루어져왔다. 1900년 이전에는 항공기로 여행하는 것은 단지 꿈이었다. 그러나 오늘날 그것은 흔한 일이 되었다. 어떻게 그렇게 될 수 있었을까? 비행과 우주 운송에서 무엇이 미래를 붙들고 있느냐?

13.1 비행 기술

역사

사람들은 비행에 항상 매료되어왔다. 그리스 신화는 날개를 가진 말인 페가수스(Pegasus)의 신화와 같은 비행에 대한 이야기다(그림 13-1). 또한 그리스는 이카로스(Icaros)와 다이달로스(Daedalus)의 이야기를 한다. 다이달로스는 그의 아들 이카로스와 같이 감옥에 갇혀 있는 엔지니어였다. 다이달로스는 깃털과 밀랍으로 날개를 설계하고 만들어 둘은 탈출할 수 있었다. 그러나 이카로스는 비행에서 날개의 동력을 느꼈을 때 그는 대담하게 태양으로 너무 가까이 날아갔었다. 태양의 열은 밀랍을 녹여 날개가 떨어져나가서 이카로스는 바다 밑으로 떨어졌다.

기원전 400년대 초반에 중국인은 연을 설계하고 제작하였다. 이 연은 새와 닮았었다. 1400년대 후반에 레오나르도 다 빈치(Leonardo da Vinci)는 100가지 이상의 하늘을 나는 기계를 만들었다. 이 기계에 대한 대부분 초기 설계와 같이 레오나르도의 날개치기 비행기는 새를 닮았었다(그림 13-2). 오늘날까지도 사람들은 빠르고 멀리 날아가기 위한 새로운 방법을 꿈꾸고 있다.

양력

(1) 비행 중인 물체에 작용하는 공기역학 힘의 성분. (2) 중력에 대항하여 일하는 항공기 날개 형상에 의하여 발생하는 힘. (3) 공기를 통하여 움직이는 방향과 수직의 각도로 작용하는 힘(공기의 압력 차이에서 발생). (4) 항공기 무게의 반대 방향의 힘으로 항공기가 공중에 머물게 한다.

비행에서의 힘

지면을 떠나기 위해서는 항공기와 같은 물체는 지구 중력의 끌어당기는 것을 극복해야만 한다. 중력은 비행에 영향을 주는 네 가지 힘 중 하나다. **힘**(force)은 대표적으로 물체를 밀거나 당기므로 물체에 에너지를 전달하는 것이다. 지구 중력의 인력으로부터 항공기를 떠오르게 하는 힘을 양력이라 부른다. 지구의 만유인력을 깨뜨리기 위해서 요구되는 양력(lift)은 항공기 무게보다 더 많아야 한다. 초창기 풍선 비행은 풍선

그림 13-1 그리스 신화에 나오는 하늘을 나는 말, 페가수스.

을 올리기 위해 뜨거운 공기를 사용해서 지구 중력을 극복했다.

비행기나 다른 물체가 앞으로 움직이기 위해서는 마찰과 바람의 저항을 극복해야만 한다.

항공기에서의 마찰과 바람의 저항을 결합하여

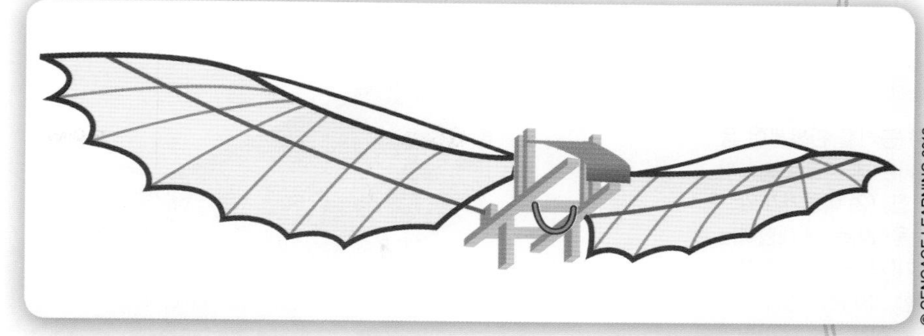

그림 13-2 레오나르도 다빈치의 날개치기 비행기.

알고 있나요?

1903년 라이트 형제의 플라이어의 비행(그림 13-3) 이전에 형제들은 그들의 비행기 날개에 제일 좋은 형상을 광범위하게 연구하였다. 오빌(Orville)과 윌버(Wilber)는 그들의 설계를 시험하기 위해서 실제로 **풍동**(wind tunnel)을 만들었다. 풍동은 엔지니어가 장치를 가로지르는 공기 흐름의 영향을 측정하기 위해 사용하는 장치다. 그림 13-4는 라이트 형제의 풍동과 양력 시험에 사용된 익형의 표본을 보여주고 있다. 라이트 형제는 그들의 플라이어를 설계하기 위해 그들이 얻은 자료를 사용하였다.

그림 13-3 라이트 형제의 플라이어.

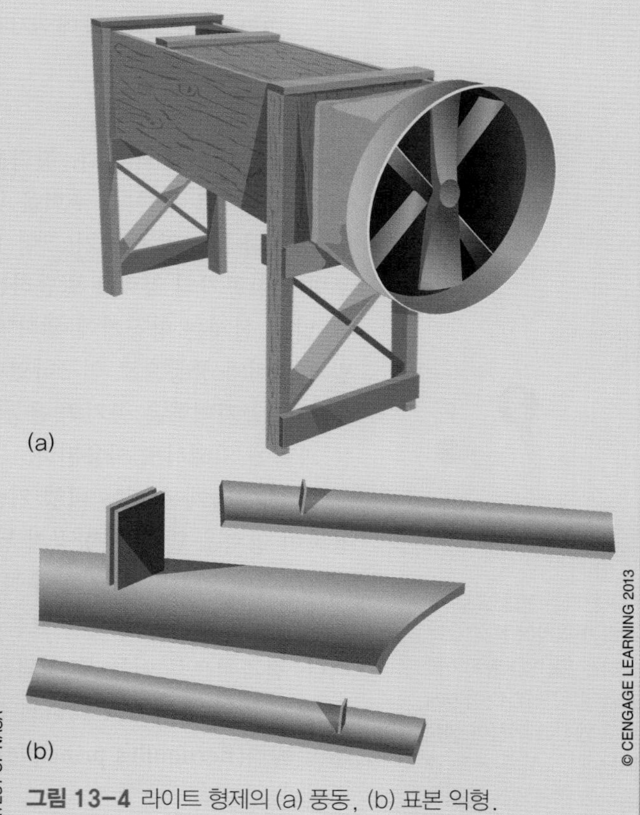

그림 13-4 라이트 형제의 (a) 풍동, (b) 표본 익형.

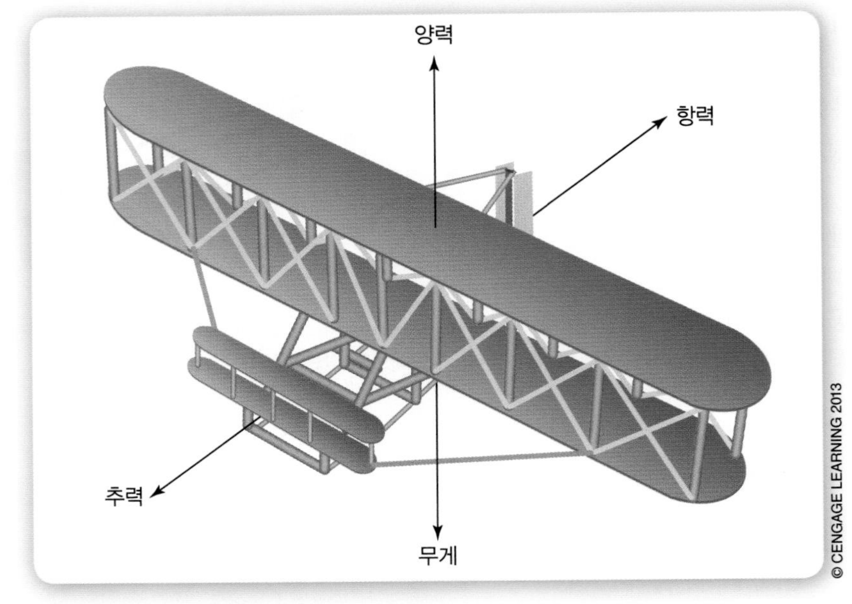

그림 13-5 항공기의 네 가지 힘.

항력

(1) 공기를 관통하여 움직이는 데 저항을 일으키는 힘. (2) 비행기가 앞으로 움직이는 데 대항하는 공기(기술적으로 유체)의 저항. (3) 운동 방향의 반대로 작용하는 힘(마찰과 공기 압력의 차이에서 발생). (4) 유체를 관통하는 물체 운동의 저항이다.

항력(drag)이라고 부른다. 항력을 극복하기 위해서 사용하는 항공기의 에너지를 추력(thrust)이라고 부른다. 추력을 많이 발생시킬수록 항공기는 앞으로 더 빠르게 움직인다. 그러나 고정익 항공기(그림 13-5)에서는 공기의 운동이 날개를 가로지르게 되므로 추력도 항공기의 양력을 발달하는 데 도움을 준다.

날개 설계는 항공기에 의하여 발달하는 항력의 대단히 중요한 성분이다. 이것이 오빌과 윌버가 풍동으로 연구하였던 원리이다. 이 원리를 공기역학(aerodynamics)이라고 부른다. 공기역학은 공기의 운동과 공기와 물체의 상호작용에 의한 결과적인 힘을 다루는 과학에 의해서도 사용된다.

3

항공기 날개 설계는 비행 기술에 대단히 중요하다. 현대 항공기는 날개의 형상을 사용하여 양력을 만든다. 항공기 날개가 양력을 발달하는 방법을 이해하기 위하여 다니엘 베르누이의 과학적 연구를 주목하여야 한다. 그림 13-6의 선풍기의 그림을 주목하라. 선풍기의 한가운데 공기의 흐름은 매우 빠른 반면 선풍기의 외곽 끝의 공기 흐름은 느리다. 결과적으로 이들 두 영역은 다른 공기 압력을 가진다. 빠르게 움직이는 공기는 낮은 공기 압력을 가지고 느리게 움직이는 공기는 높은 공기 압력을 가진다. 이것이 베르누이 원리(Bernoulli's principle)다. 유체(또는 기체)의 속도가 증가함에 따라 압력은 감소한다.

추력

(1) 원하는 방향으로 추진하기 위하여 몸통에 작용하는 힘. (2) 항공기를 운동 방향으로 나아가게 하고 엔진에 의하여 생성되는 힘. (3) 공기를 관통하여 항공기를 움직이게 하는 힘. 추력은 항공기의 엔진에 의하여 발생한다.

베르누이 원리를 기초로 엔지니어들은 그림 13-7의 날개와 같은 날개 설계를 개발해왔다. 날개 상부를 가로지르는 공기 흐름은 날개 표면의 하부를 따라가는 공기 흐름보다 빠르게 움직인다. 결과적으로 날개 하부의 공기 압력이 날개 상부의 공기 압력보

공학 속의 과학

다니엘 베르누이(Daniel Bernoulli, 1700~1782)는 유체 흐름, 압력과 속도의 기본 성질을 탐구한 그의 업적이 널리 인정된 독일 과학자였다. 오늘날 그의 업적은 베르누이 원리로 알고 있다. 그는 러시아 상트페테르부르크에서 일하는 동안 그의 이론을 개발하였다. 그의 이론은 《hydrodynamica》라는 제목으로 1738년에 출판되었다. 베르누이의 과학적 연구는 오늘날의 엔지니어에게 유체와 기체의 흐름에 대한 가치 있는 이론을 여전히 제공하고 있다.

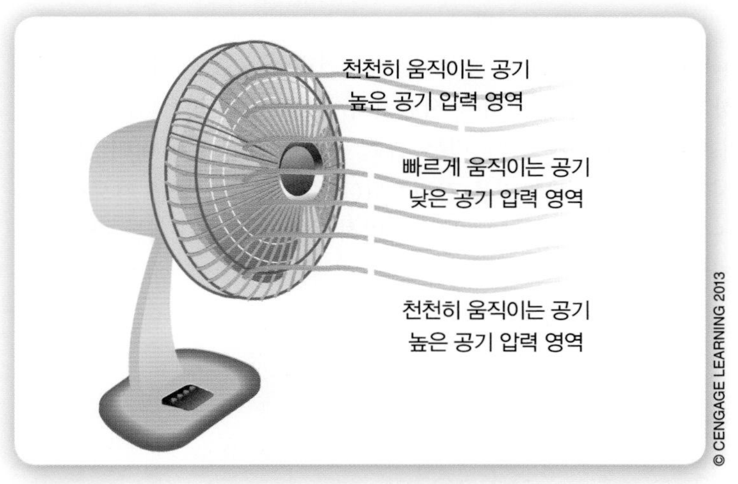

그림 13-6 공기 압력 차이가 선풍기에 의해 만들어진다.

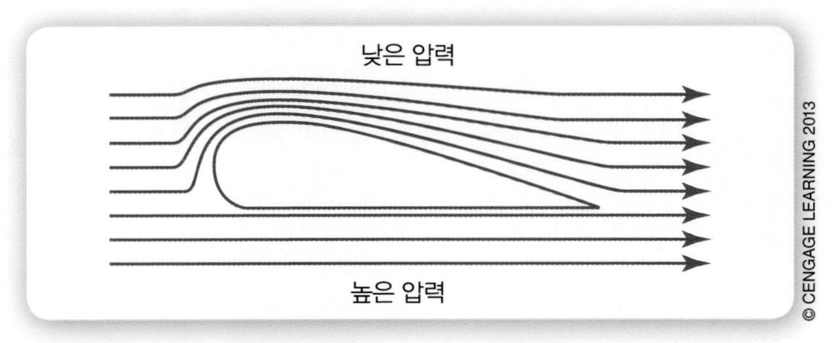

그림 13-7 공기가 익형을 따라 흐르는 베르누이 원리.

다 크다. 높은 공기압력(날개의 밑)은 낮은 압력(날개의 상부)을 민다. 이 공기 압력의 차이가 날개에 양력을 만들고 날개는 뜬다.

공기역학

(1) 공기의 운동과 공기와 물체 사이의 운동의 결과로 물체에 작용하는 힘을 취급하는 과학이다. (2) 공기를 관통하여 물체가 움직이는 힘과 그 결과의 연구이다.

베르누이 원리

유체의 속도가 증가할수록 압력은 감소한다고 말한다.

© NOREBBO/SHUTTERSTOCK.COM

그림 13-8 경주용 차는 익형을 사용한다.

익형(airfoil)은 날개의 다른 이름이다. 그림 13-8의 경주 자동차 그림을 주목하라. 왜 이 경주 자동차의 앞과 뒤에 익형(날개)을 장착하고 있는가? 익형이 양력을 만들고 있는가? 또는 아래로 향하는 힘을 만들고 있는가?

그림 13-9는 날개의 주요 부분을 보여주고 있다. **날개 앞전**(leading edge)은 날개의 앞 표면이고 **날개 뒷전**(trailing edge)은 날개의 뒤 가장자리다. 이 두 전 사이의 거리는 **코드**(chord)다. **중간 코드**(mean chord: 중간은 평균의 다른 용어이다)는 날개의 꼭대기와 아래 표면 사이의 중간에 있는 가상의 선이다.

가로세로비

날개 길이를 코드로 나눈 것이다.

익형의 **날개 길이**(wingspan)는 날개의 양끝 사이의 거리이다. 날개의 가로세로비(aspect ratio)를 결정하기 위하여 날개 길이를 사용한다. 가로 세로 비는 날개 길이를 코드로 나눈 수학적 비율이다. 높은 가로세로비는 길고 좁은 날개를 나타내며 낮은 가로세로비는 날개가 정사각형과 같은 모양임을 가리킨다(그림 13-10). 높은 가로세로비를 가진 항공기는 글라이더 또는 장거리 항공기다. 특별히 기동성이 요구되는 항공기는 낮은 가로세로비를 가진다.

공학 과제

공학 과제 1

라이트 형제의 안내를 따라 날개 설계의 집합을 설계, 제작 및 시험을 한다. 먼저 표본으로 라이트 형제의 설계를 사용하여 두 가지의 다른 날개 옆면 윤곽을 스케치하라. 설계는 매우 단순할 수 있거나 새로운 것을 시도할 수도 있다. 이것을 실험이라고 부른다.

각 설계 스케치를 복사기로 가져가서 크기를 두 배로 한다. 다음 2개의 다른 형상과 2개의 다른 크기의 날개 옆면 윤곽을 고밀도 스티로폼을 사용하여 각 설계를 제작한다. 학교 풍동의 크기가 각 날개의 길이를 결정하게 될 것이다. 모든 네 가지의 날개는 동일한 길이를 가지고 있다. 만약 학교에 풍동이 없다면 실험을 위하여 가정용 선풍기를 사용하라.

일단 날개를 제작하면 풍동을 사용하여 각 날개 설계를 실험하라.

- 어느 날개 설계가 가장 큰 양력을 만드는가?
- 왜 이 설계가 가장 큰 양력을 만들었는가?
- 어느 날개 설계가 가장 작은 양력을 가지고 있느냐?
- 왜 이들 날개 설계가 다른 양력을 만드는가?

공학 속의 수학

S T E M

비율은 두 수의 수학적 비교이다. 예를 들면 어린 여동생은 여러분의 키의 절반이다. 이것은 여동생의 키 25인치와 여러분의 키 50인치 간의 비교를 지적한다. 비율은 엔지니어가 다른 설계를 비교할 수 있게 한다. 항공기에 관하여 엔지니어들은 날개의 가로세로비를 결정하기 위하여 항공기의 설계기준을 알 필요가 있다.
날개의 표면적은 날개가 만들어내는 양력의 크기에 결정해야 할 요소다. 날개의 표면적이 커질수록 양력은 더 많이 생성된다. 날개의 표면적과 함께 항공기 속도도 양력에 영향을 미친다. 항공기가 더 빨리 날수록 더 많은 공기가 날개를 통과하여 움직인다. 더 큰 공기 움직임이 더 큰 양력을 만든다. 그것이 이륙하는 동안 항공기는 속도를 얻기 위해 활주로를 빨리 이동하는 이유이다. 항공기가 충분한 양력을 공급하는 속도에 도달할 때 항공기는 지면을 떠날 수 있게 된다. 각 항공기는 최소 이륙 속도를 가지고 있다. 이륙속도를 결정하는 한 요소는 날개의 크기이다.

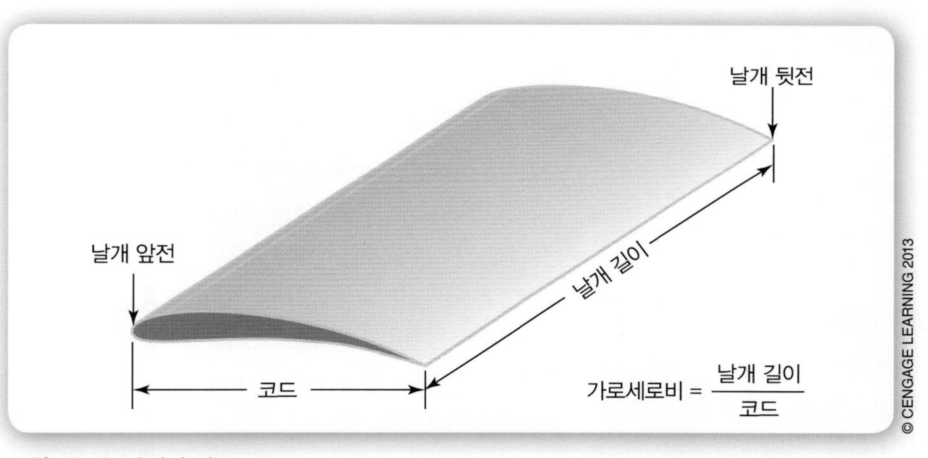

그림 13-9 날개의 성분.

엔지니어와 항공기 조종사들은 날개의 **받음각**(angle of attack) 또는 날개의 코드와 날개 앞전을 맞이하는 바람의 움직임 사이의 각도 측정을 이해할 필요가 있다. 대부분의 항공기는 16도의 최대 받음각을 가지고 있다. 이 점에서 날개는 양력을 만들 수 없다. 만약 항공기가 16도 보다 큰 받음각에서 비행을 시도하면 항공기는 날 수 없을 것이다.

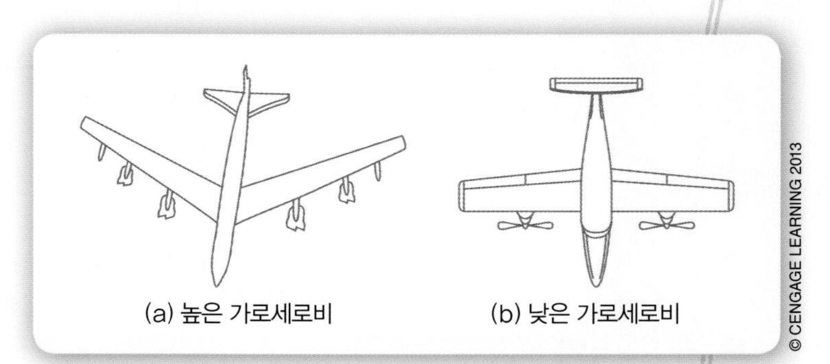

그림 13-10 가로세로비의 비교.

공학 속의 수학

엔지니어들은 도로 각도를 계산할 수 있어야 한다. 때로는 도는 엔지니어가 필요로 하는 정밀도를 제공하지 않을 수도 있다. 우리는 도를 분으로 더 나눌 수 있다. 하루의 한 시간이 60분을 가지고 있는 것과 같이 각도도 동일하다. 따라서 정확한 각도를 읽는 것은 14도 24분(14° 23'이라고 쓴다)이다.

공학 과제

공학 과제 2

엔지니어는 날개가 생성하는 양력의 크기를 계산할 필요가 있다. 그들이 결정해야 할 필요가 있는 한 항목은 날개의 표면적이다.

- ▶ 그려진 세 가지 날개의 집합을 시험하시오.
- ▶ 각 날개 집합의 면적을 결정하시오.
- ▶ 다른 모든 요인들은 동일하다고 가정하면(중간 코드와 항공기 속도) 어느 항공기가 가장 큰 양력을 생성하는가?
- ▶ 날개의 각 집합의 가로세로비를 결정하시오.
- ▶ 보잉 747 또는 F-18 중 어느 것이 장거리 비행기로 사용되는가? 그 이유는 무엇인가?
- ▶ 보잉 747 또는 F-18 중 어느 것이 곡예 조종사에 의해 사용되는가? 그 이유는 무엇인가?
- ▶ 왜 라이트 형제의 플라이어가 그려진 날개와 같은 두 날개를 가지고 있는가?

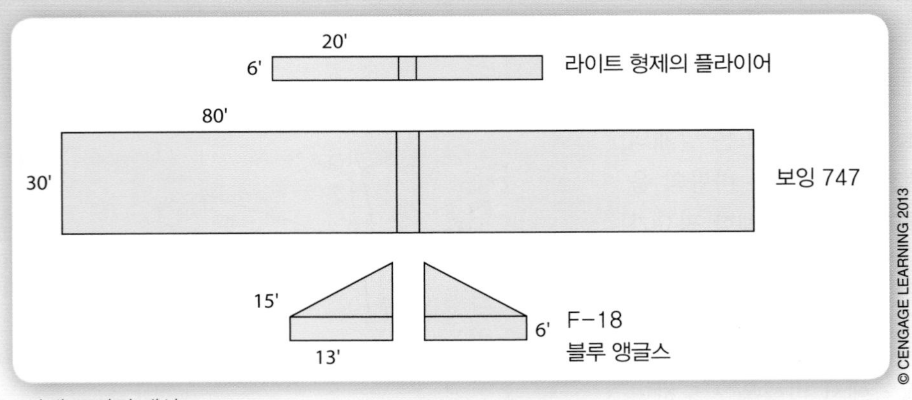

날개 표면적 계산.

13.2 항공기 추진력과 제어 시스템

내연기관엔진

노스캐롤라이나(North Carolina) 해변에서 플라이어를 올리기 위해 오빌과 윌버는 날개를 따라 공기의 움직임이 충분하여 필요한 양력을 생성할 수 있는 움직임이 필요하였다. 이것은 항공기는 전방 운동으로 양력을 생성할 수 있는 추진력(propulsion)을 요구하는 것을 의미한다.

추진력

항공기와 우주선을 앞으로 나아가게 하는 수단이다. 그것은 추력(앞으로 밈), 양력(위로 밈), 항력(뒤로 당김)과 무게(아래 방향으로 당김)와 같은 힘들의 결합이다.

라이트 형제는 추진력을 생성하기 위해 4개의 실린더 **내연기관엔진**(internal-combustion engine)을 설계하고 만들었다(그림 13-11). 내연기관은 화학에너지(가솔린)를 열에너지로 다음은 기계에너지(프로펠러의 회전)로 변환하는 기계장치다. 자동차, 트랙터, 잔디제초기, 모터사이클과 보트들도 내연기관엔진을 사용한다.

프로펠러(propeller)는 회전축에 장착된 익형이다. 날개모양의 설계는 움직임에 따라 공기를 움직인다. 프로펠러는 전방에 낮은 압력을 만들어 프로펠러 뒤의 높은 압력 면적으로 항공기를 앞으로 나아가게 한다.

내연기관엔진은 1800년대 후반에 개발되었고 라이트 형제가 항공기를 발달시킨 것과 같이 자동차 산업을 발달시키는 데 도움이 되는 원동력이었다. 내연기관엔진은 다양한 단일기계와 기구의 결합이다(11장 참조). 피스톤은 실린더에서 위아래로 움직인다. 피스톤의 한 끝이 크랭크에 부착되어 있어서 이 왕복운동을 회전운동으로 변환한다. 이 회전운동은 프로펠러를 회전하는 데 사용된다. 라이트 형제의 엔진은 그림 13-12에 있는 것과 같이 직렬의 4개의 실린더였다.

대부분의 내연기관엔진은 4행정 사이클로 작동한다(그림 13-13). 공기와 연료 혼합물이 흡입행정 동안 연소실로 들어간다. 이 폭발성 혼합물은 압축행정 동안 압력을 받는다. 점화 플러그가 동력

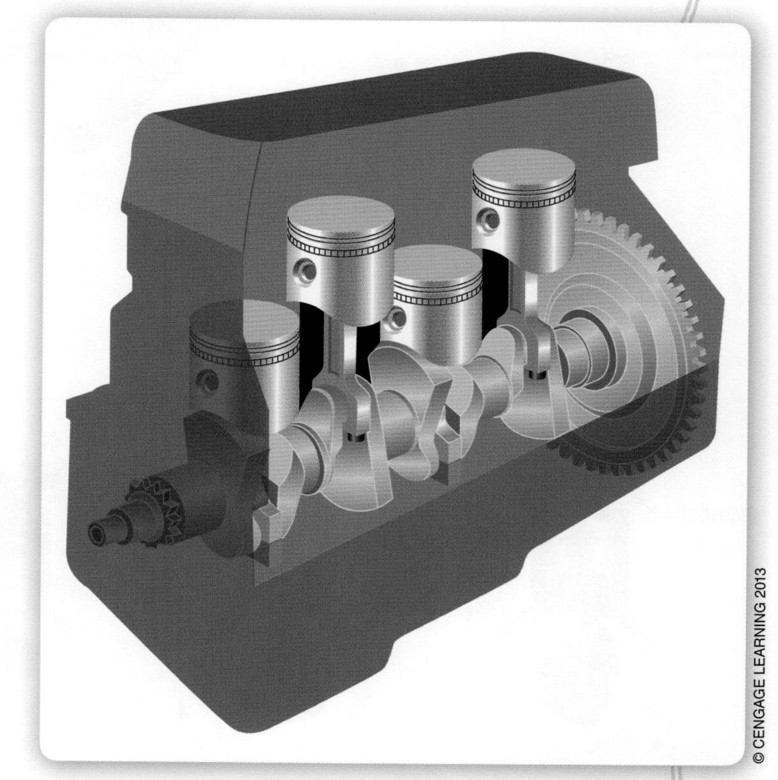

그림 13-11 라이트 형제의 설계는 이 도면에 보이는 엔진과 유사한 내연기관엔진을 사용하였다.

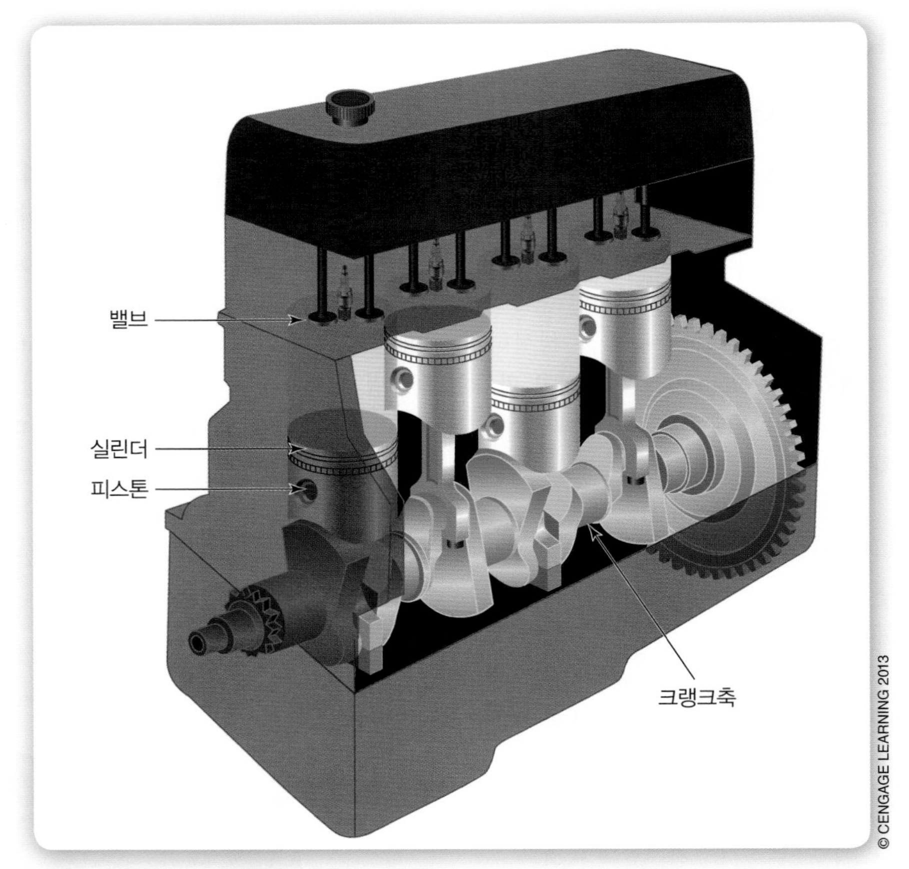

그림 13-12 내연기관엔진의 성분.

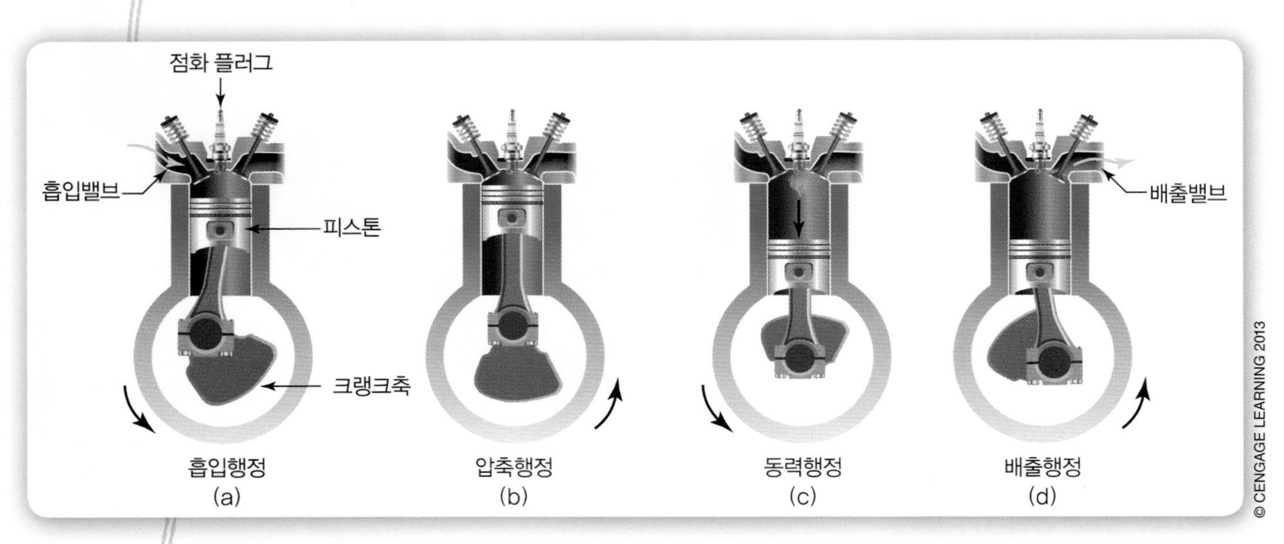

그림 13-13 내연기관엔진의 4행정.

행정을 시작하기 위하여 공기와 연료 혼합물을 점화한다(이름과 같이 동력행정은 엔진의 힘을 내기 시작한다). 배기행정 동안 연소한 공기와 연료 혼합물은 실린더의 바깥으로 밀려난다.

제트엔진

항공기는 추력을 생성하기 위하여 **제트엔진**(jet engine)을 사용한다. 제트엔진은 수렴되고 확산되는 관의 연쇄를 통과하여 흐르는 공기로 추력을 만든다. 공기가 직선의 관을 통과하여 움직일 때 압력과 속도는 일정하게 유지된다. 그러나 공기가 면적이 커지거나 줄어드는 관을 통하여 움직일 때 공기의 압력과 속도가 변한다. 수렴하는 관은 깔때기 같다. 공기가 수렴하는 관을 통과하므로 속도는 증가하고 압력은 감소한다. 확산되는 관은 트럼펫의 끝 부분과 같다. 확산되는 관은 공기의 압력은 증가하고 속도는 감소한다(그림 13-14). 항공기 날개에 의하여 생성되는 양력과 똑같이 수렴하고 확산되는 관을 통과하는 공기 흐름도 베르누이 원리를 기초로 한다.

엔지니어는 제트엔진을 설계할 때 공기 속도와 공기 압력에서의 이들의 변화를 사용한다. 이러한 작용은 뉴턴의 제3운동법칙(Newton's third law of motion)에 기반을 두고 있다. 모든 작용에 대하여 같고 반대인 반작용이 있다. 항공우주 공학에서 작용과 동일 반작용의 이 원리는 매우 중요하다. 그림 13-15에 보이는 것과 같이 공기가 풍선을 떠날 때(작용) 풍선은 반대 방향으로 움직인다(같고 반대인 반작용).

뉴턴의 제3운동법칙
모든 작용에 대하여 같고 반대인 반작용이 있다는 것을 설명한다.

공기는 공기 흡입구를 통해 제트엔진으로 들어온다. 다음 압축 부분에서 압축된다. 압축된 공기는 연소 부분으로 들어가고 거기서 연료가 더해지고 점화된다. 공기와 연료의 혼합물이 연소되어 확대되고 엔진의 배기관을 통해 나오기 전에 터빈 바퀴를 회전하는 힘을 가한다. 터빈 바퀴가 압축기와 연결되어 압축기를 회전하는 에너지를 제공한다. 제트엔진을 떠나는 뜨거운 배기가스(작용)는 항공기가 앞으로 움직이는 원인이 된다(같고 반대인 반작용). 제트엔진이 회전하고 배기압

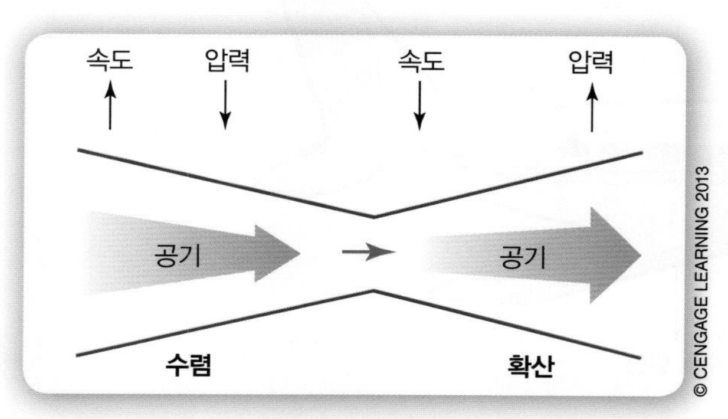

그림 13-14 수렴하고 확산되는 관의 베르누이 원리.

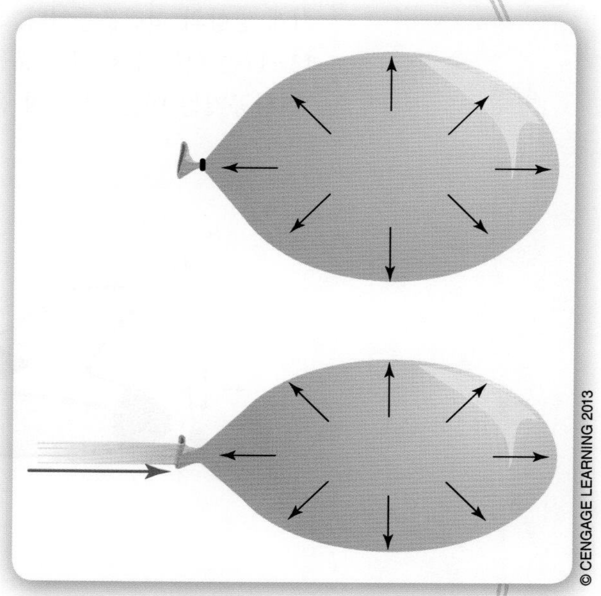

그림 13-15 풍선은 뉴턴의 제3운동법칙을 보여줄 수 있다.

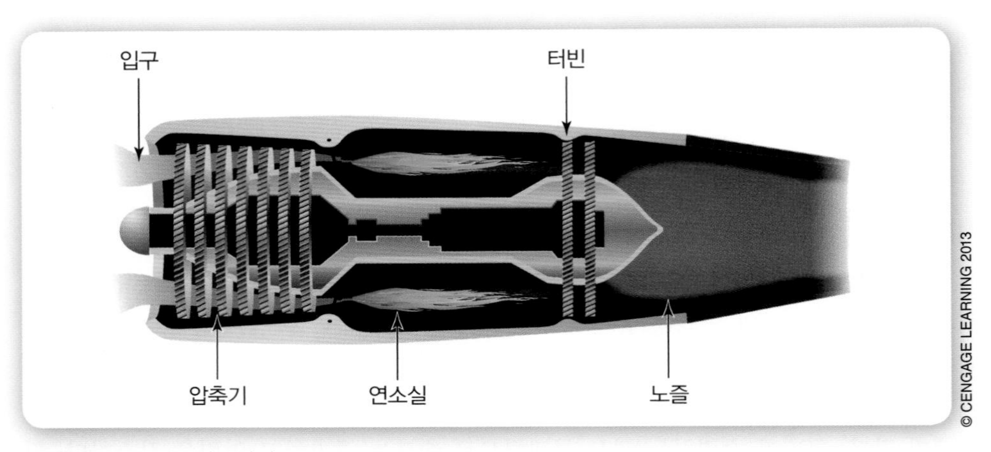

그림 13-16 터보제트엔진

력이 더 많이 만들어질수록 항공기의 추력이 더 많이 생성되고 항공기는 더 빠르게 비행한다.

제트엔진에는 많은 변화를 가지고 있다. 그림 13-16에 나타낸 제트엔진은 **터보제트 엔진**(turbojet engine)이다.

항공기 제어 시스템

항공기는 하늘에서 작동되므로 조종사는 항공기가 가고자 하는 세 가지 이동 방향을 제어할 수 있어야 한다. 각 방향은 움직임을 나타내기 위한 특별한 용어를 가지고 있다. **피치**(pitch)는 항공기의 상하 움직임이다. **롤**(roll)은 항공기의 시계 방향과 반시계 방향의 회전운동이다. **요**(yaw)는 항공기의 왼쪽 또는 오른쪽 선회운동이다. 그림 13-17은 이들의 세 가지 운동을 보여주고 있다.

항공기는 이들 세 가지 움직임을 규제하기 위하여 세 가지 제어 표면을 가지고 있

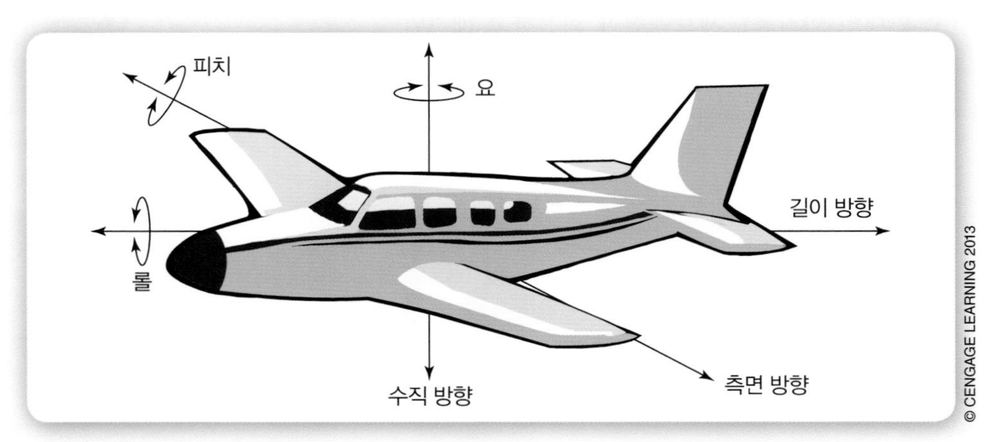

그림 13-17 항공기의 움직임.

다(그림 13-18). **승강타**(elevator)는 항공기의 피치를 제어한다. 그것은 수평 꼬리 부분에 위치한다. **보조날개**(aileron)는 항공기의 롤을 제어하는 반면 **방향타**(rudder)는 수직 꼬리 부분에서 항공기의 요를 제어한다. 전형적인 항공기의 다른 부품은 조종석, 날개, 동체와 꼬리 부분이다.

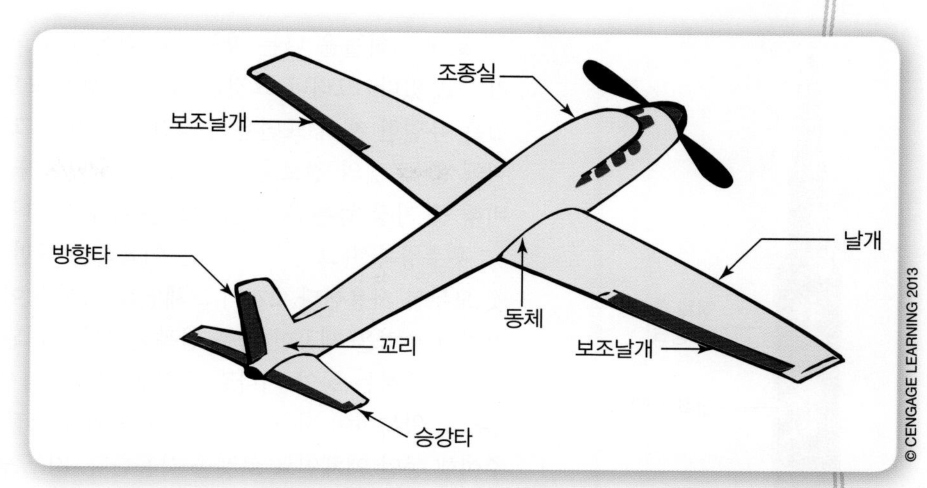

그림 13-18 항공기의 성분과 제어 표면.

13.3 로켓공학과 우주 비행

항공기 비행의 공기역학은 지구의 중력의 영향과 대기 중의 산소를 이용하는 것을 기반으로 하고 있다. 그러나 우주에서의 비행은 다른 요인들을 간주해야 한다.

로켓공학

지구 대기를 넘어서 이동하는 특징 때문에 고체연료와 액체연료 **로켓**(rocket)이 개발되었다. 첫째, 우주선은 중력 인력을 깨뜨리기 위해 시간당 25,000마일보다 큰 속도로 발달해야 한다. 둘째, 우주에는 산소가 없으므로 터보제트엔진과 내연기관엔진은 작동되지 않는다. 따라서 다른 종류의 추진력이 필요하며 이것이 고체연료와 액체연료 로켓이 개발된 이유이다. 로켓은 연소에 사용할 수 있는 산소 없이 추력을 만든다. 엔지니어는 추력을 생성하기 위해 로켓에 사용되는 화학적 혼합물의 종류를 **추진체**(propellant)라는 이름을 사용한다.

고체연료 로켓(그림 13-19)은 고체연료를 점화하여 추력을 생성한다. 고체연료는 연소가 일어나는 중앙을 통과하는 개방구를 가지고 있다. 이 연소가 로켓을 위로 움직이게 하는 뜨거운 기체의 강력한 줄기를 만든다. 대부분의 고체연료 로켓은 다시 사용할 수 없고 점화원을 가지고 있어야 한다.

액체연료 로켓도 또한 로켓을 위로 움직이는 뜨거운 공기의 줄기를 만든다. 그러나 이러한 로켓은 두 가지 다른 종류의 액체가 점화되는 연소실을 가지고 있다(그림 13-20). 이들 로켓에 있는 액체연료 저장탱크는 다시 사용할 수 있다. 액체연료 로켓에서는 연소실에 연료의 정확한 양을 보내기 위하여 배관 시스템이 필요하다.

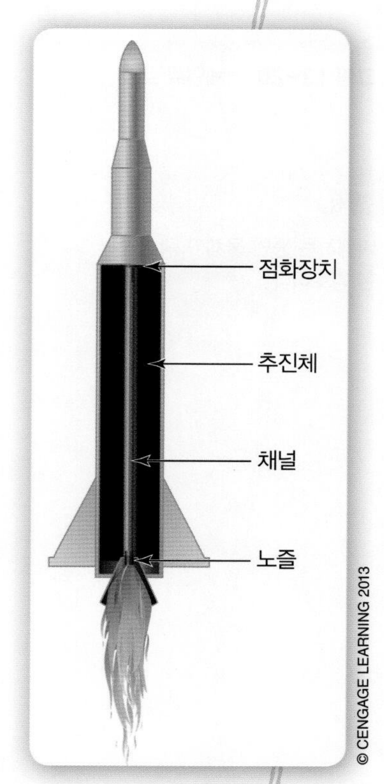

그림 13-19 고체연료 로켓.

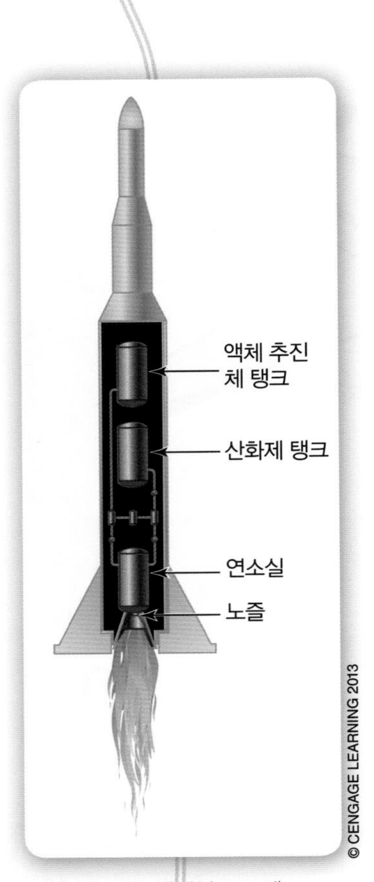

그림 13-20 액체연료 로켓.

로켓은 하늘을 나는 항공기와 같은 항력, 양력, 추력과 무게의 같은 힘을 가지고 있다. 그러나 그것은 동일한 제어 표면을 가지고 있지 않다. 로켓에 있는 유일한 제어 표면은 수직안전판이다. 그림 13-21에 보이는 것과 같이 비행 중 로켓의 경로를 궤적(trajectory)이라 한다. 로켓의 **고도**(altitude)는 비행 중 가장 높은 점이다. 고도는 해수면이나 지구 표면 위로 측정된다.

우주왕복선(그림 13-22)은 이륙하는 동안 고체연료 로켓과 액체연료 로켓 모두를 사용한다. 2개의 고체연료 로켓은 이륙하는 동안 우주 왕복선에 추가적인 추력을 제공한 다음 왕복선에서 분리된다. 우주왕복선의 액체연료 로켓은 이륙하는 동안 커다란 외부 연료탱크에서 연료를 받는다. 이 외부 연료탱크도 왕복선이 지구의 대기권을 벗어나기 전에 분리된다. 우주 왕복선은 우주여행 동안 액체연료 로켓을 사용한다. 지구 중력과 대기에 의하여 만들어지는 항력이 없어서 아주 작은 양의 액체연료만이 우주에서 왕복선을 추진하는데 필요하다. 내부 연료탱크가 이 연료를 운반한다.

궤적

비행하는 동안 물체가 택한 경로이다.

우주 비행

우주 비행은 우주선의 우주 안과 바깥으로 통과하는 움직임이다. 로켓은 지구 중력으로부터 우주선이 떨어져 움직이는 추력을 제공하는 추진력의 근원이다. **우주선**(spacecraft)은 우주 비행을 위해 설계된 운송체다. 우주선은 유인이거나 무인일 수 있다. 우주선은 지구로부터 멀어지는 여행을 하거나 지구를 도는 궤도에 진입할 수 있다. 궤도도 고도에 의하여 분류할 수 있다. 저 지구 궤도(low earth orbit)는 1,240마일 이하다. 1,240과 22,240마일 사

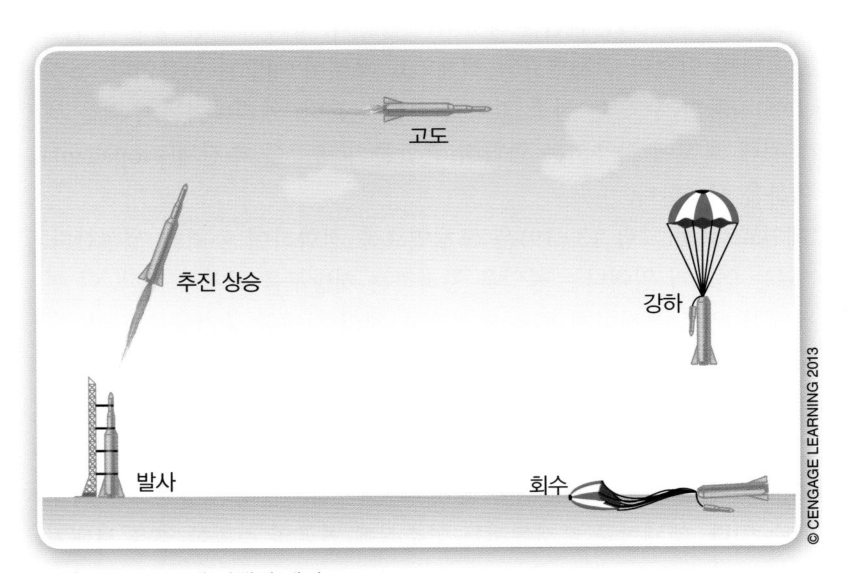

그림 13-21 로켓 비행의 궤적.

이의 궤도는 중간 지구 궤도(medium earth orbit)라고 부른다. 고 지구 궤도(high earth orbit)는 22,240마일 이상이다.

위성(satellite)은 사람들이 지구의 궤도에 올려놓은 물체다. 첫 위성은 스푸트니크 1호였다. 그것은 1957년 10월 4일 소련 연방에 의해 발사되었다. 그 이후 수천 개의 위성이 다양한 용도로 궤도로 보내졌다. 이들 용도는 통신, 정찰, 운항과 기후 추적과 예측을 포함하는데 어떤 것은 사실상 군사용과 이익용이다.

COURTESY OF NASA

그림 13-22 2개의 외부 고체연료 로켓으로 이륙하는 우주왕복선.

우주정거장은 사람들이 우주에서 생활할 수 있게 하도록 설계된 구조물이다. 이들에는 단일체와 모듈식 두 가지 종류가 있다. 단일체 우주정거장은 하나의 구조물이다. 그것은 단일 단위로써 우주로 발사되었다. 미국 스카이랩은 단일체 우주정거장이었다. 모듈 우주정거장은 나누어진 부분으로 우주로 발사되어 우주 외부에서 조립된다. 국제우주정거장(그림 13-24)은 모듈 단위이다.

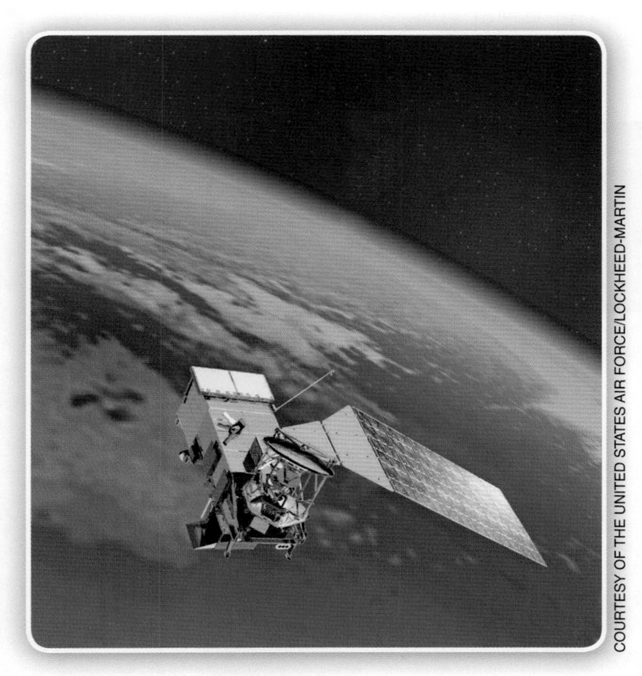
COURTESY OF THE UNITED STATES AIR FORCE/LOCKHEED-MARTIN

그림 13-23 미국 공군 기후 위성.

COURTESY OF NASA

그림 13-24 국제우주정거장.

요약

이 장에서 배운 학습내용

- 공기역학은 비행의 연구이다.
- 익형설계, 날개 표면적, 날개 받음각과 항공기 속도는 모두 양력 생성에 영향을 준다.
- 공기역학 힘은 추력, 항력, 양력과 무게를 포함한다.
- 베르누이 정리는 액체의 속도가 증가할수록 압력이 감소한다는 것을 말한다.
- 터보제트엔진은 뉴턴의 제3운동법칙을 기반으로 한다.
- 항공기의 위와 아래 방향의 움직임인 피치는 승강타에 의해 제어된다.
- 항공기의 회전 움직임인 롤은 보조날개에 의하여 제어된다.
- 항공기의 선회 움직임인 요는 방향타에 의하여 제어된다.
- 고체연료 로켓과 액체연료 로켓의 두 가지 종류의 로켓이 있다.

용어

각 용어들에 대한 정의를 쓰시오. 마친 후에, 자신의 답을 이 장에서 제공된 정의들과 비교하시오.

양력
항력
추력
공기역학
베르누이 원리
가로세로비
추진력
뉴턴의 제3운동법칙
궤적

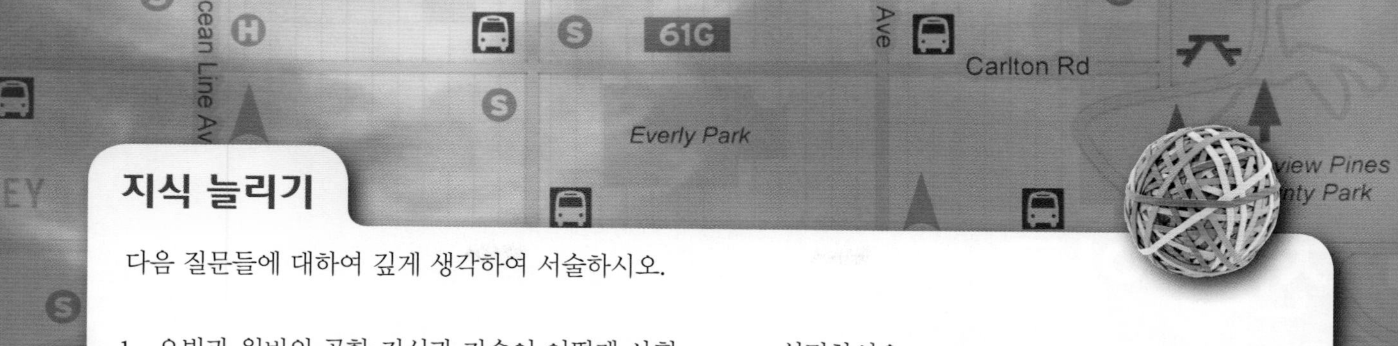

지식 늘리기

다음 질문들에 대하여 깊게 생각하여 서술하시오.

1. 오빌과 윌버의 공학 지식과 기술이 어떻게 사회를 변화시켰는지 설명하시오.
2. 왜 항공 엔지니어들이 베르누이 원리와 뉴턴의 제3운동법칙을 반드시 이해하여야 하는지 설명하시오.
3. 왜 높은 가로세로비를 가진 항공기가 낮은 가로세로비를 가진 항공기보다 조종하기 어려운지 설명하시오.
4. 움직일 수 있는 날개를 가진 항공기(있다면) 그 장점은 무엇인가?
5. 항공기는 바람을 맞이하면서 착륙하고 이륙한다. 왜 그런지 설명하시오.
6. 단일체 우주정거장과 모듈 우주정거장의 장점을 비교하고 대비하시오.

CHAPTER 14

전기 이론

Electrical Theory

Menu

미리 생각해보기

이 장에서 개념들을 공부하기 전에 다음 질문들에 대해 생각하시오.

1. 전기란 무엇인가?
2. 자기장은 어떻게 전기를 생성하는가?
3. 전기가 어떻게 자기장을 생성할 수 있는가?
4. 전기가 어떻게 우리의 삶을 편안하게 하는가?
5. 엔지니어들이 어떻게 전기를 측정하는가?
6. 엔지니어들이 옴의 법칙(Ohm's law)을 이용하여 전자의 흐름을 어떻게 수학적으로 계산하는가?

© MICHAEL SHAKE/SHUTTERSTOCK.COM

공학의 실행

S T E M

전통적인 가솔린 차량은 혁신적인 하이브리드 차량에 양보하고 있다. 하이브리드 차량은 동력을 생성하기 위해 가솔린 엔진과 전기모터를 함께 사용한다. 그렇지만 하이브리드 차량을 설계하고 제작하기 위해 요구되는 공학은 전통적인 차량에 전기모터를 추가하는 것 이상을 요구한다. 엔지니어들은 전기 발전기로서 이중적 역할을 하는 매우 정교한 전기모터를 설계하였다. 더 나아가 하이브리드 차량용 배터리, 에너지 저장장치가 크게 발전되고 있다. 이 장에서 토의되는 전기이론 개념이 없다면, 엔지니어들은 오늘날의 하이브리드 차량을 설계할 수 없을 것이다.

14.1 전자 흐름

원자구조

모든 물질은 **원자**(atom)라고 부르는 작은 입자로 만들어진다. 원자들은 우리 우주의 건축용 블록들이다. 그것들은 다양한 **중성자**(neutron), **양성자**(proton), **전자**(electron)들로 형성되어 있다. 원자의 이 부분들은 그림 14-1에 나타나 있다. 다른 물질들은 다른 수의 중성자, 양성자 및 전자들을 가지고 있다. 과학자들은 다른 물질들과 그에 해당하는 중성자, 양성자 및 전자들을 표시하기 위하여 **원소주기율표**(periodic table of the element)를 개발하였다(그림 14-2). 원자에서 양성자의 수는 그에 대한 원자번호라고 부른다. 전자들은 원자 중심의 주위를 돈다. 원자의 중심을 원자핵이라고 하며, 이것에는 양성자와 중성자가 들어 있다.

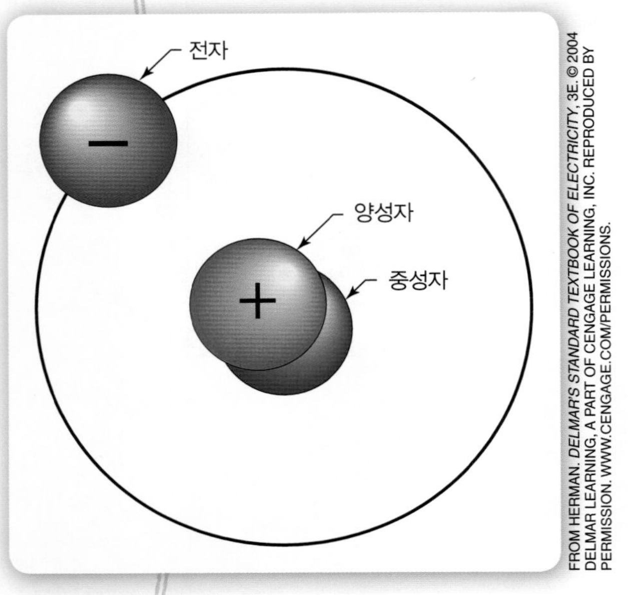

그림 14-1 원자의 구성 요소.

전자들은 원자에 있는 전자의 수를 근거로 한 다양한 레벨(level)에서 돌고 있다. 각 레벨을 전자궤도라 부른다. 내부 궤도에는 2개의 전자가 들어 있다. 두 번째 궤도와 뒤를 잇는 각 궤도에는 무려 8개

Group IA	IIA	IIIA	IVA	VA	VIA	VIIA	I------ -----VIIIA-----	------I	IB	IIB	IIIB	IVB	VB	VIB	VIIB	VIII
1 H Hydrogen																	2 He Helium
3 Li Lithium	4 Be Berylium											5 B Boron	6 C Carbon	7 N Nitrogen	8 O Oxygen	9 F Fluorine	10 Ne Neon
11 Na Sodium	12 Mg Magnesium											13 Al Aluminum	14 Si Silicon	15 P Phosphorus	16 S Sulfur	17 Cl Cholrine	18 Ar Argon
19 K Potassium	20 Ca Calcium	21 Sc Scandium	22 Ti Titanium	23 V Vanadium	24 Cr Chromium	25 Mn Manganese	26 Fe Iron	27 Co Cobalt	28 Ni Nickel	29 Cu Copper	30 Zn Zinc	31 Ga Gallium	32 Ge Germanium	33 As Arsenic	34 Se Selenium	35 Br Bromine	36 Kr Krypton
37 Rb Rubidium	38 Sr Strontium	39 Y Yitrium	40 Zr Zirconium	41 Nb Niobium	42 Mo Molybdenum	43 Tc Technetium	44 Ru Ruthenium	45 Rh Rhodium	46 Pd Palladium	47 Ag Silver	48 Cd Cadmium	49 In Indium	50 Sn Tin	51 Sb Antimony	52 Te Tellurium	53 I Iodine	54 Xe Xenon
55 Cs Cesium	56 Ba Barium	57 La Lanthanum	72 Hf Hafnium	73 Ta Tantalum	74 W Tungsten	75 Re Rhenium	76 Os Osmium	77 Ir Iridium	78 Pt Platinum	79 Au Gold	80 Hg Mercury	81 Ti Thallium	82 Pb Lead	83 Bi Bismuth	84 Po Polonium	85 At Astatine	86 Rn Radon
87 Fr Francium	88 Ra Radium	89 Ac Actinium	104 Unq (Unniquadium)	105 Unp (Unnipentium)	106 Unh (Unnihexium)												
			58 Ce Cerium	59 Pr Praseodymium	60 Nd Neodymium	61 Pm Promethium	62 Sm Samarium	63 Eu Europium	64 Gd Gadolinium	65 Tb Terbium	66 Dy Dysprosium	67 Ho Holmium	68 Er Erbium	69 Tm Thulium	70 Yb Ytterbium	71 Lu Lutetium	
			90 Th Thorium	91 Pa Protactinium	92 U Uranium	93 Np Neptunium	94 Pu Plutonium	95 Am Americium	96 Cm Curium	97 Bk Berkelium	98 Cf Californium	99 Es Einsteinium	100 Fm Fermium	101 Md Mendelevium	102 No Nobelium	103 Lr Lawrencium	

그림 14-2 원소주기율표.

공학 속의 과학

과학적인 조사를 통해서, 과학자들은 각 원소의 원자의 궤도 레벨에 있는 전자의 수를 알아냈다. 조사를 통해서 이 궤도들이 완전한 원이 아니고 변한다는 것을 알아냈다. 과학자들은 전자들의 경로들의 특성에 따라 이 궤도들 각각에 이름을 붙였다. 궤도들을 연구하는 과학 분야를 양자역학이라고 부른다.

나 되는 전자가 있다.

제일 바깥에 있는 궤도에 있는 전자를 원자가전자(valence electron)라고 한다. 만약 1개, 2개, 또는 3개의 전자들만이 원자의 바깥 궤도에 있다면, 그것들을 자유전자라고 한다. 이 전자들은 한 원자에서 또 다른 원자로 쉽게 움직일 수 있다(그림 14-3). 어떤 경로를 따라 한 원자에서 또 다른 원자로 움직이는 이 전자들의 흐름을 전기(electricity)라고 부른다.

원자가전자

원자의 가장 바깥쪽 궤도에 있는 전자이다.

전기

경로를 통한 전자의 흐름이다.

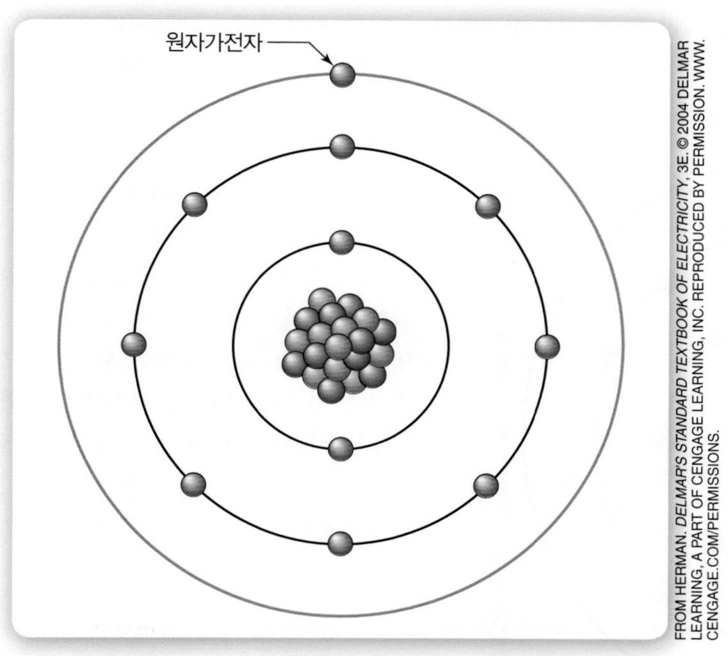

그림 14-3 원자가전자가 원자의 가장 바깥 궤도에 위치하고 있다.

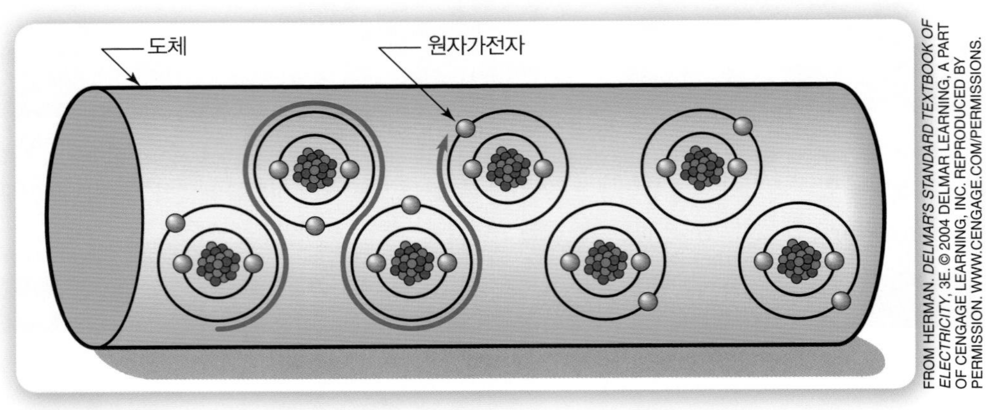

그림 14-4 원자들 사이에 흐르는 전자들.

도체

전자들이 흐르기 위해서는, 원자가전자가 있는 원자들을 포함한 재료의 경로가 있어야 한다. 1개, 2개, 또는 3개의 원자가전자들이 포함된 원자들로 구성된 재료를 **도체**(conductor)라고 부른다. 도체들은 전자들이 그것들을 통해 쉽게 흐르게 한다. 도체를 통한 전자들의 흐름이 그림 14-4에 표시되어 있다.

> **전기음성도**
> 원자의 핵의 궤도에 전자를 끌어당기는 정도를 측정한다.

엔지니어들은 한 원자가 그것의 전자들에 대해 가지는 인력의 척도를 나타내기 위해 전기음성도(electronegativity)라는 용어를 사용한다. 도체들은 낮은 전기음성도를 갖는다. 다시 말해, 도체 안에 있는 원자들은 그것들의 전자들에 관해 매우 약한 유지력을 갖는다. 그림 14-2에 있는 원소주기율표에서 도체들은 녹색으로 표시되어 있다. 도체들은 좌측 아래에 있음을 주목하라.

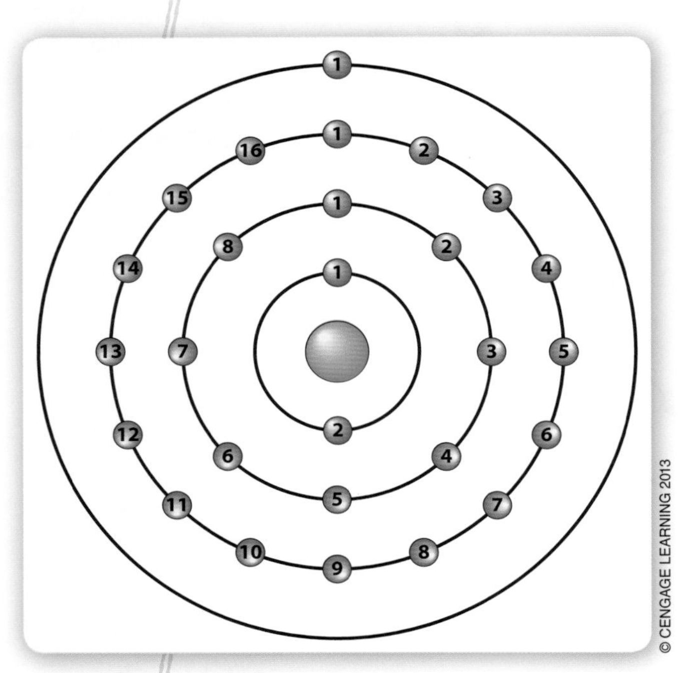

그림 14-5 구리의 원자 구조.

대부분의 도체들은 금속들이다. 8장에서 언급했듯이, 금속은 열과 전기에 대해 좋은 도체인 재료이다. 구리 원자는 원자번호 29이며, 이것은 원자 안에 29개의 전자들이 포함되어 있음을 의미한다(그림 14-5). 그러므로 구리 원자는 외부궤도에 단지 1개의 전자가 있다. 이 1개의 원자가전자가 구리로 하여금 매우 우수한 전기도체가 되도록 한다.

절연체

자유전자를 가지고 있지 않은 재료를 **절연체**(insulator)라고 한다. 절연체는 전자의 흐름을 막는다. 절연체는 원소주기율표에서 우측상단에 위치한다. 그림 14-2에서, 절연체는 빨간색으로 표시되어 있다. 흔한 절연체로는 나무, 플라스틱, 그리고 고무가 있다. 비금속인 대부분의 재료들은 역시 절연체이다. 엔지니어들은 절연체를 전자의 흐름을 막는 데 사용한다.

그림 14-6은 자연 상태에서 가스인, 아르곤 원자가 전체 18개의 전자 그리고 외부궤도에 8개의 전자를 가지고 있어 자유전자가 없다는 것을 보여준다. 이것이 전자들이 한 아르곤 원자에서 또 다른 아르곤 원자로 흐르는 것을 매우 어렵게 만든다. 아르곤 가스가 매우 우수한 절연체이기 때문에, 이것은 백열전구의 필라멘트를 감싸는 데 사용된다.

반도체

그림 14-2에 있는 원소주기율표에서 도체와 절연체 또는 금속과 비금속 사이의 영역에 있는 원소들을 반도체(semiconductor)라고 한다. 이 영역은 청색으로 표시되어 있다. 반도체는 일반적으로 외부 궤도에 4개의 전자가 있다. 반도체인 재료로는 실리콘과 게르마늄이 있다. 그림 14-7에서 알 수 있듯이, 실리콘 원자는 외부궤도에 4개의 전자가 있다. 전자를 가감함으로써, 엔지니어들은 반도체를 바람직한 일을 하도록 반도체를 바꿀 수 있다.

반도체
좋은 전도체도 아니고 좋은 절연체도 아닌 물질이다. 전도도는 제조공정에 의해 약간 다르게 될 수 있다.

전기 소스

전자의 흐름은 **정전기**(static electricity) 형태로 자연에서 찾아볼 수 있다. 우리가 카펫 바닥을 걸을 때 그리고 손을 뻗어 금속으로 된 문손잡이를 잡을 때(그림 14-8) 정전

© CENGAGE LEARNING 2013

그림 14-6 아르곤의 원자 구조.

© CENGAGE LEARNING 2013

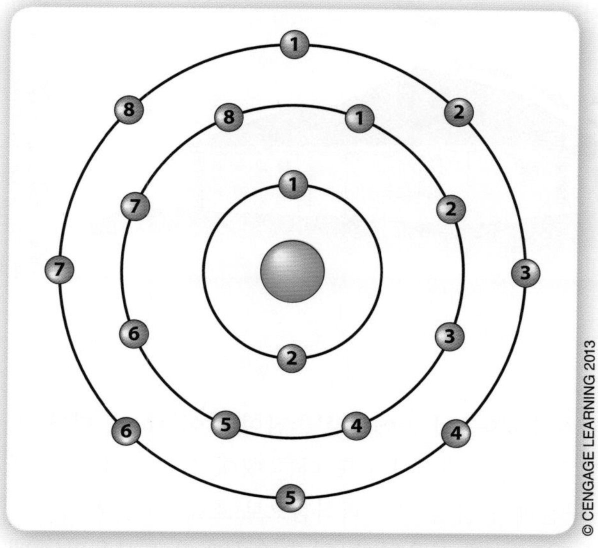

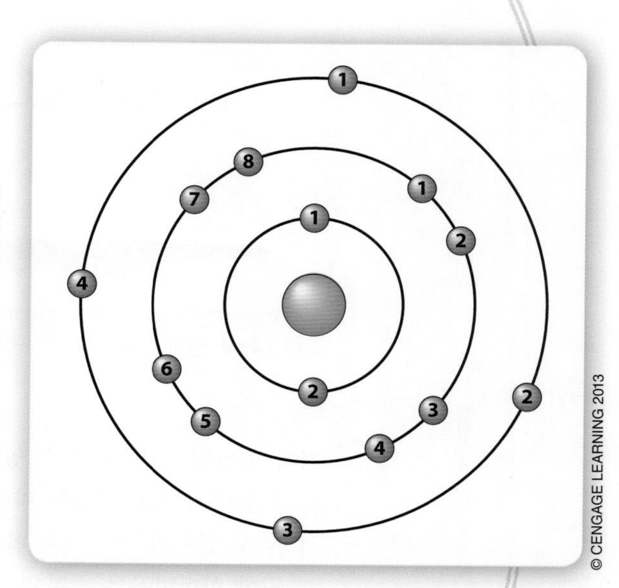

그림 14-7 실리콘의 원자 구조.

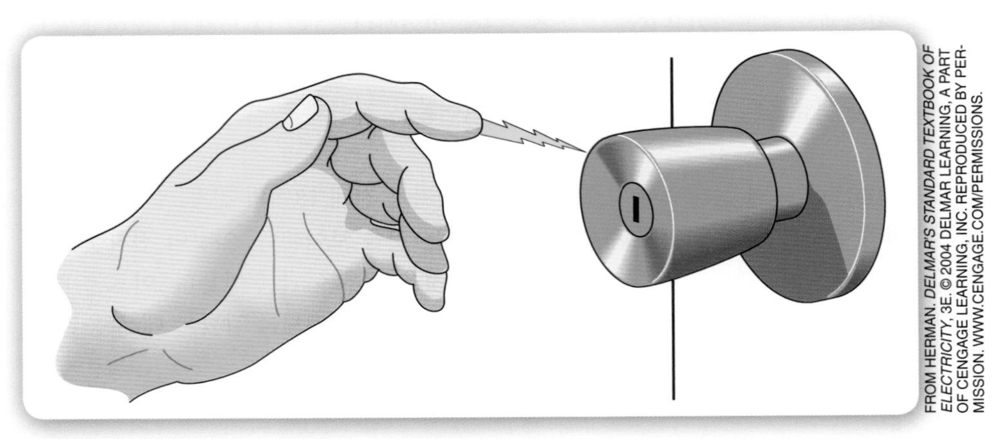

그림 14-8 가정에서의 정전기.

그림 14-9 번개는 정전기의 한 형태이다.

기가 방전되는 것을 알 수 있다. 원자가전자들이 손에서 문손잡이로 이동하게 되어 '스파크'를 야기한다. 번개는 자연에서 일어나는 정전기의 또 다른 형태이다. 그림 14-9에서 알 수 있듯이, 전자들은 음전하 구름에서 집에 있는 피뢰침으로 흐를 수 있다.

또한 화학반응은 전자의 흐름을 만드는 데 사용될 수 있다. 일상기기로 사용되는 배터리들(그림 14-10)은 화학 반응을 통해 전기를 생성한다. 화학에너지가 전기로 변환하는 기본적인 과정은 볼타전지에서 일어나며, 볼타전지는 **양극**(anode), **음극**(cathode), **전해액**(electrolyte)으로 단순 구조로 구성되어 있다. 이 부품들은 그림 14-11에서 볼 수 있다.

그림 14-10 우리의 삶을 편안하게 하는 배터리.

전해질은 일반적으로 액체이다. 왜냐하면 양극과 음극이 일반적으로 금속이기 때문이다. 전자들은 전해질을 통해 음전하의 음극에서 양전하의 양극으로 흐른다. 이 전자들의 흐름은 볼타전지 외부에 전자들을 위한 경로가 완료되었을 때에 일어난다. 2개의 다른 금속(예: 아연과 구리) 그리고 전해질로 제공될 과일이나 채소를 사용하여 단순한 볼타전지를 만들 수 있다(그림 14-12). 2개 또는 그 이상의 볼타전지들이 함께 연결되어 하나의 **배터리**(battery)가 만들어진다. 그래서 그림 14-10에 있는 것과 같은 단일 가정용 배터리들은 실제로 배터리들이 아니라 단일 볼타전지들이다.

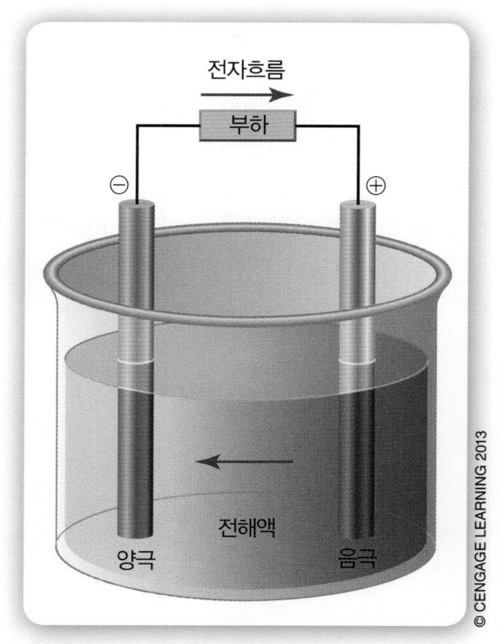

그림 14-11 볼타전지의 부품들.

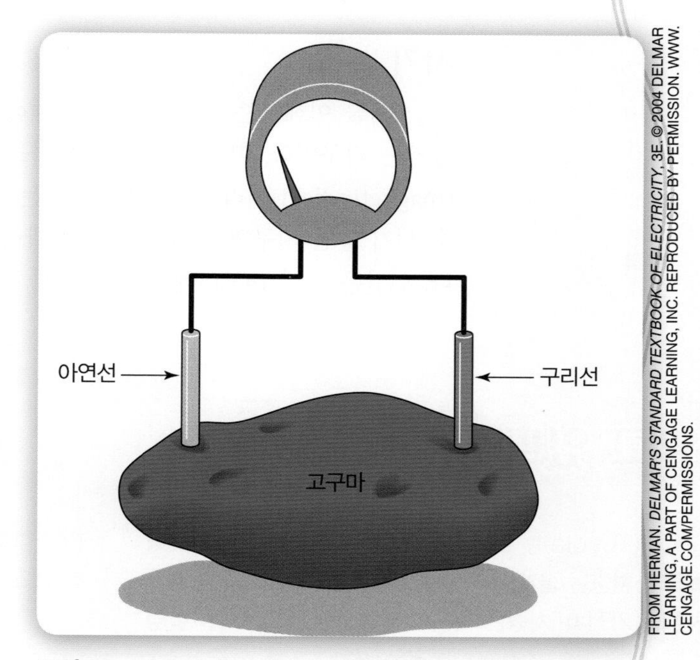

그림 14-12 단순 볼타전지는 고구마로 만들 수 있다.

공학 속의 과학

하이브리드 차량, 손전등, 그리고 휴대용 컴퓨터는 이탈리아 과학자 볼타(Alessandro Volta)가 없었더라면 불가능했을 것이다. 코모 롬바디(Como Lombardy, 이탈리아)에 있는 왕실학교의 교수인 볼타는 전기에 관심을 갖고 이종금속의 효과와 전자 흐름을 연구하였다. 그의 연구를 통해서 볼타전퇴(voltaic pile, 그림 14-13)라는 세계 최초의 배터리가 만들어지게 되었다. 볼타는 아연과 구리가 번갈아 나오는 디스크들을 포도주잔 안에 넣고 다음 잔을 소금물로 채웠다. 1801년, 볼타는 그의 볼타전퇴를 나폴레옹에게 설명하였다. 오늘날 볼트라는 용어가 경로에 있는 전자들의 압력을 기술하는 데 사용된다.

그림 14-13 볼타전퇴.

14.2 발전기와 모터

자기 법칙

자기를 이해하는 것은 전기를 이해하는 것의 기본이다. **자석**(magnet)은 철을 끌어당기는 기구이다. 그림 14-14는 자석을 둘러싼 힘의 장을 나타낸다. 이 장을 **자기장**(magnetic field)이라고 부른다. 자기는 지구상에서 자연스럽게 발생한다. 항해사들은 수 세기 동안 지구의 북극 위치를 정확히 찾기 위해 그들의 나침반에 자기를 사용하였다. 인간은 그림 14-15에 있는 사진과 같은 영구자석을 만들어내었다. 이 자석은 마치

알고 있나요?

도요타(Toyota)는 2004년, 산업계 최초로 고성능 하이브리드 차량을 설계하고 생산하였다. 3인석이고 탄소섬유 차체를 가진 이 차량은 최초의 배터리인 볼타전퇴를 발명한 과학자의 이름을 따서 명명하였다. 이 차량의 이름은 알레산드로 볼타였다.

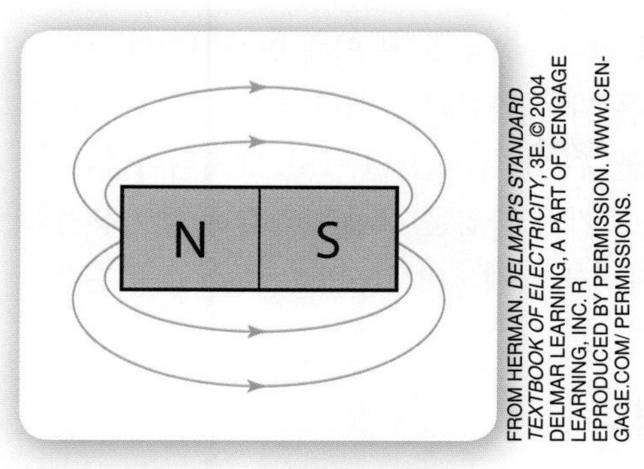

그림 14-14 자석의 자기선.

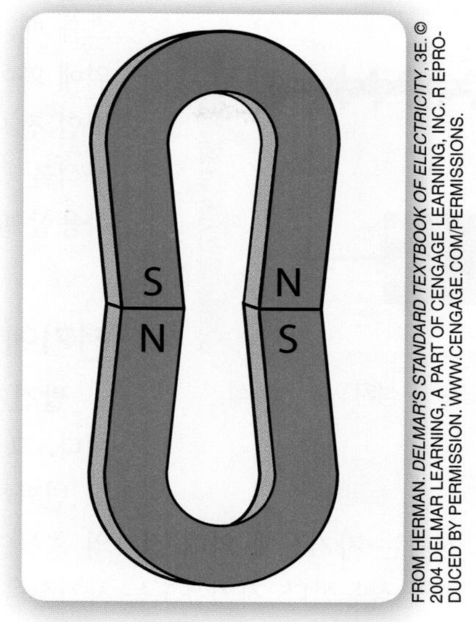

그림 14-15 일반적인 말굽자석.

지구와 같이 남극과 북극을 가지고 있다. 자기 법칙(laws of magnetism)은 다른 극들은 서로 끌어당기고 같은 극들은 서로 밀어낸다는 것을 말한다(그림 14-16, 14-17). 엔지니어들은 전기 생산을 돕기 위해 자기 법칙을 사용할 수 있다.

전자석(electromagnet)은 전기를 이용하여 만든 자석이다. 전자들이 도체를 통하여

자기 법칙

다른 극끼리는 끌어당기고 같은 극끼리는 밀어내는 법칙이다.

전자석

주변 코일을 전류의 통과로 자기 랜더링되는 금속 코어이다.

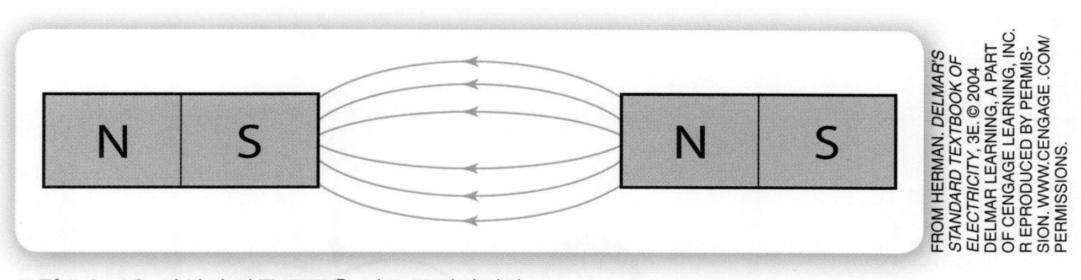

그림 14-16 자석의 다른 극들은 서로 끌어당긴다.

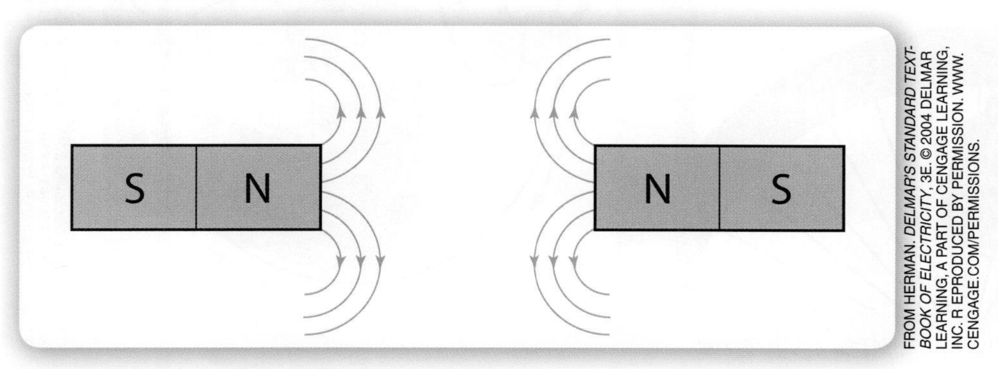

그림 14-17 자석의 같은 극들은 서로 밀어낸다.

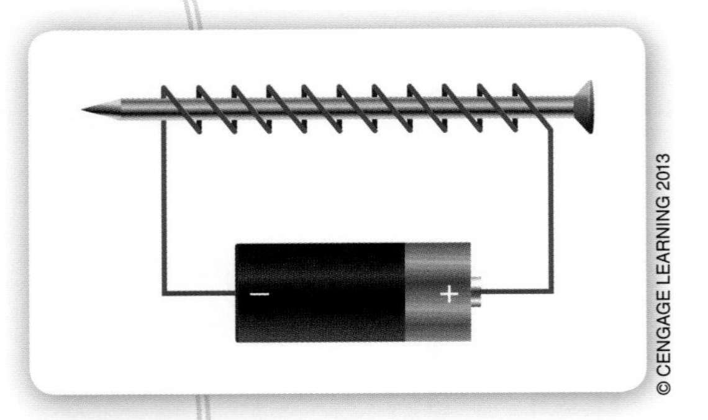

그림 14-18 와이어, 못, 배터리로 구성된 단순 전자석.

흐를 때, 자기장이 전자들의 운동에 의해 만들어진다. 못 주위에 와이어를 감은 다음 와이어를 배터리에 연결하여 기본적인 전자석을 만들 수 있다(그림 14-18). 엔지니어들이 전자석을 차에 있는 전기식 출입문 자물쇠와 같은 제어장치로 사용할 때, 이 전자석을 솔레노이드(solenoid)라고 부른다.

전기에너지 생성

발전기(generator)는 회전운동을 전기로 변환하는 장치이다. 그림 14-19와 같이, 자전거 바퀴회전을 전구용 전기로 변환하기 위하여 자전거에 발전기를 설치할 수 있다. 발전기는 자기장에 의해 전자의 흐름이 생성되는 **자기유도**(magnetic induction) 원리에 따라 작동한다. 자기유도는 자기장을 거슬러서 한 도체가 움직일 때 발생한다(그림 14-20). 자기장을 지나간 도체의 운동은 도체 내에 있는 원자가전자를 흐르게 한다.

발전기의 부품은 **정류자**(commutator), **브러시**(brush), 자석, 그리고 회전 **전기자**(armature)를 포함한다. 이 부품들은 그림 14-21에 표시되어 있다. 전기자가 자석을 지나 회전할 때, 자기유도가 발생하여 전자들이 흐르게 된다. 전자들이 정류자로 흐르고, 다음 브러시로 흐른다. 전기자가 회전함에 따라, 정류자에서 전자들의 흐름이 다른 브러시들로 스위치 된다(그림 14-22). 이 스위칭이 매 반 바퀴를 회전하기 위해 전자흐름의 방향을 유발한다.

그림 14-19 발전기는 자전거의 타이어 회전을 전구용 전기로 변환할 수 있다.

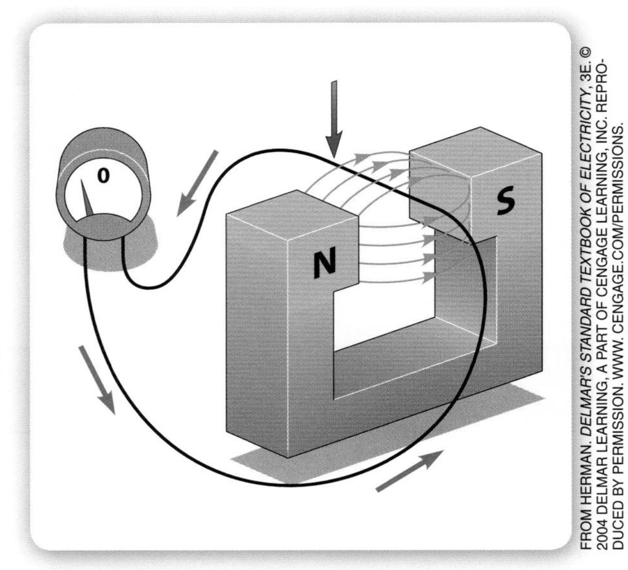

그림 14-20 자기유도 원리.

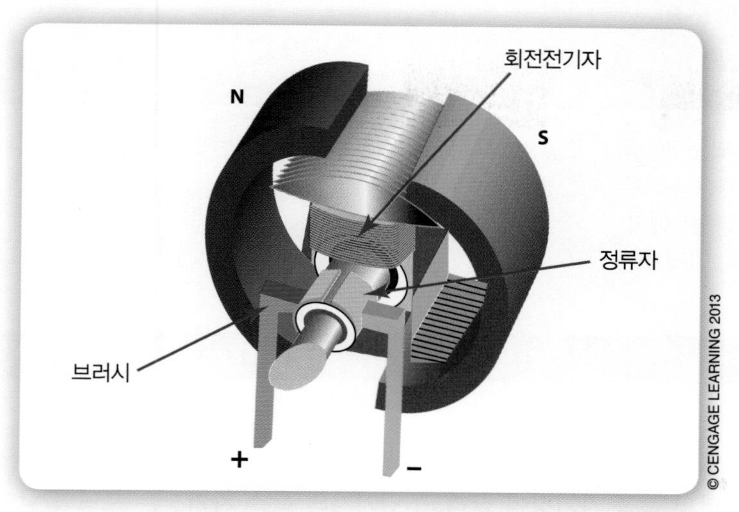

그림 14-21 발전기의 부품.

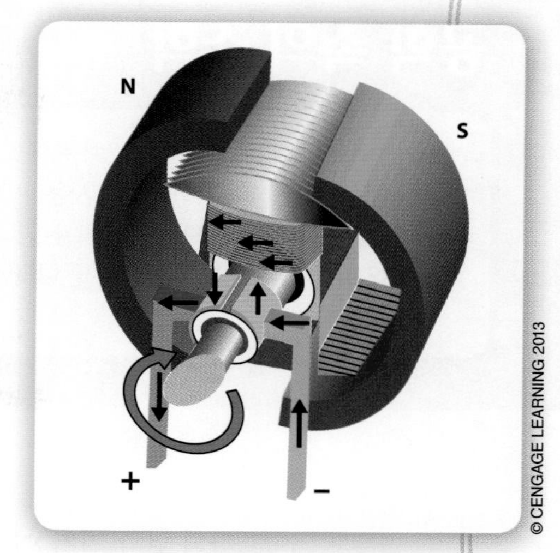

그림 14-22 발전기에서 전자의 흐름.

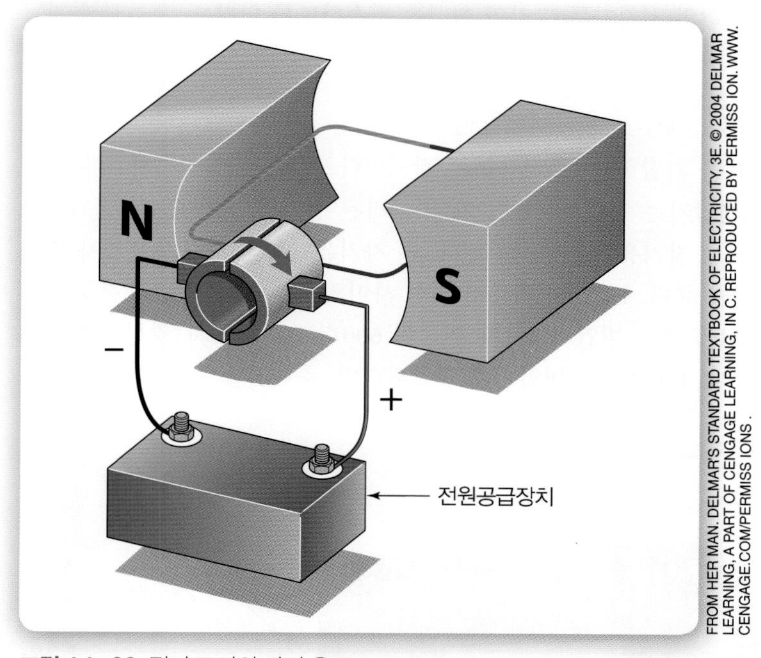

그림 14-23 전기 모터의 자기 유도.

전기 모터

전기 **모터**(motor)의 작동은 발전기의 역이다. 전류가 모터에 공급되면 회전운동이 일어난다. 그림 14-23에 표시되 바와 같이, 전자들이 브러시에서 정류자로 그리고 전기자의 권선을 통해 흐른다. 이 전자들의 흐름은 전기자에서 자기장을 생성한다. 전기

공학 속의 수학

엔지니어들은 변압기의 1차 및 2차 측에 요구되는 권선의 수를 결정하기 위하여 수학공식을 사용한다. 권선의 이 두 세트의 비는 수학방정식으로 설정될 수 있다. 방정식에서, E는 전압을 나타내고 N은 권선 수를 나타낸다. 아래 첨자 p는 1차 권선 그리고 아래 첨자 s는 2차 권선을 의미한다. 방정식은 다음과 같다.

$$\frac{E_s}{E_p} = \frac{N_s}{N_p}$$

자의 남측 자기장은 모터의 북측 자기장에 끌리고, 전기자의 북측 자기장은 모터의 남측 자기장에 끌린다. 두 정류자의 분리 때문에, 전기자의 회전이 전자의 흐름을 반 바퀴 후에 역으로 되도록 해서 전기자의 자기장이 역이 되도록 한다. 매 이 분의 일 회전마다 이 전자 흐름의 역이 모터의 전기자를 그것의 회전을 지속하도록 한다.

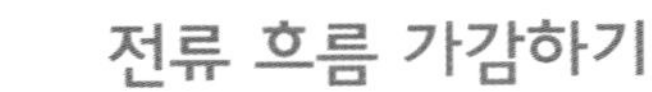

4 전류 흐름 가감하기

변압기는 전류 흐름을 가감하는 데 사용하는 장치이다. 또한 변압기는 자기유도 원리에 따라 작동한다. 변압기는 철심 주위에 2개의 분리된 권선 세트가 있다. 전기가 1차 권선에 공급되면, 다음 자기유도장이 생성된다. 이 자기유도장은 출력 또는 2차 권선에서 전자 흐름에 영향을 준다. 1차 권선과 2차 권선 사이의 비는 출력전압을 결정한다. 예를 들면, 그림 14-24에 있는 변압기는 1차 권선이 600회 그리고 2차 권선이 100회, 즉 6 대 1의 비를 갖는다. 120볼트가 변압기에 공급된다면, 출력전압은 20볼트가 될 것

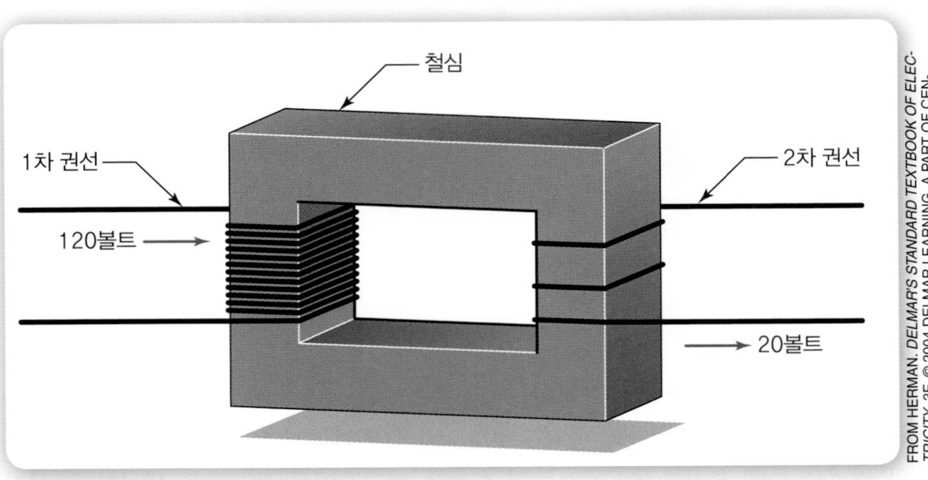

그림 14-24 변압기의 조작.

그림 14-25 컴퓨터 전력공급기.

이다. 그림 14-25에 있는 정류자 전력공급기는 120볼트의 가정용 전류를 컴퓨터에서 요구되는 20볼트로 변환하기 위하여 이 비를 사용한다.

기전력
전원에 의해 공급되는 도체를 통해 이동하는 전자의 압력이다.

14.3 전류 측정

멀티미터

엔지니어들은 전기기구들을 설계하고 시험하고자 할 때 전자 흐름을 측정할 필요가 있다. 이 측정 작업을 수행하기 위하여, 엔지니어들은 디지털 멀티미터(그림 14-26)라는 도구를 사용한다. 멀티미터로 얻을 수 있는 가장 일반적인 계측은 전압, 저항, 그리고 전류이다.

전압

전압(voltage)은 경로에 있는 전자들의 힘 또는 압력을 측정한 것이다. 전압은 일반적으로 기전력(electromotive force)으로 나타내고 볼트(E) 단위로 계측한다. 전압을 측정하기 위한 멀티미터의 사용이 그림 14-27에 표시되어 있다.

저항

전자들의 흐름을 저지하는 재료의 능력을 **저항**(resistance)이라고 한다. 절연체는 큰 저항을 가지고, 우수한 도체는 매우 작은 저항을 갖는다. 저항은 **옴**(ohm) 단위로 계측한다. 그리스문자 오메가(Ω)가 엔지니어들에 의해 옴을 나타내기 위하여 사용된다. 그림 14-28은 저항을 측정하기 위한 멀티미터의 사용법을 보여준다.

그림 14-26 디지털 멀티미터.

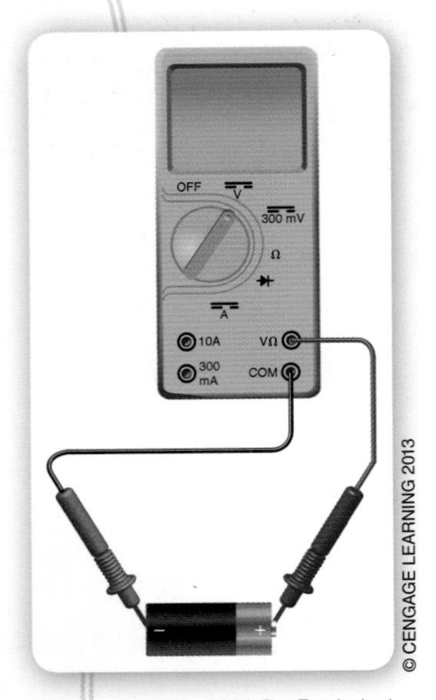

그림 14-27 전압을 측정하기 위한 멀티미터의 사용.

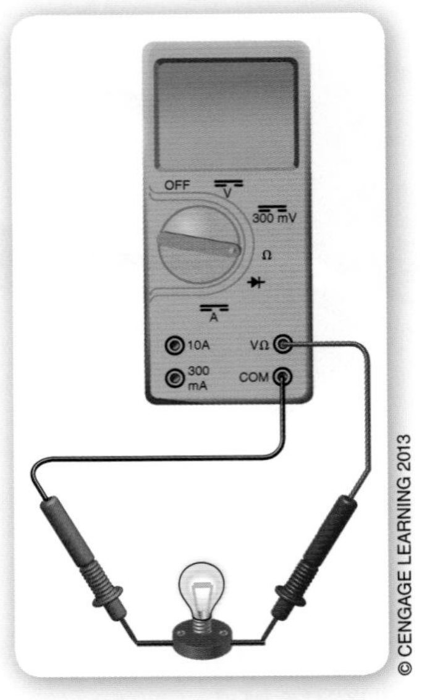

그림 14-28 저항을 측정하기 위한 멀티미터의 사용.

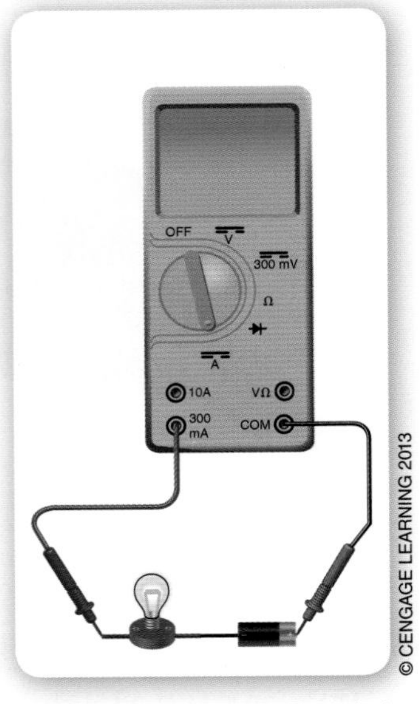

그림 14-29 전류를 측정하기 위한 멀티미터의 사용.

전류

경로 내의 전자들의 흐름의 속도를 **전류**(current)라고 한다. 도체는 전자들이 높은 속도로 흐르게 하고, 반면에 절연체는 전자들의 흐름을 느리게 또는 정지시킨다. 전류는 **암페어**[ampere 또는 amp(A)] 단위로 계측한다. 경로 내의 전자의 흐름을 측정하기 위해서는, 멀티미터가 경로나 회로의 한 부분이 되어야 한다(그림 14-29). 전자들은, 야구경기장을 들어갈 때 팬 숫자를 계수할 때 마치 회전식 문을 통과하는 것처럼, 계수되기 위하여 멀티미터를 통과해야 한다.

옴 법칙

19세기에, 독일 물리학자 옴(Georg Simon Ohm)은 전기 시스템에서 전압, 전류, 저항 사이에 직접적으로 비례하는 관계식이 있다는 것을 발견했다. 이 수학 관계식을 옴 법칙(Ohm's law)이라고 한다. 옴 법칙은 전압 = 전류 × 저항($E = I \times R$)이다. 엔지니어들은 옴 법칙을 시각적으로 설명하기 위해 그림 14-30에 있는 도표를 사용한다.

- E = 전자의 힘(볼트)
- I = 전자 흐름의 속도(암페어)
- R = 전자 흐름에 대한 저항(옴)

옴 법칙
전압, 전류, 저항의 관계식 E(전압) = I(전류) x R(저항)이다.

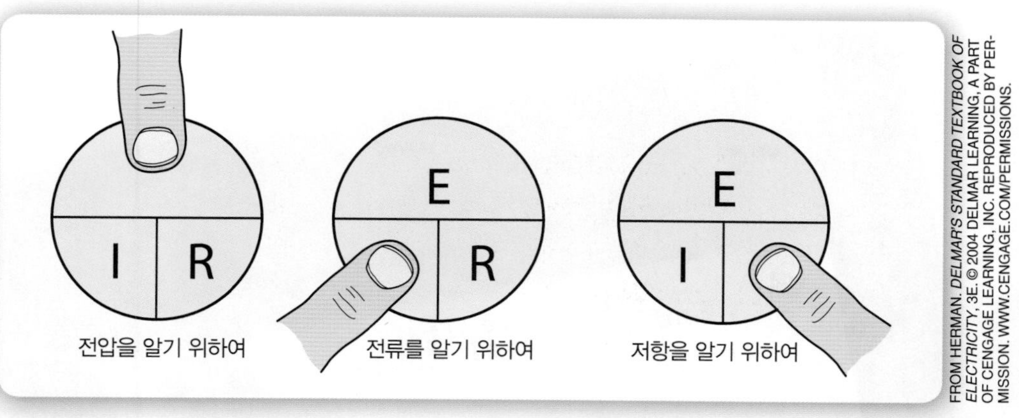

그림 14-30 옴 법칙 도표 사용하기.

공학 과제

공학 과제 1

어떤 엔지니어가 한 전기회로에서 2개의 측정값을 안다면, 옴 법칙은 그에게 측정되지 않은 값을 계산할 수 있게 한다.

- ▶ 전기회로가 2암페어의 전류와 6옴의 저항을 가진다면, 전압을 계산하시오.
- ▶ 회로 전압이 24볼트이고 저항이 6옴이라면, 당신은 엔지니어로서 수학적으로 전류를 계산할 수 있다. 전류는 얼마인가?
- ▶ 회로의 저항을 계산하기 위하여, 전압을 전류로 나눈다. 18볼트이고 3암페어의 전류를 갖는 전기회로에서 저항은 얼마인가?

공학 과제

공학 과제 2

- ▶ 디지털 멀티미터를 사용하여, 다양한 재료들의 저항을 측정하시오. 당신의 계측을 근거로 하여, 이 재료들이 도체인지 또는 절연체인지를 결정하시오.
- ▶ 멀티미터를 사용하여, 다양한 배터리들의 전압을 측정하시오. 왜 배터리들이 모두 같은 전압을 가지지 않는지를 설명하시오.

요약

이 장에서 배운 학습내용

- 전기는 경로 내의 전자들의 흐름이다.
- 몇몇 재료들은(도체) 전자들을 쉽게 흐르게 한다. 다른 재료들은(절연체) 전자들의 흐름을 저지한다.
- 원소주기율표는 재료들(도체, 절연체, 반도체)에 대한 그래픽 표현을 제공한다.
- 전기는 배터리에 저장된 화학물질로부터 변환될 수 있다.
- 발전기는 회전운동을 전기로 변환한다. 반면에 모터는 전기를 회전운동으로 변환한다. 두 장치 모두 자기유도 원리를 사용한다.
- 전기 경로의 전압, 전류, 저항은 멀티미터를 사용하여 측정될 수 있다.
- 3개의 전기 경로 계측값(전압, 전류, 저항) 중 2개를 안다면, 옴 법칙을 이용하여 세 번째 계측값을 계산할 수 있다.

용어

각 용어들에 대한 정의를 쓰시오. 마친 후에, 자신의 답을 이 장에서 제공된 정의들과 비교하시오.

원자가전자
전기
전기음성도
반도체
자기 법칙
전자석
기전력
옴 법칙

지식 늘리기

다음 질문들에 대하여 깊게 생각하여 서술하시오.

- 전기의 개발이 사람들의 일상생활의 전 시간(일할 때와 놀 때 모두)에 어떠한 영향을 주는가?
- 외국 기름에 관한 국가의존도가 공학 및 기술 경력자들에게 전기 이론과 관련하여 어떠한 영향을 주는가?
- 만약 전기가 없다면 우리의 삶이 어떻게 달라졌을지 서술하시오.
- 미래에, 공학경력자들이 좀 더 전문화된 집중적인 영역을 요구할 것인가? 또는 좀 더 학제간의 접근을 요구할 것인가? 당신의 견해를 설명하시오.

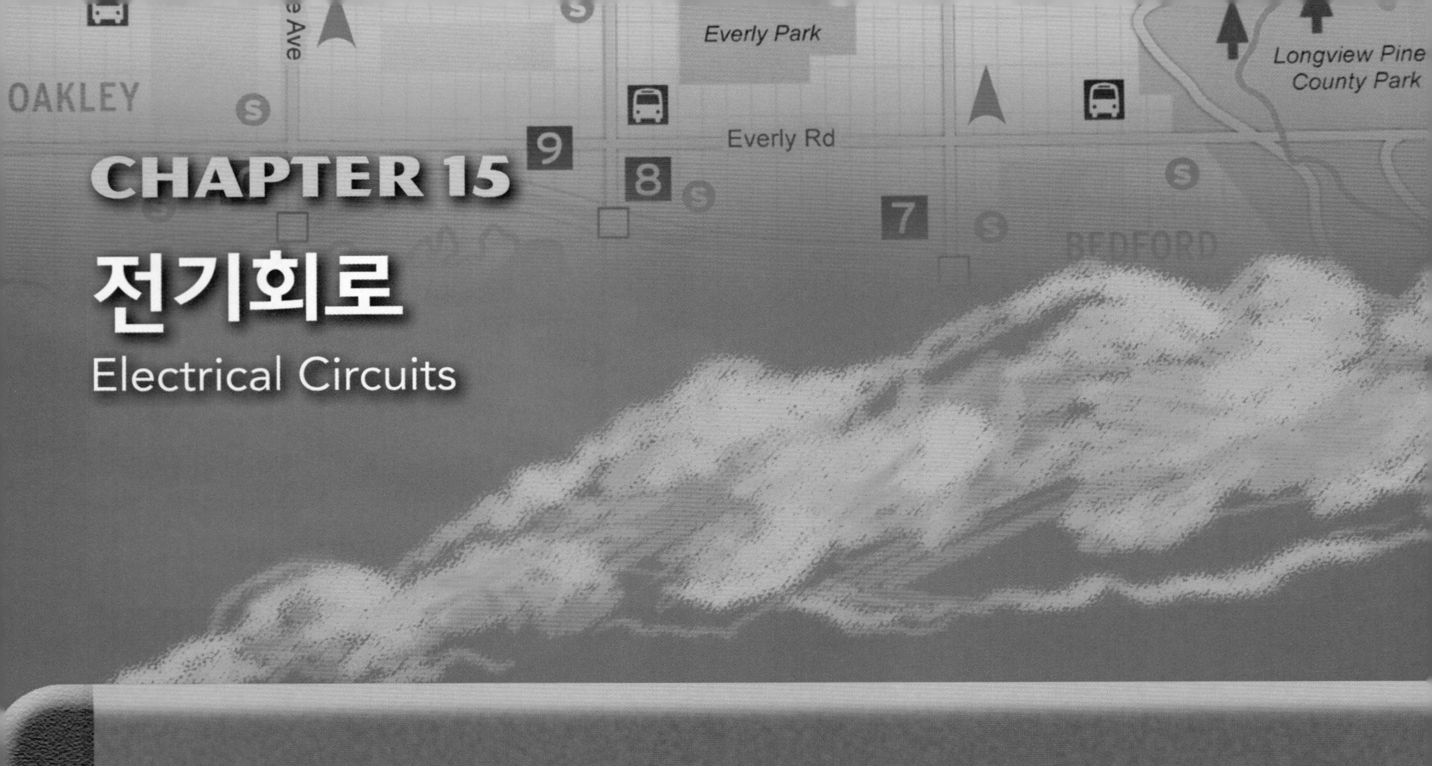

CHAPTER 15

전기회로

Electrical Circuits

Menu

미리 생각해보기

이 장에서 개념들을 공부하기 전에 다음 질문들에 대해 생각하시오.

1. 전기회로의 부품들은 어떤 것이 있는가?
2. 개략도란 무엇이며, 엔지니어들은 이것을 어떻게 사용하는가?
3. 퓨즈와 회로차단기가 왜 직렬로 연결되어 있는가?
4. 직렬회로와 병렬회로의 차이점은 무엇인가?
5. 엔지니어들은 인류에게 도움을 주기 위해 전기회로를 어떻게 사용하는가?

공학의 실행

밤에 집 밖을 내다보면 무엇이 보이는가? 거리의 불빛? 집의 불빛? 하늘을 나는 비행기? 이 광경 어느 하나 엔지니어들의 전자의 흐름 제어 없이는 불가능하다. 오랫 동안 조사와 실험을 거쳐, 과학자, 기능공, 엔지니어들이 인류에게 도움을 주기 위해 전기를 최선으로 제어할 수 있는 기법들을 개발하고 이 형태의 에너지를 사용하고 있다.

병원이나 진료실에 있었을 때 주위를 살펴본 적이 있었는가? 전기를 사용하는 장치들이 곳곳에 있다. 이 전기장치들은 의사와 간호사들이 매우 쉽게 일할 수 있도록 한다. 또한 이 장치들은 우리의 건강관리를 개선한다. 전기회로가 어떤 기능을 하고 어떻게 제어될 수 있는지에 대한 기본적인 이해가 인류에 대한 이와 같은 혜택들의 핵심이 된다.

15.1 기본적인 전기회로

서론

회로
전자통신에서 전자적인 경로를 말한다.

부하장치
전력을 소비하는 전자회로 요소이다.

여행자들이 여행을 계획할 때 지도를 사용하는 것처럼, 엔지니어들은 전자들이 전자부품들을 통하여 움직이는 경로 지도를 사용한다. 전자들이 따라가는 길을 회로(circuit)라고 한다. 일반적인 전기회로는 **경로**(pathway), **전력소스**(power source), 부하장치(load device)를 포함하고 있다.

그림 15-1과 같이 그려진 지도를 **개략도**(schematic)라고 하며 경로에 있는 전기부품들을 나타내기 위해 상징기호들을 사용한다. 그림 15-1a에 있는 개략도는 배터리, 전구, 스위치를 보여준다. 이에 상응하는 전기부품들이 그림 15-1b에 표시되어 있다. 그림 15-2는 이에 상응하는 부품의 그림들에 따라, 개략도에 있는 경로, 부하장치, 그리고 전력소스에 대해 사용된 상징기호들이 표시되어 있다.

우리는 일반적으로 경로(14장에 있는 도체에 관한 절 참조)로서, 우수한 도체인 금속선을 사용한다. 보통, 금속선은 플라스틱과 같은 절연체로 덮여 있다. 또 다른 형태

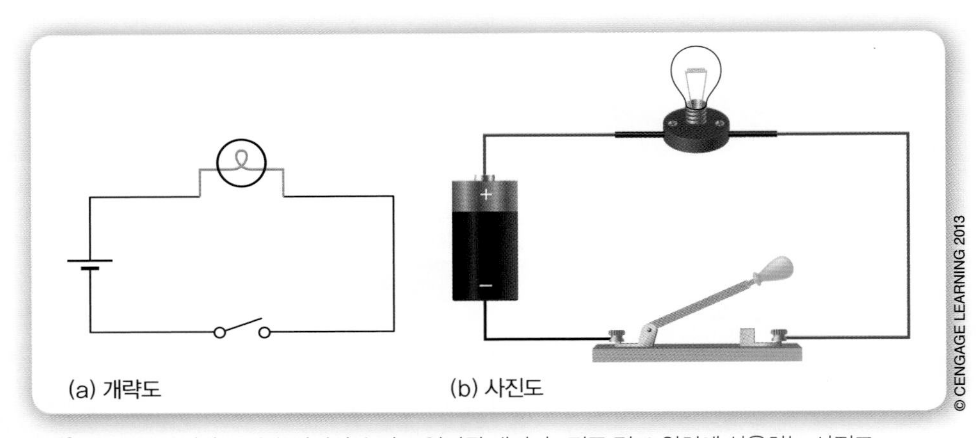

그림 15-1 (a) 개략도, (b) 임의의 순서로 연결된 배터리, 전구 및 스위치에 상응하는 사진도.

알고 있나요?

한 세트의 표준이 전기회로에서 사용되는 개략적 상징들을 나타내고 있다. 전기 개략도를 위한 표준은 공학제도에 관한 지침을 만든 협회인, 미국국립표준협회(ANSI)에 의해 개발되었다. 이 협회는 원래 1918년 5개의 공학 단체와 3개의 정부협회가 합병되어 만들어졌다.

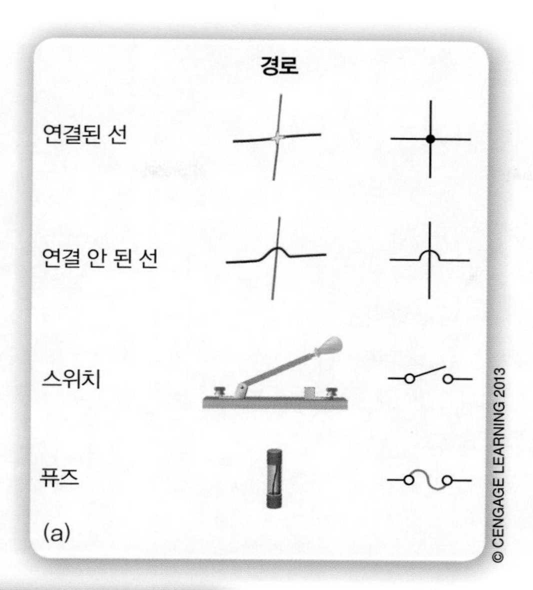

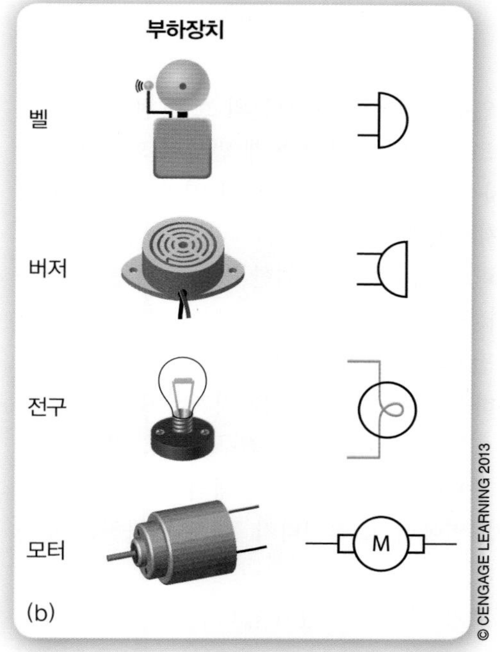

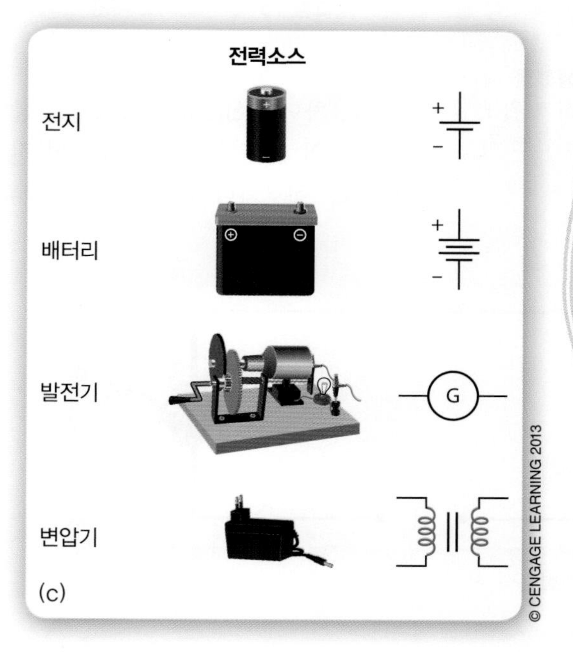

그림 15-2 일반적으로 사용되는 상징기호 및 이에 상응하는 부품.

의 경로는 인쇄회로(PC) 기판(그림 15-3)이다. 이 PC 기판은 플라스틱 판 위에 구리로 프린트된 경로를 가진다. PC 기판은 전기기사가 전기장치들을 조립하는 데 쉽도록 한다.

대부분의 회로들은 역시 경로에 따라 전자들의 흐름을 제어하는 **스위치**(switch)가 있다. 경로에 포함될지도 모르는 또 다른 부품은 퓨즈 또는 회로차단기이다. **퓨즈**(fuse)

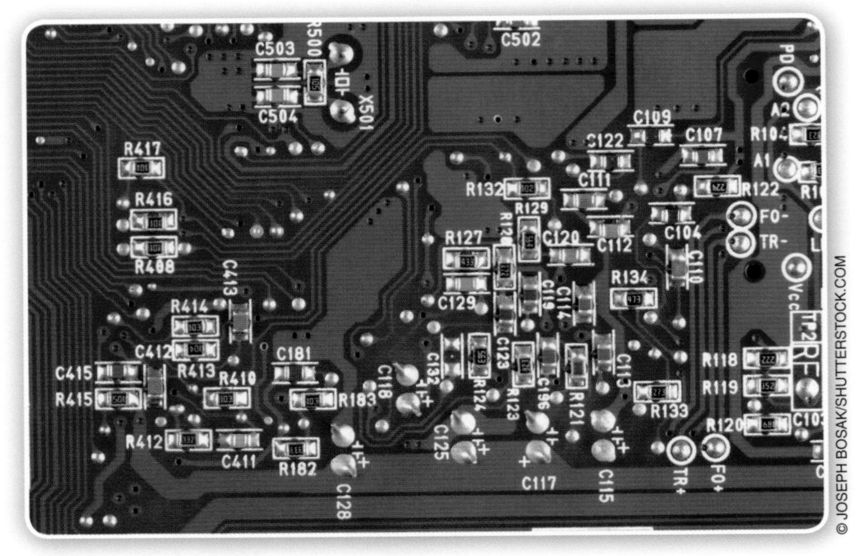

그림 15-3 인쇄회로 기판.

> **회로차단기**
> 과전류가 발생했을 때 사고를 예방하기 위해 전류의 흐름을 끊는 기계이다.

와 회로차단기(circuit breaker)는 장치들을 안전하게 한다. 전자들의 흐름(전류의 세기)이 퓨즈의 값을 초월하면, 초과된 전류가 퓨즈를 과열케 하여 녹게 만들어 회로를 차단케 한다. 회로차단기에서는 초과 전류가 전자석에 부과되면 스위치가 열려 전자들의 흐름을 저지한다.

그림 15-4 개회로.

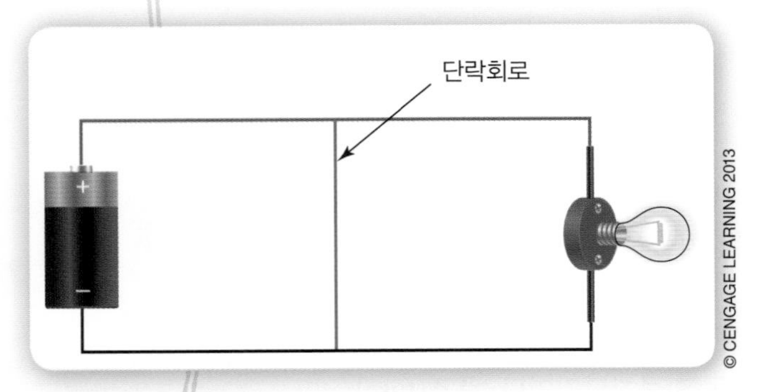

그림 15-5 단락회로.

전력소스는 회로를 위한 전자의 흐름을 만들어준다. 볼타전지와 배터리는 단순 전력소스들이다. 발전기와 변압기들도 역시 전력소스들이다.

부하장치는 전자 흐름을 저지하고 일을 수행한다. 이와 같은 장치로는 전구, 모터, 버저, 그리고 전기에너지를 또 다른 형태의 에너지(기계적 에너지, 열에너지, 빛에너지 등)로 변환하는 것들이 있다.

회로가 연결되어 있지 않다면, 이것을 개회로(open circuit, 그림 15-4)라고 부른다. 회로에서 열려 있기 때문에, 전자들이 경로를 따라 흐를 수 없으므로 부하장치가 기능을 못한다. 부하장치를 포함하지 않거나 '단락'을 가진 회로가 부하장치를 통과시켜 회로에 저항이 없는 **단락 회로**(short circuit)라고 말한다. 경로에 저항이 없다면, 전자들의 흐름이 매우 빠르게 되어, 경로가 과열되는 원인이 된다(그림 15-5).

공학 속의 과학

위에서 지적한 바와 같이, 전기 경로는 일반적으로 금속선으로 만들어진다. 구리는 원자번호가 29이기 때문에 보통 전기선으로 사용된다. 구리는 하나의 원자가전자를 가지고 있다. 그래서 구리는 매우 우수한 도체가 된다. 원자번호가 47인 은은 원자가전자가 원자핵으로부터 더 멀리 있기 때문에 실제로 구리보다 더 좋은 도체이다. 그렇지만 과학자나 엔지니어들은 구리가 은보다 더 유연하여 작업하기가 더 쉽고 값이 싸다는 것을 알고 있다. 전기회로에서 구리선이 은선을 대신해서 사용하게 되는 이유이다. 또한, 금속선의 길이와 직경이 각각 전자 흐름의 양에 영향을 미칠 수 있다.

15.2 직렬회로

구성

직렬회로(series circuit)는 전자들이 오직 하나의 경로를 따라 흐르는 전기회로(그림 15-6)이다. 전자들은 회로에서 각 부하장치를 통해 흘러야만 한다. 이 이유 때문에, 전류 흐름(전류의 세기)이 회로에 있는 어떤 점에서나 같다. 직렬회로의 또 다른 특성은 한 부하장치가 고장 나거나(예: 전구가 타 버림) 제거되는 경우에는 일이 일어난다. 한 부하장치의 기능이 멈춘다면, 직렬회로에 있는 모든 장치들이 멈춘다. 한 차선 경로에서 자전거를 타는 것을 상상해보라. 당신 앞에 자전거 탄 사람들이 천천히 가면, 당신도 역시 천천히 갈 것이다. 만일 당신과 함께 자전거를 타는 집단이 속도를 올리면, 당신도 역시 페달을 빠르게 밟을 것이다. 만약 어떤 사람의 자전거가 고장 나서 정지하면, 모든 사람이 정지해야만 할 것이다. 직렬회로를 따라 흐르는 전자들도 똑같다.

직렬회로
전자들이 오직 하나의 경로를 따라 흐르는 전기회로이다.

퓨즈 또는 회로차단기가 직렬로 놓여 있다. 이 장치들은 회로 안전성을 보장하는 데 사용된다. 너무 많은 전자들이 경로로 보내지면, 전자들이 그 길을 가로막을 것이다. 퓨즈는 얇은 금속조각 또는 와이어이다. 퓨즈의 크기가 작으면 작을수록, 전자들이 더 적게 퓨즈를 통과할 수 있다. 너무 많은 전자들이 퓨즈 재료를 통과하고자 하면, 퓨즈가 과열되어 실제로 녹는다. 퓨즈 재료가 녹게 되면, 전자들이 더 이상 흐를 수 없게 되어, 회로가 차단된다. 타버린 퓨즈는 폐기되어야만 한다.

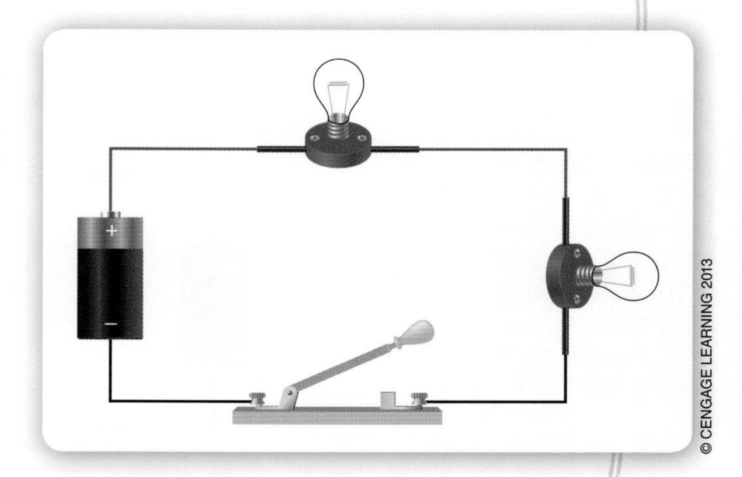

그림 15-6 2개의 전구가 있는 직렬회로.

회로차단기의 장점은 다시 사용할 수 있다는 것이다. 회로차단기는 단순 스위치이다. 회로차단기에서, 전자석이 스위치를 열거나 닫는다. 전자석에 대해서는 14장에서 설명하였다. 너무 많은 전자들이 전자석을 통과하면, 이것이 부가적으로 끌어당기게 되어 전자들의 흐름이 멈춘다. 퓨즈나 회로차단기에 과도한 전류가 흐르게 되면, 전자 흐름이 전 회로를 통틀어 멈추게 된다(그림 15-7).

그림 15-7 타버린 퓨즈가 있는 직렬회로.

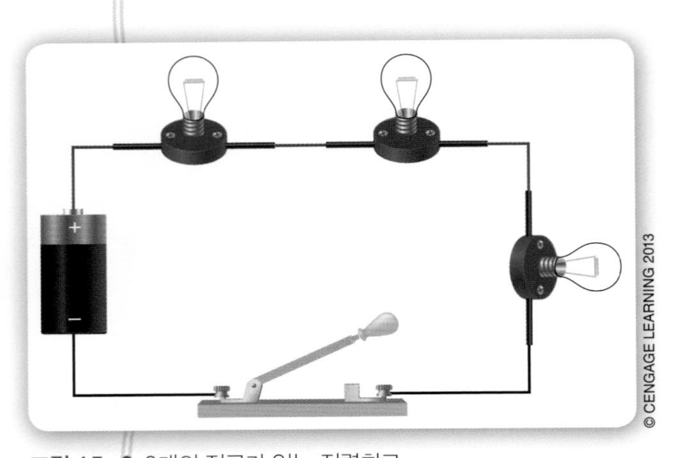

그림 15-8 3개의 전구가 있는 직렬회로.

특성

직렬회로에서, 전류 흐름(전류의 세기)은 회로에 있는 각 부하장치 전반에 걸쳐 같다. 그림 15-6에서, 각 전구를 가로지르는 전류 흐름은 같지만, 전압은 전구 사이에 나누어진다. 각 전구는 회로 전 전압의 반만을 받는다. 직렬회로를 따라 전압이 감소되는 것을 **전압강하**(voltage drop)라고 한다. 각 부하장치에 따른 전압강하는 부하장치의 저항에 비례(proportional)한다. 전구들의 저항이 같기 때문에, 각 전구를 가로지르는 전압은 같다. 그림 15-8은 3개의 동일한 전구들이 있는 직렬회로를 나타낸다. 이 직렬회로에서는 각 전구가 전 전압의 1/3을 받는다.

그림 15-9를 살펴보아라. 부하장치들이 동일하지 않은 저항들과 차이가 있다고 할지라도, 각 부하장치를 가로지르는 전류의 세기는 같다. 그

비례

한 비율로 두 값들에 주어지면, 한 값의 변화는 같은 비율을 유지하면서 다른 값에 해당하는 변화를 야기시키는 특징이 있다. 첫 번째 값이 증가 한다면, 두 번째 값은 같은 비율로 증가한다.

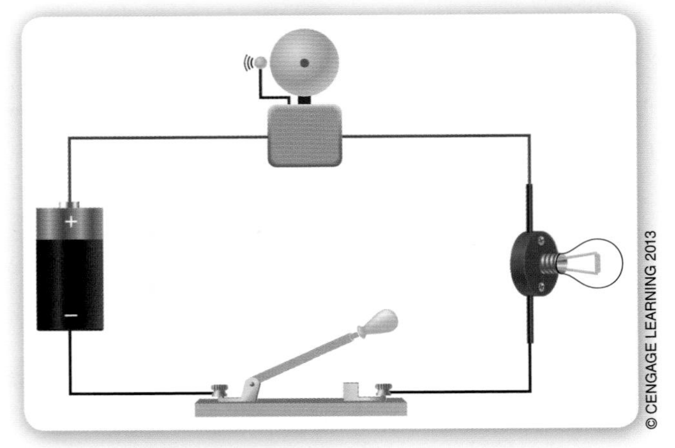

그림 15-9 전구와 벨이 있는 직렬회로.

공학 속의 수학

엔지니어들은 직렬회로에서 어떤 한 저항의 값을 계산하기 위해 수학공식을 사용할 수 있다. 또는 직렬회로의 전 저항을 계산할 수 있다. 직렬회로 저항에 대한 수학공식은 다음과 같다.

$$R_T = R_1 + R_2 + R_3 + R_4$$

렇지만, 각 부하장치에 대한 전압은 다르고 부하장치의 저항에 근거를 둔다. 그림 15-9에 있는 전 직렬회로의 저항은 전구와 벨의 저항의 합이다.

직렬회로의 특성:

- 전류 흐름(전류의 세기)은 회로 전역에서 같다.
- 전 회로 저항은 모든 부하장치의 저항의 합과 같다.
- 각 부하장치를 가로지르는 전압은 부하장치의 저항에 비례한다.

공학 과제

공학 과제 1

옴 법칙(14장에서 설명)을 이용하여 직렬회로에서 값들을 계산할 수 있다.

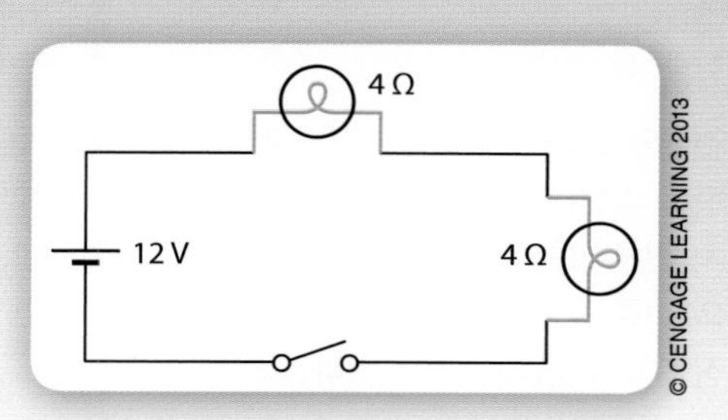

그림 15-6의 개략도.

여기에 있는 개략도는 그림 15-6에 있는 직렬회로에 대한 것이다. 개략도를 보면 전력소스가 12볼트이고 각 전구가 4옴의 저항을 갖는다는 것을 알 수 있다. 옴 법칙을 이용하여 다음 질문들에 대해 답하시오.

- 각 전구에서 전압은 얼마인가? 직렬회로는 전압강하를 갖는다는 것을 기억하시오. (힌트: 전구들은 저항이 같기 때문에, 전 전압을 전구의 수로 나누시오.)
- 이 직렬회로의 전 저항은 얼마인가? (힌트: 모든 전구들의 저항을 더하시오.)
- 직렬회로의 전 전류 흐름(전류의 세기)은 얼마인가? (힌트: 막 계산된 전 저항과 전 전압 12볼트와 같이 사용하시오.)

공학 과제

공학 과제 2

여기에 있는 개략도는 그림 15-8에 있는 직렬 회로에 대한 것이다. 개략도를 보면 전력소스가 12볼트이고 3개의 각 전구가 4옴의 저항을 갖는다는 것을 알 수 있다.

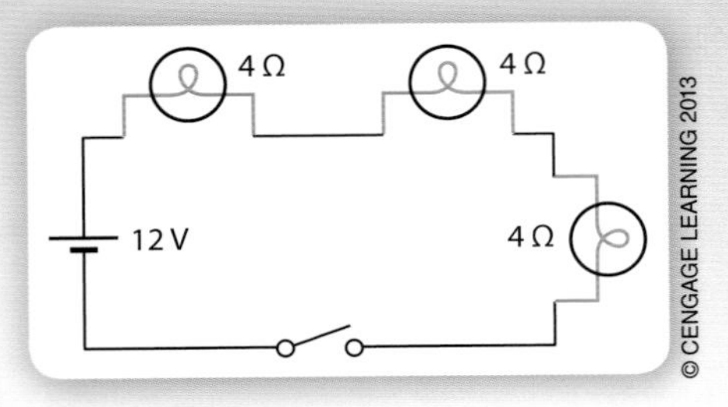

그림 15-8의 개략도.

옴 법칙을 이용하여 다음 질문들에 대해 답하시오.

- 각 전구에서 전압은 얼마인가? 직렬회로는 전압강하를 갖는다는 것을 기억하시오. (힌트: 전구들은 저항이 같기 때문에, 전 전압을 전구의 수로 나누시오.)
- 이 직렬회로의 전 저항은 얼마인가? (힌트: 모든 전구들의 저항을 더하시오.)
- 직렬회로의 전 전류 흐름(전류의 세기)은 얼마인가? (힌트: 막 계산된 전 저항과 전 전압 12볼트와 같이 사용하시오.)

공학 과제

공학 과제 3

여기에 있는 개략도는 그림 15-9에 있는 직렬 회로에 대한 것이다. 개략도를 보면 전력소스는 12볼트이고, 전구는 4옴의 저항, 그리고 벨은 8옴의 저항을 갖는다는 것을 알 수 있다.

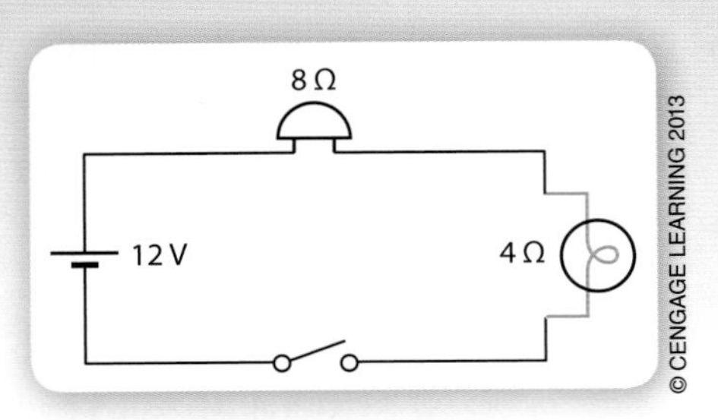

그림 15-9의 개략도.

옴 법칙을 이용하여 다음 질문들에 대해 답하시오.

- 이 직렬회로의 전 저항은 얼마인가? (힌트: 전구와 벨의 저항을 더하시오.)
- 직렬회로의 전 전류 흐름(전류의 세기)은 얼마인가? (힌트: 막 계산된 전 저항과 전 전압 12볼트와 같이 사용하시오.)
- 전구와 벨에서 전압은 얼마인가? 직렬회로는 전압강하를 갖는다는 것을 기억하시오. (힌트: 직렬회로에서 전류 흐름은 전 회로를 거슬러 같으므로, 전 회로의 전류 흐름과 각 부하장치의 저항을 사용하면 부하장치에서 전압을 알 수 있다.)

15.3 병렬회로

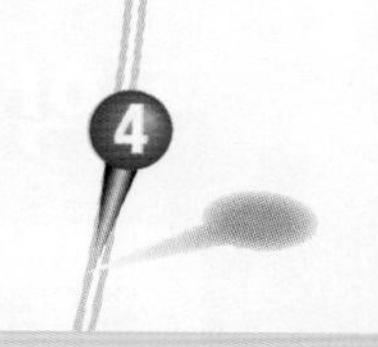

구성

병렬회로(parallel circuit)는 전자들이 여러 개의 경로를 따라 흐르는 전기회로이다. 그림 15-10에 표시된 바와 같이, 전자들이 양쪽의 전구를 통해 흐를 수 있다. 만일 전구들 중에 하나가 타버리더라도, 다른 전구는 계속 켜져 있다. 시내에서 자전거를 타다가 교차로에 도달했다고 상상해보라. 당신은 직진하여 달리거나 좌측 또는 우측으로 회전(다중경로)할 수 있다. 만일 좌측과 직진하는 길이 혼잡하다면, 당신은 아마 우측으로 돌려서 저항이 작은 경로를 택할 것이다. 전자들도 같은 결정을 할 것이다. 전자들은 저항이 작은 경로를 따른다.

병렬회로
전류가 여러 갈래로 나누어지는 전기회로이다.

특성

병렬회로는 전자들에게 많은 선택을 준다. 전자 흐름이 저항이 작은 경로를 따르기 때문에, 전자의 흐름(전류의 세기)이 각 부하장치의 저항에 따라 변한다. 병렬회로에서 전류의 세기는 부하장치의 저항에 비례한다. 그렇지만, 전자압력(전압)은 각 부하장치에서 같다. 그러므로 병렬회로에서 전압은 회로 전역에서 같다.

병렬회로의 또 다른 재미있는 특성은 전 회로의 저항이 모든 부하장치의 저항을 합한 것보다 작다는 것이다. 이 낮은 전 저항으로 전자들을 많은 경로들로 보낼 수 있다. 병렬회로에 있는 각 부가적인 부하장치는 전자들을 위한 또 다른 길을 만들어준다. 전자들의 혼잡을 작게 하면 할수록, 경로에 따른 저항이 더 작아지게 된다. 전기엔지니어들은 전기장치를 설계할 때 이 지식을 이용할 수 있다.

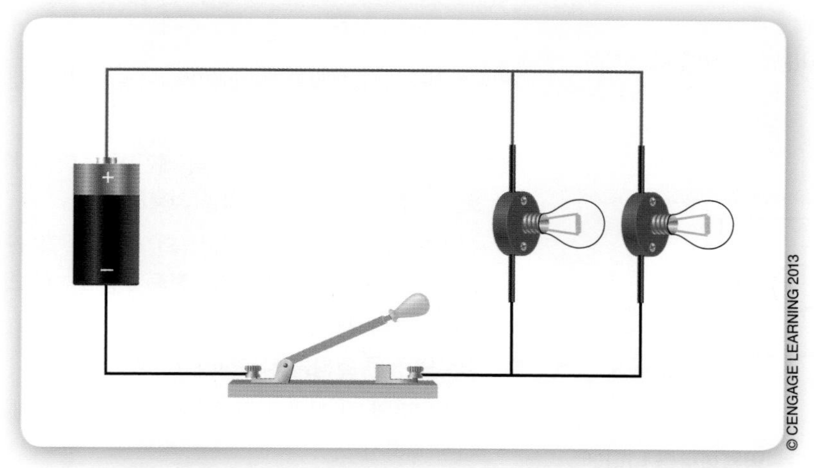

그림 15-10 2개의 전구가 있는 병렬회로.

공학 속의 수학

엔지니어들은 병렬회로에서 어떤 한 저항 값을 계산하거나 병렬회로의 전 저항을 계산하기 위해 수학공식을 사용할 수 있다. 병렬회로에 대한 수학공식은 다음과 같다.

$$\frac{1}{R_T} = \frac{1}{R_1} + \frac{1}{R_2} + \frac{1}{R_3}$$

병렬회로의 특성

- 전압은 회로 전역에서 같다.
- 각 회로의 갈라지는 지점에서 전류 흐름(전류의 세기)은 갈라지는 지점에서 부하장치의 저항에 비례한다.
- 회로의 전 저항은 모든 부하장치들의 저항들의 합보다 작다.

공학 과제

공학 과제 4

옴 법칙(14장 참조)을 이용하여 병렬회로에서 값들을 계산할 수 있다.

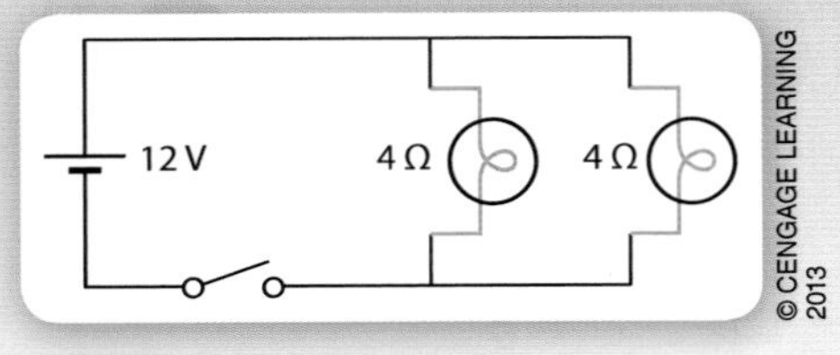

그림 15-10의 개략도.

이 개략도는 그림 15-10에 있는 병렬회로를 나타낸다. 개략도를 보면 전력소스가 12V이고 각 전구가 4Ω의 저항을 갖는다는 것을 알 수 있다. 옴 법칙을 이용하여 다음 질문들에 대해 답하시오.

- 각 전구에서 전압은 얼마인가? (힌트: 병렬회로에서 전압은 회로 전역에서 같다.)
- 각 전구에서 전류 흐름(전류의 세기)은 얼마인가? (힌트: 각 전구의 저항과 전압을 사용하라.)
- 전 병렬회로의 전류 흐름(전류의 세기)은 얼마인가? (힌트: 각 전구를 가로지르는 전류 흐름을 더하라.)
- 병렬회로의 전 저항은 얼마인가? (힌트: 전압과 전 회로의 전류 흐름을 사용하라.)
- 병렬회로의 전 저항과 각 전구의 저항이 어떻게 되는지 비교하시오.

공학 직업 조명

이름

제니퍼 마프리(Jennifer Maffre)

직위

존스앤드존스(Johnson and Johnson) 계열사의 바이오센스웹스터(Biosense Webster)사 첨단 연구 및 개발부 수석엔지니어

© CENGAGE LEARNING 2013

직무 설명

마프리는 의사들이 환자들을 치료하는 데 도움이 되는 공학 아이디어를 내놓는다. "나는 다양한 사람들(암연구자부터 산부인과의사, 심장전문의까지)과 같이 일한다."고 그녀는 말한다. 또한 그녀는 세계 곳곳의 권위 있는 의사들을 만나기 위해 여행한다.

그녀는 어머니가 암으로 진단받은 후에 공학과 관련된 일을 하기로 결정하였다. 의료기술자가 실수를 범했기 때문에 충분히 일찍 이해할 수 없었다. 마프리는 "기계들이 그것들을 위해 곧 그것들의 일을 할 것이다"라고 누군가가 그녀에게 말했을 때 비로소 그녀는 스스로 의료기술자가 될 것을 생각했다. '누가 기계를 만드는가?'라고 나는 말했다. 그리고 그들은 "엔지니어들이 한다."고 말했다. 그것이 내가 결정하도록 한 것이다.

의사들은 마프리에게 그들이 필요한 것을 말하고, 그녀는 문제를 풀기 위해 꿈을 꾼다. 예를 들면, 그녀는 비정상적인 심장박동을 가진 환자를 치료하기 위한 장치를 설계한다. 그녀는 심장의 3D 이미지를 가지고 병의 원인 부위를 알아내는 시스템을 사용해 일을 한다.

또한 마프리는 당뇨병을 가진 사람의 아픈 발을 치료하기 위한 시스템을 개발하는 데 참여했다. 그녀는 감염된 부위에 바를 크림을 담는 약병을 개발했다. "약병을 열 때, 이것이 화학반응의 원인이 되어 크림 안에 있는 줄기세포가 활성화된다."라고 그녀는 말한다.

교육

마프리는 전기공학 및 의공학 학사를 받고 렌슬러공과대학(RPI)을 졸업했다. 렌슬러에서 공부하는 동안, 그녀는 제조설계연구실에서 울트라 립 탑(Ultra Rip Top) 도전에 참여했다. 그녀의 팀은 30초 동안 돌릴 수 있는 팽이를 설계했다. 이것은 주로 그녀가 프로그램한 로봇 팔만이 조립할 수 있었다.

학생들에 대한 조언

마프리는 라틴아메리카계의 커뮤니티를 위한 활동적인 지지자이고 라틴아메리카 전문 엔지니어 협회의 활동적인 회원이다. "공학은 당신이 정말로 원하는 것을 하는 것이므로 단념하지 말라."고 그녀는 말한다.

"나의 배경을 보면서, 당신은 내가 엔지니어가 된 것이라고 생각하지 마십시오. 나의 아버지는 택시를 운전하였고 나의 어머니는 미용사였습니다. 당신의 가족이 하고 있는 직업을 선택하는 것이 쉬울 것입니다. 그러나 당신이 정말로 엔지니어가 되기를 갈망한다면, 가치 있는 것들을 하기 위해서는 많은 문들을 열어놓아야 합니다."

15.4 조합회로

구성

조합회로

직렬회로와 병렬회로를 합한 전자회로이다.

직렬회로와 병렬회로 모두 포함한 회로를 조합회로(combination circuit)라고 한다. 그림 15-11에 표시된 바와 같이, 2개의 전구가 서로 병렬로 있다. 두 전구는 벨과 직렬로 연결되어 있다. 전기엔지니어들은 전기 시스템을 설계하기 위해 직렬회로와 병렬회로의 특성을 조합해서 사용한다.

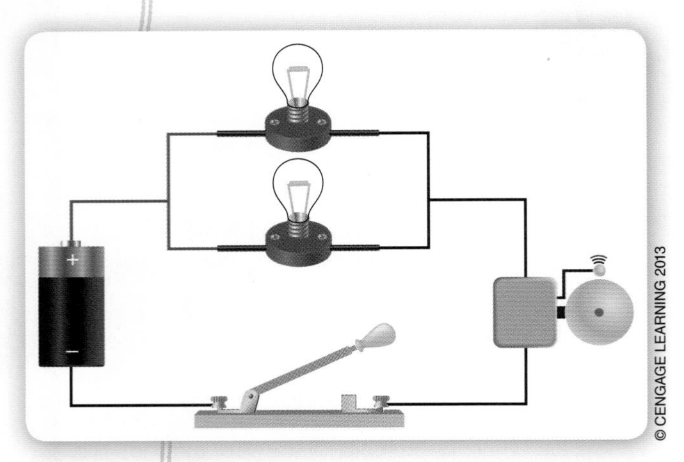

그림 15-11 조합회로.

특성

조합회로는 직렬회로와 병렬회로의 특성을 가지므로 바람직한 결과를 얻기 위해서는 그것들을 조합한다. 오늘날의 전기장치들에서 구성된 대부분의 회로들은 조합회로를 사용한다.

요약

이 장에서 배운 학습내용

- 개략도는 전기회로의 상징적인 지도이다.
- 전기회로는 경로, 부하장치, 전력소스를 포함한다.
- 전자들은 가장 저항이 작은 경로를 따라 흐른다.
- 직렬회로에서 전류 흐름은 회로 전역에서 같다.
- 병렬회로에서 전압은 회로 전역에서 같다.
- 퓨즈와 회로차단기는 전기회로에서 사용되는 안전장치이다.

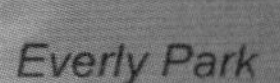

용어

각 용어들에 대한 정의를 쓰시오. 마친 후에, 자신의 답을 이 장에서 제공된 정의들과 비교하시오.

회로	직렬회로	병렬회로
부하장치	비례	조합회로
회로차단기		

지식 늘리기

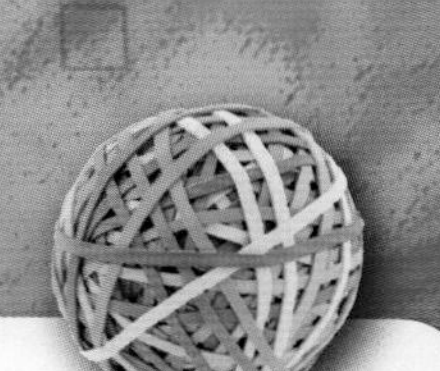

다음 질문들에 대하여 깊게 생각하여 서술하시오.

1. 전기설계 엔지니어들이 왜 다양한 전기회로들의 특성을 이해해야만 하는지를 서술하시오.
2. 직렬회로와 병렬회로의 장점들을 대조하여 비교하시오.
3. 전기공학에서 경력을 추구하기 위하여 수학적 기량을 개발하는 것이 중요한가? 당신의 견해를 설명하시오.

CHAPTER 16
전자공학
Electronics

Menu

미리 생각해보기

이 장에서 개념들을 공부하기 전에 다음 질문들에 대해 생각하시오.

1. 전자공학이란 무엇인가?
2. 트랜지스터와 같은 전자장치가 어떻게 작동하는가?
3. 디지털 전자공학은 무엇을 의미하는가?
4. 논리 게이트는 무엇이며, 이것들이 어떻게 작동하는가?
5. 집적회로란 무엇인가?
6. 우리의 일상생활을 개선하기 위하여 전자공학을 어떻게 사용하는가?

© DIEGO CERVO/SHUTTERSTOCK.COM

공학의 실행

S T E M

어제 밤에 당신은 휴대용 전자게임기를 가지고 놀았는가? 이 전자장치는 소리가 났는가? 비디오 화면이 있었는가? 당신은 아마 이 모든 질문에 대해 "예"라고 답했을 것이다. 그러나 이 전자게임기가 어떻게 작동하는지 설명할 수 있는가? 전자장치의 사용은 우리 일상생활의 필수적인 부분이 되었다. 가정, 자동차, 가전제품, 그리고 우리가 이름 붙일 수 있는 모든 다른 물품들이 전자공학에 의존한다. 그렇지만, 이 장치들이 실제로 어떻게 작동하는지를 설명할 수 있는 사람은 극히 드물다. 휴대용 전자게임기와 같은 전자장치들을 설계하고 서비스를 제공하는 데 전자공학의 지식이 필요하다.

16.1 전자장치

전자공학

트랜지스터

3개의 반도체를 결합하여 만든 장치이다. 이것은 대량의 전류 흐름을 제어하기 위해 소량의 전류를 이용한다.

전자공학

낮은 전압을 사용하여 전자의 흐름을 제어하는 연구이다.

도핑

전기 음성도를 수정하는 반도체에 불순물의 첨가이다.

트랜지스터가 1947년 벨연구소에서 발명되었을 때, 이것은 당시 가장 위대한 발명품 중의 하나였다(그림 16-1). 이 작은 장치는 세계 변화를 도왔다. 지금의 텔레비전의 크기였던 라디오는 현재 손에 들고 다닐 만한 크기로 될 수 있었다.

트랜지스터(transistor)는 **반도체**(semiconductor)라고 불리는 재료로 구성되어 있다. 반도체는 도체와 절연체의 양쪽의 특성을 갖는다. 디지털 혁명과 전자공학 분야를 시작하게 한 것은 트랜지스터였다. 전자공학(electronics)은 전자의 흐름으로 제어되는 전기장치들을 연구하고 사용하는 것이다. 일반적으로, 전자공학은 제어조작을 수행하기 위해 매우 작은 양의 전압을 사용한다.

실리콘(그림 16-2)은 흔한 반도체이며 원자번호는 18번이다. 실리콘 원자들이 결합하면, 그것들은 격자구조(그림 16-3)를 형성한다. 엔지니어들은 바람직한 전기 특성을 얻기 위해 불순물을 실리콘과 같은 반도체에 첨가하는 도핑(doping)이라는 공정을 사용한다. 어떤 도핑은 반도체에 있는 전자의 수를 증가시켜서 **N형 반도체**(N-type semiconductor)를 만든다(N은 '음'을 의미한다). 또 다른 도핑 공정은 전자를 제거하여 **P형 반도체**(P-type semiconductor)를 만든다(P는 '양'을 의미한다).

과학자들은 N형 도핑을 위해 작은 양의 인을 실리콘에 첨가한다. 그림 16-4는 인의 원자를 나타낸다. 인은 15의 원자번호와 5개의 원자가전자를 갖는다. 실리콘은 외부궤도에 4개의 전자를 갖는다. 그래서 인 원자가 실리콘 격자 안에 놓이게 되면, 5개의 원자가전자 중의 하나가 밖으로 나오게 된다. 이 다섯 번째 전자가 결합될 것이 없어서 자유롭게 움직인다. 이 자유전자가 인으로 도핑된 실리콘을 N형 반도체로 만드는 것이다.

과학자들은 P형 도핑 공정에서 작은 양의 보론(boron)을 실리콘에 첨가한다. 보론

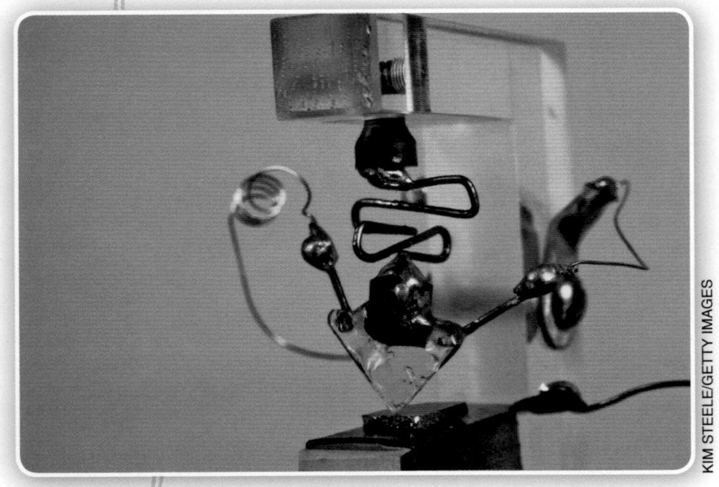

그림 16-1 1947년 벨연구소에서 발명된 최초의 트랜지스터의 모형.

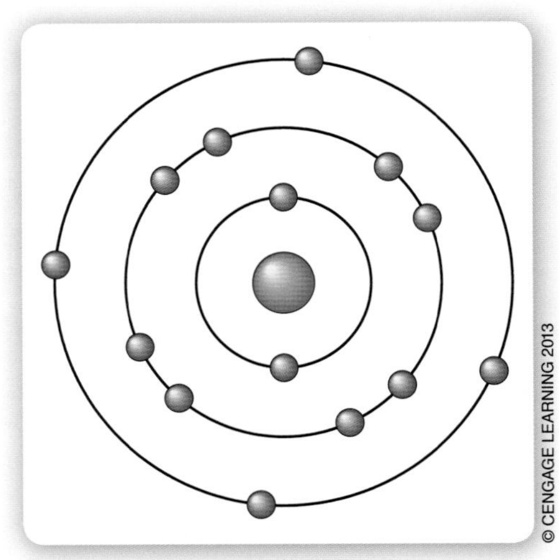

그림 16-2 실리콘의 원자 구조.

공학 속의 과학

다양한 형태의 재료, 특히 반도체와 관련된 재료에 대한 조사 및 실험은 전자공학의 개발과 디지털 혁명을 가져왔다. 반도체 실리콘은 그것의 외부궤도에 4개의 전자를 가지고 있다. 실리콘 원자들은 함께 격자구조를 형성한다. 이 격자구조(그림 16-3)에서, 다중 실리콘 원자들은 8개의 전자를 갖는 꽉찬 외부궤도를 만들기 위해 협력한다. 도핑은 실리콘에 인이나 보론과 같은 불순물을 첨가한다.

그림 16-3 실리콘의 격자 구조.

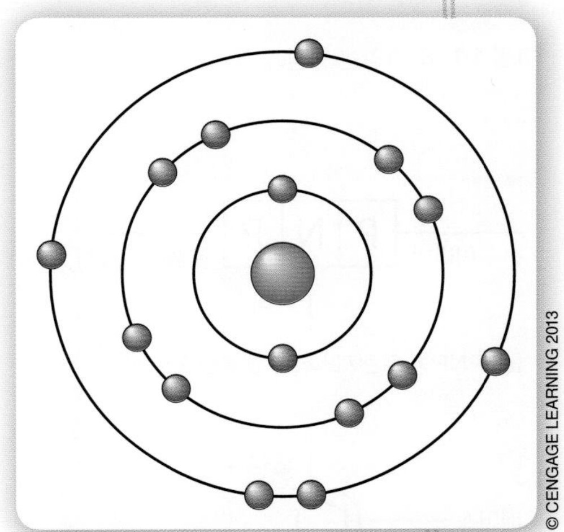

그림 16-4 인의 원자 구조.

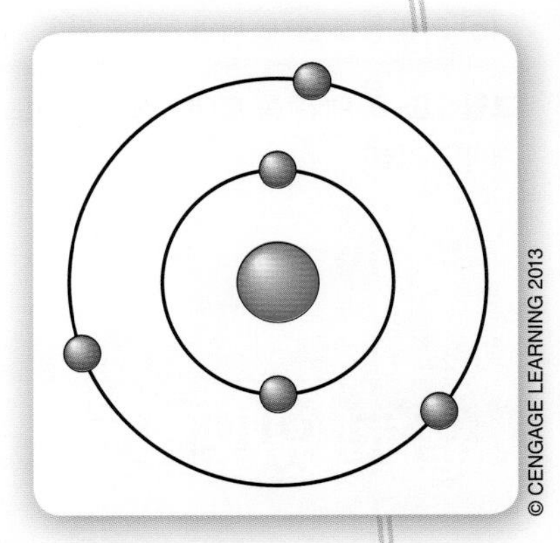

그림 16-5 보론의 원자 구조.

은 5의 원자번호를 갖으며(그림 16-5) 3개의 원자가전자가 있다. 실리콘은 외부궤도에 4개의 전자가 있으므로, 보론 원자의 첨가는 실리콘 격자에 '구멍'을 남긴다. 이 구멍은 그것을 채울 전자를 기다린다. 이 형태의 보론 도핑은 재료가 전자를 모자라게 하기 때문에 P형이라고 불린다.

트랜지스터

트랜지스터들은 오늘날 전자공학을 위한 기본적인 제어 또는 스위칭 장치이다(그림 16-6). 그것들은 3개 층의 반도체 재료로 구성되어 있다. 트랜지스터들은 **NPN형 트랜지스터**(NPN-type transistor) 또는 **PNP형 트랜지스터**(PNP-type transistor)가 될 수 있다. 그림 16-7과 16-8은 이 두 형태의 트랜지스터를 나타낸다. 트랜지스터는 3개 층 각각 위에 전기 접속을 갖는다. 중앙 층의 접속을 **베이스**(base)라고 한다. 다른 두 층들에 대한 단자들은 **콜렉터**(collector)와 **이미터**(emitter)라고 부른다.

그림 16-6 다양한 형상과 크기의 트랜지스터.

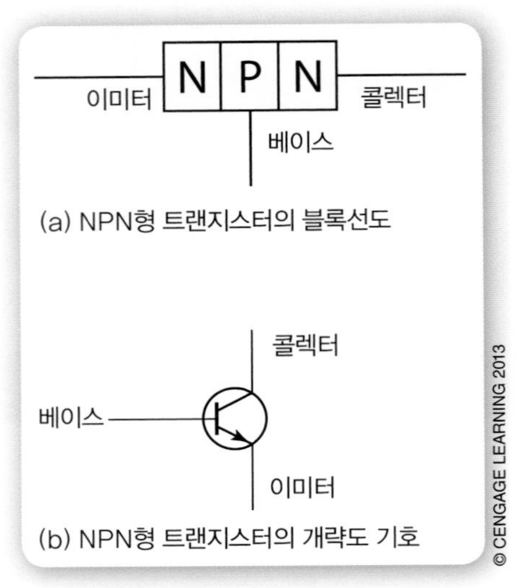

그림 16-7 NPN형 트랜지스터의 선도 및 개략도 기호.

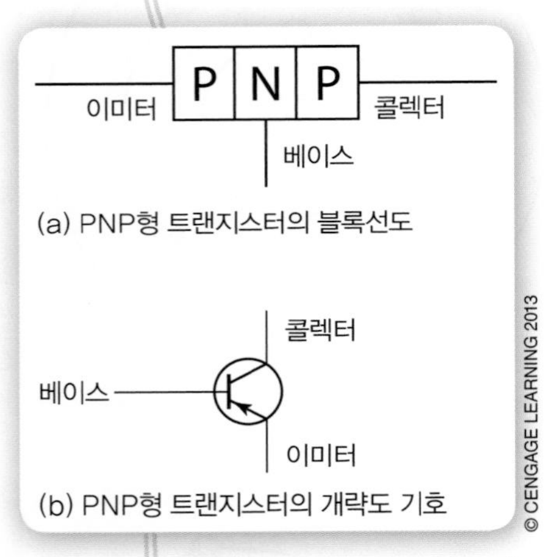

그림 16-8 PNP형 트랜지스터의 선도 및 개략도 기호.

회로에 있는 전자들이 한 신호를 기다리는 '콜렉터' 단자에서 수집한다. 신호는 베이스 단자를 위한 작은 전하이다. 트랜지스터의 베이스에서 이 전하가 베이스 반도체를 도체로 바꾼다. 그래서 전자들이 콜렉터로부터 이미터로 흐르게 만들어 전기회로를 완성한다. NPN형 트랜지스터 경우에는, 회로를 개방하기 위해서 베이스 단자에서 양전하가 요구된다. PNP형 트랜지스터 경우에는, 회로를 개방하기 위해서 베이스 단자에서 음전하가 요구된다.

고정저항

저항(resistor)은 전자공학에서 가장 흔히 사용되는 부품이다. 저항은 전기회로에서 전자들의 흐름을 막기 위해 설치한다(14장에 저항이 설명되어 있음). 저항은 전기에너지를 열에너지로 변환하므로,

알고 있나요?

- 벨연구소의 공학팀은 트랜지스터 발명품으로 1952년 미국특허(no. 02569347)를 받았다.
- 벨연구소 공학팀은 또한 트랜지스터가 사회에 끼친 영향을 근거로 하여 1956년 노벨 물리학상을 받았다.

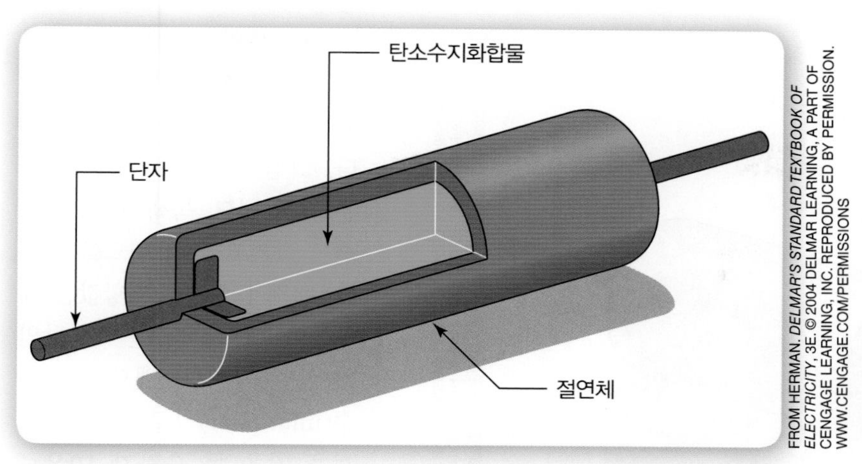

그림 16-9 고정저항.

열은 저항을 사용하는 부산물이다. 컴퓨터의 뒷면을 느껴본 적이 있는가? 아마 따듯하다는 것을 알 수 있다. 이 열은 컴퓨터에서 사용된 저항들의 생산물이다. 저항은 전기회로 설계 시 엔지니어의 필요를 충족시키기 위해 다양한 크기, 형태, 저항 등급으로 공급된다.

가장 보편적으로 사용되는 저항의 형태는 고정저항으로 이 저항은 저항이 고정되어 조절될 수 없다. 이 고정저항은 일반적으로 탄소(그림 16-9)로 만들어진다. 탄소는 전자의 흐름을 저항하여 전기에너지를 열에너지로 변환한다. 옴 단위로 측정되는 저항 값은 생산자에 의해 색 코드(color code)를 사용하여 제공된다.

공학 과제 1

(1) 트랜지스터, (2) 배터리, (3) 멀티미터가 주어진 상태에서, 트랜지스터의 형태(PNP 또는 NPN)를 결정하시오. 또한 어느 트랜지스터 선이 베이스인지 결정하시오.

트랜지스터 해독(decoding).

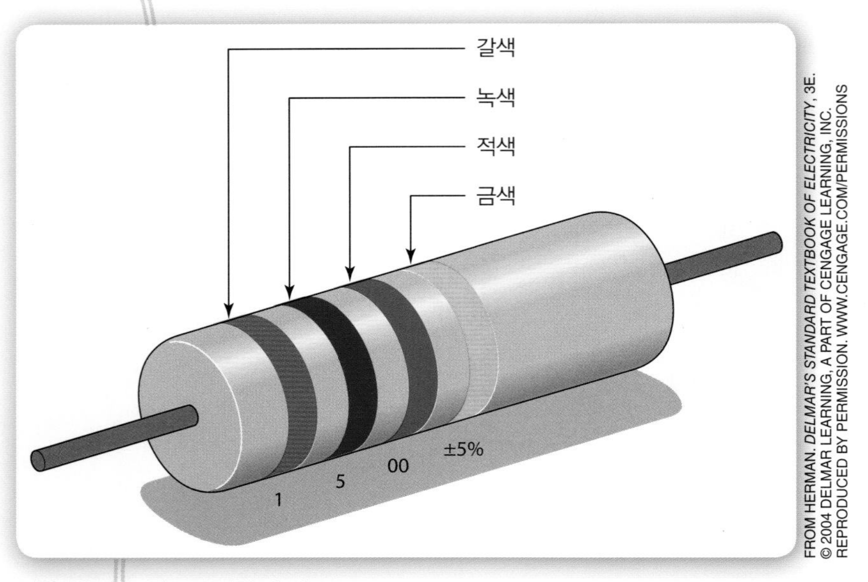

그림 16-10 디코딩 저항 색 밴드.

대부분의 저항은 엔지니어가 저항을 식별하는 데 사용할 수 있는 4개의 색 밴드를 갖는다. 그림 16-10에 있는 저항은 갈색 밴드, 녹색 밴드, 적색 밴드 그리고 금색 밴드를 갖는다. 밴드 1, 2, 3은 저항값을 제공한다. 밴드 1과 2는 저항값의 첫 두 숫자이다. 밴드 3은 승수(multiplier)라고 불리며, 이것은 처음 두 숫자가 10으로 얼마나 여러 번 곱해지는지를 나타낸다. 4번째 밴드는 **공차**(tolerance) 또는 저항의 범위를 나타낸다. 공차는 설정값으로부터 허용되는 변화량이다. 그림 16-11은 저항 색 코딩에 대한 표준값을 나타내는 표이다.

그림 16-11에 있는 저항은 26(적-청)에 10,000(노랑)이 곱해진 260,000옴 값을 갖

색	첫 번째 밴드 첫 번째 숫자	두 번째 밴드 두 번째 숫자	세 번째 밴드 승수 '0의 개수'	네 번째 밴드 공차
흑색	0	0	---	
갈색	1	1	1 (0)	
적색	2	2	2 (00)	
주황색	3	3	3 (000)	
노란색	4	4	4 (0000)	
녹색	5	5	5 (00000)	
청색	6	6	6 (000000)	
보라색	7	7	7 (0000000)	
회색	8	8	8 (00000000)	
흰색	9	9	9 (000000000)	
갈색				1%
적색				2%
금색				5%

그림 16-11 저항 색 밴드에 표시된 표준값.

는다. 4번째 밴드의 금색은 260,000옴에서 위로 또는 아래로 공차가 5%(273,000~247,000옴)라는 것을 말하고 있다. 엔지니어들은 옴을 계측할 때 1000을 나타내는 K를 사용한다. 그러므로 이 저항을 260 KΩ의 값을 갖는다고 언급한다.

가변저항

때때로 엔지니어는 전기회로에서 저항을 조절할 수 있기를 원한다. 이 작동이 수행되기 위하여 가변저항이 요구된다. 퍼텐쇼미터는 조작자나 엔지니어에 의해 조절될 수 있는 가변저항이다. 그림 16-12는 다양한 형태의 퍼텐쇼미터를 나타낸다. 퍼텐쇼미

그림 16-12 다양한 형상과 크기의 퍼텐쇼미터.

공학 과제

공학 과제 2

엔지니어는 저항과 같은 전자부품들이 회로에서 사용할 수 있는지를 결정하고 싶어 한다. 부품들이 공차범위 안에서 제조된 것인지를 계산함으로써 부품들이 언급된 공차를 만족하는 것을 보장해야만 한다는 것을 의미한다. 표에 고정저항들에서 취해진 측정된 값들이 주어져 있다.

- ▶ 각 저항의 지시된 값을 계산하라.
- ▶ 각 저항의 공차범위를 계산하라(가장 높은 허용 값에서 가장 낮은 허용 값).
- ▶ 각 저항이 공차 안에 있는지를 판단하라.

측정값		첫 번째 숫자	두 번째 숫자	승수	계산값	공차%	공차범위
102옴							
1045옴							
53옴							
751옴							
337옴							

저항 값과 공차 계산하기.

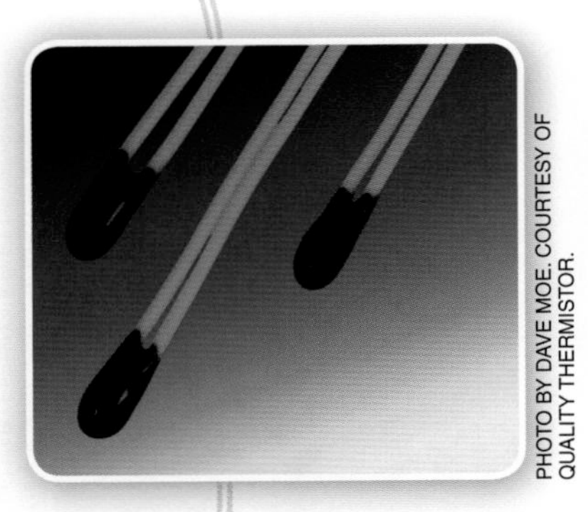

그림 16-13 다양한 형상과 크기의 서미스터.

터를 사용하여 회로에서 전자들의 흐름을 제어할 수 있다. 친숙한 한 예는 천장 등에서 사용되는 조광 스위치이다. 조광 스위치는 퍼텐쇼미터이다. 이것은 전구로 가는 전자들의 흐름을 제어하여 빛의 밝기를 제어한다. 엔지니어들은 또한 퍼텐쇼미터를 전기모터의 속도를 제어하는 데 사용한다.

두 가지의 다른 형태의 가변저항은 회로의 전자 흐름을 제어하기 위하여 외부조건을 사용하고 인간의 입력을 사용하지 않는다. **서미스터**(thermistor)는 온도(그림 16-13)에 의해 조절되는 가변저항이다. 때때로 서미스터는 온도저항이라고 부른다. 온도가 올라가면, 전자들이 저항을 적게 가지고 흐를 수 있어, 서미스터의 저항이 내려간다. 온도가 내려가면, 서미스터의 저항은 커진다. 서미스터는 전기온도계로 사용되고 또한 새로운 가정용 전자온도조절장치로 사용된다. 서미스터는 일반적으로 반도체와 망간, 구리 또는 니켈과 같은 금속으로 만들어진다.

포토레지스터(photoresistor)는 또 다른 형태의 가변저항이다. 이것의 저항은 빛에 의존한다. 채광이 좋은 지역은 전자들이 더 많이 운동하게 되어 저항이 감소한다. 환경이 어두워지면, 포토레지스터의 저항이 증가한다(그림 16-14). 포토레지스터의 다른 이름은 태양전도체, 태양전지, 그리고 빛에 의존하는 저항(light dependent resistor, LDR)이다. 포토레지스터도 역시 반도체로 만들어진다. 광선으로부터의 광자가 반도체에 의해 흡수되어, 전자들을 자유롭게 하고 전류를 흐르게 한다.

다이오드

트랜지스터와 같이, 다이오드는 P형과 N형 반도체를 사용하는 전자부품이다. 그렇지만, 다이오드는 단지 2개의 층(하나는 P형 그리고 다른 하나는 N형)을 갖는다. 층들 사이의 영역을 접합이라고 부른다. 이 접합 영역 때문에, 때때로 다이오드를 PN접합 다이오드라고 부른다. 이 배치로 인하여 다이오드를 통해 오직 한 방향으로 전자들이 흐르게 한다. 다이오드의 음(N형) 단자가 양의 전류소스와 연결되어 있으면, 전자들이 양의 소스로 끌려가게 되어 접합영역이 열린다. 비슷한 방법으로, 다이오드의 양(P형) 단자가 음의 전류소스와 연결되어 있으면, 전자들

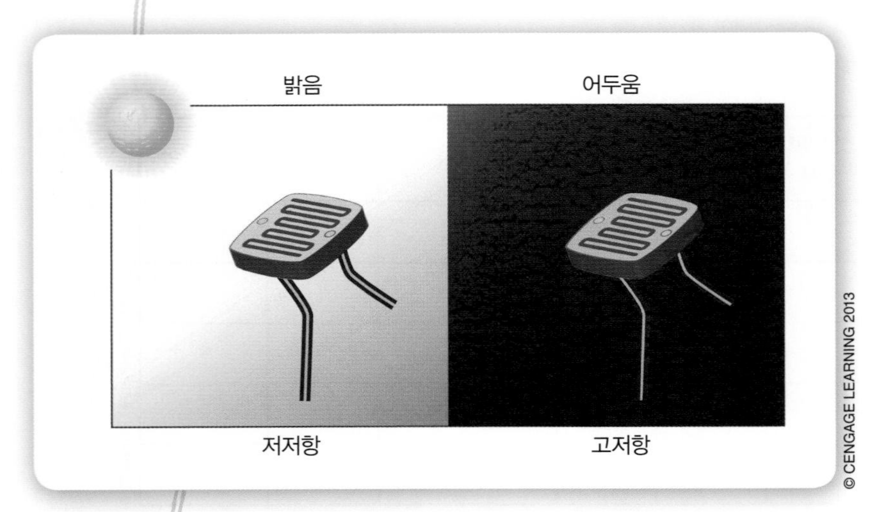

그림 16-14 포토레지스터는 밝은 곳에서 어두운 곳에 따라 값이 변한다.

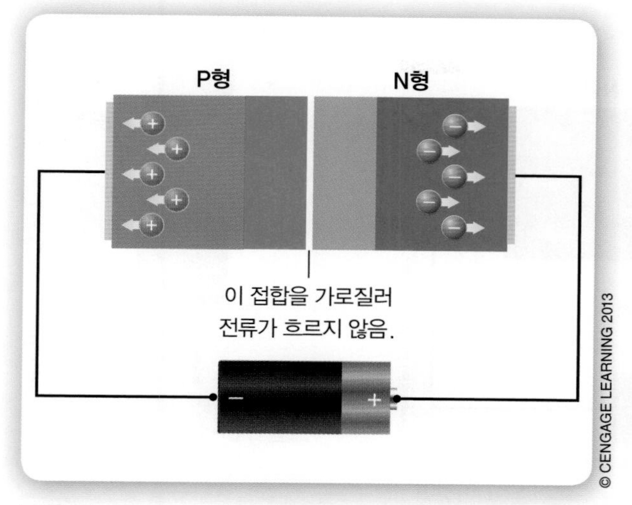

그림 16-15 전자들이 다이오드를 가로질러 흐르지 않는다.

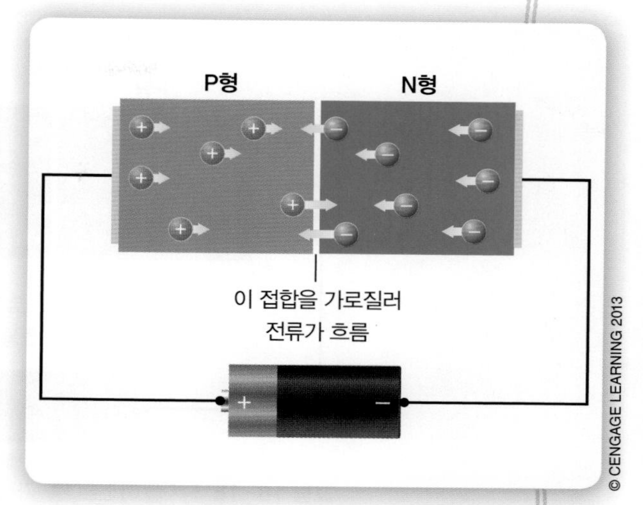

그림 16-16 전자들이 다이오드를 가로질러 흐른다.

이 음의 소스로 끌려가게 되어 접합영역이 열린다. 그러므로 회로를 통해 전류가 흐르지 않는다(그림 16-15). 그림 16-16에서와 같이 배터리가 반대로 되면, 전자들과 광자들은 접합영역으로 격퇴되어 전류가 회로를 통해 흐르게 된다.

많은 형태의 PN접합 다이오드들이 있다. 가장 보편적으로 사용되는 것은 발광다이오드(Light-emitting diode, LED)이다. 이것들은 다양한 크기와 색들로 생산된다(그림 16-17). LED는 전류가 흐르면 빛을 낸다. 전자들이 접합영역으로 점프하여 전기에너지를 빛에너지로 변환한다. 그림 16-18은 LED의 작동을 보여준다.

발광다이오드
한 방향으로 흐르는 전류를 이용한 전자 제품으로 빛을 낸다.

LED는 다이오드이기 때문에, 이것을 올바른 양 또는 음 단자에 연결하는 것은 매우 중요하다. 그림 16-19는 LED를 어떻게 연결해야 하는지를 결정하는 두 가지 방법을 제시한다. 양 단자는 양극(anode)이라고 하며 더 긴 선을 갖는다. LED의 음의 측은 음극(cathode)이라고 하며, 플라스틱 덮개 안에 납작한 면을 갖는다. LED는 전통적인 백열전구와 같이 열 때문에 탈 수 있는 필라멘트가 없기 때문에 LED는 무제한 수명을 갖는다.

커패시터

때때로 엔지니어들은 전기에너지를 저장하였다가 이것을 매우 빠르게 방출하고 싶어 한다. 이렇게 저장할 수 있는 전자부품을 **커패시터**(capacitor)라고 한다. 커패시터는 절연판 주위를 두 금속판으로 샌드위치 구조로 만든다. 커패시터들은 그림 16-20에 표시된 바와 같이 다양한 형태와 크기로 생산된다. 대부분

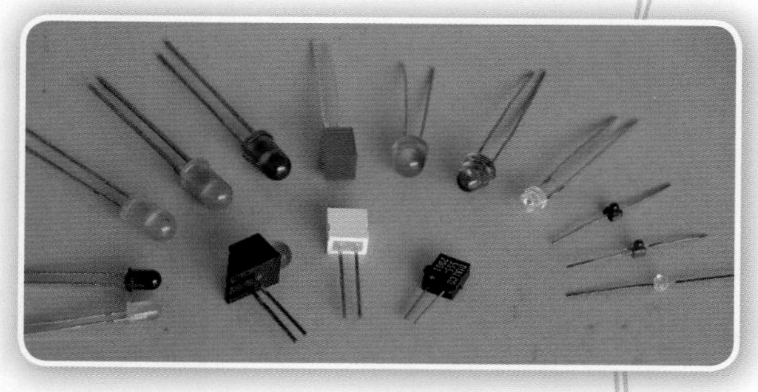

그림 16-17 다양한 형상 및 크기의 발광다이오드.

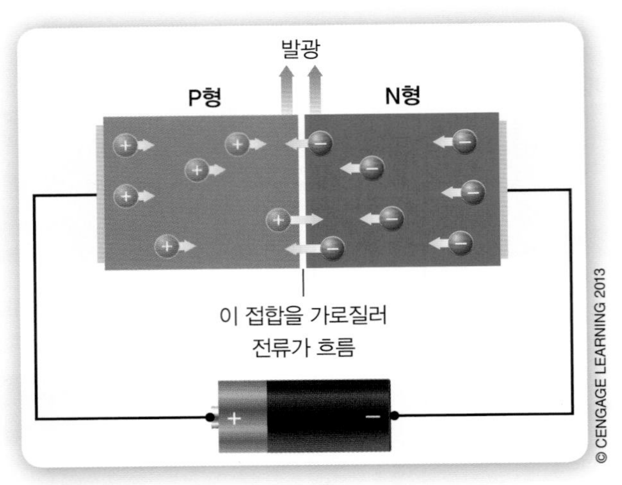

그림 16-18 전자들이 LED를 가로질러 흐르게 되고 이것이 환하게 만든다.

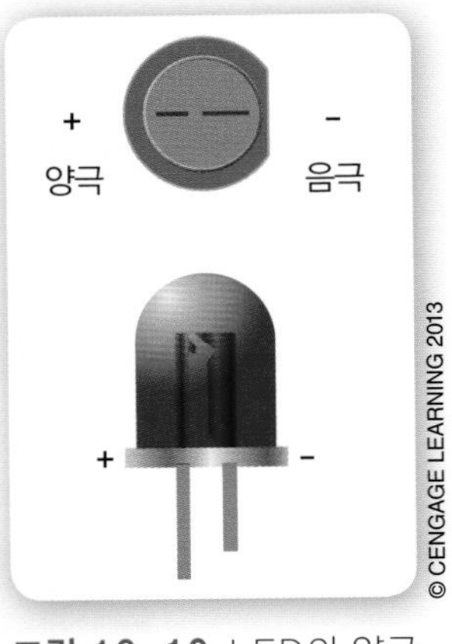

그림 16-19 LED의 양극 및 음극 단자.

의 카메라들은 커패시터를 이용해서 그것들이 플래시를 위해 요구될 때까지 전자들을 저장한다.

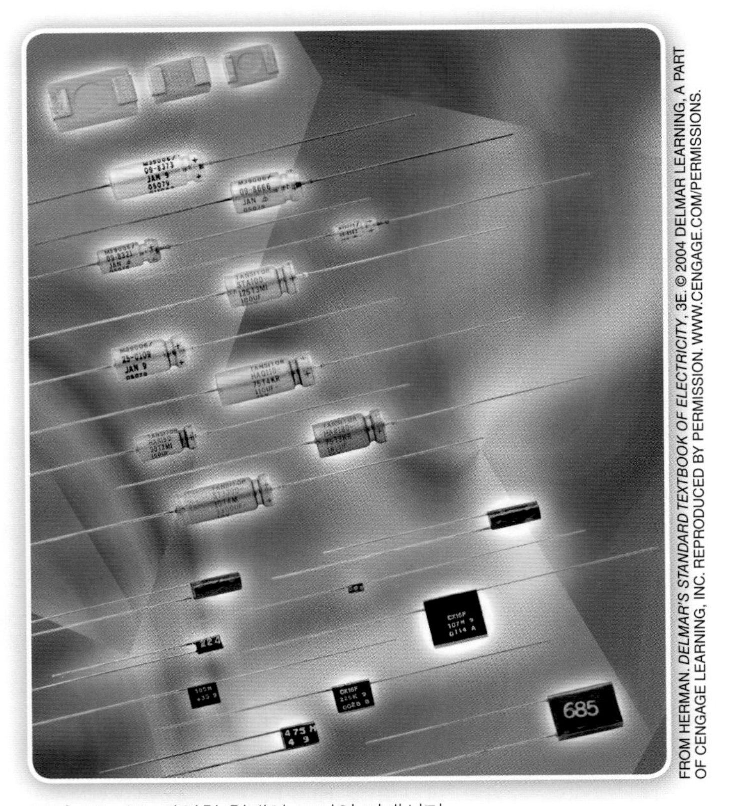

그림 16-20 다양한 형태와 크기의 커패시터.

공학 속의 과학

LED는 조명시장에 에너지를 절약하는 새롭고 혁명적인 조명 소스를 제공한다. LED가 일반적인 백열전구보다 낮은 전압에서 작동하기 때문에, LED는 적은 전류를 사용하므로, 작동 비용이 적게 들고 에너지를 절약한다. 더 나아가, LED는 타는 것이 없으므로 백열전구보다 수명이 더 길다. 소비자들은 또한 여러 가지 색을 가진 빛을 생성할 수 있는 LED를 선정할 수 있다. LED는 과학과 기술이 인간의 삶 개선에 어떻게 도움이 되는지에 대한 한 예이다.

16.2 디지털 전자공학

디지털 전자공학

트랜지스터가 발명되기 전에 모든 전기장치들은 아날로그 시스템으로 작동되었다. 이 시스템들은 변할 수 있고 항상 정확하지 않았던 입력과 출력을 사용하였다. 아날로그 장치의 한 예로 회전시계(그림 16-21)를 들 수 있다. 당신의 학교는 오래된 회전시계를 가지고 있을지 모른다. 오늘날 대부분의 시계는 전기장치로서, 디지털이다. 디지털 전자공학(digital electronics)은 '온(on)' 또는 '오프(off)'의 출력을 생성하기 위하여 '온' 또는 '오프'의 입력을 사용한다. 디지털 전자공학이 어떻게 작동하는지 살펴보기로 하자.

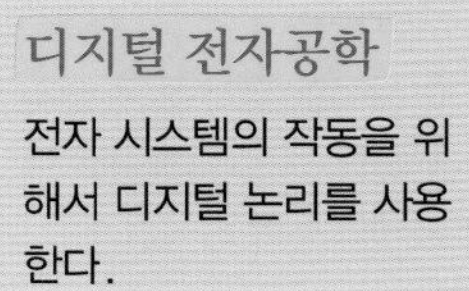

2진법

숫자 시스템은 정보나 수적인 값들을 전달하기 위해 사용되는 코드일 뿐이다. 숫자 10을 기반으로 하여 사용하는 숫자 시스템을 10진법(decimal system)이라 부른다. 1~10까지의 숫자를 사용하여 계수를 한다. 가장 단순한 숫자 시스템을 2진법(binary system)이라 부른다. 2진법은 단지 2개의 숫자, 영(0)과 1만을 사용한다. 2진법은 디지털 전자공학에서 사용된다. 왜냐하면 이것이 가장 단순하기 때문이다. 엔지니어들은 2진 숫자 0 또는 1을 선정함으로써 의사결정회로를 설계할 수 있다. 0 또는 1을 **비트**(bit)라고 부른다. 비트 용어는 2진 숫자(binary digit)의 축약이다. 각 비트는 스위치의 기억장소에 기록한다. 8비트의 결합을 **바이트**(byte)라고 부른다. 비트와 바이트의 사용은 **미국 정보 교환 표준 코드**(American Standard Code for Information Interchange, ASCII code)에 의해 코드화되고 규정화된다.

그림 16-21 아날로그시계의 조망.

공학 속의 수학

우리가 매일 사용하고 있는 10진법은 0부터 9에 이르는 숫자 10개를 포함하고 있다. 때때로 이 숫자 시스템을 베이스 10진법이라고 부른다. 2진법은 단지 2개의 숫자, 0과 1만을 포함한다. 2진법을 베이스 2진법이라고도 부른다.

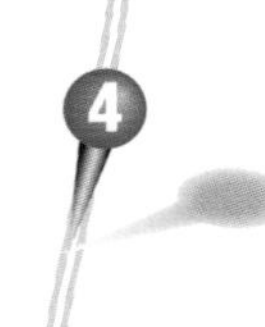

논리 게이트

의사결정회로에서 2진수 0과 1을 사용하기 위하여, 엔지니어는 논리 게이트라고 하는 디지털 전자부품을 사용한다. **논리 게이트**(logic gate)는 0 또는 1의 출력을 신호하기 위해 0 또는 1의 입력을 사용한다. 0과 1의 2진수는 각각 '온'과 '오프'를 나타낸다. 숫자 1은 '온'의 입력 또는 출력을 나타내며, 0은 '오프'를 나타낸다.

1 = 온

0 = 오프

진위표
이상적인 결과 혹은 전자부품을 위한 입출력을 나타내는 도표이다.

논리 게이트의 입력과 출력이 진위표(truth table)라고 불리는 도표상에 표시된다. 각 논리 게이트는 자기 자신의 진위표를 갖는다. 4개의 흔한 형태의 논리 게이트(AND, OR, XOR, NOT)가 있다.

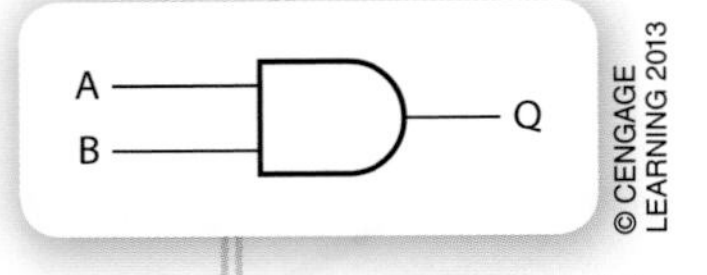

그림 16-22 AND 게이트의 개략도.

AND 게이트(AND gate)에 대한 도식적 기호가 그림 16-22에 표시되어 있다. AND 게이트는 2개의 입력을 갖는다. 이것들은 문자 A와 B로 표시된다. A와 B 입력은 1이거나 0이 될 수 있다. 입력 모두가 1 또는 모두가 '온' 일 때만이 출력(Q)이 '온' 또는 1이다. 엔지니어들은 논리 게이트 의사결정 과정을 요약하기 위해 진위표를 사용한다. 그림 16-23에 있는 진위표는 AND 게이트의 과정을 도식적으로 보여준다.

AND 게이트		
입력	입력	출력
A	B	Q
0	0	0
0	1	0
1	0	0
1	1	1

그림 16-23 AND 게이트의 진위표.

OR 게이트(OR gate)도 역시 2개의 입력 A와 B, 그리고 1개의 출력 Q를 가진다(그림 16-24). OR 게이트는 입력(A 또는 B) 중의 하나가 1이면 1의 출력(Q)을 생성한다. OR 게이트의 진위표가 그림 16-25에 있다.

수정된 OR 게이트인 **XOR 게이트**(XOR gate) 또는 **배타적 게이트**(exclusive gate)가 있다(그림 16-26). XOR 게이트는 출력 Q를 생성하기 위하여 2개의 입력(A와 B)을 사용한다. 1 또는 '온'의 출력을 생성하기 위해서는 단지 입력 중의 하나만 1 또는 '온'이어야 한다(그림 16-27).

4번째 흔한 논리 게이트는 **NOT 게이트**(NOT gate)이다(그림 16-28). NOT 게이트는 오직 1개의 입력(A)을 가진다. NOT 게이트는 입력을 반전시켜 출력을 내보낸다. 1의 입력은 0의 출력을 생성한다. 0의 입력은 1의 출력을 생성한다. 이러한 작동으로 인해 NOT 게이트를 보통 인버터 게이트(inverter gate)라고 한다. 그림 16-29는 NOT 게이트의 진위표를 나타낸다.

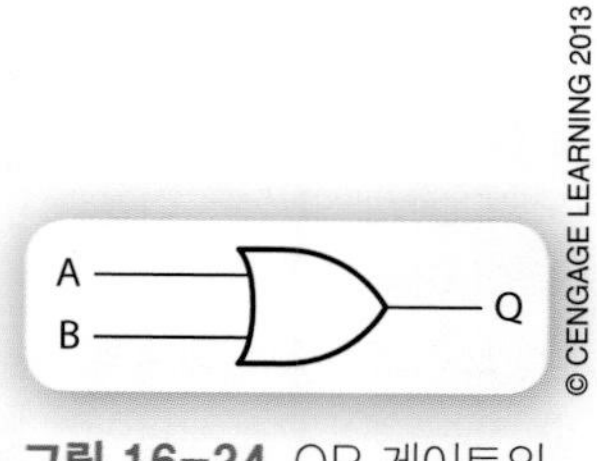

그림 16-24 OR 게이트의 개략도.

OR 게이트		
입력	입력	출력
A	B	Q
0	0	0
0	1	1
1	0	1
1	1	1

그림 16-25 OR 게이트의 진위표.

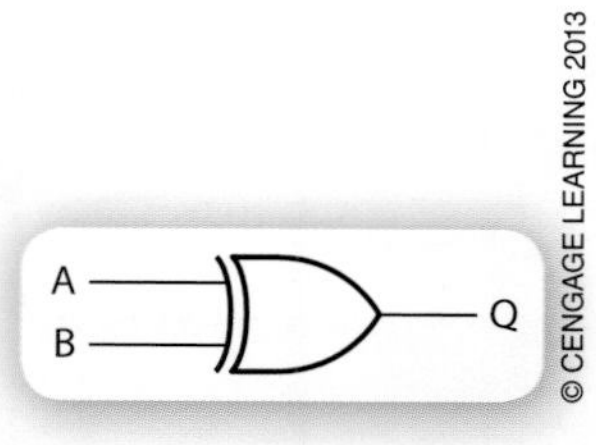

그림 16-26 XOR 게이트의 개략도.

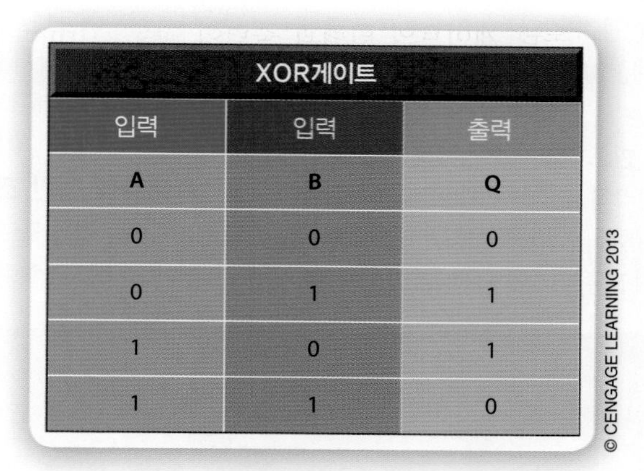

XOR게이트		
입력	입력	출력
A	B	Q
0	0	0
0	1	1
1	0	1
1	1	0

그림 16-27 XOR 게이트의 진위표.

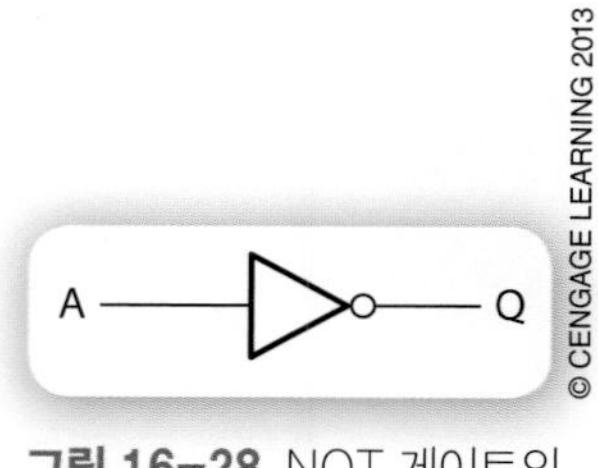

그림 16-28 NOT 게이트의 개략도.

NOT게이트	
입력	출력
A	Q
0	1
1	0

그림 16-29 NOT 게이트의 진위표.

공학 직업 조명

이름

로버트 노이스(Robert Noyce, 1927~1990)

직위

미국의 반도체회사인 인텔(Intel)의 설립자

직무 설명

TIME & LIFE PICTURES/GETTY IMAGES

노이스는 집적회로 또는 얇은 실리콘 조각 위에 아로새겨진 아주 작은 전자부품들의 세트인 마이크로칩을 발명한 사람 중 하나이다. 노이스의 발명은 전자공학 분야를 혁명화하였고 오늘날 거의 모든 전자장비에 사용되고 있다.

노이스는 1950년대에 설립된 페어차일드 반도체회사에서 일할 때 마이크로칩을 발명했다. 1960년대에, 그는 인텔을 설립하였다. 인텔에서 그는 또 다른 혁명적인 장치인 마이크로프로세서 개발을 도왔다. 마이크로프로세서는 단일 칩으로 된 완전한 계산기이다. 이것이 오늘날의 컴퓨터의 진수이다.

노이스는 페어차일드 반도체회사와 인텔을 설립했고 인텔은 샌프란시스코 만 지역의 남쪽에 있다. 거기에 집중된 모든 첨단기술 사업 때문에 이 지역이 '실리콘 밸리'라고 불리게 되었다. 노이스는 실리콘 밸리의 시장으로 알려졌다.

노이스는 회사에 간편한 복장으로 근무하는 작업환경을 도입하였다. 이것은 그 당시에 일반적이지 않았다. 집적회로에 의한 그의 공학 천재성에 더하여 노이스는 '캐주얼 프라이데이(casual Friday: 자유 복장으로 출근)'를 지정했다.

교육

노이스는 아이오와(Iowa)의 작은 마을에서 태어났다. 그곳에서 그는 사물이 어떻게 작동하는지를 생각하고 이해하는 것을 즐겼다. 노이스가 그리넬대학(Grinnell College)에 다녔을 때, 교수 중의 한 사람이 벨연구소에서 개발된 첫 번째 트랜지스터들 가운데 2개를 받았다. 노이스는 그것들을 검사해서 어떻게 작동하는지를 알아내야 했다. 그의 보잘것없는 참여가 이 혁명적인 전자장치에 관한 소중한 경험을 얻는 데 도움이 되었다. 그는 물리학 학사를 받고 박사학위를 받기 위해 매사추세츠 공과대학(MIT)에 입학했다.

학생들에 대한 조언

노이스는 헨리 포드가 대량생산에서, 토마스 에디슨이 전기 분야에서 한 것처럼 디지털 혁명에 똑같은 영향을 미쳤다.

16.3 직접회로가 세상을 지배한다

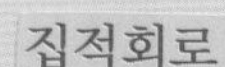

집적회로

그림 16-30에 있는 집적회로(integrated circuit, IC)는 매우 작은 양의 반도체 재료 안에 전기회로를 포함한 전자부품이다. 회로는 트랜지스터, 저항, 다이오드, 또는 커패시터들을 포함한다. 이 부품들과 이것들의 연결들이 제조공정 중에 반도체에 아로새겨 진다. 엔지니어들은 구체적인 목적에 따라 집적회로를 설계한다. 때때로 이 매우 작은 부품을 칩(chip)이라고 한다.

집적회로

전자회로의 기능을 가지는 모든 요소들을 포함한 하나의 실리콘 칩으로 이용한다.

트랜지스터 이후, 집적회로는 20세기의 가장 중요한 발명품 중 하나였다. 트랜지스터의 발명이 없었더라면 이것은 불가능했을 것이다. 집적회로, 칩은 네 가지의 일반적인 형태인 이중정렬 패키지(dual in-line package, DIP), 격자 배열된 핀(pin-in grid array, PGA), 컴퓨터 심(single in-line memory module, SIMM), 싱글인라인 패키지(single in-line package, SIP)로 생산된다(그림 16-31).

그림 16-30 집적회로(IC)는 컴퓨터에서 사용된다.

컴퓨터, 휴대폰, 텔레비전, 음향장비, 비디오 녹화기, 그리고 휴대용 전자게임기를 포함한 많은 다양한 전자장치에서 집적회로들을 발견할 수 있다. 소형의 집적회로는 매우 큰 장점을 제공한다. 더 나아가, 하나의 작은 구성 단위에 완전한 회로를 가지는 것은 소비자나 기업 모두에게 비용을 절감해준다. 집적회로는 **마이크로프로세서**(microprocessor)라고 불리는 프로그램 가능한 칩 또는 미처리 메모리가 들어 있는 메모리칩으로 생산될 수 있다. 이 선택은 엔지니어가 바람직한 공정을 위한 칩 선정을 가능하게 한다.

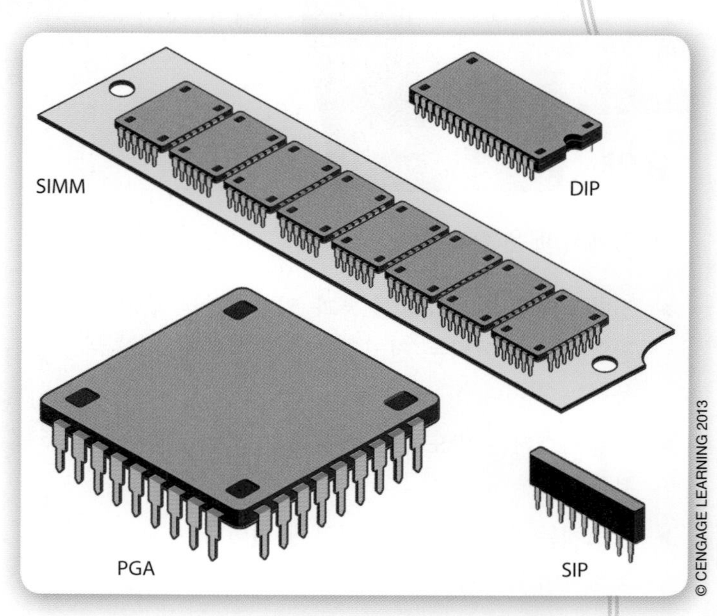

그림 16-31 DIP, PGA, SIMM 및 SIP 집적회로

일반적으로 마이크로프로세서는 1개 이상의 집적회로를 포함한다. 컴퓨터에 있는 중앙처리장치(CPU)에서 마이크로프로세서를 발견할 수 있다.

알고 있나요?

- 텍사스 인스트루먼트사(Texas Instruments)의 잭 킬비(Jack Kilby)는 1959년에 고체회로로 4개의 미국 특허(no. 3138743, 3138747, 3261081, 3434015)를 받았다.
- 페어차일드 반도체사(Fairchild semiconductor)의 로버트 노이스(Robert Noyce)는 1961년, 통합회로라고 하는 좀 더 복잡한 집적회로에 대한 미국 특허를 받았다.

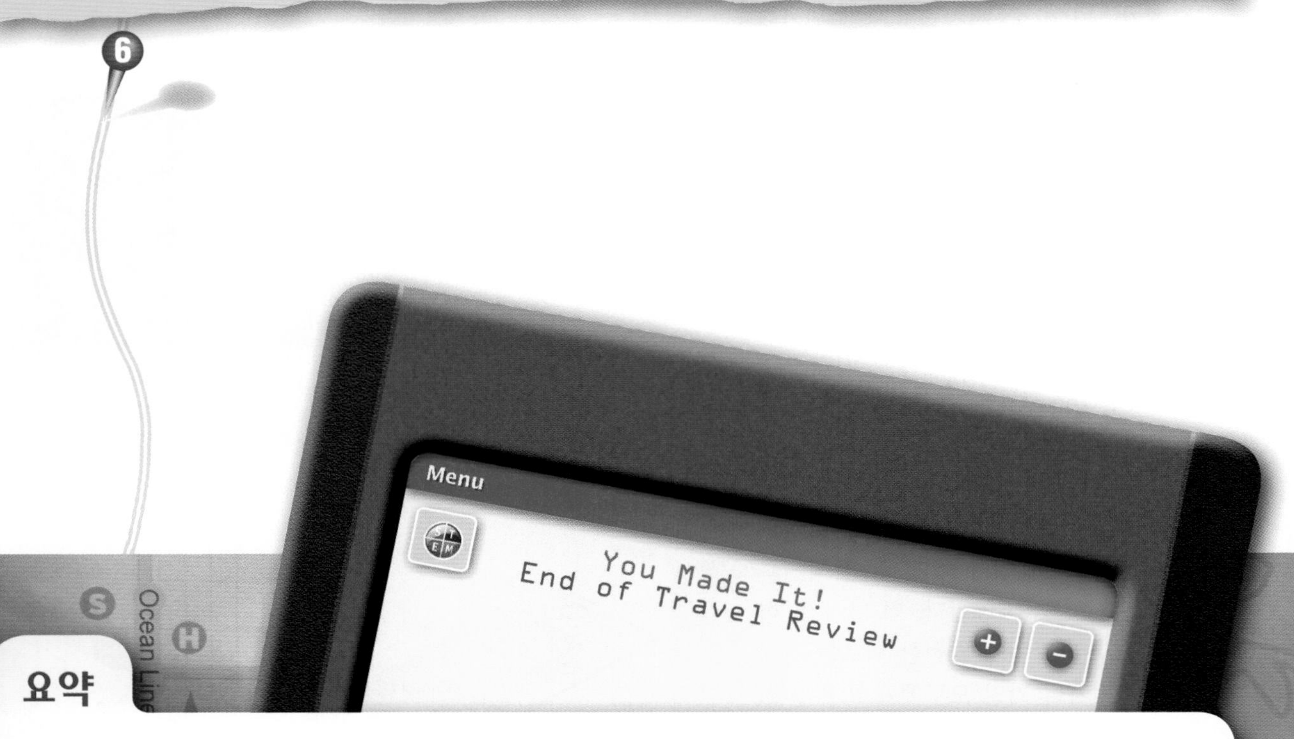

요약

이 장에서 배운 학습내용

- 전자공학은 전자들의 흐름과 일반적으로 낮은 전압으로 제어되는 전기장치들을 연구하고 사용하는 것이다.
- 트랜지스터는 반도체로 만들어진 소형 스위칭 부품이다.
- 반도체는 일반적으로 실리콘에 인이나 보론을 도핑하여 만든다.
- 온도와 빛이 전류를 제어하는 데 사용될 수 있다.
- LED는 빛을 생성하는 형태의 다이오드이다.
- 디지털 전자공학은 전기회로를 조절하기 위해 2진수 입력과 출력을 사용한다.
- 논리 게이트는 디지털 전자회로를 제어하는 데 사용한다.
- 집적회로 또는 칩은 인간이 많은 시스템을 제어할 수 있도록 한다.

용어

각 용어들에 대한 정의를 쓰시오. 마친 후에, 자신의 답을 이 장에서 제공된 정의들과 비교하시오.

트랜지스터
전자공학
도핑
발광다이오드(LED)
디지털 전자공학
진위표
집적회로(IC)

지식 늘리기

다음 질문들에 대하여 깊게 생각하여 서술하시오.

1. 벨연구소의 엔지니어들이 트랜지스터를 발명하지 않았더라면 우리의 삶이 어떻게 달라졌을지에 대해서 서술하시오.
2. 집적회로의 개발과 확장된 사용이 봉사 및 수리 산업에 어떠한 영향을 주었는가?
3. 몇몇 사람들은 디지털 전자공학이 미래의 언어라고 말한다. 당신은 이에 대해 동의 또는 동의하지 않는가? 당신의 견해를 설명하시오.

CHAPTER 17

제조

Manufacturing

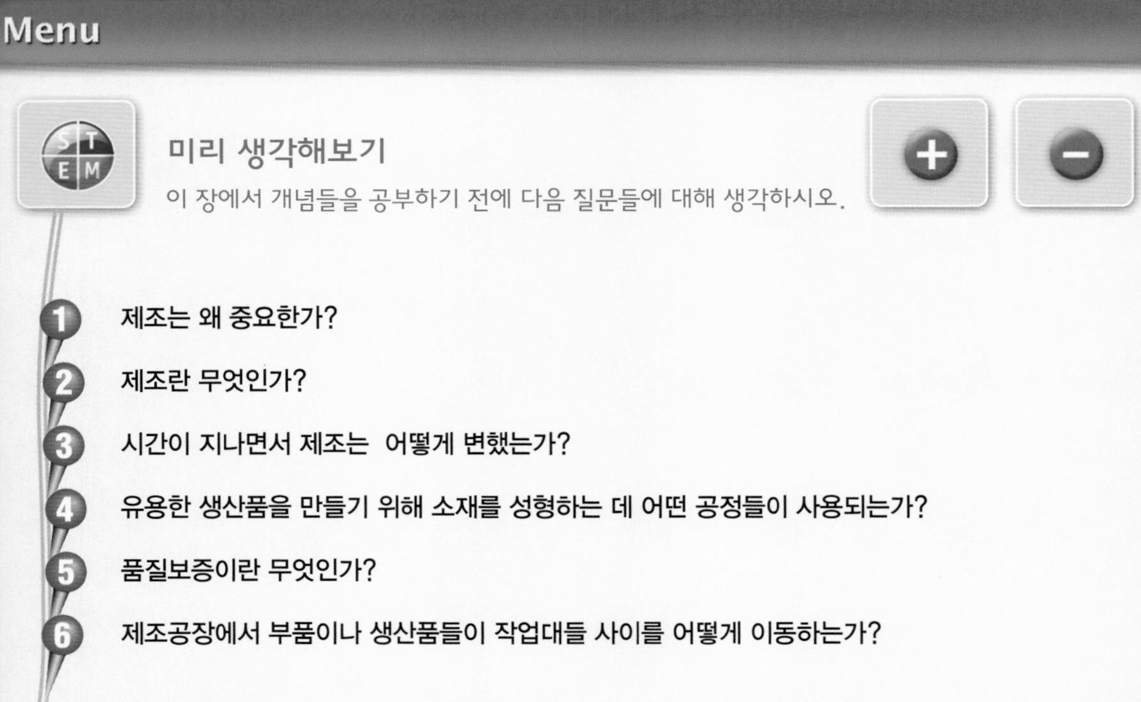

미리 생각해보기

이 장에서 개념들을 공부하기 전에 다음 질문들에 대해 생각하시오.

1. 제조는 왜 중요한가?
2. 제조란 무엇인가?
3. 시간이 지나면서 제조는 어떻게 변했는가?
4. 유용한 생산품을 만들기 위해 소재를 성형하는 데 어떤 공정들이 사용되는가?
5. 품질보증이란 무엇인가?
6. 제조공장에서 부품이나 생산품들이 작업대들 사이를 어떻게 이동하는가?

그림 17-1 스케이트보딩은 재료와 제조 기술이 개선됨에 따라 국제적으로 스포츠의 한 부분으로 인식되어졌다.

공학의 실행

S T
E M

1950년대와 1960년대에는, 10대들이 종종 스스로 스케이트보드를 만들어야 했다. 이것은 한 쌍의 금속 롤러스케이트를 분해해서 폭이 2인치에 길이가 4인치인 나무 조각 끝에 각 절반을 고정시켜 이루어진다(그림 17-1)

스케이트보드의 열광적인 팬들은 자기 자신들의 차고나 물건을 만드는 곳에서 보드 만드는 것을 계속 했다. 그들이 작업을 하는 동안 새로운 재료와 기법들을 가지고 실험하였다. 초창기의 개발 중의 하나는 층 쌓기(lamination)라고 알려진 기법을 사용하여 얇은 나무 조각들을 아교로 붙이는 것이다. 층 쌓기는 단단한 나무를 사용하는 것보다 몇 가지 장점들을 가지고 있다. 형상을 만들기 쉽고, 이것이 더 강하고, 그리고 이것은 하나로 된 보드와는 달리 잘 쪼개지지 않는다.

개선된 재료와 신 제조기법들이 스케이트보드 스포츠에 대변혁을 일으켰다. 오늘날의 보드들은 종종 아직 나무로 만들어지지만, 합성물, 알루미늄, 나일론, 그리고 섬유유리를 포함하여 다른 재료들이 역시 사용된다. 새로운 보드 설계는 나무보다 강하지만 무게에서 가벼운 덱(deck)을 위해 벌집구조 재료를 사용한다(그림 17-2). 스케이트보드 트럭(바퀴들을 잡고 있는 부품)은 보통 금속으로 만든다. 폴리우레탄(합성고무 폴리머)은 일반적으로 바퀴로 사용된다. 스케이트보드는 종종 인쇄와 설계를 위해 스크린 인쇄공정으로 마무리 한다.

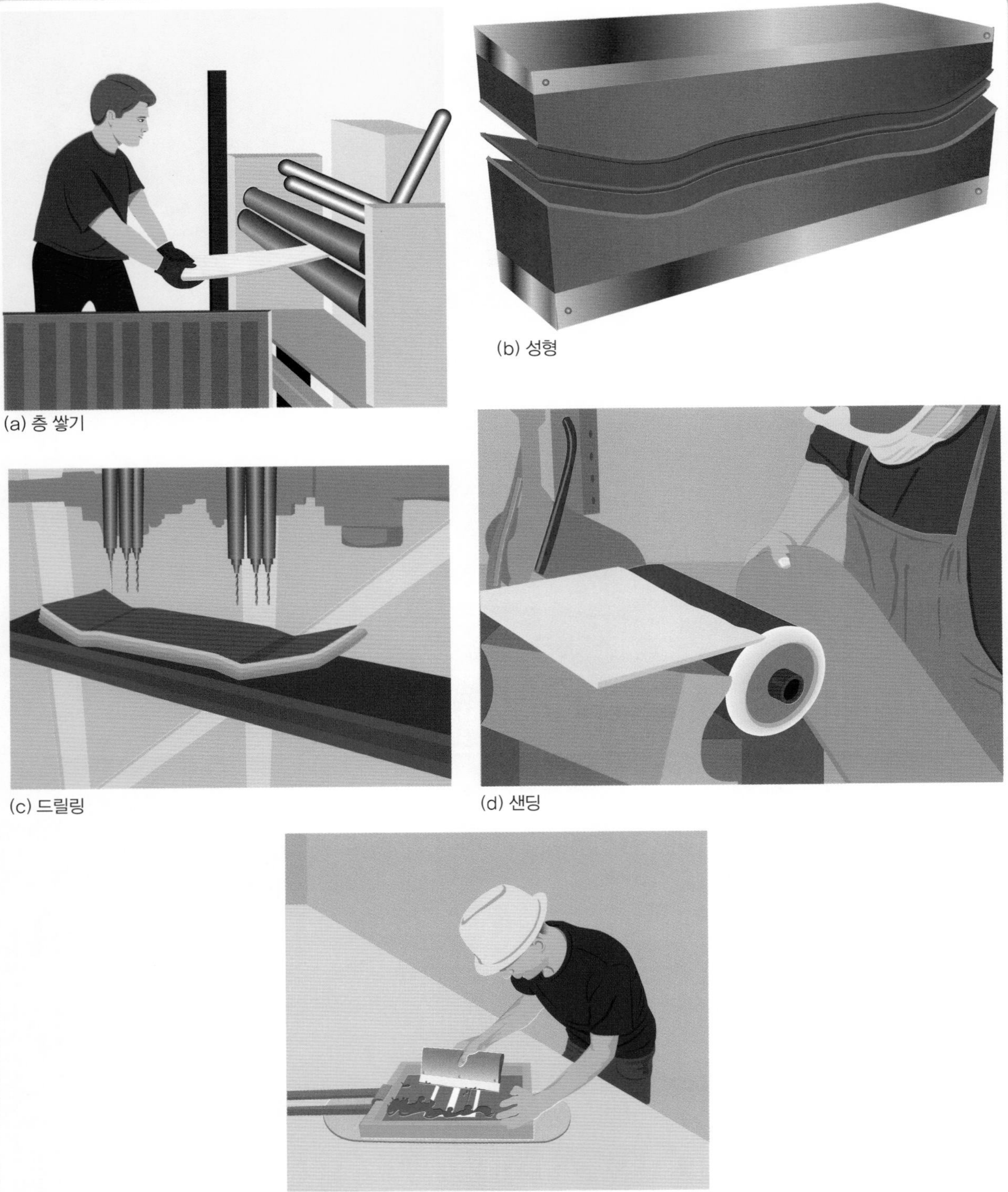

(a) 층 쌓기

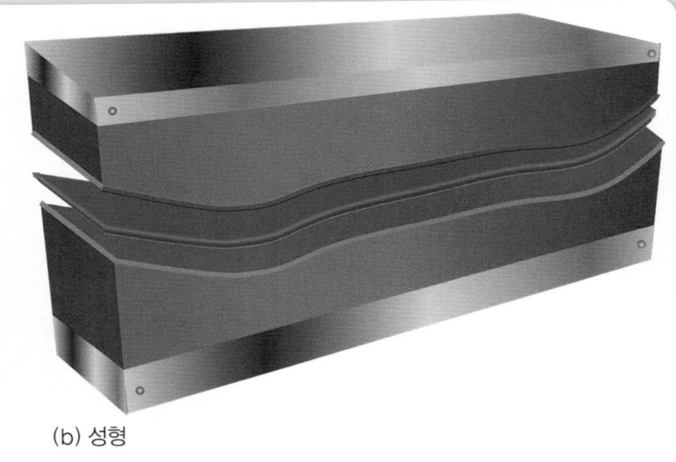

(b) 성형

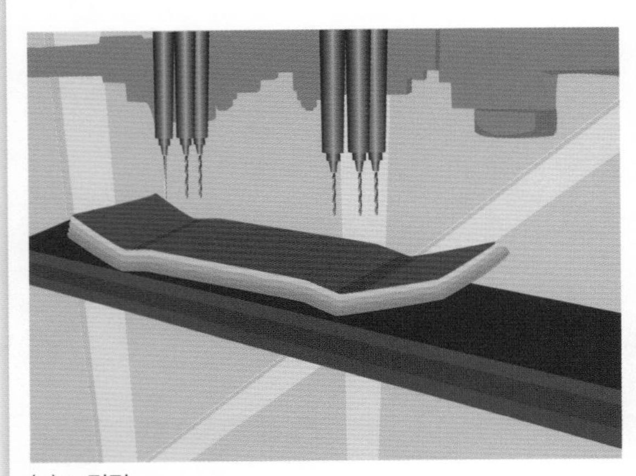

(c) 드릴링

(d) 샌딩

(e) 스크린 프린팅

그림 17-2 스케이트보드 덱을 제조하기 위하여 많은 공정들이 필요하다.

© ISTOCKPHOTO/CHRISTIAN CARROLL

그림 17-3 스케이트보딩을 지원하기 위한 신제품들이 개발되고 생산된다.

스케이트보딩은 헬멧과 팔목 및 무릎 패드와 같은 다른 새로운 제품들에 대한 수요를 창출했다. 이 수요를 충족하기 위해 새로운 제조공장들이 문을 열었다. 제조는 우리 사회에서 중요한 한 부분이다. 휴대폰과 같이 생산품들을 구할 수 있을 때 사회는 생산품들을 의존하게 되었다. 그러나 스케이트보드용 보호 기어의 경우에서와 같이, 사회도 역시 제조되어야 할 신제품들에 대한 수요를 창출한다(그림 17-3).

17.1 제조의 중요성

교체부품을 사러 상점에 가본 적이 있는가? 아마 배터리나 전구와 같이 단순한 것을 교체할 필요가 있었을 것이다. 스케이트보드에 있는 바퀴가 떨어졌다면, 교체부품을 찾을 수 있을까? 당신은 아마 "물론이죠."라고 대답할 것이다. 그러나 단지 지난 100년에서 150년에 대해서만 상점에서 교체부품을 찾는 것이 가능하였다는 것을 알고 있었는가?

1800년대 초기까지만 해도, 대부분의 제품들은 여전히 개개의 기능공에 의해 만들어졌다. 각 제품은 각각 손으로 만들어졌기 때문에, 각 부품은 약간 달랐다. 개개의 기능공들은 물건을 만드는 자기 자신들의 방법을 가졌기 때문에, 교체부품을 위해 언제나 또 다른 기능공에게 갈 수 없었다.

알고 있나요?

엘리 휘트니(Eli Whitney)는 조면기(cotton gin) 발명자로 잘 알려져 있지만, 그 외에도 많은 것들을 발명했다. 역사는 역시 미국에서 교환 가능한 부품의 가치를 제공한 것과 제조에 있어서 현대 시대를 시작한 것을 휘트니의 공이라고 말한다.

1798년에, 엘리 휘트니는 2년 안에 소총 10,000정을 생산하기로 연방정부와 계약서에 서명했다. 그가 계약서에 서명했던 당시, 그는 소총 제조공장이 없었다. 사실, 휘트니는 그의 생애에서 소총을 만들어본 적이 없었다. 1801년에, 엘리 휘트니는 부품들의 바구니들로부터 머스킷총을 조립할 수 있었던 대통령 당선자 토마스 제퍼슨(Thomas Jefferson)에게 부품들의 바구니들을 가지고 갔다. 이것이 미국에서 대량생산된 교환 가능한 부품들에 대한 첫 번째로 문서화된 경우이다.

엘리 휘트니는 정시에 소총 10,000정을 모두 만들지 못했다. 그렇지만, 소총의 대량생산을 위해 만든 공장이 제조의 현대시대를 연 것이었다. 엘리 휘트니는 미숙련된 노동자를 이용하여 수천의 동종부품들을 만들기 위해 기계들을 작동하였다. 이전에는 대부분의 제품들은 한 번에 하나씩 만들어졌다.

현대 제조는 19세기 초에 시작되었다. 제조라는 단어는 '손으로 만든'이라는 의미를 갖는 2개의 라틴어(manu factus)에 근거를 두고 있다. 제조(manufacturing)는 물건들을 만들기 위해 공구나 기계를 사용하는 것이다. 일반적으로, 제조는 원자재에서 최종 제품이 만들어지는 과정을 포함한다.

제조는 표준부품 개념을 근거로 한다. 표준부품은 또한 **교환 가능한 부품**(interchangeable part)이라고 불린다. 교환 가능한 부품에 숨어 있는 기본 개념은 수백 또는 수천 개의 동일한 부품들이 먼저 만들어진 다음 제품들이 그 부품들로부터 조립되는 것이다. 현대 제조 전에는, 개개의 장인들이 한 번에 하나를 손으로 만들었다. **대량생산**(mass production)은 다량의 동일한 부품들(교환 가능한 부품들)을 제조하는 것이다. 이 두 개발(대량생산과 교환 가능한 부품)이 여러 상점에서 제품들의 교체부품을 찾을 수 있게 하는 주요한 요인이었다.

> **제조**
> 물질을 유용한 제품으로 만드는 것이다.

20세기의 마지막 10년 제조에 컴퓨터와 자동화가 더해짐으로써 생산이 상당히 성장하였으며 생산성이 개선되었다. 이 개선은 휴대용 비디오게임기, 옷은 말할 것도 없고, 모조 보석류, 콘택트렌즈, 그리고 구명의료장비와 같은 것들을 만들었다.

잠시 이것에 대해 생각해보자. 신발부터 머리 제품들까지 착용하고 있는 것을 살펴보자. 안경이나 콘택트렌즈, 손목시계가 생산품들의 예이다. 아침식사 때 많은 음식을 먹기 위해 오늘 아침 나를 깨웠던 자명종에서부터, 현대 제조에 의한 제품들로 둘러싸여 있다(그림 17-4).

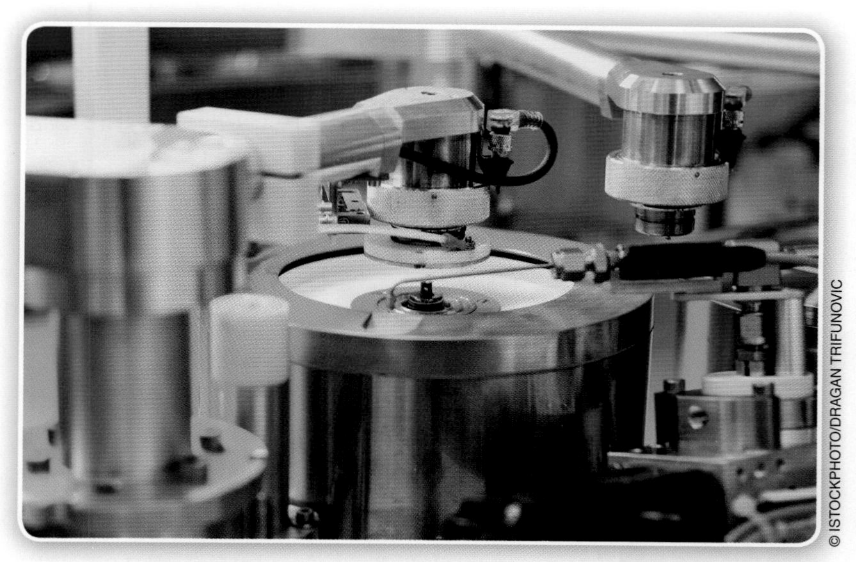
© ISTOCKPHOTO/DRAGAN TRIFUNOVIC

그림 17-4 현대 제조공정은 우리의 생활수준에 기여했다. 이 사진에서 무슨 인기제품이 만들어지고 있는지 말할 수 있는가?

현대 제조가 없다면, 우리의 삶은 아주 다를 것이다. 아주 편리하지 못하다고 말하는 것이 아마 합당할 것이다. 현대 제조는 우리의 생활수준과 삶의 질에 상당히 기여했다.

17.2 제조공정

제조는 재료로부터 유용한 제품으로 변환하는 공정이다. 이 공정은 2장에서 배웠던 바와 같이 기술적 시스템이다. 재료들이 입력되고, 제조기법들이 공정이고, 최종 제품들이 시스템의 출력이다. 소비자만족도와 판매량이 시스템의 피드백 부분이다.

제조자들은 공장 또는 제조공장이라고 불리는 전문화된 시설에서 그들의 작업을 수행한다. 8장에서 언급된 바와 같이, 프로세스된 재료들은 천연재료나 합성재료일 것이다. 일반적으로, 제조는 재료들이 공정을 거쳐 소비자들에게 유용한 제품들로 만들어지는 것이다(그림 17-5). 당신이 추측한 것처럼, 이 제품들을 **소비재**(consumer product)라고 한다.

때때로, 생산품은 실제로 또 다른 제조 과정의 입력이 될 것이다. 이 제품들을 **공산품**(industrial product)이라고 한다. 예를 들면, 휴대폰을 생산하는 한 자동화된 제조시설은 다른 공장에서 생산된 부품들을 조립할 것이다(그림 17-6). 이 제조공정은 실제로 조립공정 같은 것이다.

이 장에서는, 유용한 제품을 만들기 위한 재료의 형상을 바꾸는 생산공정에 초점을 맞추기로 한다. 시작품(8장 참조) 또는 제품을 제작하기 위하여, 엔지니어들과 기술자

© YURI ARCURS/SHUTTERSTOCK.COM

그림 17-5 우리가 사용하고 즐기는 대부분의 것들은 생산품들이다.

들은 재료의 형상, 크기, 또는 성질들을 바꾸기 위해 다양한 공정을 사용해야 한다. 제조공정은 일반적으로 다섯 가지의 형태(성형, 주조 또는 몰딩, 분리, 결합, 조절)로 분류될 수 있다.

성형

성형(forming)은 재료를 절단하지 않고 재료의 형상과 크기를 바꾸는 공정이다. 몇몇 재료들은 열간 또는 냉간 상태에서 성형할 수 있지만, 다른 재료들은 오직 열간 상태에서만 성형할 수 있다. 예를 들면, 대부분의 플라스틱은 성형하기 위해서는 가열되어야 한다. 몇몇 재료들은 성형하기 위해 차갑게 되어야 한다. 엔지니어들은 재료의 성질과 설계의 요구사항들을 근거로 하여 열간 성형 또는 냉간 성형을 할 것인지 결정한다.

공정에 따라, 금속을 열간 성형 또는 냉간 성형을 한다. 금속을 성형하는 것은 성형이 일어나는 영역에서 금속의 성질을 바꾸는 것이다. 예를 들면, 일부 금속은 벤딩 후에 더 잘 부러지게 된다(재료의 성질을 설명한 8장 참조).

냉간 성형 금속은 쉽게 금속을 벤딩할 수 있거나 모형을 사용하여 그것을 한 형상

성형

재료를 절단하지 않고 재료의 형상과 크기를 바꾸는 공정이다.

압출

기학적 형상에 두께를 더하는 과정이다.

단조

금속 성형을 위해 열과 힘을 사용하는 성형 공정이다.

© CENGAGE LEARNING 2013

그림 17-6 공산품은 다른 제품을 만드는 데 사용되는 부품이다.

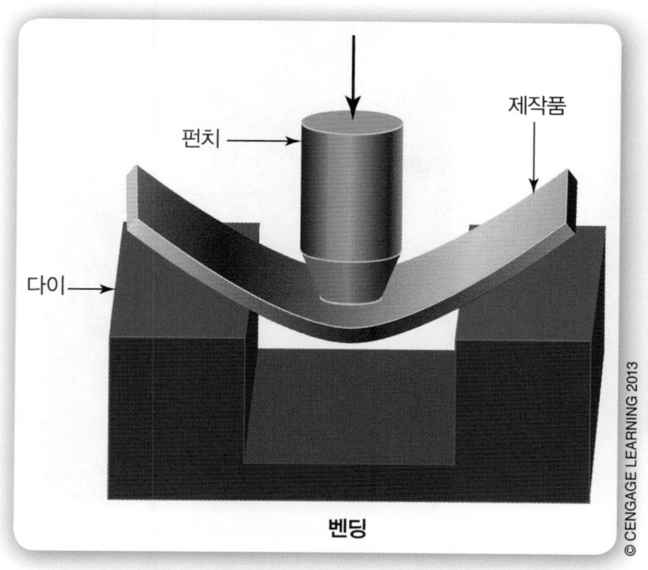

그림 17-7 판금과 바(bar)형 가공물이 냉간 성형될 수 있다.

그림 17-8 압출은 바람직한 형상의 한 구멍을 통해 재료에 힘을 가함으로써 재료를 성형하는 공정이다. 이 사진에 있는 기계는 송어 미끼를 압출하고 있다.

속으로 힘을 가할 수 있다(그림 17-7). 선반 버팀대와 판금 공구상자와 같은 제품들은 냉간에서 성형된다. 기계를 사용하여 성형되는 판금을 브레이크(brake)라고 부른다.

압출(extrusion)은 성형공정의 한 형태이다. 이것은 바람직한 형상을 유지하는 다이(die) 안에서 한 구멍을 통해 재료에 힘을 가한다(그림 17-8). 보통 금속 열간 성형공정과 같이, 긴 물체들을 생산하는 데 종종 압출을 사용한다. 모형을 통해 금속에 좀 더 부드럽고 쉽게 힘을 가할 수 있도록 금속은 가열되지만, 금속이 녹지는 않는다(그림 17-9). 플라스틱은 압출되기 전에 가열되어 녹기조차 할지 모른다. 파스타 및 몇몇 마른 시리얼 같은 일부 식료품들은 압출된다.

단조(forging)는 금속 성형을 위해 열과 힘을 사용하는 성형공정이다. 단조는 수작업으로 이루어지는 열간 성형인, 대장장이에 의해 사용되는 공정이다(그림 17-10). 금속은 가열된 다음 성형을 위해 망치로 친다. 열과 힘이 요구되기 때문에, 요즘에는 단조가 대형 산업용 프레스에 의해 이루어진다(그림 17-11).

단조는 실제로 금속 알갱이들이 더욱 밀접하도록 압축한다. 금속을 압축한 결과로 금속이 실제로 더 강해진다. 단조의 주된 장점은 최종제품에 강도를 증가시키는 것이다. 또한 장식용의 연철 제품들을 만드는 데 단조가 사용된다.

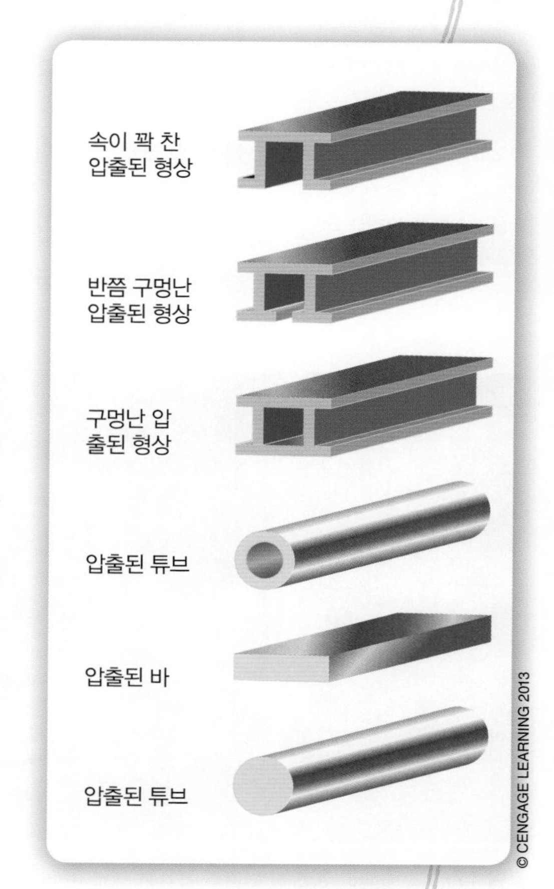

그림 17-9 일반적인 압출된 금속 형상.

그림 17-10 대장장이는 단조공정을 사용한다.

그림 17-10 산업용 단조는 거대한 기계로 이루어진다.

주조와 몰딩

주조

액체 상태의 재료를 형틀에 부어넣어 굳혀 모양을 만드는 방법이다.

몰딩

모형 또는 구멍을 이용하여 플라스틱을 원하는 모양으로 만드는 과정이다.

주조(casting)는 재료가 처음에는 액체로 만들어져 몰드에 주입되는 성형공정이다(그림 17-12). 재료가 몰드 안에서 굳게 되고 제거된다.

얼음 큐브들을 만드는 것이 주조공정과 비슷하다. 제조에서, 재료들은 일반적으로 액체 상태로 가열되어 몰드 속에 붓게 되고 상온에서 냉각되어 진다(그림 17-13). 얼음 큐브 예에서, 물은 상온에서 액체이지만, 이것은 냉동기 안에서 고체로 된다.

몰딩(molding)은 주조와 매우 유사하며 새로운 형상 속으로 플라스틱에 힘을 가하는 데 사용한다. 플라스틱은 먼저 액체나 부드러운 상태가 되도록 가열되고 다음 바람직한 형상을 가진 몰드나 구멍 속으로 힘을 가한다. 그 다음 플라스틱은 새로운 형상 안에서 냉각된다. 플라스틱은 일반적으로 금속보다 매우 빠르게 성형된다.

플라스틱을 위한 다양한 형태의 몰딩공정들이 있다. **사출성형**(injection molding)은 가장 흔한 공정 중 하나이다(그림 17-14). 플라스틱은 작은 알갱이들 형태에서 시작한다. 액체 상태로 녹인 후에, 플라스틱은 가압상태에서 다이라고 하는 몰드 속으로 힘이 가해진다. 사출성형은 게임기 부품, 주사위, 그리고 유사한 제품들을 성형하는 데 사용한다.

그림 17-12 주조는 용융된 금속을 몰드에 붓는 과정을 포함한다.

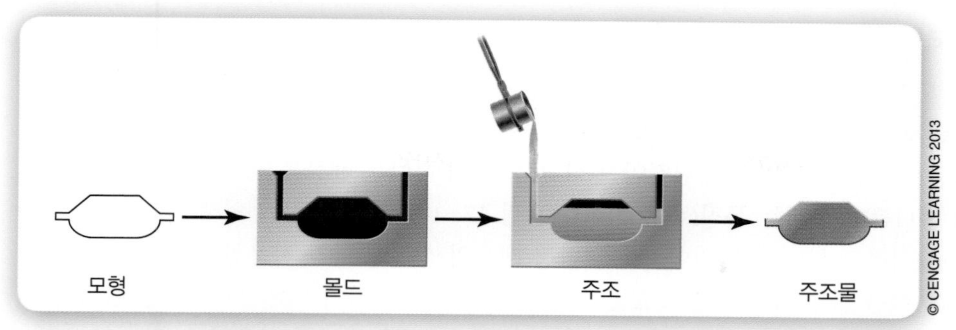

그림 17-13 주조는 종종 몰드라고 하는 속이 빈 형체를 사용한다.

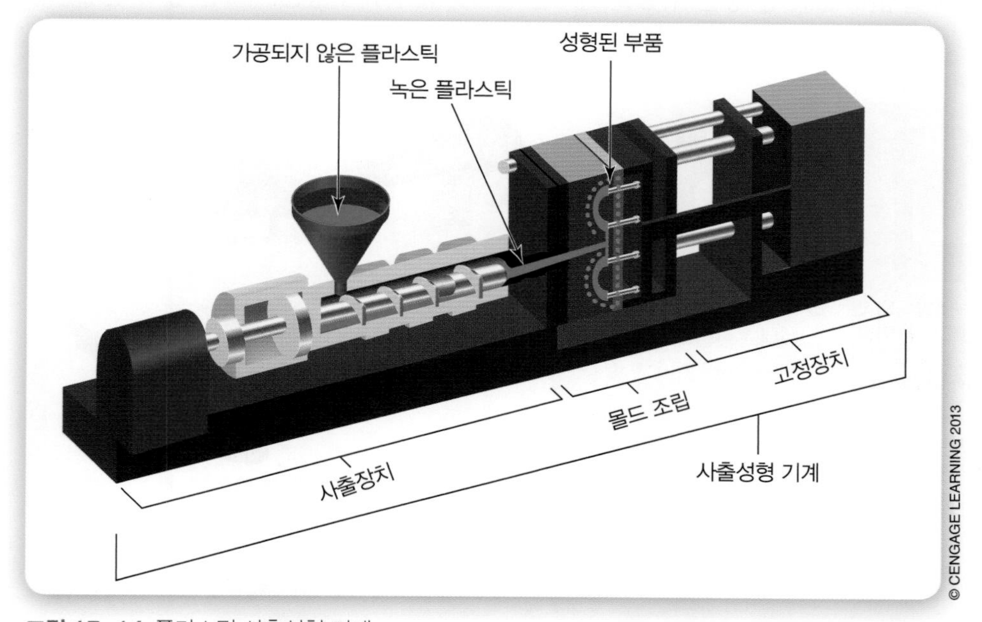

그림 17-14 플라스틱 사출성형 기계.

얇은 플라스틱판은 **진공성형**(vacuum forming)에 의한 상자들 속에서 성형된다(그림 17-15). 이 공정은 사출성형과는 다르다. 플라스틱판이 한 형상 위에 놓인 다음 부드러운 상태가 되도록 가열되지만, 녹지는 않는다. 몰드 속으로 진공 흡입하여 부드럽게 된 플라스틱판을 끌어당긴다.

블로몰딩(blow molding)은 또 다른 플라스틱용 몰딩 기법이다. 우유 주전자, 청량음료병, 샴푸병, 그리고 딱딱한 공구용 플라스틱 상자 같은 것들을 만드는 데 사용한다(그림 17-16).

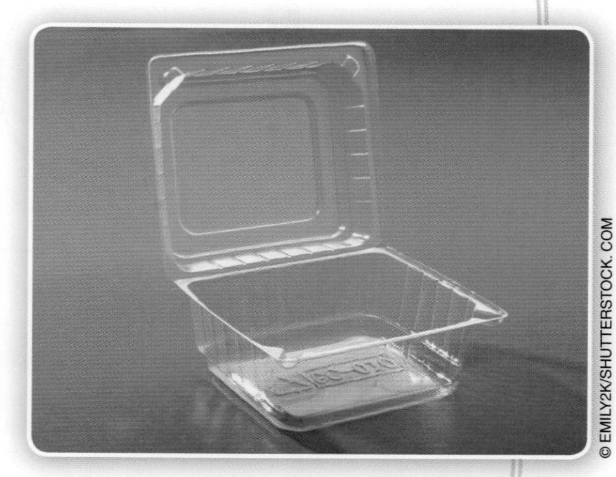

그림 17-14 음식 그릇들은 진공성형의 익숙한 예이다.

분리

> **분리**
> 제품의 크기, 형상을 바꾸거나 또는 마무리 손질을 위해 초과한 재료를 제거하는 공정 중의 하나이다.

분리(separating)는 제품의 크기, 형상을 바꾸거나 또는 마무리 손질을 위해 초과한 재료를 제거하는 공정 중의 하나이다. 이 분리 공정은 톱질, 드릴링, 선삭, 전단, 그리고 샌딩을 포함한다. 가장 보편적인 분리 공정 중의 하나는 재료를 제거하기 위한 한 세트의 톱니를 사용하는 **톱질**(sawing)이다(그림 17-17). 톱질 공정에 의해 남긴 홈을 **치폭**(kerf)이라고 한다. 엔지니어들은 절단될 재료의 성질에 따라 사용할 톱의 형태를 결정한다. 예를 들면, 부드러운 재료는 더 많은 재료를 제거하기 위해서 좀 더 큰 톱니를 사용하고, 금속같이 딱딱하거나 잘 부러지는 재료는 작은 톱니를 사용한다(그림 17-18).

드릴링(drilling)은 둥근 구멍을 만드는 분리공정이다. 구멍은 재료를 통해 진행방향

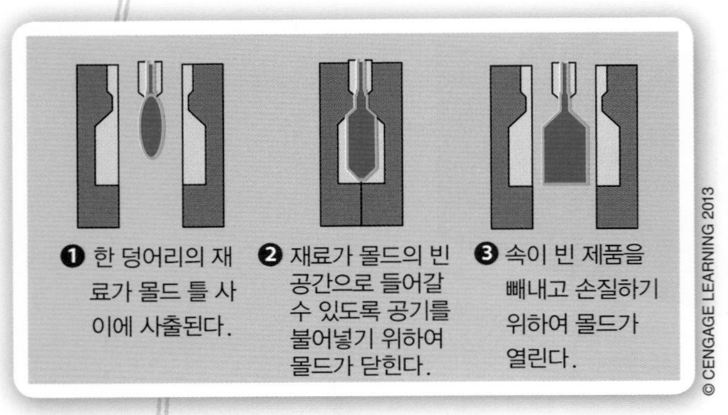

그림 17-16 블로몰딩은 우유 주전자 또는 샴푸병과 같은 구멍이 있는 그릇들을 만드는 데 빠르고 효과적인 방법이다.

그림 17-17 대부분 중학교는 재료를 절단하기 위해 실톱을 사용한다.

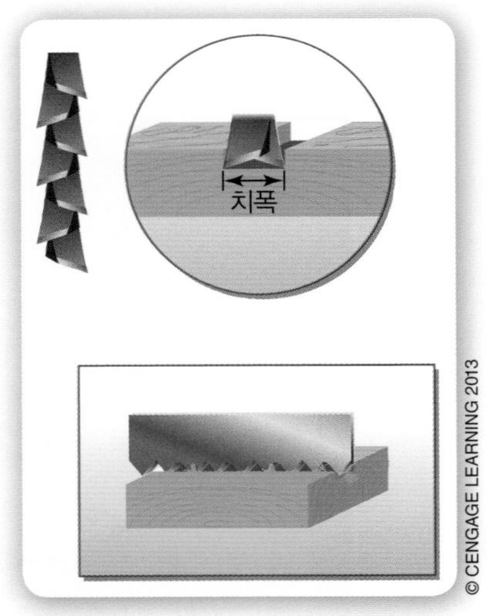

그림 17-18 톱니의 형상과 크기는 자르고자 하는 재료에 따라 결정된다.

그림 17-19 드릴 비트는 많은 형태의 재료들에 둥근 구멍을 만드는 데 사용된다.

모두를 통과할 수도 있고 또는 하지 않을 수도 있다(그림 17–19).

드릴 비트(drill bit)는 절삭공구로 사용된다. 드릴 비트는 휴대용 전기 손드릴 또는 **드릴 프레스**(drill press)라고 불리는 기계에서 사용된다(그림 17–20).

그림 17–20 드릴 프레스는 손 드릴링보다 드릴링을 쉽게 하고 좀 더 정확하다.

소프트볼 방망이, 탁자 다리, 또는 그릇과 같은 실린더형 물체를 만들기 위해서는, 기능공들이 **선삭**(turning)이라는 공정을 사용한다. 선삭 작업을 위해서는 **선반**(lathe)이라는 기계를 사용한다(그림 17–21). 선삭 공정 중에, 재료가 절삭공구에 대해 회전한다(재료는 회전하고 공구는 정지해 있다). 이것은 절삭공구가 재료에 대해 회전하는 톱질과 드릴링과 반대이다(공구는 회전하고 재료는 정지해 있다). 소형 선반은 수동으로 조작될 수 있지만, 반면 산업용 기계는 보통 자동화되어 있다(그림 17–22).

한 장의 종이를 절단하기 위하여, 가위를 사용할 것이다. 가위는 종이를 자른다. **전단**(shearing)은 폐기물 없이 재료를 분리하는 공정이다. 판금을 절단하기 위한 양철가위와 같은 손 전단기가 있다. 유압 전단기는 평평한 판금이나 금속 스트립을 절단할 수 있다.

물체를 부드럽게 하기 위하여 사포를 사용하는 것 역시 분리 공정이다. **샌딩**(sanding)은 부드러운 표면에서 재료를 제거하기 위하여 작은 연마입자들을 사용한다. 샌딩에 의해 생성된 톱밥은 분리되어진 재료이다.

결합

결합(combining)은 2개 또는 그 이상의 재료들을 함께 체결하는 공정이다. 못, 제본못, 나사, 볼트 그리고 리벳과 같은 **기계적 조임쇠**(mechanical fastener)를 사용하는 것

그림 17–21 선반은 소프트볼 방망이 또는 그릇과 같은 실린더형(원형) 제품을 만드는 데 사용된다.

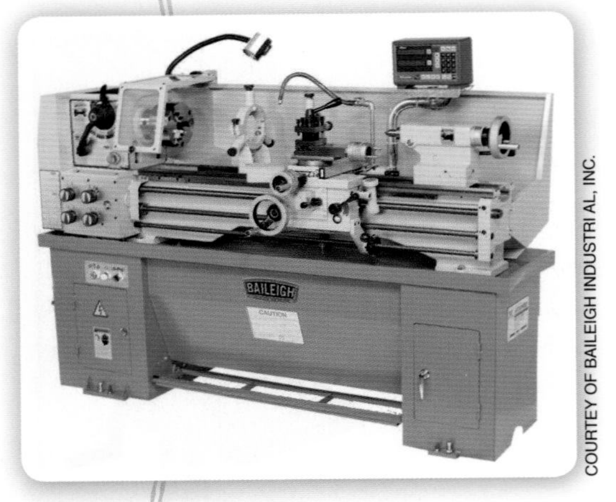

그림 17-22 산업용 금속-절삭 선반.

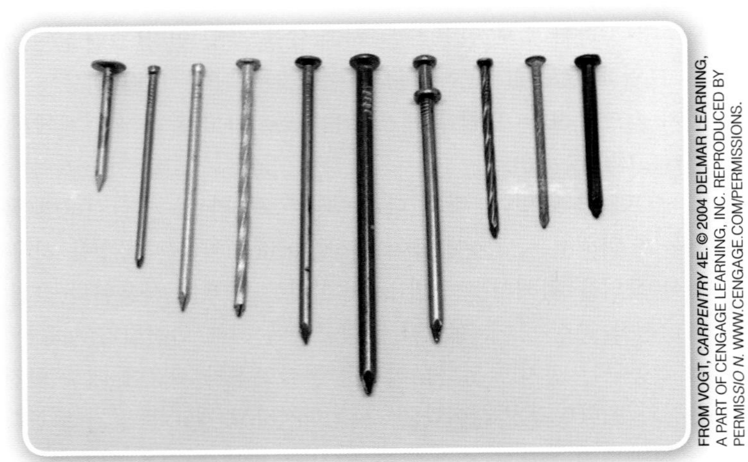

그림 17-23 일반적인 못의 형태.

은 재료를 결합하는 일반적인 방법이다. 기계적 조임쇠의 장점은 다른 형태의 재료들을 함께 체결할 수 있는 것이다. 기계적 조임쇠는 또한 시작품의 조립과 해체를 쉽게 할 수 있게 한다.

못(nail)은 목재를 함께 체결하기 위해 금속을 이용하여 만든 쐐기이다(그림 17-23, 17-24). 각 형태의 못은 특수한 용도를 갖는다. 기능공은 적용하기 위해 적절한 형태 및 크기의 못을 선정한다. 못은 건설에서 자주 사용된다.

나사는 제품과 시작품을 조립하는 데 사용된다. 이것은 못보다 지탱하는 힘이 더 크고 쉽게 설치 및 제거될 수 있다. **나무용 나사**(wood screw)는 단면이 테이퍼(taper)되어 있으며 목재에 사용되지만 금속에는 사용되지 않는다. **기계용 나사**(machine screw)

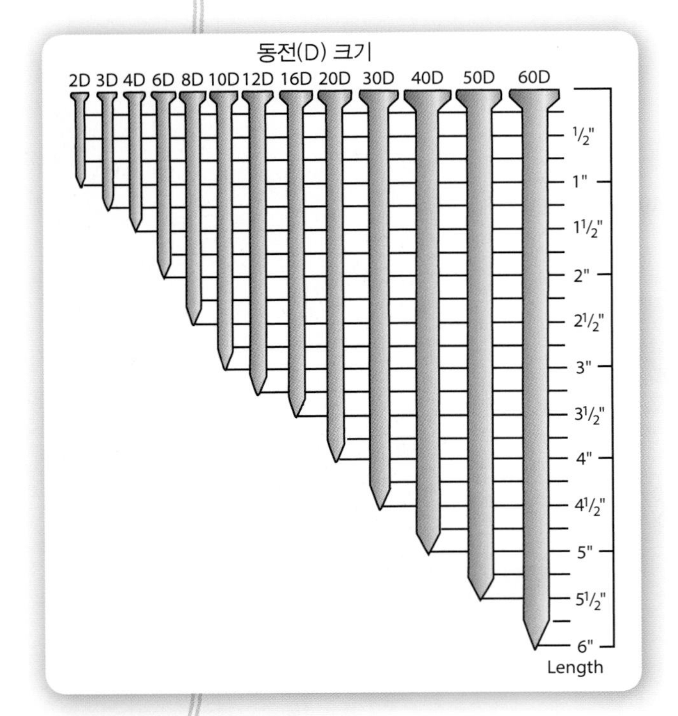

그림 17-24 일반적인 못의 크기.

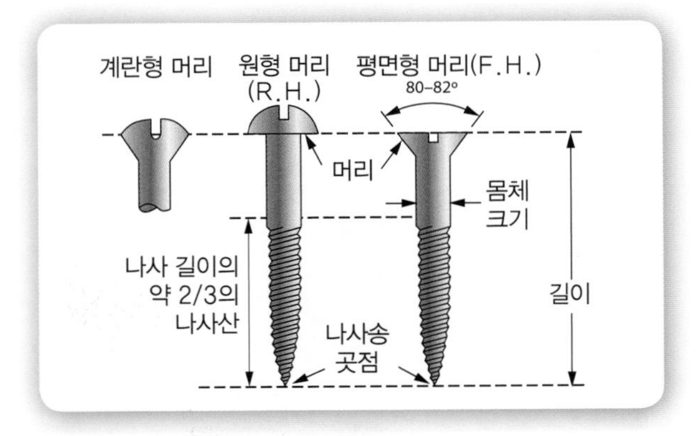

그림 17-25 일반적인 나사 형태.

그림 17-26 나사 슬롯의 일반적인 형태.
FROM VOGT, *CARPENTRY* 4E. © 2004 DELMAR LEARNING, A PART OF CENGAGE LEARNING, INC. REPRODUCED BY PERMISSION. WWW.CENGAGE.COM/PERMISSIONS.

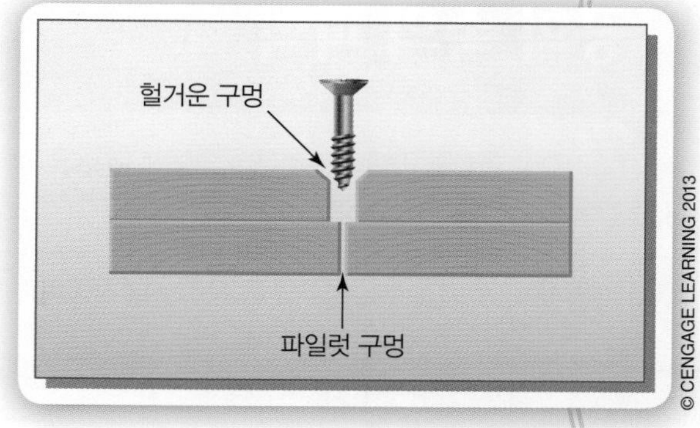

그림 17-27 재료는 평면형 머리 나사를 받아들이기 위해 원뿔형이 되어야 한다.

는 일반적으로 너트와 함께 사용되는 소형 볼트이다. 나사들은 매우 다양한 머리 형상을 갖는다. 가장 흔한 것은 원형, 계란형, 평면형이 있다(그림 17-25). 금속과 일부 플라스틱 재료는 기계용 나사를 받아들이기 위해 나사 날이 만들어져서 너트가 필요 없게 된다. 또한 나사를 돌리기 위한 다양한 형태의 머리 슬롯들이 있다. 가장 보편적인 것 중의 두 가지는 일직선 슬롯과 (플러스 기호와 같이 보이는) 필립이다(그림 17-26). 평면형 머리 나사를 설치할 때, 구멍은 원뿔형이 되어야 한다(그림 17-27).

재료들을 결합하기 위한 또 다른 방법은 재료들을 아교와 같은 **접착제**(adhesive)로 합치는 것이다(그림 17-28). 각 형태의 접착제는 특정한 재료에 대해 사용될 수 있도록 만든다. 나무 아교는 목재로 시작품을 만드는 데 사용된다. 이것은 빨리 결합되어 우수한 강도를 갖는다.

금속은 또한 **용접**(welding)이나 **납땜**(soldering)을 이용하여 결합될 수 있다. 용접에서는, 재료들이 가열되어 함께 녹는다(그림 17-29). 두 조각들이

그림 17-28 아교는 재료들을 합치는 데 사용되는 접착제이다.

그림 17-29 용접은 두 조각의 금속을 함께 녹이는 결합공정이다.

공학 속의 과학

기계적 성질을 이해하는 것은 공학에서 매우 중요하다. 각 공정 기법은 가끔 극적인 방법으로 재료에 어떤 영향을 끼칠 것이다. 예를 들면, 금속이 가열될 때, 금속의 성질이 변한다. 때때로 의도적으로 금속에 열을 가하면 이것이 경화와 같은 변화의 원인이 된다. 그러나 어떤 때는 이 변화가 공정의 부작용이다. 예를 들면, 용접에서 열을 가하는 것은 금속이 뒤틀리거나 잘 부러지게 될 수 있다.

© ISTOCKPHOTO/ANDREAS REH

그림 17-30 납땜은 전기적 접속을 위해 사용되는 결합공정이다.

그것들이 합쳐진 바로 그 위치에서 그야말로 하나가 된다. 납땜은 기저 금속에 들러붙은 용융된 금속에 의해 두 조각이 합쳐지는 공정이다. 납땜에서는, 용접에서와 같이 기저 금속이 녹지 않는다. 납땜은 전기적 접속을 위해 사용된다(그림 17-30).

조절

조절(conditioning)은 재료의 내부 특성을 변하게 한다. 엔지니어들은 일반적으로 금속을 위해 세 가지의 형태의 조절(경화, 템

COURTESY OF SOLAR ATMOSPHERES, INC.

그림 17-31 산업용 열처리 공정.

퍼링, 풀림)을 사용한다. 이 세 가지 공정은 모두 용광로 속에서 금속의 열처리를 포함한다(그림 7-31). **경화**(hardening)는 재료를 더 단단하게 만드는 공정이다. **템퍼링**(tempering)은 재료를 좀 더 유연하게 만든다. **풀림**(annealing)은 재료를 더 부드럽게 만들어 쉽게 작업할 수 있게 한다. 엔지니어들은 생산품이 어떻게 사용될 것인지를 근거로 해 어떤 공정이 필요한지 결정한다.

17.3 생산 시스템의 구성

이 장 앞부분에서 언급했듯이, 제조는 기술적 시스템이다. 시스템은 가능한 한 효과적으로 임무를 성취하도록 구성되어 있다. 2장에서, 일곱 가지 기술적 자원들에 대해 배웠다. 그것들이 무엇이었는지 기억하는가? 이 절에서는 생산 시스템의 구성과 관련된 자원들 중 몇 가지에 대해서 설명할 것이다.

기업 소유

오늘날 대부분의 제조회사들은 기업들이다. 기업은 법 안에서 권리를 갖는 법적 독립체이다. 회사는 (주주라고 불리는) 많은 사람들에게 주식을 판다. 그러면 이 사업은 공개적으로 소유된 기업으로 불린다. 사업을 하기 위해 주식 판매는 주요한 자금 조달(핵심적인 자원의 하나) 방법이다.

기업 인원

주주들(주식을 산 사람들)이 기업의 소유자들이다. 주주들은 회사에서 그들의 관심을 대표하는 이사회를 선출한다. 이사회는 회사가 가능한 한 효과적으로 운영되고 이익을 내는 것을 확실하게 하는 것을 책임진다. 이사회는 흔히 최고경영자(CEO)라고 불리는 회사의 최고관리자를 고용한다.

제조 경영

제조 사업을 경영하는 것은 복잡한 과정이다. 사업의 성공은 주로 어떻게 경영되는가에 의해 결정된다. 회사들은 제때에 예산 안에서 일관된 제품들을 정확하게 생산할 수 있어야 한다. 소비자들은 시판될 물품들을 사기 위해서 언제 그들이 상점에 가야 하는지 알기를 원한다. 그들은 또한 그것이 안전하고 좋은 품질인지 알기를 원한다. 제조회사의 경영을 두 부분[생산(그림 17-32)과 판매]으로 나눌 수 있다.

노동력

숙련된 노동력은 성공적인 제조에서 필수적이다. 많은 미숙련된 일들이 로봇과 자

그림 17-32 생산 경영은 전 제조 공정을 이해하는 것을 포함한다.

그림 17-33 숙련 기능공들은 복잡한 기계들을 다룰 수 있어야 한다.

동화로 대치되었다. 많은 업무들이 첨단기술이며, 고등학교 이상의 교육이 요구된다. 기능공들은 보통 전문대학이나 대학교에서 훈련받은 숙련된 작업자들이다. 그림 17-33에서 두 직책 모두 숙련노동이라고 생각한다.

공학 속의 수학

STEM

제조회사가 백만 개의 부품들을 만들 때, 각 부품을 계측하는 것은 불가능하다. 이 이유 때문에, 엔지니어나 공학 기술자들은 부품들이 주어진 공차 내에서 만들어진 것을 보증하기 위해 통계학이라는 수학의 한 형태를 사용한다. 이것은 샘플링을 포함한다. 예를 들면, 품질관리 기능공이 매 100 부품들 중의 하나만을 계측하는 것이다. 통계학적 공정관리 프로그램을 사용하여 회사는 전체의 품질을 확실하게 예측하고 있다.

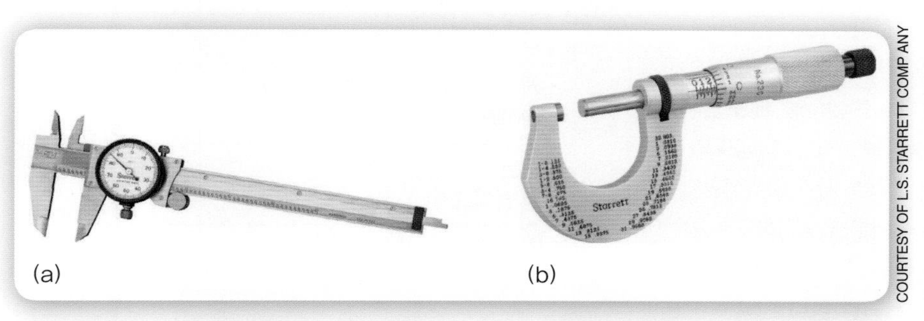

그림 17-34 (a) 다이얼 캘리퍼스, (b) 마이크로미터는 정밀 계측장비이다.

5

품질보증

품질보증(quality assurance)은 전 제조공정이 최선의 상태에 있다는 것을 확실하게 하는 과정이다. 품질보증은 원자재를 구입하는 것부터 최종 제품을 선적하는 모든 것을 포함한다. 이것은 경영 계획 기능과 생산의 기술적 면 모두를 의미한다. 조직에서의 경영과 숙련 그리고 미숙련 노동력을 품질관리 **서클**(quality circle)이라고 한다. 모든 수준에 있는 작업자들이 문제들을 찾아내고 창조적인 해법을 개발한다. 모든 사람은 생산품이 최선의 상태라는 것을 확실히 하는 것에 이해관계를 갖는다. 팀워크는 새 고용인을 찾을 때 경영자가 기대하는 가장 중요한 특성 중의 하나이다.

품질관리 **품질관리**(quality control)는 각 개별적인 부품과 제조공정이 가장 우수할 수 있는 품질을 확실하게 하는 과정이다. 많은 다양한 품질관리 시스템이 각 부품이 소비자의 기대에 충족하는 것을 확실하게 하기 위해서 설치되어야 한다.

제조자들은 종종 다양한 정밀 계측기들을 가지고 부품들을 조사한다. 부품 검사는 0.001에서 0.0001인치 범위 내의 정확도로 충분하면 마이크로미터나 캘리퍼스를 가지고 손으로 측정해도 좋다(그림 17-34). 0.0001인치보다 더 큰 정확도가 요구되면, 매우 정교한 기계를 사용하여 측정해야 한다. 이 계측기들은 매우 정밀한 측정을 위해 레이저를 사용한다.

공학 과제

공학 기술자들은 정밀 계측장비를 사용한다. 그들은 가장 일반적인 계측장비를 마이크로미터와 캘리퍼스라고 부른다. 그들은 정기적으로 0.001 또는 0.0001인치의 정확도를 가지고 물체들을 측정한다. 비교를 위해서, 평균적인 사람의 머리카락은 직경이 0.002인치이다.

다이얼 캘리퍼스는 0.001인치까지 물체를 정확하게 측정한다. 이 장비를 읽기 위해서는 실습을 해야 한다. 이것은 내부 또는 외부 치수를 측정할 수 있는 다용도의 계측장비이다. 긴 조(jaw)는 물체의 외부 치수를 측정한다. 반대편에는 구멍이나 튜브 조각의 내부를 측정하도록 만들어진 2개의 작은 조가 있다.

엔지니어들은 미국식 측정단위와 미터법 모두 사용할 수 있어야 한다. 나노기술에서는, 엔지니어들이 나노미터 단위로 계측한다. 1나노미터(nm)는 10억분의 1미터(m)이다. 이것을 10진수로 나타내면 0.000000001로 쓴다. 매우 큰 숫자처럼 보이지만, 실제로 매우 작은 숫자를 나타낸다.

이렇게 작은 숫자를 쓸 때 사용하기 위해 콤마 이하의 오른쪽에 얼마나 많이 놓아야 하는지 당신은 어떻게 아는가? 1보다 작은 숫자를 쓸 때, 다음과 같이 콤마 이하의 오른쪽에 숫자를 놓는다. 콤마 이하의 첫 번째는 십분의 일, 콤마 이하의 두 번째는 백분의 일, 세 번째는 천분의 일, 네 번째는 만분의 일, 다섯 번째는 십만분의 일, 여섯 번째는 백만분의 일, 일곱 번째는 천만분의 일, 여덟 번째는 억분의 일, 그리고 마지막으로 아홉 번째는 십억분의 일이다.

1. 다음 숫자를 10진수로 쓰시오.
   a. 십분의 일 미터
   b. 백분의 일 미터
   c. 천분의 일 미터
   d. 백만분의 일 미터

2. 강사가 준비한 바구니에 있는 각 부품들을 측정하시오. 강사가 준비한 표에 당신의 측정치들을 기록하시오.

물체	직경	길이 또는 두께
구슬		
스케이트보드 볼베어링	내부: 외부:	
이어폰의 소형 플러그		
CD		

3. 강사로부터, 같은 크기의 못 10개와 나무용 나사 10개를 받으시오.
   a. 다음 표에 각각의 치수를 기록하시오.
   b. 나무용 나사들은 단면에 테이퍼가 있다는 것을 기억하시오. 따라서 나사머리 바로 아래 같은 위치에서 각각을 측정하시오.
   c. 각각에 대한 평균 직경을 계산하시오.
   d. 어떤 제품(못 또는 나사)이 크기에 있어서 더 큰 편차가 있는가?
   e. 이 편차가 왜 존재한다고 생각하는가?

못	직경	나사	직경
1		1	
2		2	
3		3	
등		등	
평균		평균	

생산 수송

수송 시스템(transportation system)은 사람이나 제품들을 한 장소에서 다른 장소로 가능한 한 효과적으로 이동하기 위하여 설계된 시스템이다. 생산 수송은 세 가지 이유로 인해 생산에서 매우 중요하다. 첫째, 재료들은 공장으로 필요로 한 제때 배달되어야 한다. 둘째, 부품들이 올바른 위치에 올바른 시간에 있도록 공장 내부 주위를 이동할 필요가 있다. 셋째, 최종 제품은 소비자에게 제때 배송되어야 한다. 오늘날의 국제 경제에서 경쟁력이 있기 위해서는, 이 세 가지의 각 수송 공정이 효과적으로 제때 이루어져야 한다.

재료와 생산품이 제때 배송되는 것을 확실하게 하는 과정을 공급망 관리(supply chain management)라고 한다. 일반적으로 사용되는 또 다른 용어는 물류(logistics)이다. 공급망 관리는 계획, 구현, 그리고 전 제조 사이클 동안 재료의 이동을 가능한 한 효과적으로 제어하는 공정이다. 공급망 관리는 원자재 구입에서 공장에서의 부품 이동 그리고 최종 제품을 소비자에게 배송하는 모든 것을 포함한다.

공급망 관리
재료와 생산품이 제때 배송되는 것을 확실하게 하는 과정이다.

제조공장 내부에서 움직이는 부품들 제조공장 내부에서는 일반적으로 부품들이 컨베이어 벨트에 의해 움직인다. 대규모 벨트나 이동 체인은 부품들을 다음 작업장으로 움직인다. 부품들을 이동하기 위한 연속적인 루프로 된 시스템을 서술하기 위하여 포괄적인 용어인 **컨베이어 벨트**(conveyor belt)를 사용한다(그림 17-35). 할리데이비슨 오토바이 회사의 경우에서와 같이 때때로 부품들이 머리 위에 있는 체인에 있는 고리에 걸려 있다. 오토바이 프레임들이 이동 체인에 걸려서 공장을 관통하여 움직인다. 오토바이 프레임들은 그것들이 매달린 상태에서 도색을 위한 연속적인 화학적 욕조들까지도 관통하며 움직인다.

6

© ISTOCKPHOTO/ALEXEY AISTOV

그림 17-35 부품들은 종종 제조공장에서 컨베이어 벨트상에서 움직인다.

엔지니어나 공학 기술자들은 부품의 이동과 부품이 각 작업대에서 얼마나 시간이 필요한지 면밀히 계획해야 한다. 제조에서, "시간은 금이다"라는 격언이 정말로 맞다. 회사들은 그들이 구입할 원자재에 거대한 재정적 투자를 한다. 그들은 한 제품을 너무 많이 주문할 여유가 없으며 그것을 생산을 기다리는 창고에 둔다. 때때로 회사들은 이자를 지불하기 위해 백만 달러를 지불한다. 그래서 재료가 놀고 있는 날은 회사가 수천 달러의 비용을 지불하는 것이다.

요약

이 장에서 배운 학습내용

- 제조는 재료를 유용한 제품으로 변환하는 공정이다.
- 제조공정(때로는 재료공정이라고 함)은 재료의 형상, 크기, 성질을 바꾼다.
- 교환 가능한 부품(또한 표준부품이라고 함)은 같은 크기와 사양으로 만들어진 수백 또는 수천 개의 동일한 부품이다.
- 제조공정을 일반적으로 다섯 가지의 형태(성형, 주조 및 몰딩, 분리, 결합, 조절)로 분류한다.
- 오늘날의 대부분 제조공장은 기업이다. 기업은 법 아래에서 권리를 갖는 법적 독립체이다.
- 품질보증은 생산품이 최선의 상태에 있다는 것을 확실하게 하는 전 과정이다.
- 공급망 관리는 계획, 구현, 그리고 전 제조 사이클 동안 재료의 이동을 가능한 한 효과적으로 제어하는 공정이다.

용어

각 용어들에 대한 정의를 쓰시오. 마친 후에, 자신의 답을 이 장에서 제공된 정의들과 비교하시오.

제조
성형
압출
단조
주조
몰딩
분리
공급망 관리

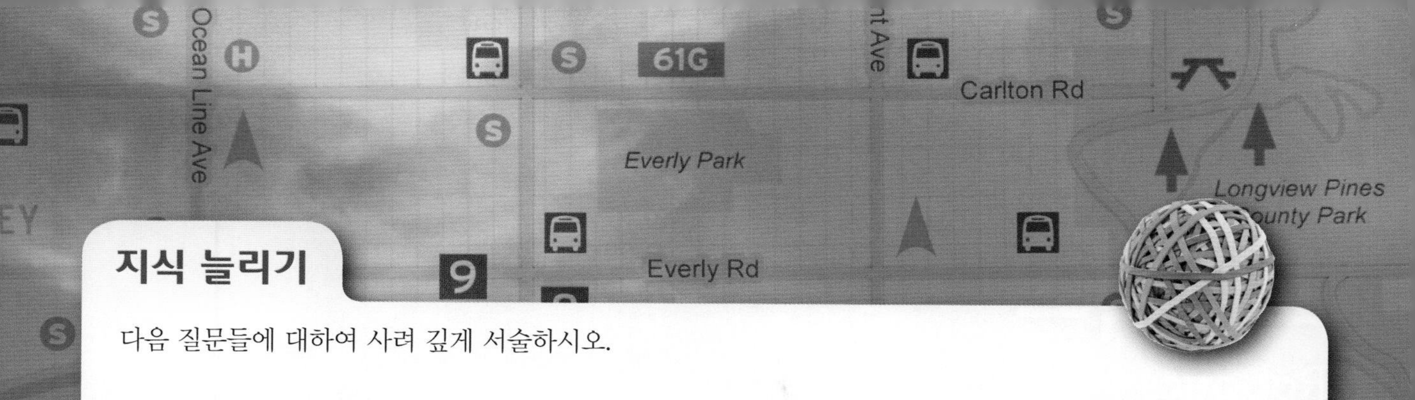

지식 늘리기

다음 질문들에 대하여 사려 깊게 서술하시오.

1. 제조를 이해하는 것이 왜 중요한가?
2. 과거 200년에서 제조에 영향을 준 주요 변화들은 무엇이 있는가?
3. 특정한 제품이 원자재 구입 시작부터 어떻게 만들어지는지 조사하시오. 생산품의 제조에서 각 중요한 공정을 나타내는 연대표를 만드시오. 연대표는 학급 게시판상에 게시하기에 적절해야 한다. 당신의 연대표를 수업시간에 발표하시오.
4. 품질보증 공정을 설명하시오.
5. 이 장에서 언급된 제조공정 중의 하나로부터 만든 일반적인 제품을 조사하여 수업시간에 발표하시오.

CHAPTER 18
로보틱스
Robotics

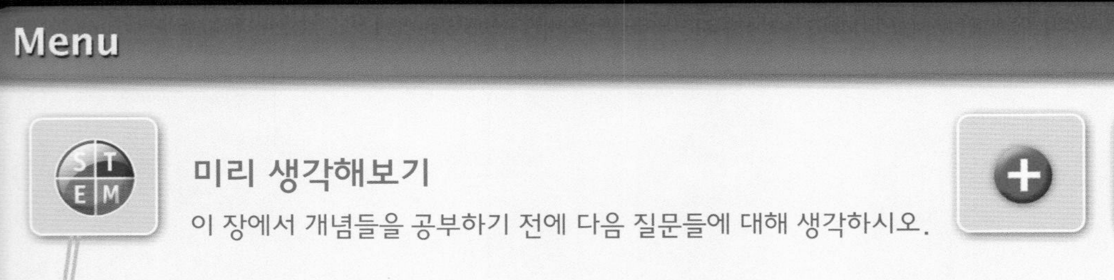

Menu

미리 생각해보기

이 장에서 개념들을 공부하기 전에 다음 질문들에 대해 생각하시오.

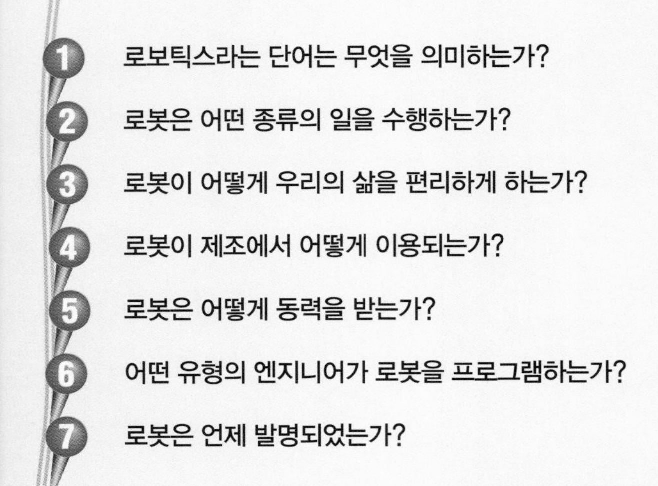

1. 로보틱스라는 단어는 무엇을 의미하는가?
2. 로봇은 어떤 종류의 일을 수행하는가?
3. 로봇이 어떻게 우리의 삶을 편리하게 하는가?
4. 로봇이 제조에서 어떻게 이용되는가?
5. 로봇은 어떻게 동력을 받는가?
6. 어떤 유형의 엔지니어가 로봇을 프로그램하는가?
7. 로봇은 언제 발명되었는가?

COURTESY OF IROBOT

그림 18-1 아이로봇사의 룸바는 처음으로 널리 팔린 기능적 개인용 로봇이었다.

공학의 실행

공학 실행: 룸바와 당신

아이로봇(iRobot)사의 룸바(Roomba)는 처음으로 널리 팔린 개인용 로봇이었다(그림 18-1). 룸바는 방 전체를 자동으로 청소하도록 설계되었다. 설계자들은 방의 배치를 학습하도록 룸바를 프로그램하였다. 붙박이 센서들이 지원하도록 하여 룸바가 가구나 벽과 같은 장애물을 만났을 때 피하도록 하게 한다. 그들은 또한 룸바가 계단에 떨어지지 못하도록 하였다. 룸바는 방에서 경험했던 길을 기억하고 방 전체를 포함하는 경로를 지속적으로 찾는다. 로봇 진공청소기는 대단한 노동 절약 장치이다. 그러나 욕실을 청소하거나 접시를 닦는 로봇은 이보다 훨씬 나을 것이다.

아이로봇이라고 하는 회사는 2004년 룸바를 처음으로 개발하였다. 첫해에 룸바 진공청소기가 백만 대 이상 팔렸다. 룸바는 중요하다. 왜냐하면 산업용 로봇이 제조에 처음으로 소개되었던 1960년대 이후 팔린 모든 산업용 로봇보다 2년 동안 세계에 팔린 룸바 로봇이 더 많았기 때문이다. 매사추세츠 공과대학(MIT)의 로봇기술자들인 콜린 앵글(Colin Angle), 헬렌 그레이너(Helen Greiner), 로드니 부룩스(Rodney Brooks)는 1990년 아이로봇사를 설립했다. 이 회사는 좀 더 좋은 세상을 만들기 위해 더럽고, 따분하고, 위험한 일들을 사람들 대신에 수행하는 로봇들을 개발했다. 이 로봇들은 전쟁 지역에서 폭발물을 해체하고, 화성을 탐사하고, 이집트 피라미드의 맨 끝 구석까지 탐사한다.

18.1 일상생활에서 로봇

로봇
인간과 비슷하게 행동하고 대개는(프로그램할 수 있는) 자동 제어에 의해 움직이는 기계적 장치이다.

로보틱스
로봇을 설계하고 사용하는 과학이다.

로봇(robot)은 인간과 비슷하게 행동하고 대개는 (프로그램할 수 있는) 자동제어에 의해 움직이는 기계적 장치로 정의할 수 있다. 중요한 점은 이것이 (살아 있지 않은) 기계적 장치이고 일반적으로 프로그램할 수 있다는 것이다. 로봇의 주목적은 지루하고 반복적이고 위험하고 더럽고, 또는 정밀한 정확도가 요구되는 일에서 사람을 안심하게 하는 것이다. 로봇이 당신을 위해 할 수 있는 일을 생각할 수 있는가?

로보틱스(robotics)라는 용어는 로봇을 설계하고 사용하는 과학을 나타낸다. 많은 형태의 로봇들이 있고 일부는 움직일 수 있다. 대부분은 바퀴가 있지만, 몇 가지는 실제로 걸을 수 있는 능력을 갖는다. 다른 로봇들은 정지되어 있으며 조립라인에서 반복적인 일을 한다. 대부분 산업용 로봇은 한 위치에 고정되어서 특수한 작업에 전념한다. 산업용 로봇들은 보통 그리퍼 또는 팔 끝에 몇몇 형태의 공구가 있는 하나의 팔에 불과하다.

로봇을 개인용(가정용), 보조, 의료, 산업용, 군사용 또는 안보, 또는 우주 탐사용으로 분류할 수 있다. 각 형태의 로봇은 다른 용도를 갖지만, 모든 로봇들은 비슷한 시스템을 갖는다. 많은 사람들은 산업용 로봇이 가장 일반적인 로봇이라고 생각하지만, 사실 로봇은 당신의 일상생활의 많은 면에서 보편화되어 있다. 룸바의 소개는 가정용으로 널리 퍼진 개인용 로봇의 시작이었다. 그러나 미래에는 개인용 로봇이 어떤 모습을 하고 있을까? 개인용 로봇은 점점 더 정교해지고 있다. 아마 언젠가 곧 당신은 이 장의 뒷부분에 특별히 실은 아시모(ASIMO)와 같은 개인용 보조 로봇을 갖게 될 것이다.

그림 18-2 스타워즈의 C3PO와 R2D2.

개인용 로봇

R2D2와 C3PO가 주연인 영화 〈스타워즈(Star Wars)〉 시리즈는 개인용 로봇 개념을 인기 있게 만들었다(그림 18-2). 대부분의 사람들은 로봇에 대해 일반적인 개념을 가지고 있었지만, 실제로는 어떤 종류의 로봇들이 존재하며 무슨 일을 하는지 몰랐다. 사람들은 현실이 아닌 영화를 통해 로봇을 이해했다. 〈아이로봇(I Robot)〉과 같은 영화는 사람들의 잘못된 인식을 증가시켰다.

최근까지, 개인용 로봇은 주로 오락을 위한 것이었다. 오늘날 당신이 만들 수 있는 키트를 포함하여, 많은 형태의 로봇이 기술 교육 수업시간에 학생들에게 제공된다. 이 로봇들은 재미있을 뿐 아니라 교육용 도구들이다. 또한 많은 상점들이 다양한 가

공학 속의 수학

로봇을 프로그램하기 위한 학습은 고급 수학에서 요구되는 로직(logic)을 개발하는 데 매우 좋은 방법이다. 당신이 로봇을 프로그래밍하는 것을 실습한다면 수학도 더 잘하게 될 것이다.

정용 로봇 키트들을 판매한다.

레고 마인드스톰 NXT 로봇 키트는 레고 테크닉 부품들과 초음파, 음향, 빛, 접촉 센서들과 결합되어 있다(그림 18-3). 이 결합으로 직관력 있는 로봇을 만들 수 있게 한다. 광센서는 빛의 색깔과 강도 모두 감지할 수 있다. 음향 센서는 로봇이 소리의 모형과 말투에 따라 응답하도록 한다. 이 로봇은 거리나 이동을 측정하기 위해 초음파 눈을 사용한다. 학생들은 다양한 임무를 수행하기 위해 로봇을 프로그램할 수 있다.

중학교 기술 교육 수업시간은 그림 18-4에 표시된 벡스 로봇(Vex robot)과 같은 로봇을 포함한다. 당신의 로봇 설계는 무엇과 같은가? 이것은 무슨 목적을 위한 것인가?

이 장의 앞부분에서 언급한 룸바 로봇은 당신의 집의 여러 방을 청소할 수 있다. 어떤 사람이 당신의 방을 더 좋게 하고 잠자리를 펼 수 있는 로봇을 설계했다면 이것은 대단하지 않느냐? 우리는 아직 이와 같은 능력이 있는 로봇을 가지고 있지 않지만, 매우 가까운 미래에 될 것으로 의심하지 않는다.

© 2008 THE LEGO GROUP

그림 18-3 레고 마인드스톰 NXT 로봇 키트는 강의실에서 많이 사용하고 있으며, 가정에서 사용하는 것도 가능하다.

COURTESY OF VEX ROBOTICS

그림 18-4 중학교 학생들이 국가 경진대회에서 로봇을 실행하고 있다.

그림 18-5 로봇들은 잔디를 깎는 동안 당신이 그늘에서 휴식하도록 도울 수 있다.

그림 18-6 낙수받이에 있는 나뭇잎들을 치우는 로봇.

잔디를 깎을 수 있는 로보마우어(Robomower) 같은 개인용 로봇도 있다(그림 18-5). 이 로봇은 마당 주위에서 와이어 주변시야계에 반응한다. 이것은 마당을 가로질러 앞뒤로 여러 번 지나면서 작업할 것이다. 잔디 깎기를 마치면, 로봇은 배터리를 재충전하기 위해 본거지로 되돌아올 것이다. 낙수받이에 있는 나뭇잎들을 치우기 위해 설계된 로봇도 있다(그림 18-6). 분명히 로봇들은 대부분 사람들이 원하지 않는 업무를 하도록 설계된다.

개인용 로봇은 지난 10년 동안 상당히 발전했다. 집주인을 위해 준비되어 있는 대부분 로봇들은 진정한 개인용 조수가 아니다. 그러나 미래는 무엇을 보유할 것인가? 당신이 정말로 적절한 개인용 보조 로봇을 설계한 사람이 될까? 헨리 포드가 대량생산의 대변혁을 일으키기 전에, 대부분 사람들은 자동차를 살 여유가 없었다는 것을 기억하자. 오늘날 자동차가 없는 삶은 상상할 수도 없다. 개인용 로봇에 대해서도 똑같은 진실이 될 것인가?

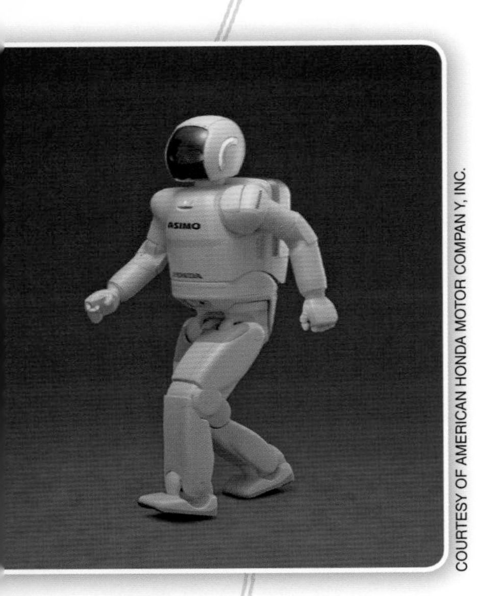

그림 18-7 혼다의 휴모노이드 로봇, ASIMO.

혼다의 휴모노이드 아시모

아시모(ASIMO)는 혁신적 기동성이 있는 진보된 걸음(Advanced Step in Innovative Mobility)을 나타낸 약어이다. 1986년 혼다의 엔지니어들은 보행 로봇을 만들기를 착수했다. 혼다의 엔지니어들은 설계를 수정하는 데 20년 이상이 걸렸다. 그리고 아시모는 열 번의 뚜렷한 수정을 하였다. 그전의 것들은 할 수 없었지만, 최신 아시모는 대략 시속 4마일로 달릴 수 있다. 아시모는 또한 계단을 걸을 수도 있다(그림 18-7).

공학 속의 수학

매사추세츠 공과대학(MIT)의 과학자들은 뇌졸중 환자와 뇌성마비 어린이가 비디오 게임을 이용하여 운동기능을 개발하는 데 도움을 줄 수 있는 로봇을 연구하고 있다. 환자의 팔과 손은 로봇 팔에 끈으로 묶는다. 환자가 비디오 게임을 하기 위해 손을 충분히 빠르게 움직일 수 없다면, 로봇은 움직여서 손과 눈의 운동을 조정하는 방법을 환자에게 가르친다. 이 연구는 지금까지는 매우 성공적이었다.

휴모노이드 로봇은 정교한 컴퓨터 프로그래밍을 가진 매우 복잡한 기계이다. 아시모는 경량 재료로 만들어지며 몸체에는 34개의 서보모터가 있다. 서보모터(servomotor)는 매우 정밀한 위치 피드백이 제공되는 특수한 형태의 모터이다. 모터는 어떤 위치로 작은 증분으로 움직인다. 이것이 아시모가 여러 인간 행위를 모방할 수 있도록 한다. 이것은 물체들에 도달하여 그것들을 들어올리고, 평탄하지 않은 면을 걷고, 계단까지도 오를 수 있도록 설계된다. 정교한 컴퓨터 소프트웨어와 카메라 눈을 가지고 있어서, 아시모는 사람의 얼굴과 목소리를 인식할 수 있다. 아시모는 간단한 목소리 명령을 이해하고 응답도 할 수 있다. '히(He)'는 그의 환경을 지도로 만들고, 정지된 물체를 피하고, 그리고 그가 그의 환경을 꿰뚫어 움직일 때 움직이는 물체까지도 피할 수 있다. 아시모는 현실 사회에서 역할을 하고 실제로 인간을 돕기 위해 설계된다.

서보모터
매우 정밀한 위치 피드백이 제공되는 특수한 형태의 모터이다.

혼다의 아시모를 기억하는가? 혼다 엔지니어들은 과학과 공학을 공부하는 학생들을 격려하고 감명을 주고자 아시모를 데리고 세계 일주를 하였다(그림 18-8). 매우 가까운 미래에, 아시모는 장애인을 위한 눈, 귀, 손 다리로 봉사할지도 모른다. 개인용 도우미로서, 아시모는 침대나 휠체어에 있는 노인이나 어떤 사람을 도울 것이다. 그리고 아시모는 독극물 방출을 정화하고 화재를 진화하는 것과 같은 사람에게 매우 위험한 업무를 마무리할 수 있을 것이다. 얼마나 멋진 도움인가! 다른 위험한 일들을 로봇이 수행할 수 있다고 생각하는가?

COURTESY OF AMERICAN HONDA MOTOR COMPANY, INC.

그림 18-8 ASIMO가 학생들이 거리를 안전하게 건너는 것을 돕고 있다.

보조 로봇

로봇은 이미 매우 다양한 장애인들을 도울 수 있다. 많은 형태의 부상이나 상태로 사람들이 걸을 수 없다. 많은 노인들은 뇌졸중으로 고통받고 있으며 다시 걸을 수 있도록 재활이 필요하다. 척추 손상도 역시 걸을 수 없다. 장애인들이 다시 걷는 것을 학습하기 위해 오토엠블레이터(AutoAmbulator) 로봇이 개발되었다.

심한 장애로 고통받는 사람들은 여러 해 동안 전동휠체어를 이용할 수 있었다. 로봇 기술은 단지 최근에 심한 장애를 가진 사람들에게 좀 더 자유를 줄 수 있는 전동휠체어와 접목되었다. 랩터(Raptor)는 식약청으로부터 승인받은 최초의 상업적인 보조 로봇 휠체어였다.

의료 로봇

다양한 형태의 의료 로봇들이 있다. 일찍이 병원에서 로봇들을 사용하여 의료품을 수송하고 약국에서 의사와 간호사에게 약을 전달하였다. 엔지니어들은 이 로봇들을 상당히 개선해왔다. 최근 것의 하나인, 스페시마인더(SpeciMinder)는 실험실 기능공이 샘플에 대한 몇몇 도착지들을 선정할 수 있는 단순한 버튼식 제어판이 있다. 스페시마인더는 가장 효율적인 경로를 계산하고 모든 지정된 위치에서 멈춘다(그림 18-9). 이것의 경로가 마쳐지면, 로봇은 자동적으로 충전소로 복귀한다.

그림 18-9 전자동 샘플 수송 시스템.

또한 오늘날 로봇은 정교한 수술을 수행하는 데 사용되고 있다. 이 수술은 깊은 심해에서 또는 우주 밖, 또는 원격통신이 가능하며 인간이 머무는 어느 곳에서도 수행될지 모른다. 수술을 하고 있는 의사는 그의 사무실을 떠나서는 안 된다. 일반적인 수술실에서, 로봇이 인간의 손보다 훨씬 더 정밀하게 움직인다. 수술 로봇의 한 모델은 다빈치(da Vinci) 수술 시스템(그림 18-10)이라고 불린다.

의사의 숙련과 로봇 기술이 접목되어 외과의사가 섬세한 수술을 이전보다 더 잘할 수 있도록 한다. 환자를 위한 로봇 수술에는 다음과 같은 몇 가지의 장점이 있다.

- 로봇의 절차가 매우 정밀하기 때문에 신체의 외상을 줄인다.
- 출혈이 적기 때문에 수혈이 적게 필요하다.
- 수술 후의 고통이 적다. 신체의 작은 부위가 수술로 충격을 받았기 때문이다.
- 감염 위험이 적다.

이 장점들이 결국 병원 입원 일수를 줄이게 하고 빨리 회복하게 한다. 이것은 모든 사람들이 원하는 것이다.

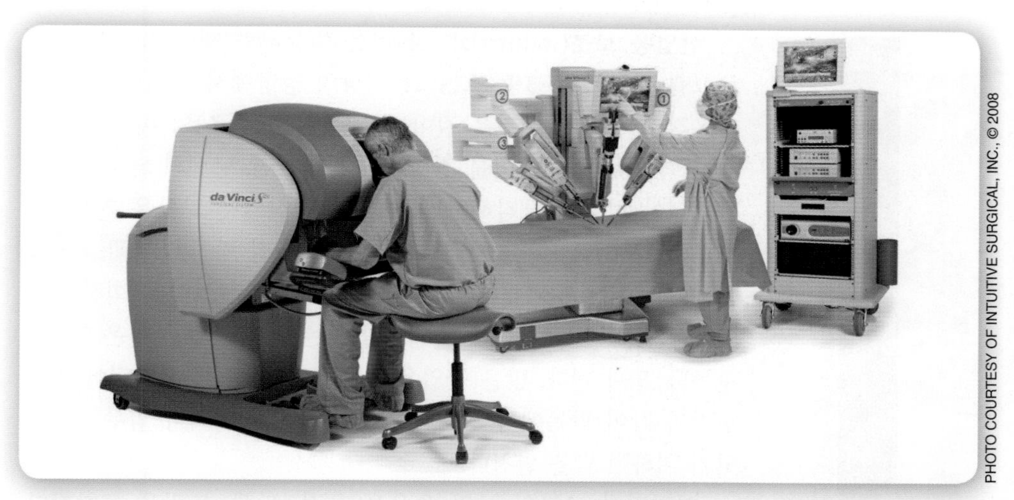

그림 18-10 수술 로봇의 사용은 의사들이 섬세한 절차들을 정확하게 수행할 수 있도록 한다.

병원에서 다른 로봇들은 원격지역에 있는 환자와 간호 부양자들이 세상의 어느 곳에 있는 전문의와 접근할 수 있도록 한다. 쌍방향 통신이 한 위치에 있는 의사로 하여금 의사와 다른 위치에 있는 환자를 보면서 서로 대화를 할 수 있도록 한다. 다른 로봇들은 특정한 부상에 대한 섬세한 의료 정보로 프로그램되었다. 시골의 응급실 직원은 직원 가운데 전문의가 없다면 (예를 들면, 신경외과의사) 이 로봇에 자문을 구할 수 있다. 로봇은 분명하게 의료 분야에서 중요한 역할을 한다.

산업용 로봇

1970년대 제조에서 로봇이 처음으로 소개되었을 때, 노동자들을 대신할 것을 많은 사람들이 두려워했다. 노동자들은 직업을 잃는 것을 두려워했다. 이 저항 때문에 로봇은 제조에서 서서히 소개되었다. 지금은 로봇이 제조에서 매우 보편화되었다(그림 18-11).

로봇은 더럽고, 반복적이고 또는 사람들에게 위험한 일을 한다. 로봇이 이와 같이 하고 싶지 않은 일에 대해 사람들을 대신한 것은 사실이다. 그렇지만, 많은 새로운 일거리가 생겼다. 로봇은 제조하고, 프로그램되고, 봉사하는 데 필요하다. 자동 생산의 지원을 받아야 할 전폭적인 새로운 사업이 개발되었다. 공학 기술자와 숙련된 기능공들이 산업용 로봇을 프로그램하여 작동할 수 있도록 하는 요구가 점점 커지고 있다.

그림 18-11 산업용 로봇이 오늘날 제조에서 강도 높게 사용된다.

© ISTOCKPHOTO/GIANLUCA BARTOLI

그림 18-12 다관절 로봇.

산업용 로봇(industrial robot)은 컴퓨터로 제어되고, 다시 프로그램 가능하며, 3축 또는 그 이상의 방향에서 움직일 수 있는 다목적 장치이다. 이것은 길이, 폭, 높이(3D 참조)와 비슷하다. 당신이 탁자의 각 모퉁이를 접촉하기 원한다면, 당신의 팔을 어떻게 움직여야 하는지 생각해보라. 대부분의 산업용 로봇은 기본적으로 팔 로봇이다. 이런 형태의 로봇의 기술적 명칭은 다관절 로봇(articulated robot)이다(그림 18-12). 다관절 로봇은 회전할 수 있는 2개 또는 그 이상의 조인트를 갖는다. 다관절 로봇은 인간의 운동을 흉내 낸다. 많은 산업용 로봇은 한 장소에 고정되어 있고, 인간과 같이 팔목에서 회전하고, 부품을 움직이거나 임무를 완수하기 위하여 팔을 펼친다.

전형적인 로봇의 산업 응용은 용접, 도색, 조립을 포함한다. 산업용 로봇은 또한 제조와 품질 관리 절차에서 검사를 위해 사용될 수 있다. 산업용 로봇은 복잡한 업무를 성취하기 위해 팀으로 일하도록 프로그램된다(그림 18-13). 제조에서 로봇의 다른 용도는 공장 주위에서 부품을 수송하고 재고를 저장하고 회수하는 것이다.

다관절 로봇

연결 조인트가 2개 이상으로 이루어진 관절 로봇이다.

산업용 로봇들은 일반적으로 집어서 놓는 조작을 하는 데 사용된다. 이것은 로봇들이 컨베이어벨트상에서 부품을 배치하거나 제거하거나 또는 선적을 위해 상자 안에 부품들을 집어넣는 데 사용될 수 있다는 것을 의미한다(그림 18-14). 로봇은 신선한 고기 및 유제품에서 게임기나 퍼즐의 포장까지 모든 것을 다룰 수 있다. 로봇 팔의 끝에 있는 그리퍼(손)는 조절되어야 하고 부드러운 제품을 으스러뜨리는 것을 막고 비정상적인 형상들을 다루기 위해 압력 센서가 있어야 한다.

COURTESY OF FANUC ROBOTICS AMERICA, INC.

그림 18-13 또 다른 로봇이 용접하고 있는 동안 다관절 재료 취급 로봇이 부품을 들고 있다. 이 두 로봇은 함께 작업하도록 프로그램되어야 한다.

많은 공장들은 각 복도를 따라 콘크리트 바닥에 와이어가 묻혀 있다. 이 와이어는 전자 신호를 보낼 수 있다. 로봇은 공장의 한 위치에서 이 와이어를 따르는 또 다른 위치로 원자재나 부품이 있는 수레를 끌기 위해 프로그램될 수 있다. 이 로봇은 **자동 무인반송차**(automated guided vehicles, AGV)라고 부른다(그림 18-15). 최신 AGV는 공장 배치를 '학습'할 수 있다. 다중 멈춤이 가능하도록 프로그램될 때, AGV는 가장 효과적인 경로를 계산할 수 있어 바닥에 있는 와이어를 따를 필요가 없다.

다른 로봇은 지정된 저장지역에 재료나 부품을 저장하고 회수하는 데 사용된다(그림 18-16). 랙과 선반들은 몇 개의 층 높이로 쌓을 수 있도록 되어 있는 수백 또는 수천 개의 통을 저장할 수 있다. 각 통은 번호가 매겨져 있고, 이것의 위치가 로봇의 메모리에 프로그램되어 있다. 로봇이 부품을 배치하거나 회수하는 명령을 받으면, 로봇은 신속하게 올바른 통을 찾을 수 있다.

COURTESY OF FANUC ROBOTICS AMERICA, INC.

그림 18-14 로봇이 선적을 위해 신선하게 구운 제품을 포장하고 있다.

제조에서 로봇의 장점 제조에서 로봇이 작업하는 것은 많은 장점들이 있다. 로봇은 오랜 시간 일을 할 수 있고 결코 지치지 않는다. 로봇은 인간과 같이 점심이나 휴식시간을 가질 필요가 없다. 산업용 로봇은 또한 인간보다 좀 더 신속하고 정확하게 움직일 수 있다. 이 로봇은 매우 정확도를 가지고 프로그램된 조작을 반복할 수 있다. 제조에서 로봇의 추가는 생산품의 양과 질 모두 개선시킨다.

COURTESY OF JBT CORPORATION

그림 18-15 자동 무인반송차(AGV).

COURTESY OF THE UNITE D STATES DEPART MENT OF DEFENSE

그림 18-16 자동 저장 회수 로봇.

군사 로봇과 국토 안보

군대는 로봇의 사용을 확장하고 있다. 로봇 항공기는 **드론**(drone)이라고 불린다. 드론 항공기는 감지되지 않는 적의 영공 위로 날 수 있다. 왜냐하면 이 항공기는 일반적인 조종되는 항공기보다 더 작고 조용하기 때문이다(그림 18−17). 결과적으로, 땅에서 적의 기동을 사진 찍고 비디오테이프로 만들 수 있다.

그림 18−17 드론은 공중 정찰을 할 수 있는 로봇이다.

비디오 감시할 수 있는 안보 로봇이 2006년 베를린 월드컵에서 대규모 스포츠 행사를 순찰하는 데 처음으로 사용되었다(그림 18−18). 내장 비디오와 열영상센서는 경비실에 생생한 자료를 보낼 수 있다. 로봇 OFRO는 또한 위성위치확인시스템(GPS) 인공위성이 정확한 위치의 정확한 기록들을 조종하고 유지하는 데 사용한다. 로봇 위치에 의해 만들어진 OFRO는 세상에서 처음으로 널리 판매된 옥외 이동식 감시 로봇이었다. OFRO와 이것의 센서들은 기상 상태와 상관없이 역할을 할 수 있다.

우주 로봇

세상에서 가장 주목받은 두 로봇은 화성탐사선 로봇, 오퍼튜니티(opportunity)와 스피릿(sprit)이다(그림 18−19). 화성의 흙에서 움직이는 로봇을 설계하는 것은 믿기 힘든 공학 도전이었다. NASA 엔지니어들은 우주선이 화성까지 우주를 가로질러 수백만 마일을 갈 수 있는 방법뿐만 아니라 로봇이 안전하게 화성 표면에 도달하는 방법도 알아내야 했다. 그들의 해결책은 매우 창조적이었다. 그들은 완전하게 로봇을 에워싸기 위해 매우 큰 풍선 같은 구조를 사용했다(그림 18−20).

그림 18−18 감시 로봇 OFRO는 2006년 베를린 월드컵에서 사용되었다.

임무는 NASA 과학자들에 대해 많은 질문을 야기시켰다. 풍선으로 포장된 로봇이 땅을 쳐서 튄다면 무슨 일이 일어날 것인가? 거꾸로 착륙된다면 어떻게 될 것인가? 어떻게 로봇이 풍선 모양의 천으로부터 풀려날 것인가? 어떤 종류의 로봇이 밤에는 영하 250°F로 떨어지는 가혹한 화성 지형에서 생존할

COURTESY OF NASA/JPL-CALTECH

그림 18-19 화성탐사로봇 스피릿의 예술적인 연기.

COURTESY OF NASA

그림 18-2 화성에 로봇을 안전하게 착륙시키기 위한 NASA의 해결책.

수 있을까? 또한, 화성은 태양계에서 가장 큰 먼지 태풍을 가지고 있다. 먼지 같은 화성의 흙이 바퀴와 구동기구를 막히게 할 것인가? 로봇이 흙에 빠지면 어떻게 될 것인가? 엔지니어들이 해결할 수 있는 가장 쉬운 문제는 전력소스(태양전지판과 재충전 가능한 배터리)였다. 그러나 배터리는 긴 밤과 극도로 추운 온도에서 견뎌낼 수 있을까?

NASA 엔지니어와 과학자들은 오퍼튜니티와 스피릿 로봇 탐사기로부터 많은 것을 배웠다. 그들은 그 지식을 다음 로봇 탐사기인 큐리오시티(Curiosity)를 설계하는 데 적용했다(그림 18-21). 큐리오시티는 2012년 8월 6일 화성에 착륙하였고, 즉시 붉은 행성의 이미지들을 전송하기 시작했다. 엔지니어들은 화성이 생명을 지원한 적이 있었는지 또는 지금 지원할 수 있는지를 알아낼 수 있도록 탐사기를 설계하였다. 큐리오시티의 크기 때문에 NASA 엔지니어들은 그들이 전에 했던 것과 같이 에어백 설계를 이용할 수 없었다. 대신 그들은 큐리오시티를 화성 표면에 내려 보내기 위해 스카이크레인(sky crane)을 설계하였다(그림 18-22).

COURTESY NASA/JPL-CALTECH

그림 18-21 화성탐사로봇 큐리오시티의 예술적인 연기.

COURTESY NASA/JPL-CALTECH

그림 18-22 NASA 엔지니어들은 큐리오시티를 화성 표면에 내려 보내기 위해 밧줄로 묶는 시스템을 설계하였다.

엔지니어가 되는 것은 흥미진진하고 보람 있는 일이다. 로봇을 설계하고 제작하는 모든 과정에서, 엔지니어들은 극복해야 할 많은 도전에 직면한다. 엔지니어들은 문제를 해결하는 것을 좋아하고 도전하는 것을 좋아하는 사람들이다. 때때로 그들의 해결책은 시행착오에 근거를 둔다. 그러나 대부분은 그들의 수학적 지식과 과학을 설계 문제를 해결하기 위해 적용한다. 당신은 어떤 문제 또는 도전을 해결하는 것을 좋아하는가? 당신은 무엇을 설계할 것인가?

18.2 로봇 시스템

2장에서 시스템은 개 루프 또는 폐루 프로 나뉜다는 것을 배웠다. 로봇은 폐 루프 시스템이라고 할 수 있다. 로봇은 이것의 입력과 출력을 바꾸고 조정하기 위해 응답할 수 있다. 센서들이 로봇의 운동이나 행위를 제어하는 프로그램이나 피드백을 입력에 제공한다.

로봇의 구조

로봇 시스템은 인체와 비슷하다. 로봇 시스템은 물리적으로 거의 같으나, 감정이 없으며 옳고 그른 것을 판단할 수 없다. 물리적으로 우리는 신체를 견고하게 유지하기 위하여 뼈 구조를 가지고 있다. 우리는 뼈들이 함께 유지되고 움직일 수 있도록 관절들을 가지고 있다. 우리는 우리의 눈과 귀를 통해 감각인식을 가지고 있고 촉각과 후각을 가지고 있다. 우리는 운동할 수 있는 힘을 위해 근육이 있다. 그리고 우리는 보통 눈이라는 감각인식을 통해 받은 입력을 근거로 하여 우리의 신체가 어떻게 움직여야 하는지 말할 수 있는 두뇌를 가지고 있다.

로봇들은 일반적으로 우리의 신체가 가지고 있는 똑같은 부품들과 기능을 가지고 있다. 그것들은 또한 팔다리, 조인트, 감각인식, 전력소스, 그리고 두뇌에 해당하는 컴퓨터를 가지고 있다. 대부분 로봇은 인간의 기능을 모방한다. 일부 로봇들은 바퀴가 있고, 일부는 고정된 경로를 따라 트랙을 아래위로 움직이며, 약간은 걸을 수 있는 다리가 있으며, 많은 로봇들은 제조에서 특수한 작업을 하기 위하여 한 장소에 고정되어 있다.

로봇은 유용한 일들을 수행할 수 있어야 한다. 일반적으로, 이것들은 인간이 했던 일들이다. 그래서 로봇의 구조는 종종 인간의 구조를 모방한다. 산업용 로봇은 팔목에서 회전할 수 있어야 하고, 로봇 팔을 올리고 내릴 수 있어야 하고, 그리고 그리퍼나 공구를 조작할 수 있어야 한다.

로봇 팔 대부분의 산업용 로봇의 주 몸체는 정지되어 있다. 로봇은 몸체가 제자리에서 회전할 수 있도록 조인트를 가지고 있다. 어깨는 주 몸체로 연결된 첫 번째 조인트이다. 그리고 이것은 팔을 올리거나 내리게 한다. 6개의 조인트를 가진 산업용 로봇 팔은 사람의 팔의 운동을 흉내 낼 수 있다. 다행히도, 우리는 똑같은 운동을 성취하기 위해 어깨, 팔꿈치, 그리고 팔목만이 필요하다. 이것은 우리의 몇몇 관절들이 둘 또는 세 방향으로 움직일 수 있기 때문이다.

엔드 이펙터 우리의 팔의 목적은 우리의 손을 움직이는 것이다. 비슷하게 로봇 팔의 목적은 특정한 임무를 위해 설계된 부착물인 **엔드 이펙터**(end effector)를 움직이는 것이다. 이것은 로봇 팔의 끝에 설치된다. 엔드 이펙터는 팔의 끝 부분에 있는 팔목 조인트에 부착되어 있다. 이것은 우리의 손과 같은 한 형태의 그리퍼 또는 (드릴, 용접봉, 페인트 분무기와 같은) 공구이다. 엔드 이펙터는 로봇 팔이 많은 다양한 임무에 적응할 수 있도록 만들어진다.

엔드 이펙터

로봇 팔의 말단 부분에 부착한다. 그것은 페인트 또는 용접 일을 하는 동안 잡아주는 도구이다.

엔지니어에게 주어진 한 도전은 인간 손의 감도를 갖는 그리퍼를 설계하는 것이었다. 우리는 무엇을 얼마나 꽉 잡았는지를 감지할 수 있어서 그것을 떨어뜨리지 않을 것이며 또는 그것을 너무 꽉 잡아 깨질 것이다. NASA 엔지니어들은 손가락이 있는 로봇 손을 설계하였다. 그러나 이것은 아직 공장에서 이용할 수 없다. 많은 로봇 그리퍼들이 2개의 정지된 손가락과 1개의 움직이는 손가락(또는 엄지)을 가지고 있다.

엔드 이펙터는 또한 자석이 될 수 있다. 로봇은 금속 물체를 들어올리기 위해 자석을 활성화하고 물체를 풀어주기 위해 전류를 끊을 것이다. 엔드 이펙터는 또한 향수를 병 속에 따르는 것과 같이 액체를 내놓는 주사기일 수 있다. 다른 엔드 이펙터들은 팰릿들을 들고 움직이기 위해 설계된 소형 지게차와 유사하다. 그야말로 다양한 형태의 엔드 이펙터들이 있다. 각각은 특정 형태의 제품을 다루기 위해 설계되었다.

엔드 이펙터는 또한 용접총과 같은 공구일 것이다. 용접은 산업계에서 로봇을 가장 보편적으로 사용하고 있는 것 중의 하나이다. 자동차 산업은 용접 작업에서 로봇의 사용을 확대하고 있다. 또 다른 매우 보편적인 로봇의 사용은 자동차를 도색하는 것이다. 이 경우에 엔드 이펙터는 페인트를 분무하는 장치이다.

운동 12장에서 설명한 것처럼 피치(pitch), 요(yaw), 롤(roll)은 공간에서의 운동을 서술한다. 이 경우에 우리는 로봇 팔(그림 18-23)의 운동에 관심을 갖는다. 상하 운동은 피치로 언급된다. 좌우에 대한 운동은 요라고 불린다. 회전운동은 롤로 불린다. 우리의 어깨는 세 방향 모두 움직일 수 있다. 이것은 피치, 요, 롤을 갖는다. 그렇지만 우리의 팔꿈치는 단지 피치만 갖는다. 우리의 팔목은 아래위로, 옆에서 옆으로, 그리고 작은 양을 비틀 수 있다.

그림 18-23 로봇 팔 운동: 피치, 요, 롤.

작업한계

산업용 로봇이 작업하기 위한 공간이다.

작업한계(work envelope)라는 용어는, 일반적으로 한 장소에 고정된 산업용 로봇에서 사용되며, 로봇이 닿을 수 있는 거리를 기술하는 데 사용한다. 제조공정을 어떻게 설계할지 알기 위하여 작업한계는 중요하다. 또한 안전상의 문제에 대해 아는 것은 중요하다. 인간의 상해와 로봇의 손상을 막기 위하여 로봇 주위의 안전 지역을 분명하게 표시해둘 필요가 있다.

5 로봇용 전력

로봇은 흔히 전기모터와 유체동력(공기압 또는 유압)의 결합이다. 대부분 산업용 로봇은 정지되어 있기 때문에 전기를 공급할 수 있는 곳에 연결되어 있다. 바퀴가 있는 로봇은 배터리가 있어야 한다. 앞에서 설명된 로보마우어와 룸바 로봇은 배터리를 가지고 있다. 배터리가 거의 소모되기 시작하면, 그것들의 프로그램은 그것들이 충전을 위해 그것들의 기지로 돌아오게 한다. 화성 탐사를 위해 사용된 NASA 로봇은 태양전지로부터 재충전될 수 있는 강력한 배터리를 가졌다.

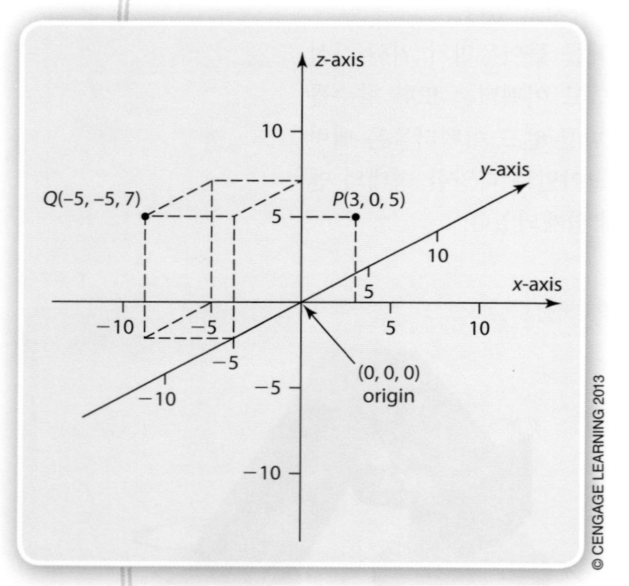

그림 18-24 직교좌표계에서 양 및 음의 사분면.

좌표계

자동화된 공작기계와 로봇은 3차원 공간에서 움직인다. 직교좌표계를 가지고 이 공간을 기술한다. 한 예로 당신의 책상을 사용하면, 책상은 너비와 길이를 가지고 마루에서의 높이가 있다. 일반적으로 너비는 x축, 길이는 y축, 마루에서의 높이는 z축으로 언급한다.

공간에서의 어떤 점은 이 세 축으로 명시될 수 있다. 이것은 측정을 위한 일반적인 기준점을 가질 것을 요구한다(그림 18-24). 이 기준점을 원점이라고 한다. 수학적으로 이것은 0, 0, 0 점이다. 관습적으로 원점에서 오른쪽 또는 위에 있는 점들을 양의 숫자로

알고 있나요?

직교좌표계는 프랑스의 수학자이자 철학자인 데카르트(René Descartes, 1596~1650) 이후에 명명되었다. 그는 1637년에 수학적 죄표계의 개념을 처음 개발하였다.

언급한다. 원점에서 왼쪽 또는 아래에 있는 점들을 음의 숫자로 언급한다. 이 표시는 로봇과 공작기계를 제어하는 데 결정적이다. 공학 기술자가 임무를 수행하기 위하여 프로그램할 때, 엔드 이펙터가 움직이는 각 위치가 직교좌표계에서 공간의 한 점으로 명시된다.

로봇 제어

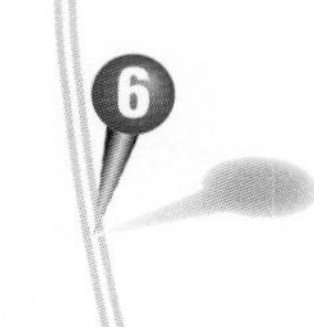

로봇은 컴퓨터 프로그램에서 일련의 명령에 의해 제어된다. 때때로 프로그램은 반복적으로 따르게 되는 한 세트의 절차이다. 어떤 때는 로봇이 센서를 통해 얻은 정보에 응답해야 한다. 이 두 경우에, 일련의 지시는 컴퓨터 코드에 끼워 넣게 된다.

자율 로봇(autonomous robot)은 자기의 임무를 완성하기 위해 환경에 대해 반응할 수 있는 로봇이다. 예를 들면, 컨베이어벨트를 따라 내려오는 부품들이 여러 각도로 놓일 수 있다. 자율 로봇은 각 부품을 수용하기 위해 그것을 들어 올리는 위치를 조정할 수 있는 몇몇 형태의 시각 시스템을 가지고 있다.

> **자율 로봇**
> 인간의 지시나 조작 없이 스스로 작업을 수행하는 로봇이다.

로봇은 흔히 2년 또는 4년 대학 교육을 받은 공학 기술자들에 의해 프로그램된다. 많은 전문대학과 대학교에서는 로봇 프로그램을 개설한다. 로봇이 어떻게 프로그램되는지 이해하기 위해서는 수학에 대한 견고한 지식을 갖는 것이 중요하다.

공학 과제

공학 과제: 로봇 팔

목적

직교좌표계를 이용한 로봇 프로그램 작성하기

목표

이 실습의 목표는 원점에 있는 동전 하나를 컵에 넣는 것이다.

배경

당신이 책상 위에 한 동전을 들고 있다면, 그것의 정확한 위치를 어떻게 기술할 것인가? 우리는 공간에서 물체의 정확한 위치를 기술하기 위해 직교좌표계를 사용한다. 로봇은 마치 우리가 하는 것과 같이 3차원 공간에서 움직인다. 이 좌표계는 로봇이 이루어야 할 각각의 운동을 로봇에게 말한다. 축을 먼저 나열하고, 다음 축 그리고 축 순서로 나열하는 것이 관례이다. 축은 보통 수직 거리이다.

필요한 재료

이 실습을 완성하기 위해 당신은 동료, 종이컵 3개, 보호테이프, 동전, 줄자가 필요하다. 이 실습을 시작하기 전에는 강사의 허가를 꼭 받아야 한다.

절차

1. 책상 중앙을 가로질러 x축과 y축을 설정하기 위해 보호 테이프를 사용하시오. 테이프가 큰 플러스(+) 표시처럼 보여야 한다.
2. 좌에서 우로 가로지르는 테이프에 x축 라벨을 붙이시오. 위에서 아래로 가로지르는 테이프에 y축 라벨을 붙이시오. z축에 대해서는 줄자를 사용할 것이다.
3. 원점은 x축과 y축이 교차하는 점이다. 이것은 (0, 0)점이다. 줄자를 사용하여 원점으로부터 줄자의 각 조각을 따라 1인치 증분을 달라 보이게 하시오. 숫자들은 위로 그리고 원점의 오른쪽이 양이라는 것을 기억하시오.
4. 당신의 동료에게 책상 위 다른 위치에 3개의 컵을 놓게 하시오. 동전을 원점 (0, 0)에 놓으시오.
5. 동전부터 시작하시오. 당신의 목표는 원점을 출발하여 동전을 들어서 동전을 각 컵에 넣는 것이다. 처음 운동은 동전을 책상 위로 또는 z축상에서 5인치 들어 올려야 한다는 것을 잊지 마시오. 줄자를 사용하여 z축을 측정하시오.
6. 프로그램을 작성하기 위해 '로봇 팔'의 각각의 운동을 직교좌표계에 기록하시오.
7. 당신이 그것을 부를 때 당신의 동료에게 각각의 운동을 기록하게 하시오. 다음 표는 한 예를 제공한다.

단계 번호	좌표(x, y, z)	설명
0	0, 0, 0	출발점: 동전이 원점에 놓여 있다.
1	0, 0, 5	동전을 z축상에 책상 위로 5인치 들어 올리시오.
2	6, 0, 5	동전을 x축상에서 오른쪽으로 6인치 움직이시오.
3	6, 2, 5	동전을 y축상에서 2인치 움직이시오.
4		그리퍼를 열어서 동전을 놓으시오.
5	6, 2, 0	동전이 성공적으로 첫 번째 컵 속으로 떨어진다.

8. 남은 두 컵에 대해 실습을 반복하시오. 매번 원점에 있는 동전에서 출발하시오.
9. 당신의 동료는 당신의 프로그램의 정확도를 검토하는 데 책임을 진다.
10. 당신의 동료와 역할을 바꿔 실습을 반복하시오.

공학 직업 조명

이름

스테파니 호른 스윈들(Stephanie Horne Swindle)

직위

서던 전력회사(Southern Power)의 운전관리 경영자

직무 설명

스윈들은 조지아 발전소에서 8명의 고용인을 관리한다. 이 발전소는 날씨가 매우 덥거나 추워 전력망을 높일 필요가 있을 때만 운영하는 첨두발전소이다. "우리는 항상 상시대기 상태에 있다."고 그녀는 말한다. 이것은 거의 최후의 수단과 같다. 우리는 이 장치를 30분 이내에 가동할 수 있어서 사람들이 스위치를 켜서 전력을 얻을 수 있다.

스윈들은 발전소에서 심각한 문제를 해결하는 것을 포함한 관리를 책임지고 있다. 그녀는 발전소가 가동하고 있거나 가동할 것인지 일을 고정시킬 수 없다. 그녀는 가동해야 할지 가다려야 할지에 대해 어려운 결정을 내려야 한다.

스윈들은 기술적 배경과 경영 숙련을 결합한다. "내가 경영자의 역할을 시작할 때, 나는 회계와 경제학을 이해하는 것이 얼마나 중요한지를 인식했다."고 그녀는 말한다. 나는 발전소에서 매우 큰 예산을 관리해야 한다. 나는 항상 경영상의 결정을 하고 있다. 우리는 이 사람을 고용할 것인가 고용하지 않을 것인가? 올해 이 부분의 장비를 교체할 것인가? 등의 결정이다.

스윈들은 경영 외에 계측제어 작업장, 기계 작업장, 그리고 운전을 포함한 많은 장소에서 일을 했다. "오로지 나는 기계공학 분야에 있기 때문에 이 분야에 격리되어 있다는 것을 의미하지 않는다."고 그녀는 말한다.

교육

스윈들은 앨라배마대학교(University of Alabama)에서 기계공학 학사를 받고 앨라배마대학교 버밍햄캠퍼스에서 경영학 석사를 받았다.

학생들에 대한 조언

스윈들은 학생들에게 공학으로 학사 및 석사 학위를 모두 받을 것을 말한다. 경영에 관심이 있는 사람은 또한 경영학 석사를 받아야 한다. 그녀는 학생들이 젊을 때 고급 학위를 받을 것을 추천한다. "사람들이 너무 오래 학교를 떠나 있으면, 다시 학교로 돌아오는 것이 힘들다."고 그녀는 말한다. 그들은 배우자, 아이들, 그리고 의무들을 가지고 있다. 아이들이 태어나기 전에, 가능한 한 빨리 모든 교육을 받아야 한다.

스윈들은 성공하기 위해서는 열심히 일해야 한다고 말한다. "나는 나의 일을 사랑한다. 그래서 장시간 일하는 것은 문제가 되지 않는다. 내가 하는 것과 하기를 원하지 않는 것은 무언가 다르다고 나는 믿는다."라고 그녀는 말한다.

18.3 로봇의 역사

로봇이 언제 처음 발명되었는지 확실히 아는 사람은 없다. 아랍 회교도 발명가인 알 자자리(Al-Jazari)는 1200년경 수많은 자동기계를 만들었다. 그의 발명품 중 하나는 4명의 자동화된 연주자가 있는 배였다. 이 배는 단순히 연회에서 오락을 위해 사용되었다. 그는 작은 지렛대들을 누르는 드럼 안에 일련의 핀들을 사용하여 드럼을 치는 연주자들을 움직이게 했다. 핀들이 다른 구멍으로 배치될 수 있으므로, 운동 속도가 제어될 수 있다. 이런 이유로 이것은 프로그램 가능한 로봇으로 간주된다.

일본의 발명가인 다나카(Hisashige Tanaka)는 여러 복잡한 기계 장난감들을 설계하고 만들었다. 이 기계 장난감들 중 하나는 등에 메는 화살통에 있는 화살들을 꺼내어 발사까지 할 수 있었다. 그가 일본의 에디슨이라고 불리는 것에 대해 의심하지 않는다. 그는 1796년 설계의 일부를 출판하였다.

로봇이라는 단어는 1920년 체코슬로바키아인인 차페크(Karel Capek)가 쓴 희곡에서 처음으로 사용하였다. 이 희곡은 〈로섬의 인조인간(Rossum's Universal Robots)〉이다. 로봇이라는 단어는 '강제 노동'을 의미하는 체코어 로보타(robota)에서 유래했다.

과학 공상 작가 아이작 아시모프(Isaac Asimov)는 1941년 로보틱스라는 단어를 사용했다. 아시모프는 로봇에 관한 이야기인, 《핑계》를 썼다. 이 이야기에서 그는 세 가지의 로봇 법칙을 개발했다(그림 18-25). 이 법칙들은 처음으로 출판된 이래로 로봇학자들 사이에서 기준이 되었다.

제2차 산업혁명

디볼(George Devol)은 1954년 처음으로 산업용 로봇 팔을 발명했다. 그러나 1961년이 되어서야 비로소 유니메이트(Unimate)가 GM(General Motors) 공장에서 사용하기 시작했다. 1980년대까지, 산업용 로봇은 널리 퍼지게 되어 제2차 산업혁명으로 간주될 수 있었다.

2장에서 설명했던 제1차 산업혁명이 노동, 경제, 사회생활에 엄청난 영향을 끼쳤다는 것을 기억해보자. 제조에서 로봇의 소개는 똑같은 유형의 효과를 가져왔다.

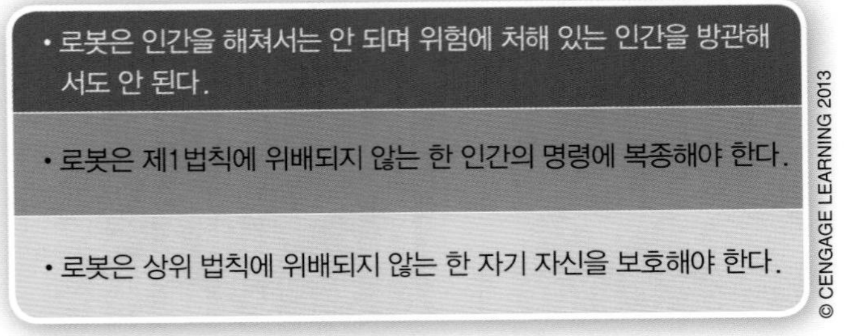

- 로봇은 인간을 해쳐서는 안 되며 위험에 처해 있는 인간을 방관해서도 안 된다.
- 로봇은 제1법칙에 위배되지 않는 한 인간의 명령에 복종해야 한다.
- 로봇은 상위 법칙에 위배되지 않는 한 자기 자신을 보호해야 한다.

그림 18-25 세 가지의 로봇 법칙.

로봇의 미래

오늘날 로봇은 우리 삶의 거의 모든 면에서 영향을 준다. 계란 형상을 한 미우로(Miuro)는 로봇이 얼마나 재미있는 기능을 가졌는지를 보여주는 한 예이다. 미우로는 다목적 로봇 기술에 근거를 둔 음악 혁신을 의미한다. 미우로는 당신이 어디에 있든지 무선으로 아이팟(iPod) 플레이어에서 곡을 연주하면서 당신의 집 주위를 돌도록 설계되었다(그림 18-26). 이것은 로봇이 곧 우리의 개인적인 친구가 될 것임을 보여주는 한 예이다.

혼다의 아시모를 기억하는가? 혼다 엔지니어들은 과학과 공학을 공부하는 학생들을 격려하고 감명을 주고자 아시모를 데리고 세계 일주를 하였다. 매우 가까운 미래에 아시모는 장애인들을 위한 눈, 귀, 손, 다리가 되어 봉사할지도 모른다. 개인용 보조기구로서, 아시모는 침대 안팎 또는 휠체어에 있는 노인과 장애인을 도울 수 있을 것이다. 그리고 아시모는 독극물 방출을 정화하고 화재를 진화하는 것과 같은 사람들에게 매우 위험한 일들을 수행할지 모른다. 얼마나 멋진 도움인가!

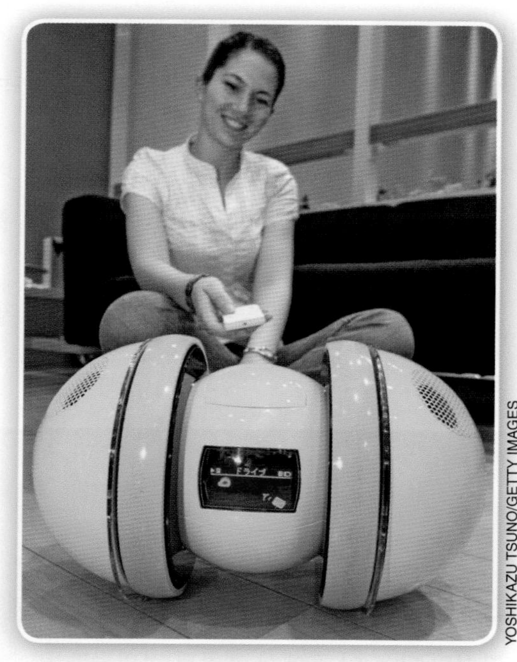

YOSHIKAZU TSUNO/GETTY IMAGES

그림 18-26 미우로는 당신의 아이포드에서 당신이 좋아하는 곡을 연주하면서 당신 주위를 따를 것이다.

요약

이 장에서 배운 학습내용

- 산업계에 있는 로봇보다 가정에 있는 개인용 로봇이 더 많다.
- 로봇은 인간과 비슷한 방법으로 행동하지만 자동(보통 프로그램 가능한) 제어에 의해 지시되는 기계적 장치이다.
- 로봇은 개인용(가정용), 보조, 의료, 산업용, 군사 또는 안보, 우주탐사 로봇으로 분류할 수 있다. 각 형태의 로봇은 사용용도가 다르지만, 모든 로봇들이 비슷한 시스템이다.
- 로봇의 주목적은 지루하고, 반복적이고, 위험하고, 더럽고, 정밀한 정확도가 요구되는 일에서 사람을 안도하게 하는 것이다.
- 로봇은 의료 수술을 포함하여 인간보다 더 정확하게 몇몇 형태의 일을 수행할 수 있다.
- 제조에서 로봇의 추가는 생산품의 양과 질 모두 개선시킨다.
- 로봇 시스템은 인간 시스템과 비슷하다.
- 자율 로봇은 환경에 반응하여 활동을 조절할 수 있는 로봇이다.
- 로봇의 등장은 산업혁명만큼 제조와 사회에 상당한 영향을 주었다.

용어

각 용어들에 대한 정의를 쓰시오. 마친 후에, 자신의 답을 이 장에서 제공된 정의들과 비교하시오.

로봇
로보틱스
서보모터
다관절 로봇
엔드 이펙터
작업한계
자율로봇

지식 늘리기

다음 질문들에 대하여 깊게 생각하여 서술하시오.

1. 우리가 개인용 보조로봇을 개발한다면 어떤 장단점이 있는지 생각하시오. 장점들이 잠재적 문제점들보다 훨씬 더 큰가?
2. 로봇의 사용에 제한을 두어야 하는가?
3. 미래에 로봇이 가져올 충격은 어떤 것이 있다고 생각하는가?
4. 왜 제조회사들이 로봇으로 인간을 대체하는가? 로봇을 사용하는 장점은 무엇인가?
5. 특별한 의미가 있는 로봇 개발의 연대표에 대해 연구하시오. 발표 또는 연대표 포스터를 통해 수업시간에 발표하시오.

CHAPTER 19

자동화

Automation

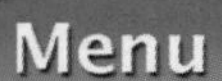

Menu

미리 생각해보기

이 장에서 개념들을 공부하기 전에 다음 질문들에 대해 생각하시오.

1. 자동화란 무엇인가?
2. 자동화가 개인적으로 당신에게 어떻게 영향을 주었는가?
3. 자동화 생산이란 용어는 무엇을 의미하는가?
4. CAD와 CAM이란 무엇인가?
5. 작업셀은 무엇과 같은가?
6. 유연 생산이란 무엇인가?

© ISTOCKPHOTO/RTIMAGES

그림 19-1 메시지 보내기는 자동화 공정을 수반한다.

공학의 실행

S T E M

친구에게 메시지를 보내고자 할 때, 메시지가 친구에게 어떻게 마술적으로 전달되는지 궁금해 한 적이 있는가? 우리는 많은 일상생활들이 우리의 삶을 좀 더 즐겁게 만들기 위해 설계된 자동화 공정이라는 인식 없이 그것들을 당연시한다. 통화 외에 많은 기능이 있는 휴대폰으로 음악과 벨소리 다운로드하기, 비디오 게임하기, 웹서핑하기가 모든 예들이다(그림 19-1). 이 활동들 중의 어떤 것을 즐기고 있다면 엔지니어에게 고마워해야 한다.

이러한 일상생활들은 자동화에 근거를 두고 있다. 우리의 삶이, 일상적인 일들을 자동화하는 새로운 방법을 설계하는 엔지니어들이 없다면, 확실하게 어려워지고, 아마 지루하기까지 할 것이다. 시장에 도입되자마자 곧, 마술적인 특성을 갖는 최근의 자동화는 아주 평범한 것이 되었다. 이것 없는 삶은 상상할 수도 없다. 초창기 자동차에는 앞부분에 크랭크가 있으며 누군가가 물리적으로 차를 시동하기 위해 엔진을 크랭크해야 하는 옛 영화를 본 적이 있는가? 키나 버튼을 눌러 차를 시동할 수 있게 되어 우리의 삶이 얼마나 편리해졌는가. 추운 날씨에는, 많은 사람들이 원격으로 차에 시동을 걸어 자동차를 따뜻하게 한다.

19.1 일상생활에서 자동화

자동화(automation)는 어떤 행동이 또 다른 사건의 결과로서 그리고 인간의 간섭 없이 일어나는 시스템이다. 우리는 이 용어를 제조에서 로봇과 기계 제어에 대해 언급하기 위해 사용한다. 그러나 자동화가 제조 그 자체보다 훨씬 더 많이 사용된다. 자동화는 매일 많은 측면의 우리 생활에서 나타난다. 우리의 삶은 자동화의 직접적인 결과로 더욱 좋아지고 있다.

© CENGAGE LEARNING 2013

그림 19-2 자동 창고 문 센서가 어린이들과 애완동물들이 닫는 문 밑에 짓눌리게 되는 것을 막는다.

자동화는 폐 루프 시스템을 요구한다. 일반적으로 센서는 보통 어떤 종류의 컴퓨터 프로그램에서 입력신호를 제공한다. 자동화 장치는 어떤 조건이 충족되었을 때 또 다른 입력신호가 정지하라고 말할 때까지 과제나 루틴을 수행한다. 이 센서들은 광센서, 서모미터, 타이머, 운동 감지기, 그리고 압력센서 같은 것들이다. 자동화는 여러 가지 형태로 삶을 구하고 삶을 편리하게 한다(그림 19-2).

우리의 휴대폰은 업무자동화의 한 예이다. 우리가 차로 여행할 때, 우리는 한 휴대폰 송신탑의 범위 밖으로 이동해서 다른 범위 안으로 이동한다. 우리의 휴대폰은 다음 송신탑으로 연결될 것이다. 이 송신탑은 고객으로서의 우리의 신분을 확인하기 위해 전화회사로 신호를 보낸다. 이 모든 것이 즉시 우리가 그것을 알아차릴 겨를도 없이 우리가 계속 말하는 동안 일어난다(그림 19-3).

자동화

인간의 개입 없이 기계에 의한 작업 과정이 자동으로 이루어지는 시스템이다.

© CENGAGE LEARNING 2013

그림 19-3 휴대폰은 우리가 여행할 때 한 송신탑에서 다른 송신탑으로 자동적으로 우리의 전화를 스위치하여 통신망을 연결한다.

공학 속의 과학

물리과학의 원리를 이해하는 것은 자동장치 설계에서 매우 중요하다. 예를 들면, 물리과학은 다양한 센서들이 어떻게 작동하는지 설명한다. 많은 센서들은 파동 이론에 기초한다. 예를 들면, 음향과 빛은 파형을 가지고 이동한다. 센서들은 자동 시스템으로 입력 또는 피드백을 제공하기 위하여 환경에서 (소리, 빛 또는 운동 같은) 조건들을 감지하는 장치이다.

가정에서 자동화

집이 어떻게 일정한 온도를 유지할 수 있는지 궁금해한 적이 있는가? 집에는 보통 내부 벽 위에 온도조절장치가 설치되어 있다. 온도가 1~2도 내려가면 이것이 보일러를 켜지게 한다. 그다음에 온도조절장치는 방이 적당한 온도가 되면 보일러를 끌 것이다(그림 19-4). 왜 온도조절장치가 보통 내부 벽 위에 설치된다고 생각하는가?

그림 19-4 온도조절장치는 자동화 시스템의 한 예이다.

당신의 집에 지하실이 있는가? 또는 지하실이 있는 집을 가진 사람을 아는가? 지하실에 물이 찼던 집을 알고 있는가? 대부분의 지하실은 배출펌프를 가지고 있다. 배출펌프는 지하실 바닥 밑에 하나의 구멍이 있게 설계된 펌프이다. 지하수가 구멍으로 나올 때, 배출펌프는 작동되어 물을 퍼 올려 외부의 지면으로 내보낸다(그림 19-5). 무엇이 펌프를 켜고 끄게 하는가?

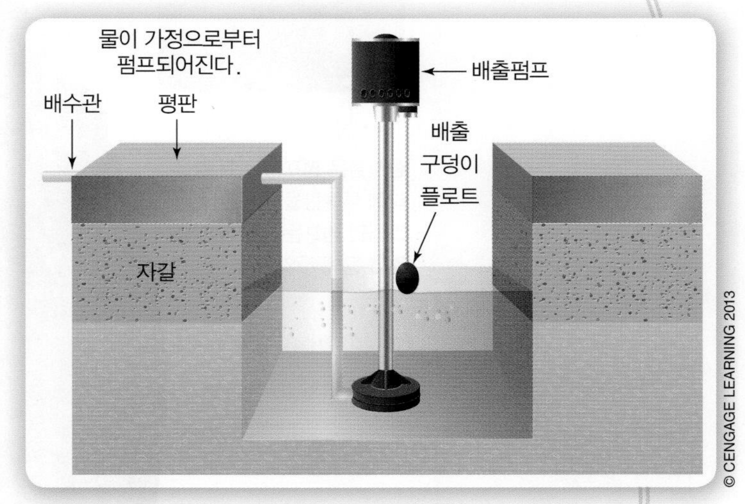

그림 19-5 지하수가 지하에 차기 전에 배출펌프가 자동적으로 지하수를 퍼 올린다.

차에서 자동화

많은 차들은 자동문 잠금장치를 갖추고 있다. 당신의 차가 어떤 속도에 도달하자마자, 문이 자동적으로 잠길 것이다. 오늘날 많은 차는 또한 앤티록식 브레이크를 갖추고 있다. 이 브레이크는 브레이크를 걸 때 바퀴가 미끄러지는 것을 막을 수 있도록 설계된다. 각 바퀴에 있는 센서들은 바퀴가 미끄러지기 시작할 때 짧은 시간 동안 브레이크를 풀어준다. 당신은 센서가 어떻게 바퀴가 미끄러지는 것과 차가 멈추게 되는 것과의 차이를 말할 수 있다고 생각하는가?

당신은 자동화의 예들에 대해 매일 생각할 수 있는가? 아마 당신이 차를 타고 있을 때 차가 좌회전을 기다리고 있을 때만 어떤 교통 신호등이 좌회전을 제공한다는 것을 당신은 주목했었다. 차가 좌회전을 기다리고 있을 때 신호가 어떻게 아는가? 또는 가로등이 어두울 때 자동적으로 켜지는 것을 당신이 주목했을지 모른다. 가로등을 언제 켜고 끌 것인지 어떻게 아는가?

자동화와 건강

당뇨병은 매일 여러 번 혈당농도를 검사해야 한다. 일부 당뇨병은 다이어트만으로 조절할 수 있다. 심한 경우의 사람들은 체내에서 당분을 처리하기 위해 정기적으로 인슐린 주사를 맞아야 한다. 엔지니어들은 당뇨병 환자가 벨트에 찰 수 있는 인슐린 펌프를 설계했다. 당뇨병 환자들이 뱃속으로 삽입하는 카테터(catheter)를 통해 인슐린이 필요에 따라 배달된다(그림 19-6). 한 개인은 또한 이 시스템을 무시하고 필요하다면 부가적인 주사를 맞을 수 있다. 이것은 구명을 위한 자동화의 이용이다.

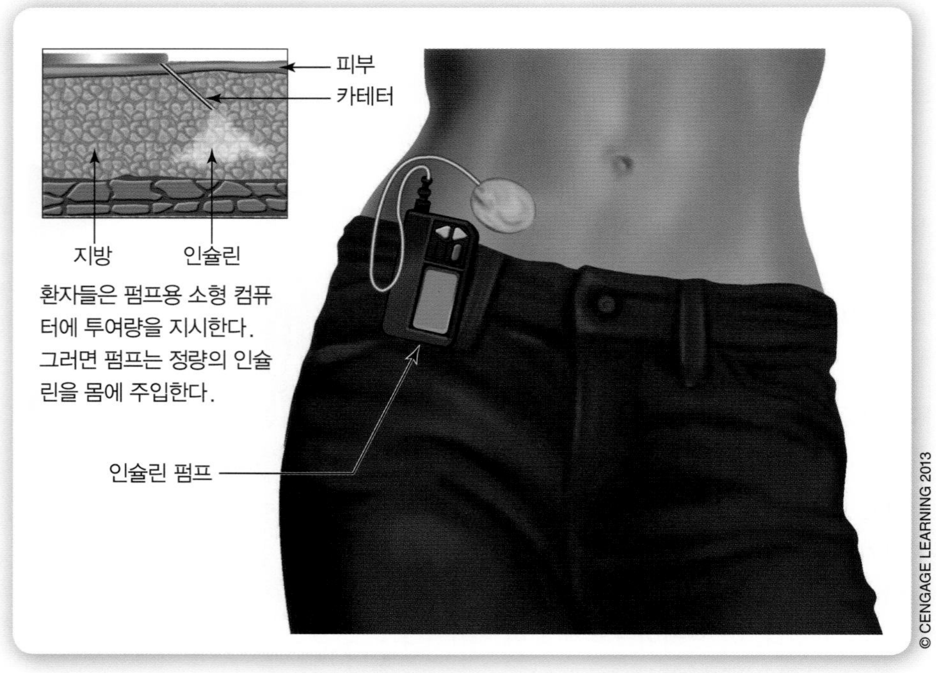

그림 19-6 자동 인슐린 펌프는 당뇨병 환자들이 좀 더 걱정 없는 삶을 살도록 돕는다.

공학 속의 수학

디지털 전자공학은 심박조율기를 위한 시계에서부터 모든 종류의 소형 장치들을 가능하게 만든다. 수학은 디지털 전자공학의 언어이다. 언어는 엔지니어들이 구명장치들을 설계하도록 하는 매우 유용한 도구이다. 수학, 디지털 전자공학, 그리고 공학은 강력한 파트너들이다.

심박조율기는 엔지니어들에 의해 설계된 구명장치의 또 다른 예이다. 이 소형 배터리로 조작되는 장치는 환자의 심장이 규칙적이고 적절한 속도로 뛰도록 돕는다(그림 19-7). 심박조율기는 일반적으로 심박동이 어떤 속도 이상인지를 감지할 수 있다. 이 속도가 되는 시점에서 심박조율기는 자동적으로 꺼질 것이다. 비슷하게, 심박조율기는 심박동이 너무 느려지면 이를 감지해서 자동적으로 심장 박동을 다시 시작하게 한다. 미국에서 매년 십만 개 이상의 심박조율기가 수술적으로 삽입된다.

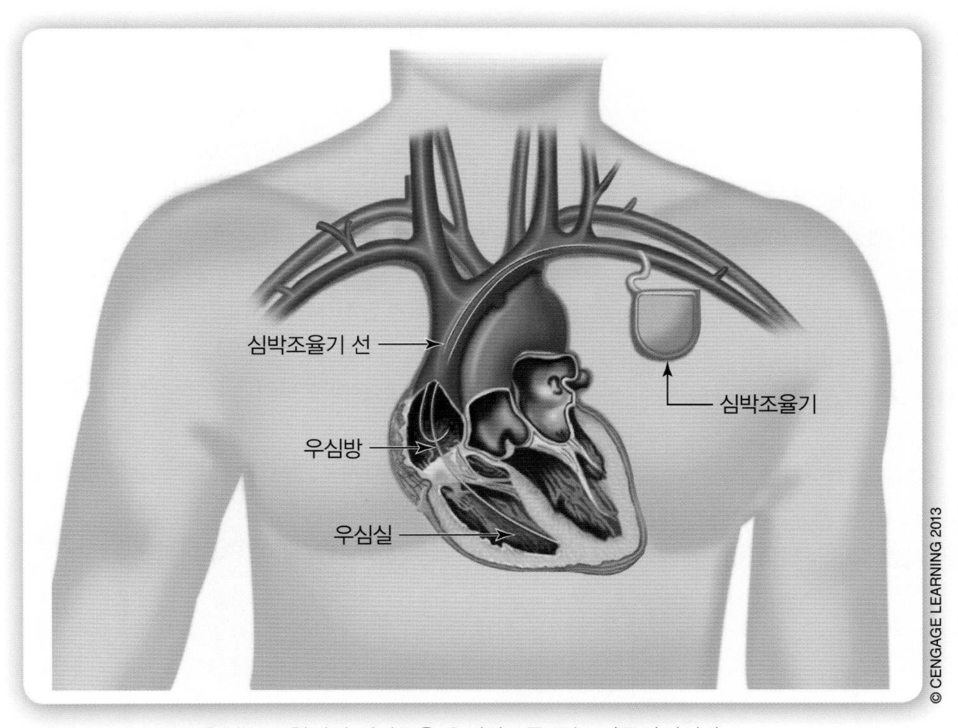

그림 19-7 심박조율기는 규칙적인 심박동을 유지하도록 돕는 자동장치이다.

공학 과제

이 과제의 목적은 자동화한 일상 일들이 당신의 삶을 단순화할 수 있는 많은 방법들에 대해 생각하는 것이다. 엔지니어처럼 생각하는 것을 학습하는 것은 비록 당신이 추구하는 직업진로가 어떠할지라도 삶에서 당신을 돕게 될 중요한 능력이다. 엔지니어들은 문제와 상황을 분석한 다음 실제적인 해결책을 개발한다.

공학 과제는 삶에서 많은 일상적인 행위들에 관해 생각할 것이고, 하나를 선정해서 당신을 위한 일을 다루기 위해 자동화된 해결책을 설계할 것이다. 시스템을 자동화하기 위해서는 사람의 개입 없이 조작할 수 있어야 한다는 것을 기억해보자. 당신은 실제로 설계 해결책에 대한 시작품을 개발할 수 없을지도 모른다. 그러나 다른 부분들과 그것들이 어떻게 함께 역할을 할 것인지 서술할 수 있다. 당신의 설계 방안을 수업시간에 나누어보자.

1. 당신이 자주 해야만 하는 일이나 행위를 선정함으로써 시작하시오. 당신이 선정한 일은 당신을 위해 수행하는 한 기계를 가진 것을 기쁘게 여기는 것이어야 한다.
2. 완성되어야 할 행위를 정확하게 서술하시오. 예를 들면, 아마 당신은 개에게 매일 오전 6시와 오후 6시에 먹이를 주어야 하고, 그렇게 일찍 일어나 개에게 먹이를 주는 것을 좋아하지 않는다. (미안하지만, 당신은 이 예를 사용할 수 없다.)
3. 일을 완성하는 데 사용되어야 할 과정을 서술하시오.
   a. 찬장에서 개 사료 봉지를 가져오시오.
   b. 개 사료 봉지에서 개 사료를 한 컵 숟가락에 채우시오. 너무 많은 사료나 너무 적은 사료는 개에게 좋지 않다는 것을 기억하시오.
   c. 개밥그릇에 한 컵의 개 사료를 채우시오.
   d. 숟가락을 개 사료 봉지에 넣으시오.
   e. 개 사료 봉지를 닫고 그것을 치우시오.
4. 지금 사료를 그릇 속에 넣을 수 있는 여러 가지 방법들을 생각하시오. 예를 들면, 당신은 분리된 용기들에 사료를 사전에 미리 조치할 수 있다. 또 다른 방안은 한 컵의 개 사료를 정확하게 내보낼 수 있는 보유탱크를 가지는 것이다.
5. 어떤 입력으로 4단계에서 결정된 과정을 시작할 것인지 서술하시오. 만일 개에게 사료를 주기 위해 개가 레버를 밟는 훈련을 받았다면, 개는 자기가 원하는 만큼 먹을 수 있을 것이다. 그래서 이것은 좋은 해결책이 되지 못한다. 더 좋은 해결책은 개 사료를 주는 것을 작동하는 회로에서 자명종을 사용하는 것일지 모른다.
6. 당신의 해결책에 포함된 다양한 기술적 공정에 대해 서술하시오. 우리가 사용하고 있는 예에서, 프로그램가능 논리 제어장치(programmable logic controller, PLC)를 작동시키는 디지털회로가 있어야 할 것이다. PLC는 공기압 실린더가 문을 밀어 열어서 개 사료가 개밥그릇에 떨어지도록 한다. 매번 단지 1컵의 사료만 떨어지도록 사료 탱크에 어떤 기구가 있어야 한다.
7. 당신의 설계 해결책을 보이기 위한 간략한 도면을 스케치하시오.
8. 프로젝트 계획서에 스케치와 당신의 기술을 결합하시오.
9. 당신의 계획서를 수업시간에 발표하시오.

19.2 제조에서 자동화

미래의 공장은 단지 두 고용자, 사람 한 명과 개 한 마리가 있을 것이다. 사람은 개에게 먹이를 주기 위해 거기에 있을 것이다. 개는 사람이 장비를 만지는 것을 막기 위하여 거기에 있을 것이다.

–워렌 베니스(Warren G. Bennis)

이 문장은 오래전인 오늘날 같은 수준으로 발달된 자동화 생산 이전에 쓰여졌다. 인용구로 재미있지만, 이것은 진실에서 그렇게 멀지 않다. 오늘날 그야말로 조명이 꺼지고 사람이 없이 밤새 일을 하는 공장들이 있다(그림 19–8, 19–9). 오늘날 대부분의 제조 장비는 매우 정교해서 이것을 프로그램하고 조작하기 위해 고도로 훈련된 전문가들이 필요하다. 공학 기술자들은 오늘날의 자동화 생산에서 매우 중요한 사람들이다.

자동화 생산(automated manufacturing)은 제조에서 컴퓨터 제어 공작기계와 로봇을 위해 사용되는 일반적인 용어이다. 컴퓨터는 현대 제조의 모든 부분에서 사용된다. 컴퓨터는 설계, 재료 조달, 생산, 그리고 유통에 대한 모든 공정의 필수적인 부분이다(그림 19–11). 이 절에서 컴퓨터가 실제 소비재의 설계와 생산에 얼마나 관련되어 있는지 읽을 것이다.

자동화 생산

기계도구를 컴퓨터를 이용하여 제어하고 로봇을 이용하여 생산하는 제조 공정을 말한다.

제조에서 자동화의 주된 장점은 소비자를 위한 저비용과 고품질 제품을 포함한다(그림 19–12). 자동화는 회사로 하여금 좀 더 적은 시간에 생산하고 별로 실수 없이 생산하도록 한다. 과거에는 올바르게 만들지 못했던 부품이나 생산품은 회사에 대해서는 큰 비용이었다. 이 부품들은 종종 폐품 쓰레기가 되었다. 자동화는 품질을 크게 증가시켰고 천연자원의 낭비를 줄였다. 이와 같이 자동화는 또한 환경을 보호하는 데 도움이 되었다.

그림 19–8 현대 제조는 거대한 자동화 공정이다.

그림 19–9 마시멜로조차 자동화를 이용해 제조된다.

알고 있나요?

오늘날 많은 제조시설들은 병원수술실만큼 소독되어 있다. 컴퓨터칩과 같은 최첨단 제조는 소독과 무진 환경을 요구한다. 정전기도 또한 제어되어야 한다. 또한 제조자들은 제품과 기계 오염을 최소화하기 위하여 또 다른 계측을 할지 모른다. 예를 들면, 할리데이비슨 오토바이의 뼈대를 도색하는 사람들은 계약에 서명하고 어떤 보석, 냄새제거제, 또는 화장을 하지 않기로 동의하고, 그들이 사용할 수 있는 샴푸의 상표가 역시 규정된다. 이 고용인들은 외과 전문의들이 입는 똑같은 형태의 살균된 방호복을 입는다(그림 19-10).

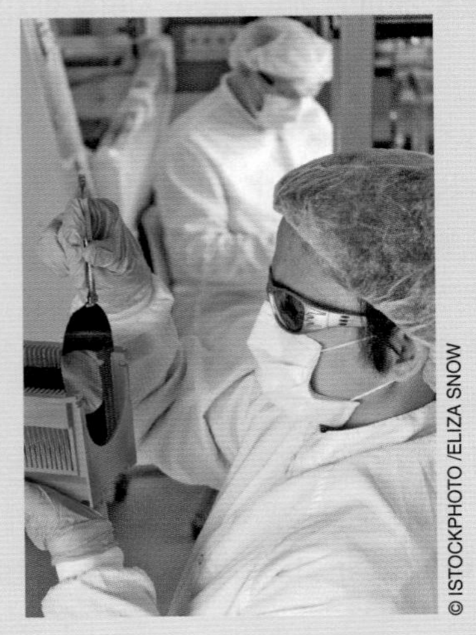

그림 19-10 오늘날 많은 제조시설들은 수술실만큼 소독되어 있다.

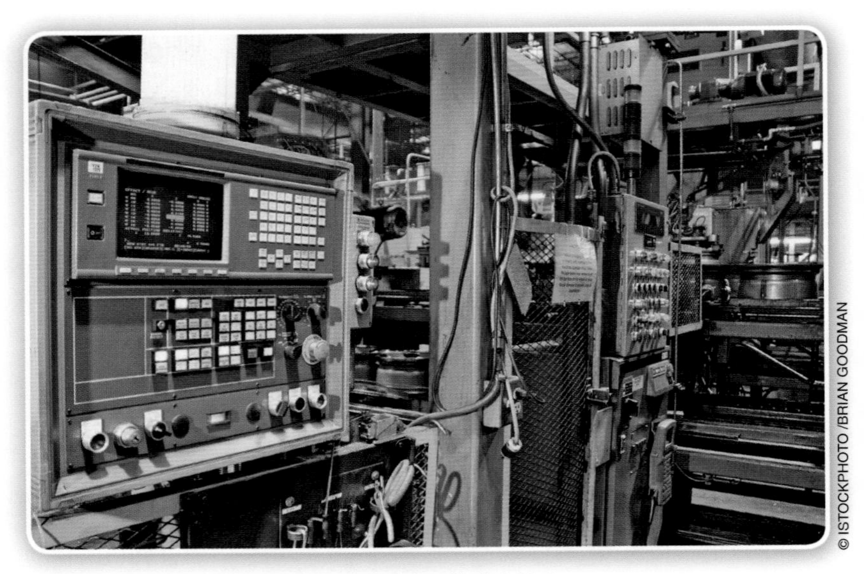

그림 19-11 컴퓨터는 제조의 모든 단계에 포함되어 있다.

컴퓨터 이용 설계

제조공정은 잘 설계된 생산물로 시작한다. 엔지니어들이 종종 그들의 방안을 스케치로 시작하지만(4장 참조), 실제 설계는 강력한 컴퓨터상에서 정교한 **컴퓨터 이용 설계**(computer-aided design, CAD) 소프트웨어를 가지고 이루어진다(그림 19-13). CAD는 손으로 제도하는 것보다 더 빠르게 처리한다. 그리고 CAD 소프트웨어는 또한 컴퓨터 화면상에서 엔지니어들이 부품의 모든 측면들을 볼 수 있도록 회전시킬 수 있는 3차원(3D) 모델을 생성할 수 있다.

© LEV RADIN/SHUTTERS TOCK.COM

그림 19-12 애플의 아이패드와 같은 소비재는 제조에서 자동화의 한 혜택이다.

3차원 모델은 또한 엔지니어들이 부품이나 생산품들이 실제로 만들어지기 전에 그들의 설계를 검사할 수 있도록 한다. CAD 소프트웨어는 또한 부품의 파괴점을 알아내기 위해 응력해석도 할 수 있다. 엔지니어들은 부품이 무엇과 같이 보이는지, 이것이 다른 부품들과 어떻게 작동하는지, 어떤 재료가 사용하기가 좋은지, 그리고 설계에서 어떤 변화가 필요한지를 볼 수 있다.

CAD 시스템은 또한 재료비를 추정하는 데 유용하다. CAD 소프트웨어는 엔지니어가 가격, 강도, 그리고 각각에 대한 여러 성질들을 비교할 수 있는 다양한 재료들에 대한 자료들을 가지고 있다. 많은 부품들로 만들어지는 대형 제품들에 대해서는, CAD 소프트웨어가 또한 교체된 각 부품에 대한 신제품 가격을 신속하게 계산할 수 있다.

COURTESY OF KELLI J. MCGREGOR, WESTFIELD HIGH SCHOOL

그림 19-13 컴퓨터 이용 설계 소프트웨어는 엔지니어들이 그들의 설계를 검사할 수 있는 3D 모델을 생성할 수 있다.

컴퓨터 이용 생산

컴퓨터 이용 생산(computer-aided manufacturing, CAM)은 제조공정에서 사용되는 기계를 제어하는 데 컴퓨터를 사용하는 공정이다(그림 19-14). 이 기계들은

그림 19-14 컴퓨터 이용 생산은 제조공정에서 기계를 제어하는 데 컴퓨터를 사용하는 공정이다.

컴퓨터 이용 생산
컴퓨터를 사용하여 기계를 제어하는 산업 공정이다.

컴퓨터 수치 제어
프로그래밍언어나 코드로 기계를 정확히 이동하고 공작하는 장치를 말한다.

컴퓨터 통합 생산
컴퓨터를 이용하여 전체 생산 공정이 조정되는 시스템을 말한다.

컴퓨터 수치 제어(computer numerical control, CNC)라고 하는 코드로 읽는다. CNC는 기계들이 정확하게 무엇을 해야 하는지를 말하는 프로그램 언어이다. CNC 밀링머신의 경우에는, 얼마나 빠르게 절삭공구를 회전시켜야 하는지, 절삭을 어디에서 시작해야 하는지, 재료를 얼마나 깊게 절삭해야 하는지, 어느 방향으로 절삭해야 하는지, 그리고 재료를 통해 절삭공구를 얼마나 빠르게 이동해야 하는지를 코드가 기계에게 말해준다.

CAD 소프트웨어는 또한 공작기계에 대해 절삭지시를 할 수 있다. CAD 실이 직접 CAM 기계와 연결되어 있다면, 이 공정을 CAD/CAM이라고 부른다. 이것은 기계에 CNC 지령을 프로그램하기 위한 사람의 필요를 제거한다. 일반적으로, CAD 소프트웨어는 엔지니어의 승인을 위하여 컴퓨터 화면에서 가상 절삭공정을 수행할 것이다. 그다음에 CAD실은 회로망을 통해 기계에 직접 필요한 CNC 코드를 직접 보낸다.

컴퓨터 통합 생산

컴퓨터 통합 생산(computer-integrated manufacturing, CIM)은 실제로 CAD/CAM을 확대한 것이다. CIM에서, 전 제조공정은 컴퓨터를 통해 조정된다. 이것은 공작기계에 부품을 올리고 내리게 하는 로봇, 부품들을 작업장소 사이에서 처리 중에 있는 부품들을 이동하기 위한 컨베이어벨트, 그리고 종종 자동 무인반송차에 의해 원자재를 이송하고 최종 부품들을 들어 올리는 것을 포함한다.

엔지니어들과 경영자들은 그들의 사무실에서 제조 사이클의 어떤 단계도 조사할 수 있다. CIM 공정은 언제 그들이 추가적인 재료를 주문할 필요가 있는지 그리고 최종 생산품들을 언제 선적할 것인지를 그들에게 말할 것이다. CIM 소프트웨어는 또한 기계를 언제 정비할 필요가 있는지 또는 절삭공구기보다 날카로운 것으로 교체되어야 하는지를 공학 기술자들에게 말할 것이다.

CIM은 경영자들에게 매우 도움이 된다. 왜냐하면 이것은 제조공정의 모든 단계에 대한 컴퓨터 기록을 가지고 있다. 경영자들은 이들의 조작의 효율성을 분석하기 위해 이 정보를 사용할 수 있다. 좋은 기록 유지는 비용을 낮추고 회사의 이익을 증대시킬 수 있는 좀 더 효율적인 조작을 위해 감안한다.

그림 19-15 프로그램 가능 논리 제어기는 기계나 자동화장치의 행동을 제어하는 데 사용된 소형 컴퓨터이다.

프로그램 가능 논리 제어기 프로그램 가능 논리 제어기(programmable logic controller, PLC)는 제조에서 많이 사용되고 있다. PLC는 기계나 장치에게 특수하고 제한된 지령을 주는 소형 프로그램가능 컴퓨터이다(그림 19-15). PLC는 종종 여러 형태의 센서와 접속되어 있다. 센서가 신호를 PLC로 보낼 때, PLC는 기계에게 무엇을 할 것인지 말할 것이다. 예를 들면, 조립라인상에 있는 센서는 경로 상자들이 선적을 위해 적절한 위치에 있도록 도울 것이다. 상자가 컨베이어를 따라 움직일 때 센서는 상자에 있는 바코드를 읽고 PLC로 신호를 보낸다. 그다음 PLC는 공기압 피스톤에 신호를 보내 적절한 목적지를 위해 한쪽 컨베이어 위로 상자를 민다.

프로그램 가능 논리 제어기

기계나 장치에 특수하고 제한된 지령을 주는 소형 프로그램 가능 컴퓨터이다.

작업셀

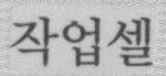

제조에서 작업셀은 제품의 질, 속도, 가격을 개선하기 위해 설계된다. 이것은 같은 지역에서 쉽게 이용할 수 있는 필요한 자원들을 갖는 것을 포함한다. 작업셀(workcell)은 같은 지역에서 몇몇 공정을 완수하기 위해 함께 작업하는 로봇과 공작기계를 포함할 것이다. 이 개념은 같은 위치에서 부품들을 지게차나 컨베이어로 긴 거리를 움직이는 시간 낭비 없이 몇몇 공정들을 신속하게 수행하는 것이다. "시간은 돈이다"라는 격언이 오늘날의 제조에서는 정말로 진실이다.

작업셀

동일한 작업공간에서 다양한 작업을 하기 위한 로봇과 같은 기계장비이다.

작업셀은 제조에서 최근의 혁신이다. 전통적인 제조공장에서는, 각 기계나 작업장소가 어떤 지정된 업무를 완수하기 위해 설계되었다. 기계들을 운영하는 사람들을 포함한, 모든 것이 너무 전문화되었다. 작업셀에서는 반대가 사실이다. 각 작업장소는 부품을 또 다른 작업장소로 수송하지 않고 몇 가지의 업무들을 완수하기 위해 설계되었다.

모든 작업셀들이 완전하게 자동화된 것은 아니다. 전체적으로 자동화가 안 된 작업셀들은 다재다능한 사람의 집단이 필요하다. 경영자, 엔지니어, 숙련된 노동자들이 가장 적은 양의 낭비된 이동, 시간 자원을 가지고 가장 품질 좋은 제품을 만드는 것을 보장하기 위해 함께 일한다. 팀워크는 발전을 위한 중요한 기량이다. 다른 사람들과 일을 잘 할 수 있는 능력은 고용주들이 새 고용인을 고용하고자 할 때 고용주들이 바라는 주요한 특성 중의 하나이다.

유연 생산 시스템

과거에는 제조 조립라인들이 흔히 어떤 특정한 부품이나 제품을 만드는 데 전념하였다. 그것들은 소비자의 요구가 변해도 쉽게 변화를 적응할 수 없는 기계와 공정에 전념하였다. 결과적으로 일부 제조공장들은 다양한 제품들에 대한 시장 요구에 보조를 맞출 수 없어 폐업을 했고, 많은 고용인들은 직장을 잃게 되었다.

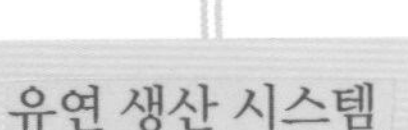

유연 생산 시스템

빠른 공구 교환 과정을 통해 하나 이상의 유형을 수행할 수 있는 복잡한 시스템을 사용하는 시스템이다.

유연 생산 시스템(flexible manufacturing system, FMS)은 제조를 위한 새로운 접근이다. FMS는 생산에서 더 많은 유연성을 갖는 제조공정이다. FMS는 신속한 공구 교환을 통해 한 가지 이상의 일을 수행할 수 있는 정교한 공작기계를 사용한다. FMS에서 프로그램 가능 로봇과 자동화가 사용된다(그림 19-16). 이것은 기계들이 새로운 설계와 부품 사양에 쉽게 적응하도록 한다. 과거에는 고용인들이 생산공정에서 상당한 변화가 있어도 지속했어야 했다. FMS에서는 단순히 새로운 컴퓨터 프로그램이 필요하다.

REIS ROBOTICS-TWO ROBOTS IN MASTER/SLAVE OPERATION FOR AUTOMATED PRODUCTION OF SCAFFOLD COMPONENTS

그림 19-16 유연 생산 시스템은 회사들이 생산에서 신속한 조절을 할 수 있도록 한다.

FMS는 일반적으로 함께 작업하는 세 시스템으로 구성되어 있다. 첫째, 앞에서 언급했듯이 CNC 공작기계는 한 가지 이상의 공정을 수행하기 위해 프로그램될 수 있다. 둘째, 자동화 자재관리 시스템은 필요할 때 바로 적절한 원자재를 이송하고 최종 상품을 옮긴다. 셋째, 중앙 컴퓨터 시스템은 CNC 공작기계, 로봇, 자재관리 공정을 조직화한다(그림 19-17).

FMS의 주요 장점은 시장 요구의 변화에 대해 신속하게 응답하는 능력이다. 다른 장점들은 다음과 같다.

(1) 대규모의 자동화 때문에 증가된 생산성과 개선된 품질
(2) 새로운 생산라인 운영을 위한 축소된 준비시간
(3) 자동화에 의한 낮은 인건비
(4) 소량 또는 대량 묶음의 다양한 부품이나 제품을 다룰 수 있는 능력

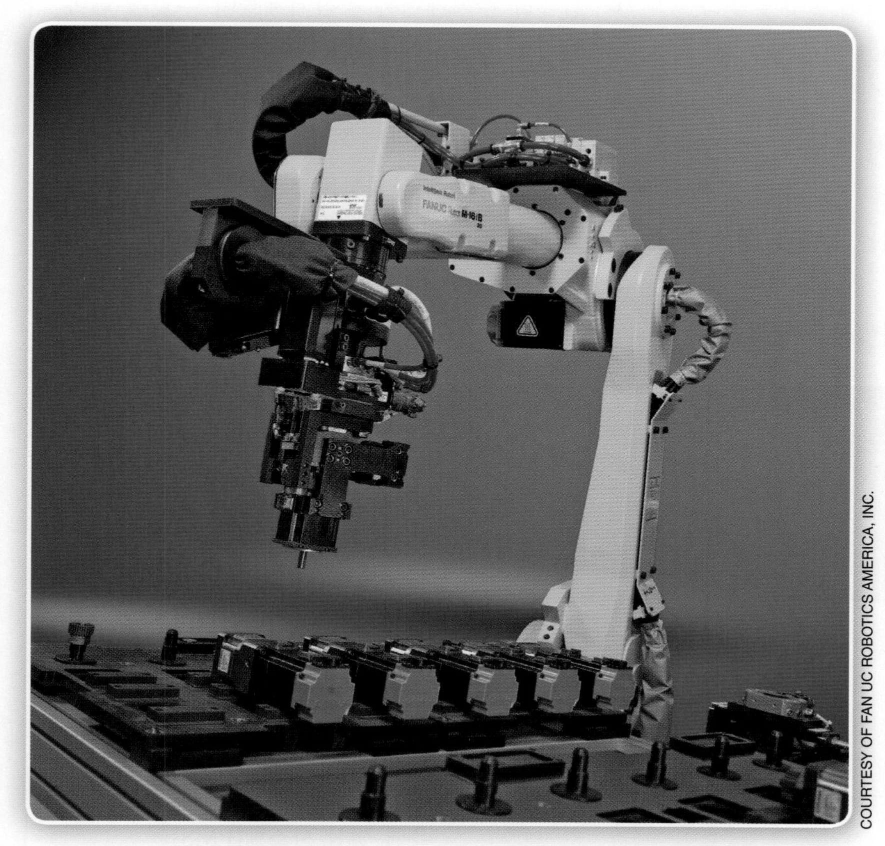

COURTESY OF FAN UC ROBOTICS AMERICA, INC.

그림 19-17 자동화는 또한 로봇을 만드는 로봇을 포함한다. 이 로봇 팔은 로봇 부품들을 생산하는 임무를 수행하고 있다.

요약

이 장에서 배운 학습내용

- 자동화는 어떤 행동이 또 다른 사건의 결과로서 인간의 간섭 없이 일어나는 시스템이다.
- 자동화는 많은 면에서 일상생활에 영향을 준다.
- 자동화 생산 방법은 비용을 낮추고 제품 품질을 개선한다.
- 컴퓨터는 제조의 모든 면에서 중요한 역할을 한다.
- 컴퓨터 이용 설계 소프트웨어는 제품을 생산하는 데 사용된다.
- 컴퓨터 이용 생산은 제조공정에서 사용되는 다양한 기계들을 제어하기 위해 컴퓨터를 사용하는 공정이다.
- 컴퓨터 수치제어는 공작기계들이 무엇을 해야 할지 말하는 프로그래밍 코드이다.
- CAD 소프트웨어는 CNC 공작기계용 기계코드를 생성할 수 있다.
- 컴퓨터 통합 생산에서는 전 제조공정이 컴퓨터를 통해 조직화된다.
- 유연 생산 시스템은 시장요구 변화에 대해 신속하게 응답할 수 있는 생산 시스템이다.

용어

각 용어들에 대한 정의를 쓰시오. 마친 후에, 자신의 답을 이 장에서 제공된 정의들과 비교하시오.

자동화
자동화 생산
컴퓨터 이용 생산(CAM)
컴퓨터 수지 체어(CNC)
컴퓨터 통합 생산(CIM)
프로그램 가능 논리 제어기(PLC)
작업셀
유연 생산 시스템(FMS)

지식 늘리기

다음 질문들에 대하여 깊게 생각하여 서술하시오.

1. 자동화가 당신의 생활에 어떤 방법으로 영향을 주는가? 이 장에서 제공된 것과 다른 예를 적어도 세 가지 이상 서술하시오.
2. 전통적인 제조공정과 비교하여 자동화 생산의 세 가지 장점을 서술하시오.
3. 전통적인 제도판 제도에 대해 컴퓨터 이용 설계의 세 가지 장점을 비교하시오.
4. 컴퓨터는 어떤 면에서 제조공정을 개선시키는가?
5. 작업셀이 전통적인 생산에 비해 개선된 것은 무엇인가?
6. 유연 생산 시스템과 전통적인 생산과 비교하고 대조하시오.

CHAPTER 20
최근에 생겨난 기술
Emerging Technologies

Menu

미리 생각해보기

이 장에서 개념들을 공부하기 전에 다음 질문들에 대해 생각하시오.

1. 생명공학이란 무엇이며, 이것은 왜 중요한가?
2. 바이오연료가 왜 중요한가?
3. 실제로 쓰레기를 이용해 전기를 만들 수 있는가?
4. 애완동물을 복제할 수 있는가?
5. 나노기술은 어떤 혜택이 있는가?
6. 나노로봇의 크기는 얼마인가?
7. 원격의료가 어떻게 비디오 게임과 비슷한가?
8. 보철 기술은 무엇인가?

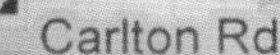

© ISTOCKPHOTO/JEFF NAGY

공학의 실행

S T E M

데스크톱 컴퓨터가 팔리는 수 이상인, 1억 5천만 대 이상의 휴대용 컴퓨터가 매년 세계에 판매된다. 가격이 적절하고 이용 가능한 휴대용 컴퓨터는 도처에 있는 사람들을 위한 긍정적인 기술의 결과물이다. 그러나 휴대용 컴퓨터 판매의 증가는 환경에서 의도하지 않은 결과를 초래했다.

많은 사람들이 휴대용 컴퓨터를 단지 약 3년 정도만 쓰다가 버린다. 그냥 쓰고 버리는 습관이 휴대용 컴퓨터로만 매년 약 19,000톤의 쓰레기를 만든다. 그리고 이 쓰레기는 환경을 해칠 수 있다. 휴대용 컴퓨터는 플라스틱으로 만들어지고 환경으로 새어나올 수 있는 유독성 재료들을 가지고 있다.

낡은 휴대용 컴퓨터로 인한 잠재적인 환경 피해는 오늘의 학생(미래의 엔지니어)이 풀어야 하는 문제들 중 하나이다. 엔지니어들은 이미 일회용 전자제품들이 환경 속에서 가질 수 있는 해로운 효과들을 줄이기 위해 일을 하고 있다. 이 증가하는 문제를 해결하기 위해, 미래의 엔지니어들은 제품들의 수명을 미리 생각하고 재활용을 통해 생산부품들을 재생산하기 위한 혁신적인 선택들을 만들어야 한다. 조심스러운 생산공학을 통해 환경을 보호하는 것은 미래에는 더 중요할 것이다.

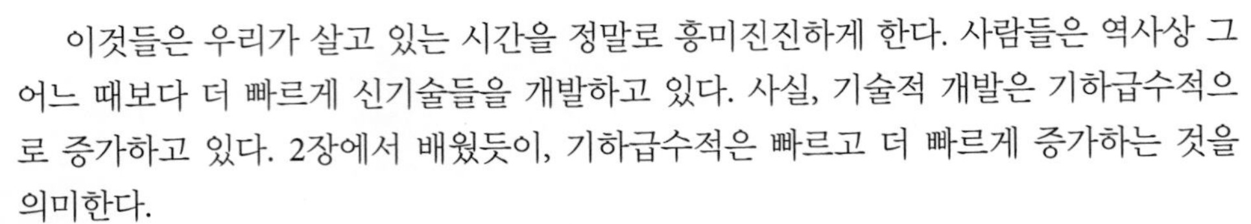

이것들은 우리가 살고 있는 시간을 정말로 흥미진진하게 한다. 사람들은 역사상 그 어느 때보다 더 빠르게 신기술들을 개발하고 있다. 사실, 기술적 개발은 기하급수적으로 증가하고 있다. 2장에서 배웠듯이, 기하급수적은 빠르고 더 빠르게 증가하는 것을 의미한다.

생명공학
생물체의 유용한 특성을 이용하기 위해서, 그 자체를 인위적으로 조작하는 기술이다.

21세기 세계 경제에서 성공적으로 경쟁하기 위해서, 흥미 있고 보람 있는 직업을 찾기 위해서는 최근에 새로 생겨난 기술들을 이해할 필요가 있다. 세 가지의 핵심적인 기술은 생명공학, 나노기술, 의료기술이다. 이 분야의 직업은 기술, 수학, 과학에서 견실한 기초를 요구할 것이다.

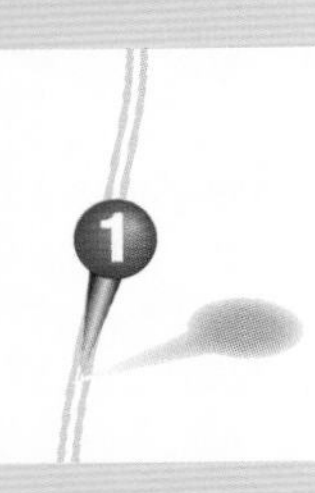

20.1 생명공학

생명공학은 오늘날 가장 빠르게 성장하는 분야 중 하나다. 생명공학(biotechnology)은 생물을 근거로 한 기술이며, 언젠가 살아 있었던 것들에 근거로 한 기술이다. 생명공학 공정은 실제로 수세기 동안 사용되었다. 그렇지만, 현대에 생명공학이라는 용어를 사용한 것은 단지 50년밖에 안 된다. 지난 20년 동안, 생명공학에서 여러 주요한 발달이 있었다. 이 절에서는 생명공학이 우리의 삶을 개선하는 데 사용될 수 있는 많은 것 가운데 몇 가지를 탐구할 것이다.

바이오연료
바이오매스(biomass)로부터 얻는 에탄올과 같은 연료이다.

바이오연료

바이오연료(biofuel)는 바이오매스로 만든 연료를 말한다. 9장에서 배웠듯이, 바이오매스는 공장이나 동물로부터 만들어지는 어떤 유기물질을 나타내는 데 사용되는 용어이다. 바이오매스는 농작물, 숲 부산물, 도시의 쓰레기에서도 만들어진다. 또한, 사용된 조리용 기름도 차에 동력을 줄 수 있는 연료소스로 변환될 수 있다.

엔지니어들은 바이오연료에 관심을 갖는다. 왜냐하면 그것들은 재생에너지이기 때문이다. 기름은 연소될 때 환경을 오염시키는 소모성(비재생) 에너지다. 바이오연료는 화석연료보다 좀 더 환경 친화적이어서 화석연료가 연소되는 것과 같이 바이오연료가 연소될 때 공기를 오염시키지 않는다. 또한, 바이오매스는 기름보다 세계 곳곳에 좀 더 고르게 분포되어 있는 자원이다.

에탄올(ethanol)은 식물에서 얻을 수 있는 설탕과 녹말로 만들어진 알코올 연료이다. 미국에서는, 옥수수가 에탄올을 만들기 위한 가장 일반적인 녹말 소스이다(그림 20-1). 밀,

그림 20-1 우리는 에탄올과 같은 바이오연료를 가지고 자동차 연료로 쓸 수 있다. 에탄올은 기름 대신 재생 가능한 농산물로부터 만들어진다.

공학 속의 과학

에탄올을 만드는 데는 두 가지 화학공정이 필요하다. 첫째, 바이오매스가 가수분해하여 설탕으로 변환된다. 다음 설탕은 발효를 통해 에탄올로 변환된다. 발효는 실제로 일련의 화학반응이다.

옥수수 줄기, 밀짚, 그리고 빨리 성장하는 나무들이 또한 에탄올을 만들기 위한 바이오매스의 좋은 소스들이다. (옥수수와 같은) 곡물로 만든 바이오에탄올이 가장 일반적이다. 그렇지만 이 제품만 가지고 연료에 대한 우리의 필요를 충족할 수 없다. 가까운 미래에 바이오에탄올 생산을 위한 새로운 방법들이 개발될 필요가 있다.

바이오디젤(biodiesel)은 새것 또는 사용된 식물성 기름과 동물성 기름에서 만들어질 수 있는 또 다른 형태의 바이오연료이다. 바이오디젤은 깨끗하게 연소하는 연료여서 석유로 만든 디젤을 대체할 수 있다. 이것은 무독성이고 황을 포함하고 있지 않기 때문에 우수한 대체이다. 또 다른 장점은 사용된 기름이 버려지지 않으므로 지하수 원천, 강, 또는 대양으로 배어들지 않을 것이다.

바이오디젤
식물성 기름이나 동물의 지방으로부터 얻는 바이오 연료의 한 종류이다.

바이오파워

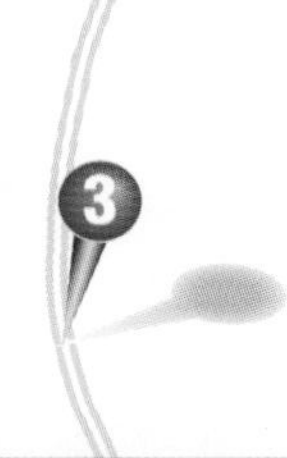

바이오파워(biopower)는 전기를 생성하기 위해 바이오매스를 사용한다. 바이오파워는 또한 바이오매스 파워라고 불린다. 바이오파워를 사용하여 전기를 생성하는 방법이 몇 가지 있다. 가장 일반적인 방법이 직접연소 시스템이다. (식물줄기와 같은) 바이오매스는 물을 가열하기 위해 태워져서 증기를 만든다. 다음 증기는 터빈을 구동한다(9장 참조). 터빈은 발전기를 회전해서 전기를 만든다. 효율적인 시스템에서는, 또한 증기가 터빈을 통과한 후에 이것이 건물을 가열하는 데 사용될 수 있다.

바이오매스는 무산소 소화(anaerobic digestion)라는 공정을 통해 바이오파워를 만드는 데 사용될 수 있다. 근본적으로 소화조는 바이오매스를 분해해서 가스(가솔린이 아니라 증기)를 만드는 통이다(그림 20-2). 특별한 형태의 엔진을 가지고, 이 가스는 재생 전기를 생산할 수 있다.

바이오파워
전기를 생성하기 위해 바이오매스를 사용한다.

무산소 소화
오수 속에 포함되어 있는 유기화합물을 혐기성균에 의해 분해하여 메탄탄산가스 등의 무기화합물을 방출하는 것이다.

이 무산소 소화 공정은 당신의 뒷마당의 퇴비 더미에서 일어나는 것과 비슷하다. 하루 이상 더미에 풀이나 나뭇잎들을 놓아본 적이 있는가? 그것들은 분해를 시작할 것이고, 추운 가을날에 당신의 손으로 느낄 수 있거나 더미가 올라오는 것을 금방 알아볼 수 있는 열을 발생한다.

농장에서는 동물 배설물이 또한 전기를 생산하기 위한 바이오매스로 사용될 수 있다. 이 신기술은 도시 및 동물 쓰레기들을 버리기 위해서는 긍정적인 면에서 큰 효과가 있다. 바이오매스로부터 전기를 생성하는 데 다음과 같은 장점들이 있다.

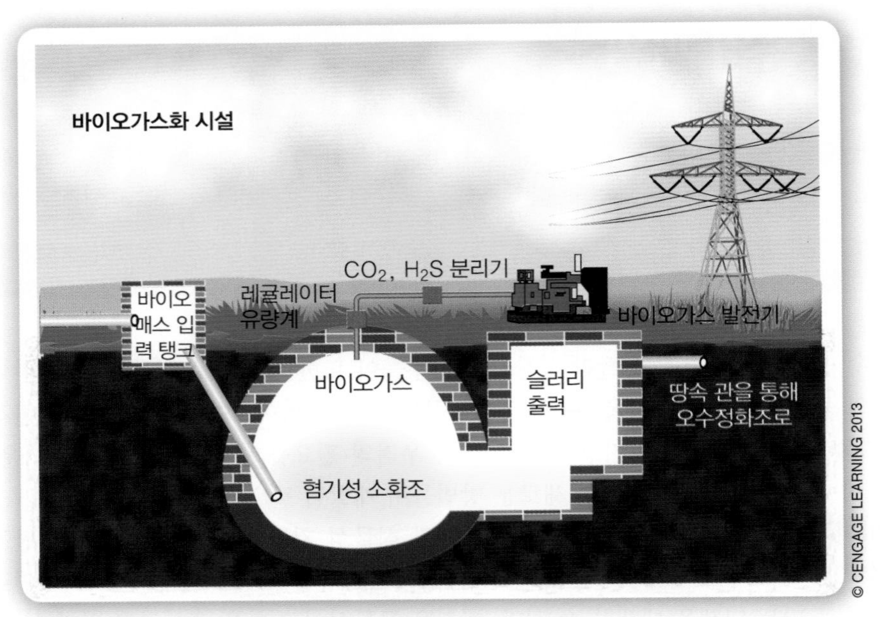

그림 20-2 무산소 소화조는 전기를 생산하기 위한 효과적이고 친환경적인 방법이다.

- 전기를 생산하는 데 작은 에너지가 필요하다.
- 화석연료를 태우는 것보다 좀 더 친환경적이다.
- 다른 발전소에 비해 필요한 공간이 적다.
- 소스를 쉽게 구할 수 있어서 운영비가 적게 든다.
- 공정이 쉽게 자동화되고 사람의 노동력이 적게 필요하다.
- 환경 친화적인 기술이다.

식품 생산

가축에서 유전적 개선은 생명공학 연구와 공학이 어떻게 직접적으로 사회에 혜택을 주는지에 대한 실제적인 예이다. 젖소와 같은 식품 생산용 가축은 양과 질을 개선하기 위하여 유전학적으로 변형될 수 있다. 같은 원리가 닭고기, 돼지고기, 소고기에 적용될 수 있다. 세계의 인구를 먹이기 위해 생명공학 연구와 유전공학은 우리의 능력을 향상시킬 것이다.

분자생물농업

분자생물농업은 대단한 장래성을 제기하는 또 다른 새로운 분야이다. **분자생물농업**(molecular farming)은 생명공학과 식물을 결합하여 다양한 제품들을 생산하는 공학과 과학의 새로운 분야라고 말한다. 이 제품들은 농작물, 가축, 화장품 또는 의료 목적을 위해 사용될 것이다.

연구자와 엔지니어들은 의약품에 사용될 수 있는 식물들을 개발하고 있다. 분자생물농업은 우리로 하여금 최소한의 생산으로 쉽게 약으로 변환할 수 있는 식물을 재배하게 한다. 이 행위는 사회에 공공을 보호하기 위한 새로운 규정들을 만들 것을 요구할 것이다. 2장에서, 개발된 어떤 기술들을 사회가 보통 어떻게 규제하는지를 학습했다.

KAREN KASMAUSKI/SCIENCE FACTION/GETTY IMAGES

그림 20-3 돌리는 다 자란 동물로부터 복제된 첫 번째 포유동물이었다.

복제

생명공학은 멸종 위기 종을 회복하는 데 도움을 줄 수 있다. 이것은 1990년 후반 첫 번째 포유동물의 복제의 논리적 확대로서 몇몇 사람들에 의해 생각되어졌다. 돌리 양은 1997년 스코틀랜드의 과학자들에 의해 복제되었다. 돌리는 다 자란 동물로부터 복제된 첫 번째 포유동물이었다(그림 20-3).

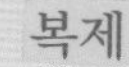

복제

동물의 유전자를 정확히 복제하여 새끼 동물을 복제하는 과정을 말한다.

복제(cloning)는 한 생물의 정확한 유전적 복제를 하는 공정이다. 지속되는 연구에도 불구하고, 복제가 갖는 많은 문제들이 아직 남아 있다. 그럼에도 불구하고 줄어들고 있는 야생동물들의 회복에 대한 번영능력은 생명공학 분야의 과학자와 엔지니어들에게 흥미진진한 전망이다(그림 20-4).

농부들과 다른 사람들은 동물 복제에 예리한 관심을 갖는다. 한 낙농가가 다른 젖소들보다 두 배나 많은 우유를 자연스럽게 생산하는 젖소를 가지고 있다고 상상해보라. 당신이 이 젖소를 복제할 수 있다면, 농부는 같은 수만큼의 젖소가 필요하지 않을 것이다. 또는 우승한 경마용 말을 정확하게 복제할 수 있다면 어떻게 되겠는가? 더 개

© TIM JENNER/SHUTTERSTOCK.COM

그림 20-4 생명공학은 멸종위기에 있는 종들을 구하는 데 도움을 준다.

그림 20-5 향기공학은 작물 생산을 증가시켜 식량 공급에 도움이 된다.

인적인 입장에서 보면, 언젠가 당신이 당신의 애완동물을 복제할 수 있을지도 모른다.

향기공학

얼핏 보기에 멸종위기 종들을 구하는 것만큼 중요하지 않은 것 같지만, 생명공학에서 또 다른 관심 있는 분야는 향기공학, 또는 꽃들이 향기를 내는 방법을 제어하는 것이다. 당신은 향수를 생각할지도 모르지만, 실제로 이 공학 연구는 많은 작물들의 양과 질을 개선하는 데 중요한 영향을 준다.

꽃향기는 많은 식물들의 재생산 과정에서 중요한 역할을 한다. 왜냐하면 곤충이나 새들을 불러들여 꽃가루를 다른 식물들에게로 보내기 때문이다(그림 20-5). 작물의 개선된 수분은 우리의 식량 공급을 증가시킬 것이다. 세상 사람들을 먹이는 것은 지속적으로 도전되어야 한다. 그리고 멸종위기 종들을 구하는 것은 분명히 중요하다.

알고 있나요?

1나노미터(nm)는 대략 사람의 수염이 2초 동안 자라는 양이다. 이것은 그가 그의 얼굴을 위해 면도기를 들도록 할 것이다.

공학 속의 수학

1나노미터(nm)는 10억분의 1 또는 10^{-9}미터이다. 이 수치는 너무 작아서 이해하기 쉽지 않다. 1나노미터를 구슬의 크기에 비유한다면, 1미터는 지구의 크기가 될 것이다.

20.2 나노기술

나노기술(nanotechnology)은 단일 원자들을 조작하여 분자 크기의 작은 재료들을 만드는 기술이다. 나노기술은 또한 이 크기 범위에서 장치를 만드는 것을 말한다. 접두사 나노는 나노미터의 크기 또는 10억분의 1미터(10^{-9}미터)로 측정되는 분자의 크기로부터 유래한다. 나노기술은 최근에 생겨난 가장 흥미있는 기술로 잘 알려져 있으며, 미래 세대에 상당한 영향을 줄 것이다. 엔지니어와 과학자들은 새로운 제품들을 개발하고 특허를 받기 위해 노력하고 있다. 나노기술은 21세기에 가장 급성장하는 산업 중 하나가 될 것으로 기대된다.

나노기술
단일원자들을 조작하여 분자 크기의 물질 또는 제품을 만드는 기술이다.

나노기술의 잠재적 혜택

2장에서 배웠듯이, 모든 기술에는 계획되거나 계획되지 않은 긍정적 및 부정적 성과들이 있다. 나노기술의 잠재적 혜택은 다음과 같다.

- 나노기술은 음료수를 정화하는 데 사용될 수 있다. 오염된 음료수는 전 세계적인 사망과 질병의 주요한 원인이 된다. 의료적 그리고 사회 윤리적 측면에서 볼 때, 음료수 정화를 위한 나노기술의 잠재력은 인류에게 큰 기여가 될 것이다.
- 가공 보존 식품이나 작물들은 농업 생산성을 증가시킬 수 있다. 또는 농사짓기

나노기술 용어는 하나의 원자 또는 하나의 분자에 의해 재료들을 분리, 통합, 그리고 변형하는 공정에서 1974년 일본인 교수 노리오 타니구치(Norio Taniguchi)에 의해 처음으로 정의되었다. 그때에는 나노기술이 순전히 이론적이었고 아직 존재하지도 않았다. 20년 전까지만 해도, 그와 같은 크기의 입자들을 보거나 이것을 가지고 일할 수 없었다.

어려운 좋지 않은 땅에서 식량을 재배하게 할 수 있다.

- ▶ 소위 영리한 음식은 바로 우리의 필요에 맞추어 만들어질 수 있다. 사람의 신체는 영양상 필요로 하는 것이 조금씩 다르다. 그래서 이 영리한 음식은 우리의 몸이 필요로 하는 영양들을 제공할 것이다.
- ▶ 에너지를 값싸게 만들 수 있다. 에너지에 대한 우리의 필요는 증가하고 있다(9장 참조). 나노 재료들은 태양에너지를 흡수해서 전기로 변환할 수 있다. 나노와이어는 신체의 운동으로부터 적은 양의 전기를 만들 수 있다. 이 와이어는 보다 큰 배열로 조립되어 언젠가 소형 의료 이식 또는 MP3 플레이어까지도 전력을 공급할 것이다.
- ▶ 좀 더 깨끗해지고 효율적으로 제조할 수 있다. 우리가 사용하고 소비하는, 대부분의 음식을 포함한, 모든 것은 생산품이다. 증가되는 효율이 우리의 환경을 구하면서 모든 사람을 위한 이 세상의 삶의 기준을 끌어올렸다.
- ▶ 건강관리가 개선될 수 있다. 건강관리는 오늘날 세상에서 가장 급속도로 늘어나는 관심거리들 중 하나이다. 나노기술은 건강관리의 많은 분야에서 굉장한 잠재력을 가지고 있다. 나노로봇은 특정한 암세포들을 찾을 수 있고 바로 그 세포들에게 독약을 공급할 수 있다(그림 20-6). 현재의 화학요법이나 방사선 처리와는 달리, 이 기술은 주위에 있는 건강한 세포들은 접촉되지 않은 상태에 둔다.
- ▶ 좀 더 많은 정보를 저장할 수 있게 되어, 통신능력이 개선될 수 있다. 데이터를 저장할 수 있는 나노와이어가 개발되었고, 이 데이터는 우리가 통상 플래시 메모리 또는 다른 휴대용 장치들을 사용하여 할 수 있는 것보다 수천 배 빠르게 엑세스될 수 있다. 또한 이 나노와이어는 아주 적은 에너지를 사용하고 작은 공간을 차지한다. 개인적인 견해로, 이 혜택은 당신의 손가락 끝에 수천 편의 영화나 수천 곡의 노래들을 취할 수 있도록 하여 오락에 영향을 줄 수 있다. 그래서 당신의 MP3 플레이어를 과거의 물건으로 만들 것이다.

© ISTOCKPHOTO/REDEMPTION: MICHAEL KNIGHT

그림 20-6 나노로봇은 병든 세포만을 찾아내서 약을 주사할 수 있을 만큼 충분히 작다.

나노기술의 잠재적 위험

나노기술은 여러 위험에 놓여 있다. 위험은 너무 작아서 뜻하지 않게 흡입되고, 삼키게 되고 또는 당신의 피부를 통해 통과될 수 있다. 앞에서 언급된 암세포를 죽이는 나노로봇이 뜻하지 않게 당신의 몸에서 항로를 이탈한다면 무슨 일이 일어나게 될까? 우리의 물 공급에서 도발적이거나 의도적으로 몇몇 유형의 나노기술의 임무가 해제되는 것은 처참하게 될 수 있다.

공학 과제

나노기술의 잠재된 영향력을 연구하시오. 인터넷 조사를 하기 전에 강사의 허락을 받는 것을 기억하시오. 나노기술의 잠재적 혜택과 가능한 위험들을 모두 나열하시오. 나노기술이 충분히 개발되기 전에 정부가 행동을 취해야 한다고 생각하는가? 아니면 무슨 일이 일어날지 기다리면서 보아야 하는가?

자기 지역의 국회의원, 시 · 도의원들에게 또는 모두에게 편지를 쓰시오. 이 편지에, 나노기술의 잠재된 영향력과 잠재된 위험들을 세 가지씩 나열하시오. 그들의 위치가 나노기술 연구를 지원하는 위치에 있는지를 그들에게 물으시오. 또한 정부가 나노기술의 개발과 사용에 대한 우선권과 정책들을 만들고 있는지 물으시오. 자신의 학교 이름, 학급 및 학년을 포함시켰는지 확인하시오. 물론 편지를 보내기 전에 강사의 허락을 받으시오.

나노기술의 사회적 영향

2장에서 설명했듯이 모든 기술 개발은 사회에 영향을 준다. 나노기술이 어떻게 개발되어야 할지 제어하기 위하여 우리가 나노기술을 규제하는 데 상황을 앞서서 주도해야 한다고 일부 사람들은 믿고 있다. 그들은 나노기술이 사회적 목적을 충족시키는 것을 확실히 하기 위해 우리가 정부정책들을 개발하는 것을 원한다. 이것이 학교에서 기술교육을 공부하는 것이 왜 중요한지에 대한 한 가지 이유이다.

많은 사람들은 사회에 관한 나노기술의 영향에 대해 예측하고 있다. 일부 사람들은 나노기술을 산업혁명과 같이 나노혁명으로 몰아갈 것이고, 우리의 경제, 사회구조, 환경까지도 변화시킬 것이다. 영향은 쓰나미와 같을지도 모른다. 나노기술 혁명은 너무 빠르고 강하게 히트를 쳐서 이것은 큰 지장을 줄 것이고 사회의 허를 찌를 것이라는 것을 제안한다. 이 비평가들은 정부가 이런 일이 일어나기 전에 행동을 취해줄 것을 원한다.

20.3 의료기술

사람들은 의료기술의 발전으로 인하여 그 어느 때보다도 좀 더 길고 건강한 삶을 즐기고 있다. 의료기술(medical technology)은 사람의 건강 개선을 돕기 위한 기술의 진단적 또는 치료적 적용이다. 의료기술의 개발은 생명공학 및 나노기술의 개발과 긴밀하게 연결될 것이다.

> **의료기술**
> 사람을 건강하게 만들어 주는 응용기술이다.

엔지니어들은 의사들과 협동하여 새로운 장치 및 제품들을 설계하는 데 주요한 역할을 한다. 지금은 우리가 당연시하고 있는 많은 치료와 장치들은 10년 전에는 존재하

공학 직업 조명

이름
오로크 듀크(Orok Duke)

직위
BP 파이프라인 NA 회사의 자산 및 성장 지원팀장

직무 설명
듀크는 항상 과학과 수학에 열정을 가지고 있었다. 그리고 그는 그 열정을 그의 직업 속으로 이동시키기를 원했다는 것을 알았다. 그는 대학에서 화학공학을 공부했다. 그러나 지금은 BP 파이프라인 NA 회사에서 경영쟁점들에 관한 일을 하기 위해 그의 기술적 전문지식을 사용한다.

BP는 세계 각지에서 기름과 가스를 찾고 있다. BP는 이것을 가솔린, 디젤 그리고 제트연료와 같은 유용한 재료들로 만든다. 이 회사는 또한 바람과 태양과 같은 또 다른 에너지 소스를 개발하고 있다.

듀크는 회사를 위한 새로운 사업 기회를 개발하는 것을 돕는 팀을 이끌고 있다. 그의 팀은 취득, 매각, 그리고 자산 경영에 관한 일을 한다.

듀크의 기술적 배경은 그가 각각 새 프로젝트와 관련된 쟁점들을 이해하는 데 도움이 된다. "예를 들면, 새로운 파이프라인을 만들 때, 기술적 쟁점들이 발생한다"고 그는 말한다. 나는 기술적 쟁점들과 경영적 쟁점들 사이를 연결할 수 있다. 온도가 파이프를 통해 흐르는 유체의 밀도에 얼마나 영향을 줄 것인가는 기술적 쟁점의 예이다.

듀크는 또한 그가 사업 해결책을 찾는 데 도움이 되는 공학적인 기술들을 배웠다. "나의 공학적 배경은 나에게 문제를 해결하고 상자 밖에서 생각할 수 있는 능력을 주었다"고 그는 말한다.

듀크는 엔지니어로서 BP사를 시작했고 그 후 경영 쪽에 관심을 표명하였다. 그의 새로운 직업경력은 그에게 매우 적합하다. "나는 회사를 위한 그리고 일반적으로 사회를 위한 창조적 가치가 있는 발상을 좋아한다"고 그는 말한다.

교육
듀크는 영국의 러프버러대학교(Loughborough University)에서 화학공학 학사를 받았으며, 프린스턴대학교(Princeton University)에서 석사를 받았다.

"러프버러대학교는 공학에서의 현장감 있는 프로그램을 제공했다"고 그는 말한다. 이 프로그램은 산업과 관련된 프로젝트에 관한 일을 할 수 있는 기회를 제공했다.

학생들에 대한 조언
듀크는 공학 분야를 좀 더 다양하게 만드는 데 헌신했다. 그는 BP 아프리카계 미국인 네트워크와 국립 흑인 엔지니어 협회에서 활동하고 있다.

그는 고등학교 학생들이 다양한 종류의 일을 하는 사람들을 그림자처럼 따라 하는 것은 좋은 발상이라고 생각한다. "그 방법을 통해 당신은 당신이 무엇을 즐기고 당신이 무엇을 즐기지 않는지에 대한 분별력을 얻을 수 있다."라고 그는 말한다. 당신은 대학에서 어떤 경로를 따라 가야할지에 대한 보다 나은 분별력을 가질 수 있다.

지도 않았다. 이것이 홀로 지속될 것이라고 추정하지 않는 것이 중요하다. 새로운 의료 혁신을 지속적으로 개발하는 데는 헌신적인 엔지니어와 과학자들이 있어야 한다.

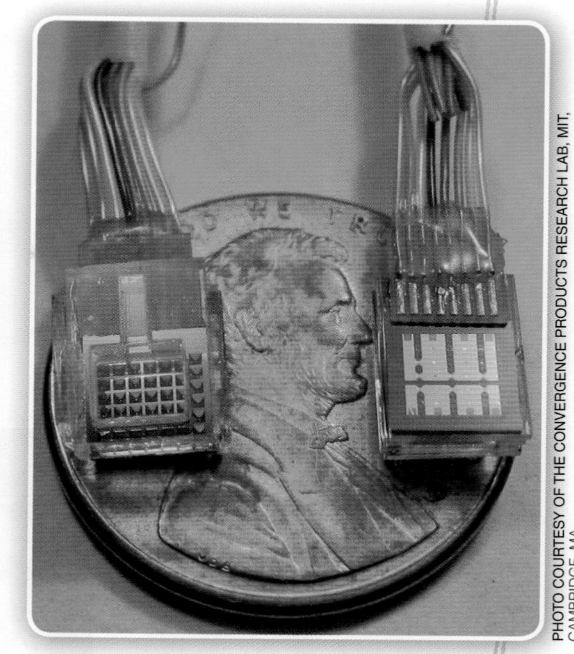
PHOTO COURTESY OF THE CONVERGENCE PRODUCTS RESEARCH LAB, MIT, CAMBRIDGE, MA

그림 20-7 동전보다 작은 마이크로 약 이송 시스템으로 환자에게 약을 제공할 수 있다.

맞춤 의학

의학 분야의 지속적인 혁신을 통하여 우리는 좀 더 맞춤 의학에 가까이 가고 있다. **맞춤 의학**(personalized medicine)은 적당한 때에 적당한 환자에게 적당한 치료를 하는 것을 의미한다. 우리는 환자가 요구하는 정확한 치료를 진단하는 것을 돕는 기술들을 개발할 필요가 있다. 몇 초 만에 약을 환자에게 제공할 수 있는 새로운 약 이송 시스템이 개발 중에 있다(그림 20-7).

원격의료

대단한 장래성이 있는 의료기술적 개발을 원격의료라 한다. 원격의료(telemedicine)는 공유되는 의료정보이며 어떤 거리를 두고 수행되는 의료절차이다. 원격의료는 의사들로 하여금 한 곳 이상에서 환자들을 도울 수 있게 한다. 이것은 인터넷 연결과 로봇의 개선에 의해 가능하게 되었다.

원격의료는 의사들에게 수백 또는 수천 마일 떨어진 환자를 수술할 수 있도록 한다. 어떤 경우에는, 의사가 가상현실 세계에서 로봇을 움직여 환자를 수술할 수 있다. 이것은 오늘날의 비디오 게임과 비슷하다. 당신은 비디오 게임을 하는 것이 의사가 되기 위한 좋은 실습이 된다고 생각해본 적이 있는가? 단순하게 보면, 한 지역에 있는 의사가 인터넷상에서 수술을 감시하는 또 다른 지역에 있는 외과 전문의에 의해 안내를 받을 수 있다.

원격의료

공유되는 의료정보이며 어떤 거리를 두고 수행되는 의료절차이다.

로봇의 개발은 원격의료 수술을 가능하게 만들었다. 로봇은 수천분의 일 인치 범위 내에서 그리고 손 떨림 없이 매우 정교하게 이동할 수 있는 능력을 가지고 있다. 의사는 로봇장치를 이용하여 절단 위치와 깊이를 보다 정확하게 제어할 수 있다. 또한 이 장치들은 수술을 좀 더 분명하게 볼 수 있도록 위에 카메라를 설치할 수 있다.

내시경

의사들이 당신의 몸에서 어떤 일이 진행되는지 알고 싶으면, 내시경(endoscopy)이라는 소형 카메라를 당신의 소화기 계통에 집어넣을 수 있다. 이 카메라는 소화관의 끝으로 삽입된다. 기분이 좋은 방법이 아니었다. 이것은 곧 변화될지 모른다.

엔지니어들은 알약 속에 집어넣을 수 있을 만한 충분히 작은 일회용 카메라를 개발

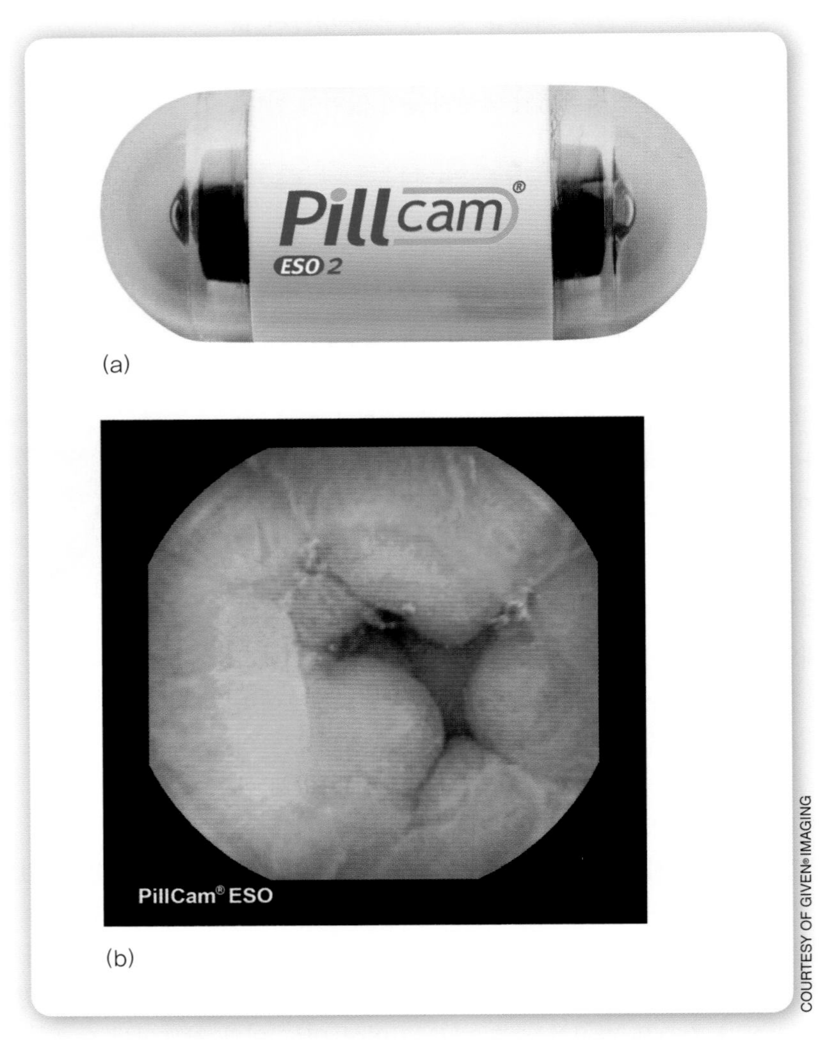

그림 20-8 (a) 아주 작은 카메라는 삼킨 알약 내부에서 당신의 몸 내부를 볼 것이다. 이 카메라는 환자의 식도(b) 사진을 찍었다.

하고 있다(그림 20-8). 이것을 하고자 하면 일회용 알약을 삼키고 의사로 하여금 소화기 내부에서 진행되는 것을 방송 모니터로 볼 수 있게 한다. 이것은 카메라가 더 소형화되고 더 일회용이 되었고 카메라의 상이 더 깨끗해졌기 때문에 가능하게 되었다. 당신의 부모나 조부모 시대에 내시경술이 있었더라면, 그들은 이 혁신이 향상을 가져왔다고 정말 생각했을 것이다.

보철기술

보철은 신체의 손실된 부분을 대체하거나 좀 더 잘 걷도록 신체의 한 부분을 만들기 위해 설계된 장치이다. 인공다리를 보철장치(prosthesis device)라고 부른다. 의사들은 수천 년 동안 부상당한 환자들의 삶을 위해 신체의 일부를 절단해야만 했다(그림 20-9). 아마 무릎 아래에 나무로 된 의족을 가진 해적이 나오는 만화나 영화를 본 적이 있을 것이다. 또는 전자기계장치로 된 인공인간에 관한 공상영화나 텔레비전 프로그램을 본 적이 있을 것이다. 보철장치에서 의미 있는 개선들이 과거 10년 사이에 이루어졌다. 미래는 더 개선될 것으로 보인다(그림 20-10).

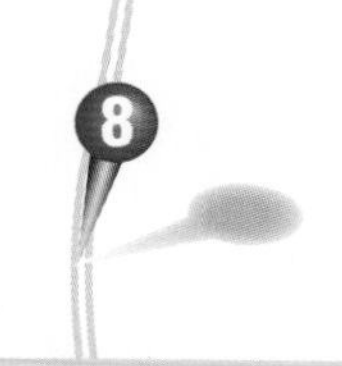

보철장치

인공 팔(다리) 또는 인공 무릎 또는 엉덩이 같은 몸통 부분이다.

그림 20-9 초기의 보철장치는 그냥 나뭇조각이었다.

그림 20-10 보철장치는 많은 사람들이 부상당한 이후에도 정상적인 삶을 살게 한다.

많은 부상병들은 새로운 보철 개발로 도움을 받았다. 부상병들은 주로 다리와 팔이 필요했다. 보철장치를 가진 사람들이 이것을 사용하는 방법을 배우기 위해서는 많은 재활훈련이 필요했다. 그러나 보철장치를 가진 많은 사람들이 스키 타기를 포함한 정상적인 활동들도 꽤 잘할 수 있게 되었다.

새로운 보철 개발 중의 하나는 컴퓨터 기술을 접목하는 것이다. 이 장치들은 컴퓨터에 정보를 주는 내장 센서들이 있다. 컴퓨터는 언덕 그리고 걷는 속도와 같은 어떤 변수들을 조절할 수 있다. 또한, 팔의 경우에는 컴퓨터가 손가락 움켜짐을 제어할 수 있다. 클라우디아 미첼(Claudia Mitchell)은 2007년에 처음으로 생각으로 직접 제어할 수 있는 인공 팔을 제공받았다(그림 20-11).

그림 20-11 클라우디아 미첼은 진보된 보철인, 생각으로 직접 제어할 수 있는 인공 팔을 처음으로 제공받은 여성이다. 이것은 시카코 재활연구소에서 개발되었다.

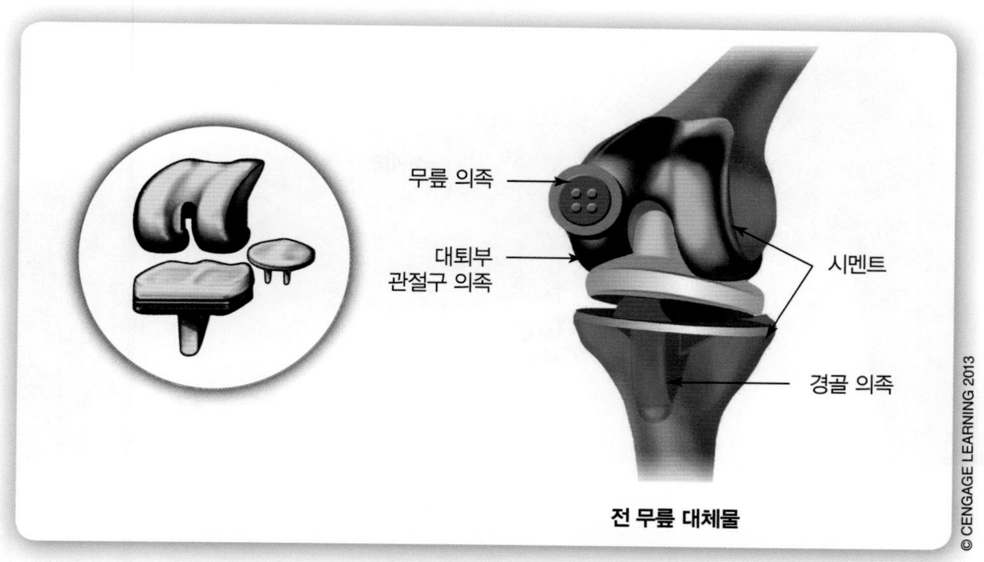

그림 20-12 새로운 재료와 기술들로 무릎 대체물을 만들었다.

보철장치들은 팔다리를 위한 것만이 아니다. 관절 대체가 더 자주 발생한다. 새로운 재료와 기술들로 무릎과 엉덩이를 좀 더 평범하게 수술할 수 있는 관절 대체물을 만들었다(그림 20-12).

수많은 사람들이 오래 살게 되면서 건강관리에 대한 관심이 증가하고 있다. 다행히도 의료기술이 급속도로 발전하고 있다. 다른 기술들과 마찬가지로, 그것들을 필요로 하는 모든 사람들을 위한 의료기술의 유용성에 대한 쟁점들이 있다. 사회는 사회가 직면하고 있는 많은 쟁점들을 해결하기 위하여 헌신적이고 능숙한 엔지니어들을 필요로 한다. 당신은 도전을 위한 준비가 되었는가? 최근에 생겨난 기술 분야에서 엔지니어로서 일하는 것은 흥미진진하고 보람 있는 경력이 될 것이다.

요약

이 장에서 배운 학습내용

- 창의적이고 혁신적인 사고와 공학이 21세기에 많은 우리의 가장 도전적인 문제들을 해결하기 위해 필요하다.
- 생명공학, 나노기술, 의료기술이 미래에 대한 대단한 장래성을 주는 세 가지의 최근에 생겨난 분야이다.
- 생명공학은 생물을 근거로 한 기술이다.
- 바이오매스는 공장이나 동물로부터 만들어지는 어떤 유기물질을 나타내는 데 사용되는 용어이다.
- 바이오연료는 좀 더 친환경적이고 기름과 같은 화석연료의 의존도를 낮추기 위한 중요한 자원이다.
- 바이오파워는 전기를 생성하기 위해 바이오매스를 사용한다.
- 나노기술은 단일 원자들을 조작하여 분자 크기의 작은 재료들이나 장치를 만드는 기술이다.
- 의료기술은 사람의 건강 개선을 돕기 위한 기술의 진단적 또는 치료적 적용이다.
- 의료기술에서 새로운 개발은 생명공학 및 나노기술의 개발과 긴밀하게 연관될 것이다.
- 원격의료를 통해 의사는 가상현실 세계에서 로봇을 움직여 수백 마일 떨어진 곳에서 수술을 할 수 있다.

용어

각 용어들에 대한 정의를 쓰시오. 마친 후에, 자신의 답을 이 장에서 제공된 정의들과 비교하시오.

생명공학
바이오연료
바이오디젤
바이오파워
무산소 소화
복제
나노기술
의료기술
원격의료
보철장치

지식 늘리기

다음 질문들에 대하여 깊게 생각하여 서술하시오.

1. 최근에 생겨난 기술이 왜 미래에 대단한 장래성을 주는가?
2. 당신이 태어난 후 개발된 의미 있는 기술혁신의 연대표를 만드시오.
3. 기름에 비해 바이오연료가 가지고 있는 세 가지 장점을 서술하시오.
4. 바이오파워를 만드는 두 가지 방법을 설명하시오.
5. 바이오파워와 석탄을 때는 발전의 장점을 비교하시오(9장 참조).
6. 웹상에서 최근의 보철 개발에 대해 연구하시오. 웹 찾기를 하기 전에 강사의 허락을 받는 것을 기억하시오. 흥미 있는 두 가지 개발에 대한 보고서를 작성하시오. 기술에 관한 정보 그리고 전에 이용할 수 있었던 것보다 이것이 어떻게 다른지를 포함하시오.

찾아보기

국문 찾아보기

ㄱ

ㄴ

ㄷ

ㄹ

ㅁ

ㅂ

ㅅ

ㅇ

ㅈ

ㅊ

ㅋ

ㅌ

영문, 기타 찾아보기

공 학 입 문

2014년 10월 25일 1판 1쇄 인쇄
2014년 11월 05일 1판 1쇄 발행

저 자 ● George Rogers · Michael Wright · Ben Yates

역 자 ● 배 원 병 · 임 오 강 · 김 종 식

발행자 ● 조 승 식

발행처 ● (주) 도서출판 북스힐
서울시 강북구 한천로 153길 17

등 록 ● 제 22-457 호

(02) 994-0071(代)

(02) 994-0073

bookswin@unitel.co.kr
www.bookshill.com

값 28,000원

ISBN 978-89-5526-856-0